新版学电工就这么简单

黄海平　黄鑫　编著

科学出版社
北　京

内 容 简 介

本书从电工初学者的角度出发，详细介绍了成为一名合格电工需要掌握的基本知识和技能，包括电工常用工具及仪表、电工基本操作技能、低压电器、照明控制及安装接线、电动机、电能表应用、常用温控仪控温接线、电容补偿器应用、电动机实用控制电路等。

本书内容实用性强，结构合理，语言简洁易懂，配图丰富清晰，是一本不可多得的电工入门指导书。

本书适合各大、中型院校电工、电子及相关专业师生参考阅读，也适合作为电工从业人员、电工技术人员的技术参考书。

图书在版编目(CIP)数据

新版学电工就这么简单/黄海平，黄鑫 编著. —北京：科学出版社，2016. 5

ISBN 978-7-03-047950-1

Ⅰ. 新… Ⅱ. ①黄… ②黄… Ⅲ. 电工技术-基本知识 Ⅳ. TM

中国版本图书馆 CIP 数据核字(2016)第 061197 号

责任编辑：孙力维 杨 凯 / 责任制作：魏 谨

责任印制：赵 博 / 封面设计：庞 娜

北京东方科龙图文有限公司 制作

http://www.okbook.com.cn

科学出版社 出版

北京东黄城根北街 16 号

邮政编码：100717

http://www.sciencep.com

新科印刷有限公司 印刷

科学出版社发行 各地新华书店经销

*

2016 年 5 月第 一 版 开本：890×1240 1/32

2016 年 5 月第一次印刷 印张：11 1/2

印数：1—4 000 字数：350 000

定 价：44.00 元

(如有印装质量问题，我社负责调换)

前言

学好电工这门手艺，其实并不难，如果有一本内容实用、适合初学者的学习教材，再通过动手实践，一定能成为一名好电工。为此，笔者精心编写了《新版学电工就这么简单》一书，我相信通过认真学习本书，一定会帮助想成为电工的人员掌握电工必备基础知识，解决很多工作中遇到的技术难题。

本书内容丰富、图文并茂，集电工基础、操作技能、器件选择、实用电路、电路布线、电路接线、电路调试及维修之大成，是一本不可多得的电工书。

本书共分为9章，内容包括电工常用工具及仪表、电工基本操作技能、低压电器、照明控制及安装接线、电动机、电能表应用、常用温控仪控温接线、电容补偿器应用、电动机实用控制电路。

本书由黄海平担任主编，参加编写的还有黄鑫、李志平、李燕、李雅茜、李结、李荼福、黄海静、苏文广、凌玉泉、高惠瑾、朱雷雷、王义政、凌黎、谭应林、刘守真、刘彦爱、于晓卫等同志，在此表示感谢。

由于作者水平有限，书中可能存在不妥之处，望广大读者批评指正。

黄海平

2016年1月于山东威海福德花园

目　录

第1章 电工常用工具及仪表

1.1 拆装工具

1. 螺丝刀

螺丝刀又称旋凿、改锥、起子等，是一种手用工具，主要用来旋动（紧固或拆卸）头部带一字槽或十字槽的螺钉，其头部形状分一字形和十字形，柄部由木材或塑料制成。常用的螺丝刀如图1.1所示。

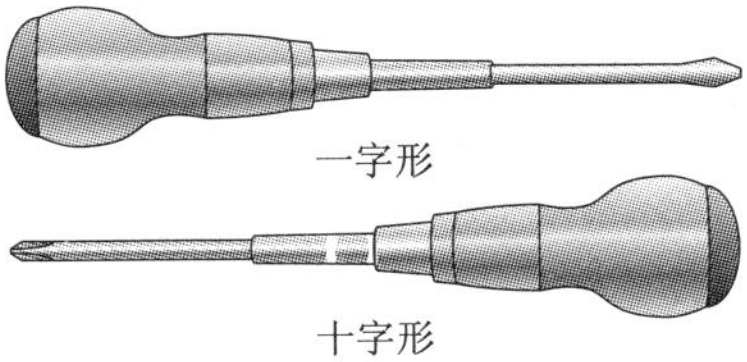

图1.1 螺丝刀

根据螺钉直径的大小，有不同的手柄和握法。首先要选择螺丝刀头与螺钉大小相配的螺丝刀。可采用图1.2所示的方法使用螺丝刀。当螺钉较小时，先用手扶住螺丝刀的前端，对准螺钉头的沟槽，然后一手拿螺丝刀的柄部开始旋动螺钉，在最后加力拧紧时，用手指转动刀柄即可。当螺钉较大时，要用手掌握紧刀柄处加力旋转。当用力很大时，如果螺丝刀滑落会造成危险，所以在拧紧时，要用一只手轻轻扶住螺丝刀的杆，另一

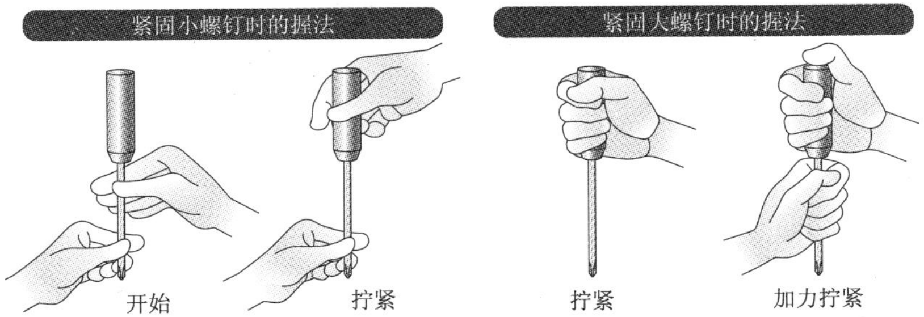

图1.2 螺丝刀的使用方法

只手的大拇指要压住刀柄端头上。此外，还有手柄直径较大的电工螺丝刀，这种螺丝刀便于加力。

使用螺丝刀时应注意以下事项：

(1) 电工必须使用带绝缘手柄的螺丝刀。

(2) 使用螺丝刀紧固或拆卸带电的螺钉时，手不得触及螺丝刀的金属杆，以免发生触电事故。

(3) 为了防止螺丝刀的金属杆触及皮肤或邻近带电体，应在金属杆上套装绝缘管。

(4) 使用时应注意选择与螺钉顶槽相同且大小规格相应的螺丝刀。

(5) 切勿将螺丝刀当做錾子使用，以免损坏螺丝刀手柄或刀刃。

2. 活扳手

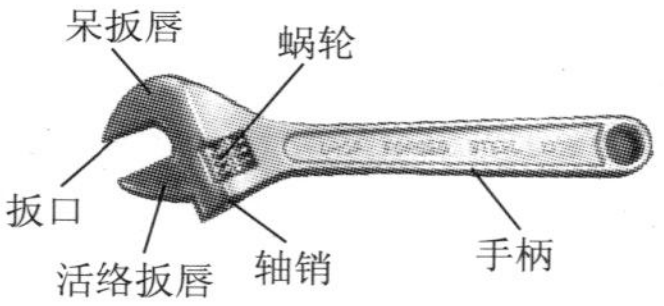

图 1.3　活扳手

活扳手是用来旋转六角或方头螺栓、螺钉、螺母的一种常用工具。它的特点是开口尺寸可以在规定范围内任意调节，特别适用于螺栓规格多的场合。活扳手由头部和柄部组成，头部由活络扳唇、呆扳唇、扳口、蜗轮和轴销等构成，如图1.3所示。

使用时，将扳口调节到比螺母稍大些，用右手握手柄，再用右手指旋动蜗轮使扳口紧压螺母。扳动大螺母时，力矩较大，手应握在手柄的尾处，如图1.4(a)所示。扳动较小螺母时，需用力矩不大，但螺母过小易打滑，故手应握在靠近头部的地方，如图1.4(b)所示，可随时调节蜗轮，收紧活络扳唇，防止打滑。

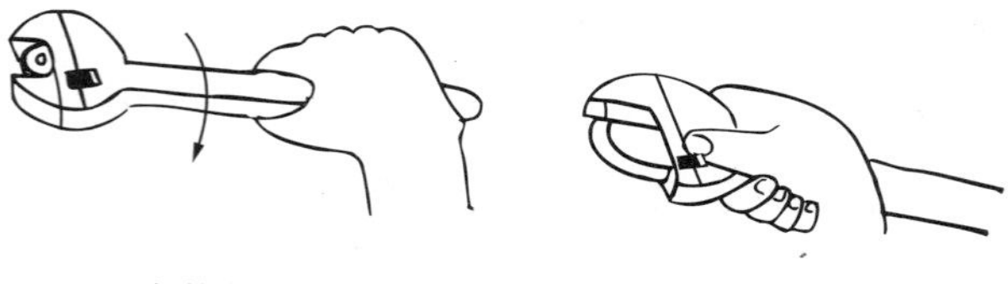

(a) 扳较大螺母的握法　　(b) 扳较小螺母的握法

图 1.4　活扳手的使用

使用活扳手时应注意以下事项：

(1) 使用扳手时，严禁带电操作。

(2) 使用活扳手时应随时调节扳口，把工件的两侧面夹牢，以免螺母脱角打滑，不得用力太猛。

(3) 活扳手不可反用，以免损坏活动扳唇，也不可用钢管接长手柄来施加较大的扳拧力矩。

(4) 活扳手不得当撬棍和锤子用。

3. 电工刀

电工刀是剖削电线线头、切削木台缺口、削制木枕的专用工具，如图1.5所示。

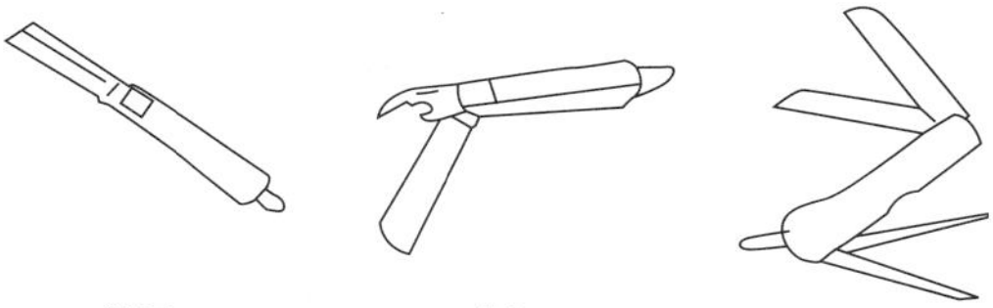

图1.5 电工刀

电工刀使用时，应将刀口朝外剖削。剖削导线时，应使刀面与导线成较小的锐角，以免割伤导线，并且用力不宜太猛，以免削破左手。电工刀用毕，应随即将刀身折进刀柄，不得传递未折进刀柄的电工刀。

使用电工刀时应注意以下事项：

(1) 电工刀的刀柄是无绝缘保护的，不能在带电导线或器材上剖削，以免触电。

(2) 电工刀第一次使用前应开刃。

(3) 不允许电工刀作锤子用。

(4) 电工刀的刀尖是剖削作业的必需部位，应避免在硬器上划损或碰缺，刀口应经常保持锋利，磨刀宜用油石为好。

4. 尖嘴钳

尖嘴钳的头部尖细，适用于在狭小的工作空间操作。尖嘴钳有裸柄和绝缘柄两种，绝缘柄的耐压为500V，电工应选用带绝缘柄的，如图1.6所示。

尖嘴钳能夹持较小螺钉、垫圈、导线等元件，带有刀口的尖嘴钳能剪断细小金属丝。在装接控制线路时，尖嘴钳能将单股导线弯成需要的各种形状。

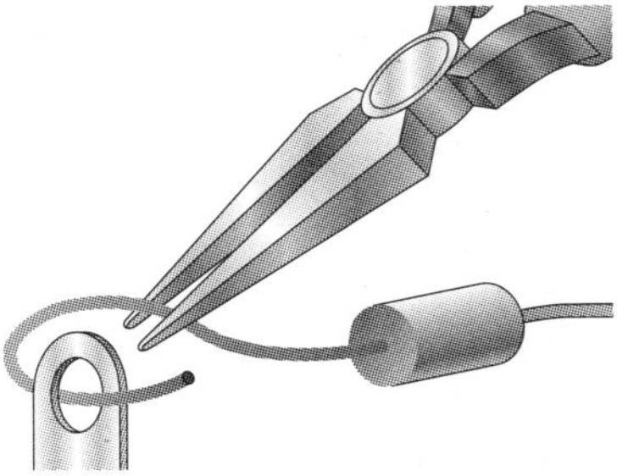

图 1.6　尖嘴钳

使用尖嘴钳时应注意以下事项：

(1) 不允许用尖嘴钳装卸螺母、夹持较粗的硬金属导线及其他硬物。

(2) 塑料手柄破损后严禁带电操作。

(3) 尖嘴钳头部是经过淬火处理的，不要在锡锅或高温条件下使用。

5. 断丝钳

断丝钳又称斜口钳，钳柄有裸柄、管柄和绝缘柄三种。电工用的绝缘柄断丝钳，绝缘柄的耐压为500V，如图1.7所示。

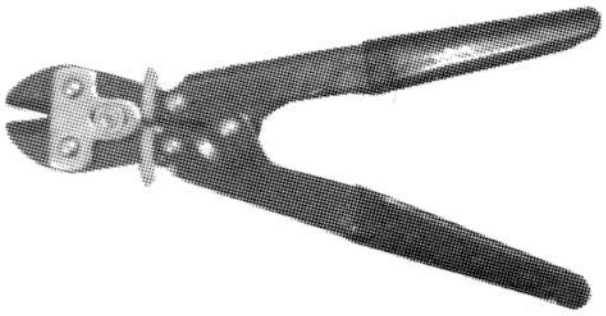

图 1.7　断丝钳

断丝钳是专供剪断较粗的金属丝、线材及导线电缆时使用的。

6. 钢丝钳

钢丝钳又称电工钳、克丝钳，由钳头和钳柄两部分组成，钳头由钳口、齿口、刀口和铡口四部分组成，如图1.8所示。钢丝钳有裸柄和绝缘柄两种，电工应选用带绝缘的，且耐压应为500V以上。

使用钢丝钳时应注意以下事项：

(1) 使用前，必须检查绝缘柄的绝缘是否良好，以免在带电作业时发生触电事故。

(2) 剪切带电导线时，不得用刀口同时剪切相线和零线，或同时剪切两根相线，以免发生短路事故。

(3) 钳头不可代替锤子作为敲打工具使用。

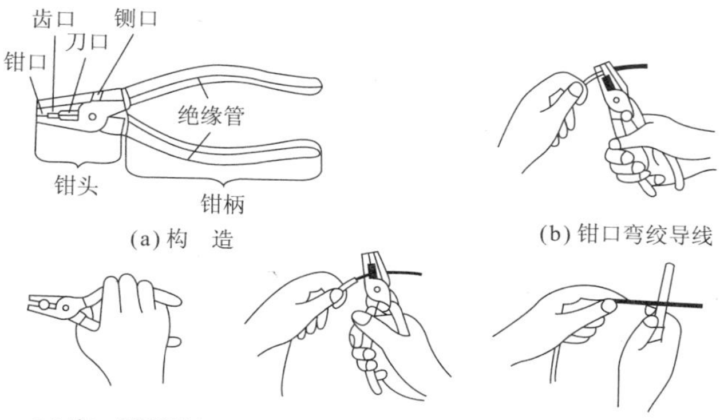

(a) 构 造　(b) 钳口弯绞导线

(c) 齿口紧固螺母　(d) 刀口剪切导线　(e) 铡口铡切导线

图 1.8　钢丝钳的构造及用途

(4) 用钢丝钳剪切绷紧的导线时，要做好防止断线弹伤人或设备的安全措施。

(5) 要保持钢丝钳清洁，带电操作时，手与钢丝钳的金属部分要保持 2cm 以上的距离。

(6) 带电作业时钳子只适用于低压线路。

7. 剥线钳

剥线钳是用来剥削小直径(ϕ0.5mm～ϕ3mm)导线绝缘层的专用工具，如图 1.9 所示。它的手柄是绝缘的，耐压为 500V。

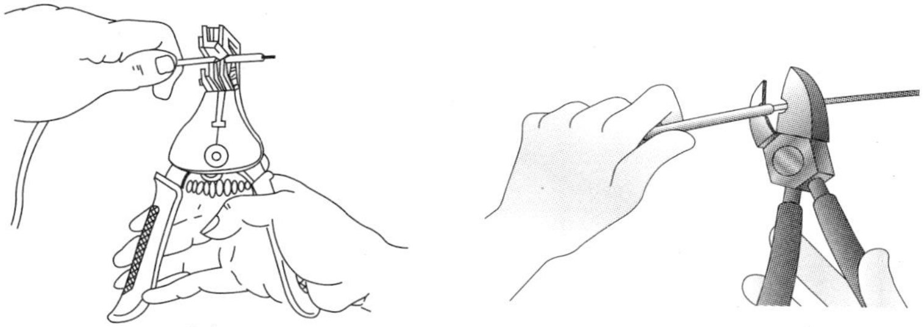

(a)　(b)

图 1.9　剥线钳

使用剥线钳时，先将要剥削的绝缘层长度用标尺确定好，然后用右手握住钳柄，用左手将导线放入相应的刃口中(比导线直径稍大)，右手将钳柄握紧，导线的绝缘层即被割破拉开，自动弹出。剥线钳不能用于带电作业。

1.2 低压验电笔

1. 外形及使用方法

低压验电笔是用来检测低压导体和电气设备外壳是否带电的常用工具，检测电压的范围通常为60～500V。低压验电笔的外形及使用方法如图1.10所示。

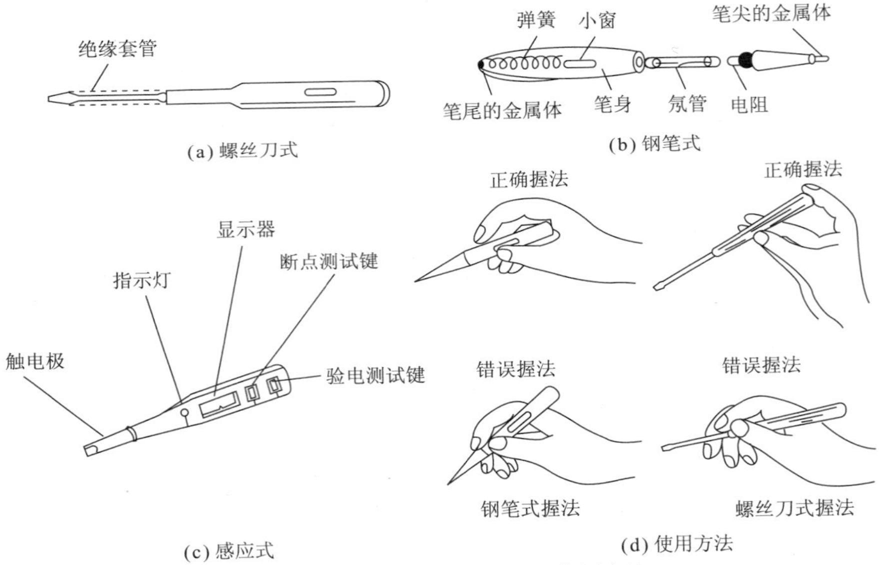

图1.10 低压验电笔的外形及使用方法

2. 注意事项

低压验电器(又称测电笔或电笔)是电工不可缺少的验电工具，它可以测量500V以下的低压供电线路。使用时，务必注意安全，手千万别接触前端金属部分，否则会造成触电事故。低压验电笔在使用前从外观上检查是否损坏，是否缺少零部件，特别是钢笔式、螺丝刀式的验电笔，需检查一下降压电阻是否正常，通常它的阻值为1.5～2MΩ；然后必须在有电的线路上对验电笔进行测试，以确保正常安全使用。对于钢笔式、感应式测电笔，因设计时是不允许作为旋具使用的，所以务必请使用人员注意，以免造成验电笔损坏。

3. 显示状态及判定

使用者千万别小瞧验电笔,它的学问大得很,只要认真使用、实践,你会感受到验电笔有很多判别作用,在工作中是你的得力助手。在判别同相与异相、直流电路是否带电时,若直流电压过高,一定注意采取绝缘,正确操作,确保安全第一。验电笔显示状态及判定情况见表 1.1。

表 1.1 验电笔显示状态及判定情况

氖管显示状态	判定情况
氖管两端全亮	被测线路为交流电
氖管前端亮	被测线路为直流电负极
氖管后端亮	被测线路为直流电正极
在判别直流电有无接地时,氖管前端发亮	被测正极接地故障
在判别直流电有无接地时,氖管后端发亮	被测负极接地故障

1.3 电烙铁

1. 电烙铁的种类

电烙铁是用来焊接电工、电子线路及元器件的专用工具,分内热式和外热式两种,如图 1.11 所示。电烙铁常用的是内热式,有多种规格。

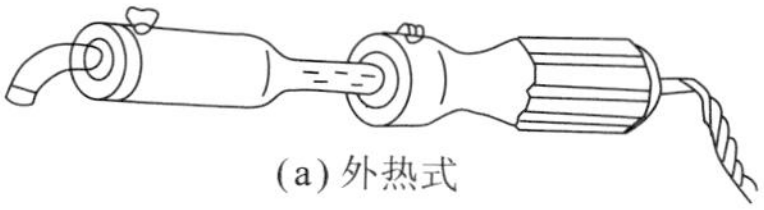

(a) 外热式

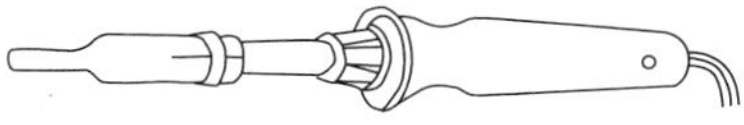

(b) 内热式

图 1.11 电烙铁

电烙铁的功率应选用适当,钎焊弱电元件用 20～40W 以内的,钎焊强电元件要选用 45W 以上的。若用大功率电烙铁钎焊弱电元件,不但浪费电力,还会烧坏元件;若用小功率电烙铁钎焊强电元件,则会因热量不够而影响焊接质量。

2. 焊接方法

对新购的电烙铁,应用细钢锉将其铜头端面(对大容量的铜头,还包括其端部的两个斜侧面)打出铜面,然后通电加热并将铜头端部深入到焊剂(焊剂一般有松香、松香酒精溶液和焊膏)中。待加热到能熔锡时,将铜头压在锡块上来回推拉,或用焊锡丝压在铜头端部,使铜头端部全面均匀地涂上一层锡。经过这一过程后,在焊接时铜头才能"蘸"上锡来,上述过程如图 1.12 所示。

(a) 细钢锉锉铜头端部　(b) 铜头端部深入焊剂　(c) 铜头端部均匀涂上焊锡

图 1.12 电烙铁铜头上锡过程

用电工刀或砂布先清除连接线端或待焊部位的氧化层,使之露出内部金属。对于细导线,应避免因用力过大而使导线断线。

在待焊接处均匀地涂上一层焊剂,松香焊剂适用于所有电子器件和小线径线头的焊接;松香酒精溶液适用于小线径线头和强电领域小容量元件的焊接;焊膏适用于大线径线头焊接和大截面导体表面或连接处的焊接。

焊接时,将烙铁焊头先蘸一些焊锡轻压在待焊部位,让锡慢慢流入待焊部位的缝隙中。也可将焊锡丝抵在铜头端与待焊件接触处,使之熔化流入焊接部位。焊头停留时间要根据焊件的大小来决定。为防止因过热损伤被焊的晶体管等元件,可用镊子钳等工具夹在焊接部位上方散热。待焊锡在焊接处均匀地熔化并覆盖好预定焊面时,则应将电烙铁提起。为防止提起后焊点出现"小尾巴"或与附近焊点粘连,焊接时锡的用量要适当,提起电烙铁应迅速或沿侧向移出,如图 1.13 所示。

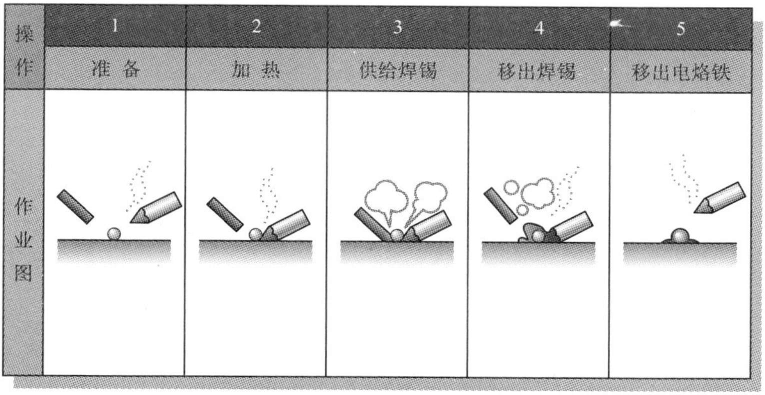

图 1.13 焊接操作步骤

3. 注意事项

(1) 在金属工作台、金属容器内或潮湿导电地面上使用电烙铁时，其金属外壳应妥善接地，以防触电。

(2) 电烙铁不能在易爆场所或腐蚀性气体中使用。

(3) 电烙铁不可长时间通电。长时间通电产生高温会“烧死”烙铁头，即烙铁头表面产生一层氧化层。氧化层起阻热作用，被氧化了的烙铁头不能迅速地将其热量传导到被焊接物体表面，使得电烙铁挂不上锡，焊接不能正常进行。这时要用刀片或细锉将氧化层清除，挂上锡后继续使用。

(4) 使用电烙铁时，不准甩动焊头，以免锡珠溅出灼伤人体。

(5) 对于小型电子元件(如晶体管等)及印制电路板，焊接温度要适当，加温时间要短，一般焊接时间为 2～3s。

(6) 对于截面积 2.5mm^2 以上的导线、电器元件的底盘焊片及金属制品，加热时间要充分，以免引起“虚焊”。

(7) 各种焊剂都有不同程度的腐蚀作用，焊接完毕后必须清除残留的焊剂(松香焊剂除外)。

(8) 焊接完毕后，要及时清理焊接中掉下来的锡渣。

1.4 电 锤

电工使用的电锤也是一种旋转带冲击电钻的电动工具，它比冲击电钻冲击力大，主要用于安装电气设备时在建筑混凝土柱板上钻孔，电锤也可用于水电安装，敷设管道时穿墙钻孔，电锤的外形如图1.14所示。

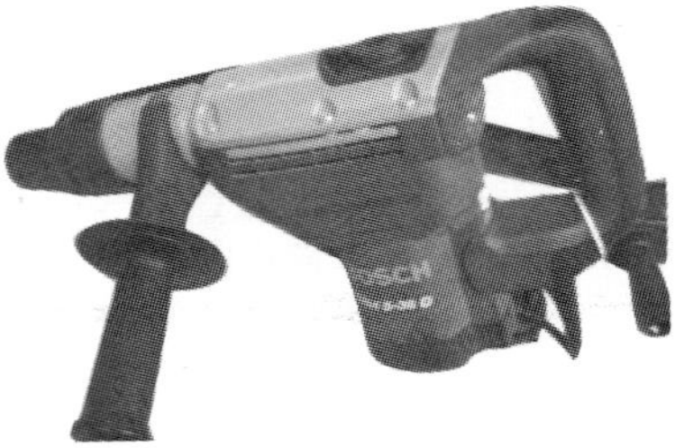

图1.14 电 锤

电锤的使用方法及注意事项如下：

(1) 使用前检查电锤电源线有无损伤，然后用500V兆欧表对电锤电源线进行摇测，测得电锤绝缘电阻超过0.5MΩ时方能通电运行。

(2) 电锤使用前应先通电空转1min，检查转动部分是否灵活，有无异常杂音，换向器火花是否正常，待确信电锤无故障时方能使用。

(3) 工作时应先将钻头顶在工作面上，然后再启动开关。钻头应与工作面垂直并经常拔出钻头排屑，防止钻头扭断或崩头。钻孔时不宜用力过猛，转速异常降低时应减小压力。电锤因故突然停转或卡钻时，应立即关断电源，检查出原因后方能再启动电锤。

(4) 用电锤在墙上钻孔时应先了解墙内有无电源线，以免钻破电线发生触电。在混凝土中钻孔时，应注意避开钢筋，如钻头正好打在钢筋上，应立即退出，然后重新选择位置，再行钻孔。

(5) 在钻孔时如对孔深有一定要求，可安装定位杆来控制钻孔深度。用于混凝土、岩石、瓷砖上打孔时，宜套上防尘罩。

(6) 电锤在使用过程中，如果发现声音异常，应立即停止钻孔，如果连续工作时间过长，电锤发烫，也要停止电锤工作，让其自然冷却，切勿用水淋浇。

(7) 电锤使用一定时间后，会有灰尘、杂物进入冲击活塞，导致卡塞。

这时需将机械部分拆下，清洗各零部件，并添加新的润滑脂。

（8）使用电锤时要有漏电保护装置。

1.5 冲击钻

冲击钻是一种电动工具（见图 1.15），其具有两种功能：一种可作为普通电钻使用，使用时应把调节开关调到标记为“钻”的位置；另一种可用来冲打砌块和砖墙等建筑面的木榫孔和导线穿墙孔，这时应把调节开关调到标记为“锤”的位置。通常可冲打直径为 6～16mm 的圆孔。有的冲击钻还可调节转速，有双速和三速之分。在调速和调挡（“冲”和“锤”）时，均应停转。用冲击钻开錾墙孔时，需配专用的冲击钻头，规格按所需孔径选配，常用的直径有 8mm、10mm、12mm 和 16mm 等多种。在开錾墙孔时，应经常把钻头拔出，以利排屑；在钢筋建筑物上冲孔时，遇到坚硬物不应施加过大压力，以免钻头退火。

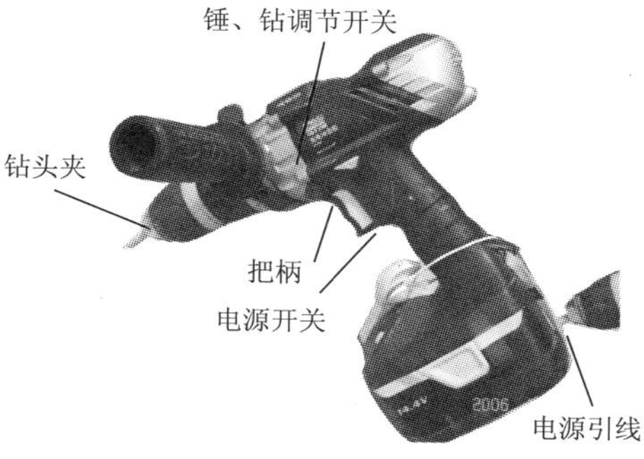

冲击钻

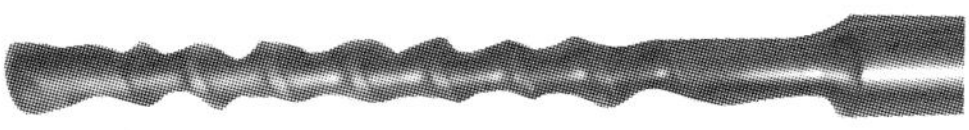

冲击钻头

图 1.15 冲击钻

冲击钻的使用方法及注意事项如下：

（1）钻孔前，先用铅笔或粉笔在墙上标出孔的位置，用中心冲子冲击孔的圆心。然后选择笔直、锋利、无损、与孔径相同的冲击钻头。

(2) 打开卡头,将钻头插到底,用卡头钥匙将卡头拧紧。

(3) 选择适当的钻速。孔径大时用低速,孔径小时用高速。当钻坚硬的墙和石头时,要接通电钻的冲击附件。

(4) 接通电源后应使冲击钻空转1min,以检查传动部分和冲击部分转动是否灵活。

(5) 双手用力把握电钻,将钻尖抵在中心冲子冲击的凹坑内,使钻头与墙面成90°角。

(6) 启动电钻,朝着钻孔方向均匀用力,并使钻头始终保持着与墙面垂直。在钻孔过程中要不时移出钻头以清除钻屑。

(7) 作业时需戴护目镜。作业现场不得有易燃、易爆物品。

(8) 严格禁止用电源线拖拉机具。机具把柄要保持清洁、干燥、无油脂,以便两手能握牢。

(9) 遇到坚硬物体,不要施加过大压力,以免烧毁电动机。出现卡钻时,要立即关掉开关,严禁带电硬拉、硬压和用力扳扭,以免发生事故。作业时,应避开混凝土中的钢筋,遇到钢筋应更换位置。

(10) 作业时双脚要站稳,身体要平衡,必须佩戴手套作业。只允许单人操作。

(11) 工作后要卸下钻头,清除灰尘、杂质,转动部分要加注润滑油。工作时间过长,会使电动机和钻头发热,这时要暂停作业,待其冷却后再使用,禁止用水和油降温。

1.6　万用表

万用表又称万能表,是一种能测量多种电量的多功能仪表,其主要功能是测量电阻、直流电压、交流电压、直流电流及晶体三极管的有关参数等。万用表具有用途广泛、操作简单、携带方便、价格低廉等优点,适用于检查线路和修理电气设备。

1. 指针式万用表的使用方法

图1.16所示是500型万用表的外形,以此为例来说明指针式万用表的使用方法。

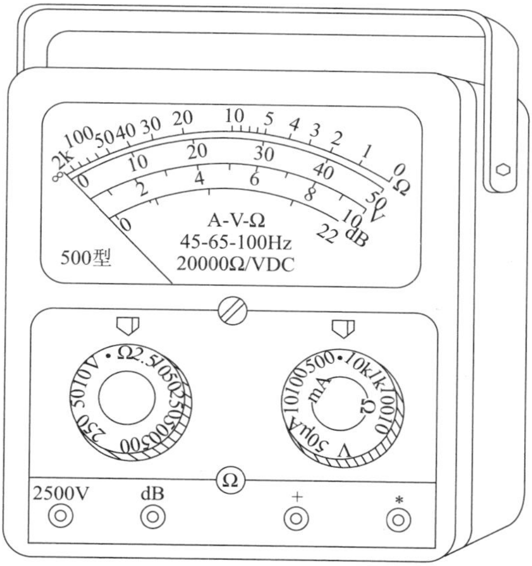

图 1.16 500 型万用表外形图

1）使用前的检查和调整

检查红色和黑色测试棒是否分别插入红色插孔（或标有“＋”号）和黑色插孔（或标有“－”号）并接触紧密，引线、笔杆、插头等处有无破损露铜现象。如有问题应立即解决，否则不能保证使用中的人身安全。观察万用表指针是否停在左边零位线上，如不指在零位线时，应调整中间的机械零位调节器，使指针指在零位线上。

2）用转换开关正确选择测量挡位和量程

根据被测对象，首先选择测量挡位。严禁当转换开关置于电流挡或电阻挡时去测量电压，否则，将损坏万用表。测量挡位选择妥当后，再选择该种类的量程。测量电压、电流时应使指针偏转在标度尺的中间附近，读数较为准确。若预先不知被测量的大小范围，为避免量程选得过小而损坏万用表，应选择该种类最大量程预测，然后再选择合适的量程。

3）正确读数

万用表的标度盘上有多条标度尺，它们代表不同的测量挡位。测量时应根据转换开关所选择的挡位及量程，在对应的标度尺上读数，并应注意所选择的量程与标度尺上读数的倍率关系。另外，读数时，眼睛应垂直于表面观察表盘。如果视线不垂直，将会产生视差，使得读数出现误差。为了消除视差，MF47 等型号万用表在表面的标度盘上都装有反光镜，读数时,应移动视线使表针与反光镜中的表针镜像重合,这时的读数无视差。

4）电阻的测量

应在被测电阻不带电的情况下进行测量,防止损坏万用表。被测电路不能有并联支路,以免影响精度。

按估计的被测电阻值选择电阻量程开关的倍率,应使被测电阻接近该挡的欧姆中心值,即使表针偏转在标度尺的中间附近为好,并将交、直流电压量程开关置于“Ω”挡。

测量以前,先进行“调零”。如图 1.17 所示,将两表笔短接,此时表针会很快指向电阻的零位附近,若表针未停在电阻零位上,则旋动下面的“Ω”钮,使其刚好停在零位上。若调到底也不能使指针停在电阻零位上,则说明表内的电池电压不足,应更换新电池后再重新调节。测量中每次更换挡位后,均应重新校零。

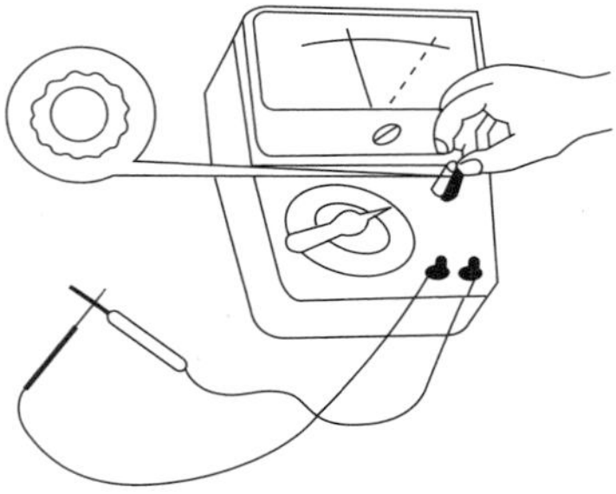

图 1.17　欧姆调零

测量非在路的电阻时,将两表笔(不分正、负)分别接被测电阻的两端,万用表即指示出被测电阻的阻值。测量电路板上的在路电阻时,应将被测电阻的一端从电路板上焊开,然后再进行测量,否则由于电路中其他元器件的影响测得的电阻误差将很大。测量高值电阻时,手不要接触表笔和被测物的引线。

将读数乘以电阻量程开关所指倍率,即为被测电阻的阻值。

测量完毕后,应将交、直流电压量程开关旋到交流电压最高量程上,可防止转换开关放在欧姆挡时表笔短路,长期消耗电池。

5）测量交流电压

将选择开关转到“$\underline{\text{V}}$”挡的最高量程,或根据被测电压的概略数值选择适当量程。

测量1000～2500V的高压时，应采用专测高压的专用绝缘表笔和引线，将测量选择开关置于“1000V̲”挡，并将正表笔插入“2500V”专用插孔。测量时，不要两只手同时拿两支表笔，必要时使用绝缘手套和绝缘垫；表笔插头与插孔应紧密配合，以防止测量中突然脱出后触及人体，使人触电。

测量交流电压时，把表笔并联于被测的电路上，转换量程时不要带电。一般无需分清被测电压的火线和零线端的顺序，但已知火线和零线时，最好用红表笔接火线，黑表笔接零线，如图1.18所示。

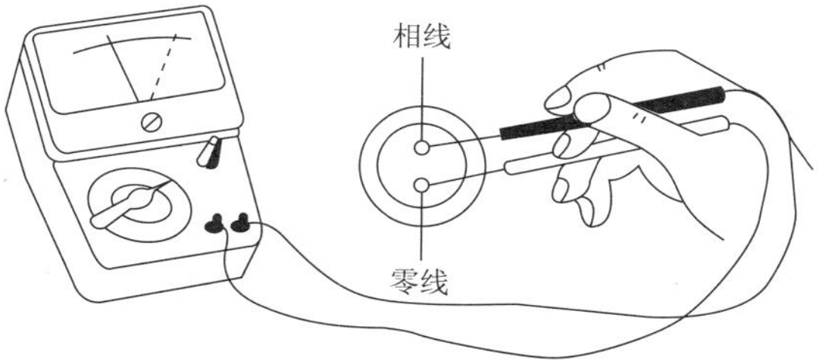

图1.18 用指针式万用表测量交流电压

6）测量直流电压

将表笔插在“+”插孔，去测电路“+”极；将黑表笔插在“＊”插孔，去测电路“－”极。

将万用表的选择量程开关置于“V̲”的最大量程，或根据被测电压的大约数值，选择合适的量程。

如果指针反偏，则说明表笔所接极性反了，应尽快更正过来重测。

7）测量直流电流

将选择量程开关转到“mA”部分的最高量程，或根据被测电流的大约数值，选择适当的量程。

将被测电路断开，留出两个测量接触点。将红表笔与电路正极相接，黑表笔与电路负极相接。改变量程，直到指针指向刻度盘的中间位置，不要带电转换量程，如图1.19所示。

测量完毕后，应将选择量程开关转到交流电压最大挡上去。

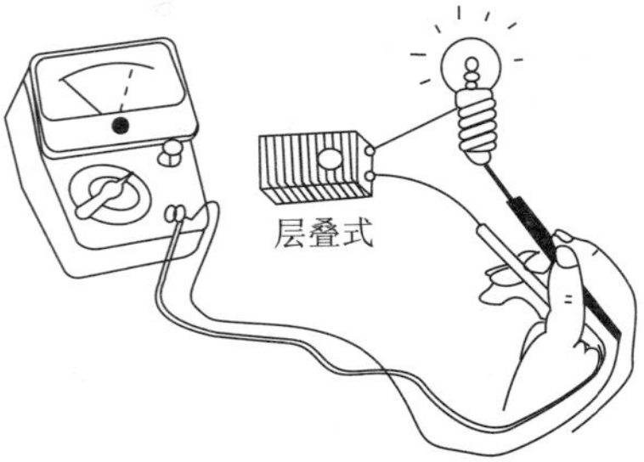

图 1.19 用指针式万用表测量直流电流

2. 数字式万用表的使用方法

数字式万用表以其测量精度高、显示直观、速度快、功能全、可靠性好、小巧轻便、省电及便于操作等优点，受到人们的普遍欢迎。图 1.20 所示是 DT-830 型数字式万用表的面板。

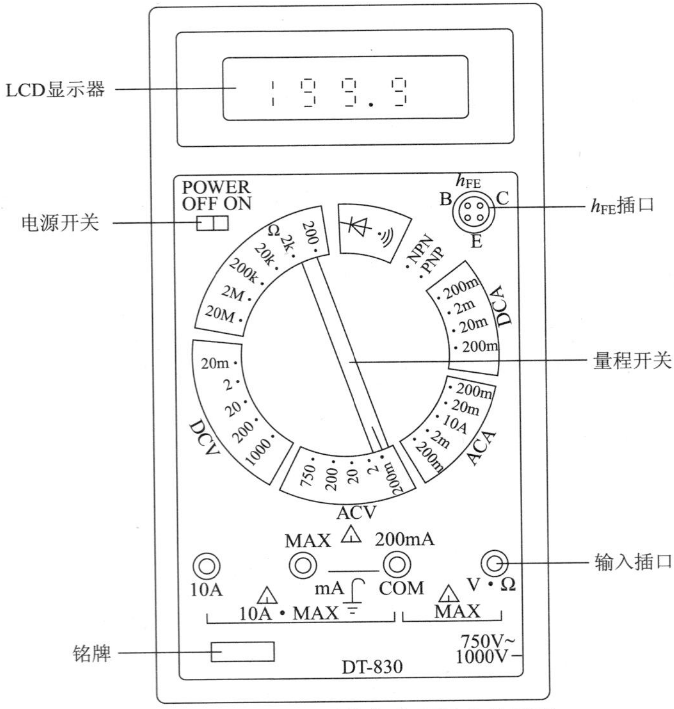

图 1.20 DT-830 型数字式万用表的面板

当万用表出现显示不准或显示值跳变异常等情况时，可先检查表内

9V 电流是否失效，若电池良好，则表内电路有故障，应进行检修。

1）直流电压的测量

将量程开关有黑线的一端拨至“DC V”范围内的适当量程挡，黑表笔接入“COM”插口，红表笔插入“V · Ω”插口。将电源开关拨至“ON”，红表笔接触被测电压的正极，黑表笔接负极，显示屏上便显示测量值。如果显示是“1”，则说明量程选得太小，应将量程开关向较大一级电压挡拨；如果显示的是一个负数，则说明表笔插反了，应更正过来。量程开关置于“×200m”挡，显示值以“mV”为单位，其余 4 个挡以“V”为单位。

2）交流电压的测量

将量程开关拨至“AC V”范围内适当量程挡，表笔接法同上，其测量方法与测量直流电压相同。

3）直流电流的测量

将量程开关拨至“DC A”范围内适当的量程挡，黑表笔插入“COM”插孔，红表笔根据估计的被测电流值插入相应的“mA”或“10A”插口，使仪表与被测电路串联，注意表笔的极性，接通表内电源，显示器便显示直流电流值。显示器显示的数值，其单位与量程开关拨至的相应挡的单位有关。若量程开关置于“200m”、“20m”、“2m”三挡时，则显示值以“mA”为单位；若置于“200μ”挡，则显示值以“μA”为单位；若置于“10A”挡，则显示值以“A”为单位。

4）交流电流的测量

将量程开关拨到“AC A”范围内适当的量程挡，黑表笔插入“COM”插孔，红表笔也按量程不同插入“mA”或“10A”插口，表与被测电路串联，表笔不分正负，显示器便显示交流电流值，如图 1.21 所示。

5）电阻的测量

将量程开关拨到“Ω”范围内适当的量程挡，红表笔插入“V · Ω”插口，黑表笔插入“COM”插孔，两表笔分别接触电阻两端，显示器便显示电阻值。量程开关置于“20M”或“2M”挡，显示值以“MΩ”为单位，“200”挡显示值以“Ω”为单位，“2k”挡显示值以“kΩ”为单位。需要指出的是不可带电测量电阻。

6）线路通、断的检查

将量程开关拨至蜂鸣器挡，红黑表笔分别插入“V · Ω”和“COM”插口。若被测线路电阻低于“20Ω”，蜂鸣器发出叫声，则说明线路接通。反之，表示线路不通或接触不良。注意，被测线路在测量之前应关断电源。

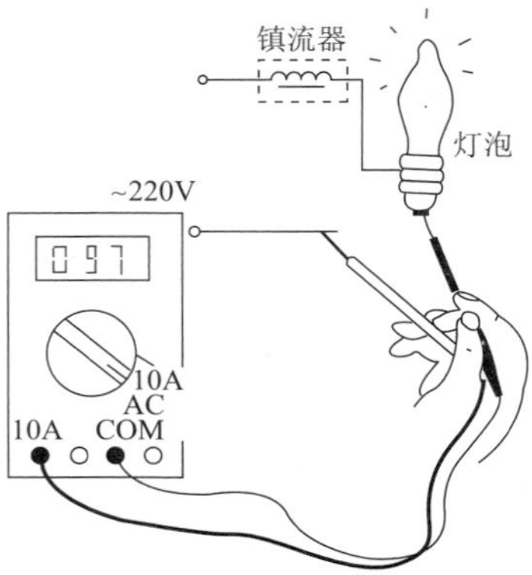

图 1.21 用数字式万用表测量交流电流

7）二极管的测量

将量程开关拨至二极管符号挡，红表笔插入“V·Ω”插孔，黑表笔插入“COM”插口，将表笔尖接至二极管两端。数字式万用表显示的是二极管的压降。正常情况下，正向测量时，锗管应显示 0.150～0.300V，硅管应显示 0.550～0.700V，反向测量时为溢出“1”。若正、反测量均显示“000”，则说明二极管短路；若正向测量显示溢出“1”，则说明二极管开路。

8）晶体管 h_{FE} 的测量

根据晶体管的类型，把量程开关拨到“PNP”或“NPN”挡，将被测晶体管的 E、B、C 极分别插入 h_{FE} 插口对应的孔内，显示器便显示晶体管的 h_{FE} 值，如图 1.22 所示。

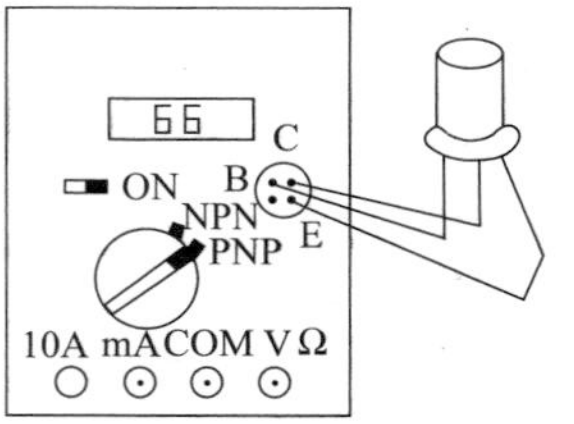

图 1.22 用数字式万用表测量晶体管 h_{FE}

3. 万用表常见故障及检修

万用表的常见故障及检修方法见表 1.2。

表 1.2 万用表的常见故障及检修方法

故障现象	产生原因	检修方法
万用表指针摆动不正常,时摆时阻	(1) 机械平衡不好,指针与外壳玻璃或表盘相摩擦 (2) 表头线断开或分流电阻断开 (3) 游丝绞住或游丝不规则 (4) 支撑部位卡死	(1) 打开表壳,用小镊子和螺丝刀整修机械摆动部位,使指针摆动灵活 (2) 重新焊接表头线,分流电阻断开时重新连接,烧断时要换同型号的分流电阻 (3) 用镊子重新调整游丝外形,使其外环圈圆滑,布局均匀 (4) 整修支撑部位
万用表电阻挡无指示	(1) 电池无电或接触不良 (2) 调整电位器中心焊接点引线断开或电位器接触不良 (3) 转换开关触点接触不良或引线断开	(1) 重新装配万用表电池,或更换新电池 (2) 重新焊接连线,并调整电位器中心触片使其与电阻丝接触良好 (3) 擦净触点油污,并修整触片。如果焊接连接线断开,要重新焊接
万用表电阻挡在表笔短路时,指针调整不到零位,或指针来回摆动不稳	(1) 电池电能即将耗尽 (2) 串联电阻值变大 (3) 表笔与万用表插头处接触不良 (4) 转换开关接触不良 (5) 调零电位器接触不良	(1) 更换同型号新电池 (2) 更换串联电阻 (3) 调整插座弹片,使其接触良好,并去掉表笔插头及插座上的氧化层 (4) 用酒精清洗万用表转换开关接触触头,并校正动触点与静触片的接触距离 (5) 用镊子把调零电位器中间的动触片往下压些,使其与静触点电阻丝接触良好
万用表电阻挡量程不能误差太大	(1) 串联电阻断开或烧断或电阻值变化 (2) 转换开关接触不良 (3) 该挡分流电阻断路或短路 (4) 电池电量不足	(1) 更换同样阻值功率的电阻 (2) 用酒精擦洗并修理接触不良处 (3) 更换该挡分流电阻 (4) 更换同型号的新电池
万用表直流电压挡在测量时不指示电压	(1) 测电压部分开关公用焊接线脱焊 (2) 转换开关接触不良 (3) 表笔插头与万用表接触不良 (4) 最小量程挡附加电阻断线	(1) 重新焊接测电压部分脱焊的连接线 (2) 用酒精擦净转换开关油污并调整转换开关接触压力 (3) 修整表笔插头与插座的接触处使其接触良好 (4) 焊接附加电阻连接线

续表 1.2

故障现象	产生原因	检修方法
万用表直流电压挡,某量程不通或某量程测量误差大	(1) 转换开关接触不良,或该挡附加电阻脱焊烧断 (2) 某量程附加电阻阻值变化使其测量不准	(1) 修整转换开关触片,并重新焊接或更换该量程的附加串联电阻 (2) 更换某量程的附加串联电阻
万用表直流电流挡不指示电流	(1) 转换开关接触不良 (2) 表笔与万用表有接触不良处 (3) 表头串联电阻损坏或脱焊 (4) 表头线圈脱焊或动圈断路	(1) 打开万用表,调整修理转换开关 (2) 修理表笔与万用表接触处,使其紧密配合 (3) 更换表头串联电阻或焊接脱焊处 (4) 焊接表头线圈,使其重新接通
万用表直流电流挡各挡测量值偏高或偏低	(1) 表头串联电阻值变大或变小 (2) 分流电阻值变大或变小 (3) 表头灵敏度降低	(1) 更换电阻 (2) 更换分流电阻 (3) 根据具体情况处理。若游丝绞住要重新修好,表头线圈损坏要更换
万用表交流电压挡指针轻微摆动指示差别太大	(1) 万用表插头与插座处接触不良 (2) 转换开关触点接触不良 (3) 整流全桥或整流二极管短路、断路	(1) 修理万用表插头与万用表插座处,使其接触良好 (2) 检修转换开关 (3) 更换短路或断路的二极管或全桥块

1.7 钳形电流表

钳形电流表是一种可以在不断开电路的情况下测量电流的专用工具。钳形电流表主要由一只电流互感器和一只电磁式电流表组成,如图 1.23 所示。电流互感器的一次线圈为被测导线,二次线圈与电流表相连接,电流互感器的变比可以通过旋钮来调节,量程从 1A 至几千安。测量时,按动扳手,打开钳口,将被测载流导线置于钳口中。当被测导线中有交变电流通过时,在电流互感器的铁心中便有交变磁通通过,互感器的二次线圈中感应出电流。该电流通过电流表的线圈,使指针发生偏转,在表盘标度尺上指出被测电流值。

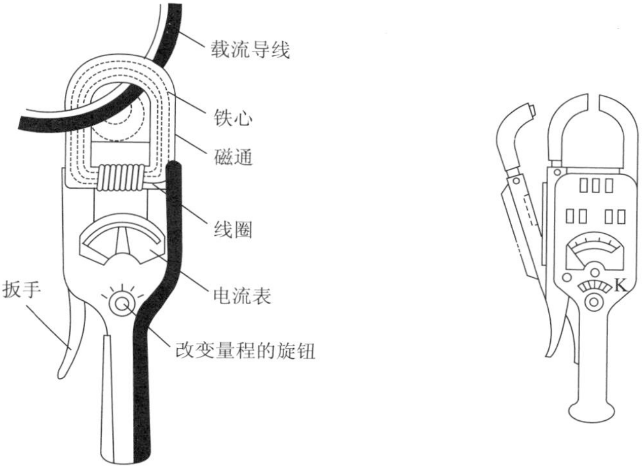

(a) 结　构　　(b) 钳口张开

图 1.23　钳形电流表

1. 钳形电流表的使用方法及注意事项

(1) 测量前，应检查仪表指针是否在零位。若不在零位，则应调到零位。同时应对被测电流进行粗略估计，选择适当的量程。如果被测电流无法估计，则应先把钳形表置于最高挡，逐渐下调切换，至指针在刻度的中间段为止。

(2) 应注意钳形电流表的电压等级，不得将低压表用于测量高压电路的电流，以免发生事故。

(3) 进行测量时，被测导线应置于钳口中央。钳口两个面应接合良好，若发现有振动或碰撞声，应将仪表扳手转动几下，或重新开合一次。钳口有污垢，可用汽油擦净。

(4) 测量大电流后，如果立即测量小电流，应开合钳口数次，以消除铁心中的剩磁。

(5) 在测量过程中不得切换量程，以免造成二次回路瞬间开路，感应出高电压而击穿绝缘。必须变换量程时，应先将钳口打开。

(6) 在读取电流读数困难的场所测量时，可先用制动器锁住指针，然后到读数方便的地点读值。

(7) 若被测导线为裸导线，则必须事先将邻近各相用绝缘板隔离，以免钳口张开时出现相间短路。

(8) 测量小于5A以下电流时，为获得准确的读数，可将导线多绕几圈放进钳口进行测量，但实际的电流数值为读数除以放进钳口内的导线根数。

(9) 测量时，如果附近有其他载流导线，所测值会受载流导体的影响产生误差。此时，应将钳口置于远离其他导体的一侧。

(10) 每次测量后，应把调节电流量程的切换开关置于最高挡位，以免下次使用时因未选择量程就进行测量而损坏仪表。

(11) 有电压测量挡的钳形表，电流和电压要分开测量，不得同时测量。

(12) 测量时，应戴绝缘手套，站在绝缘垫上。读数时要注意安全，切勿触及其他带电部分。

2. 钳形电流表的常见故障及检修方法

钳形电流表的常见故障及检修方法见表1.3。

表1.3 钳形电流表的常见故障及检修方法

故障现象	产生原因	检修方法
钳形电流表测量不准	(1) 钳形电流表的挡位位置选择不正确	(1) 正确选择挡位位置。换挡时，要将被测导线置于钳形电流表卡口之外
	(2) 钳形电流表表针未调零	(2) 调整表头上的调零螺钉使表针指向零位
	(3) 钳形电流表所卡测的电源未放入卡钳中央或卡口处有污垢	(3) 测量时，将一根电源线放在钳口中央位置，然后松手使钳口密合好。如果钳口接触不好，应检查弹簧是否损坏或有污垢，如有污垢，用布清除后再测量
	(4) 钳形电流表有强磁场影响	(4) 尽量远离强磁场
钳形电流表不能测量较小的电流	(1) 钳形电流表挡位设置少	(1) 可将被测导线在钳形电流表口内绕几圈，然后去读数。线路中实际的电流值应为仪表读数除以导线在表口上绕的匝数
	(2) 钳形电流表内部某只整流二极管损坏	(2) 测出损坏的二极管并予以更换

1.8 兆欧表

1. 兆欧表

兆欧表俗称摇表，是一种专门用来测量电气设备及电路绝缘电阻的便携式仪表。它主要由手摇直流发电机、磁电式比率表和测量线路组成，如图 1.24 所示。

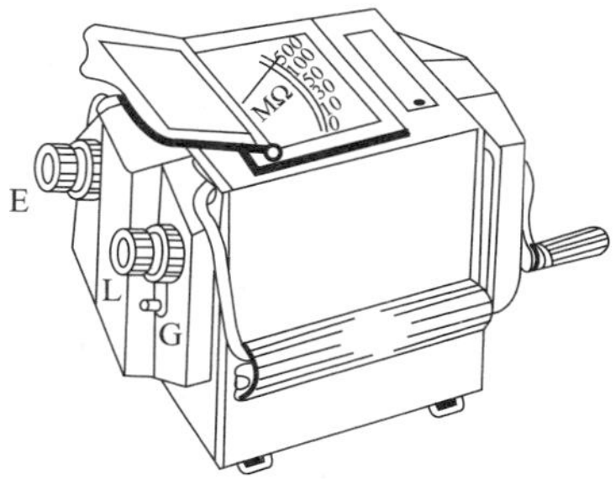

图 1.24 兆欧表

值得一提的是，兆欧表测得的是在额定电压作用下的绝缘电阻阻值。万用表虽然也能测得数千欧的绝缘阻值，但它所测得的绝缘阻值，只能作为参考，因为万用表所使用的电池电压较低，绝缘物质在电压较低时不易击穿，而一般被测量的电气设备，均要接在较高的工作电压上，为此，只能采用兆欧表来测量。一般还规定在测量额定电压 500V 以上电气设备的绝缘电阻时，必须选用 1000～2500V 兆欧表。测量 500V 以下电压的电气设备，则以选用 500V 兆欧表为宜。

2. 指针式兆欧表的使用方法及注意事项

(1) 测量前，应切断被测设备的电源，并进行充分放电(需 2～3min)，以确保人身和设备安全。

(2) 将兆欧表放置平稳，并远离带电导体和磁场，以免影响测量的准确度。

(3) 正确选择其电压和测量范围。应根据被测电气设备的额定电压选用兆欧表的电压等级，一般测量 50V 以下的用电设备绝缘情况，可选用 250V 兆欧表；测量 50～380V 的用电设备绝缘情况，可选用 500V 兆欧表；测量 500V 以下的电气设备，兆欧表应选用读数从零开始的，否则不易测量。

(4) 对有可能感应出高电压的设备,应采取必要的措施。

(5) 对兆欧表进行一次开路和短路试验,以检查兆欧表是否良好。试验时,先将兆欧表“线路(L)”、“接地(E)”两端钮开路,摇动手柄,指针应指在“∞”位置;再将两端钮短接,缓慢摇动手柄,指针应指在“0”处。否则,表明兆欧表有故障,应进行检修。

(6) 兆欧表接线柱与被测设备之间的连接导线,不可使用双股绝缘线、平行线或绞线,而应选用绝缘良好的单股铜线,并且两条测量导线要分开连接,以免因绞线绝缘不良而引起测量误差。

(7) 兆欧表上有分别标有“接地(E)”、“线路(L)”和“保护环(G)”的3个端钮。测量线路对地的绝缘电阻时,将被测线路接于L端钮上,E端钮与地线相接,如图1.25(a)所示。测量电动机定子绕组与机壳间的绝缘电阻时,将定子绕组接在L端钮上,机壳与E端连接,如图1.25(b)所示。测量电动机或电器的相间绝缘电阻时,L端钮和E端钮分别与两部分接线端子相接,如图1.25(c)所示。测量电缆心线对电缆绝缘保护层的绝缘电阻时,将L端钮与电缆心线连接,E端钮与电缆绝缘保护层外表面连接,将电缆内层绝缘层表面接于保护环端钮G上,如图1.25(d)所示。

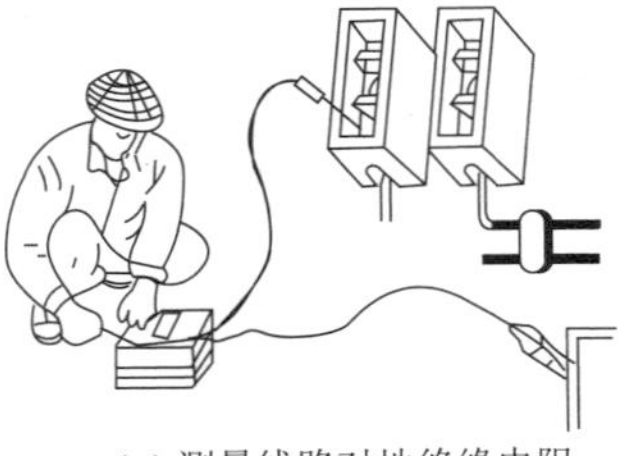

(a) 测量线路对地绝缘电阻

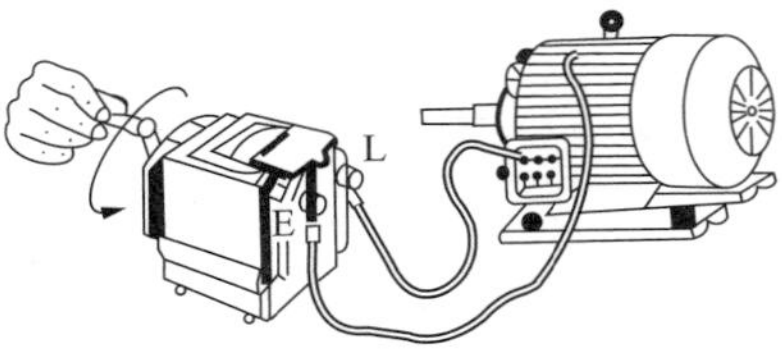

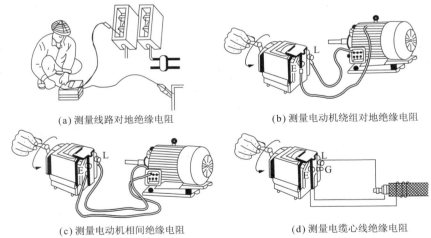

(b) 测量电动机绕组对地绝缘电阻

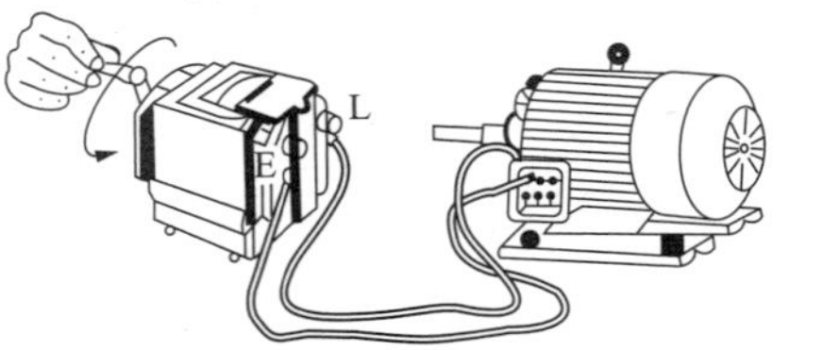

(c) 测量电动机相间绝缘电阻

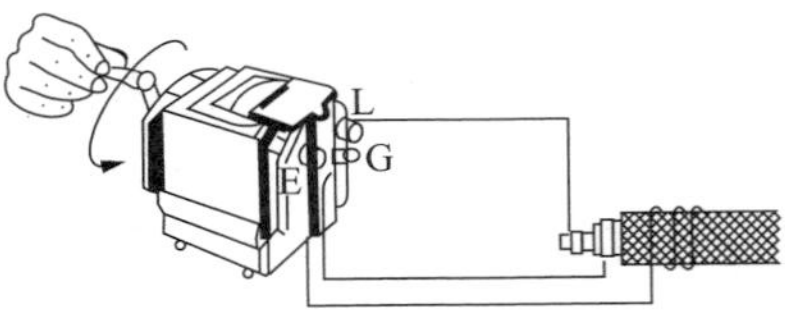

(d) 测量电缆心线绝缘电阻

图1.25　指针式兆欧表测量绝缘电阻的接线图

(8) 测量时,摇动手柄的速度由慢逐渐加快,并保持在约120r/min的转速1min左右,这时读数才是准确的结果。如果被测设备短路,指针指零,应立即停止摇动手柄,以防表内线圈发热损坏。

(9) 测量电容器、较长的电缆等设备的绝缘电阻后,应将“线路”L的连接线断开，以免被测设备向兆欧表倒充电而损坏仪表。

(10) 测量完毕后，在手柄未完全停止转动和被测对象没有放电之前，切不可用手触及被测对象的测量部分和进行拆线，以免触电。被测设备放电的方法是：用导线将测点与地(或设备外壳)短接 2～3min。

(11) 同杆架设的双回路架空线和双母线，当一路带电时，不得测试另一路的绝缘电阻，以防感应高压危害人身安全和损坏仪表。

(12) 禁止在有雷电时或在高压设备附近使用兆欧表。

3. 数字兆欧表

数字兆欧表采用 $3\frac{1}{2}$ 位 LCD 显示器显示，测试电压由直流电压变换器将 9V 直流电压变成 250V/500V/1000V 直流，并采用数字电桥进行高阻测量。它具有量程宽、读数直观、携带使用方便、整机性能稳定等优点，适用于各种电气绝缘电阻的测量。图 1.26 所示是数字兆欧表的结构图。

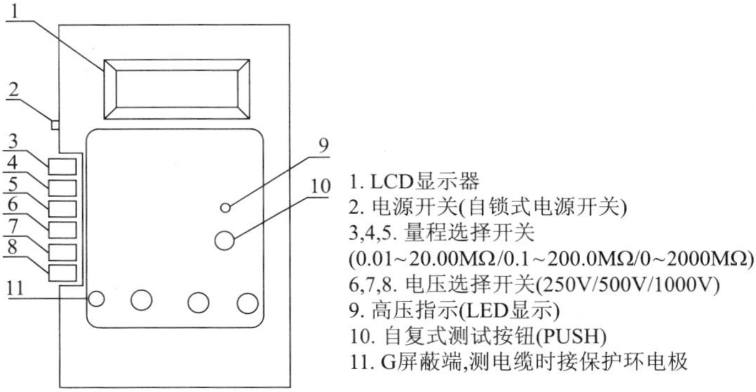

图 1.26 数字兆欧表

数字兆欧表的技术数据如表 1.4 所示。

表 1.4 数字兆欧表的技术数据

测试电压	250V±10%	500V±10%	1000V±10%
量　程	0.01～20.00MΩ 0.1～200.0MΩ 0～2000MΩ		
准确度	±(4%读数+2 个字)		
中值电阻	2MΩ	2MΩ	5MΩ
短路电流	1.7mA	1.7mA	1.4mA
插孔位置	LE_1	LE_1	LE_2

4. 数字兆欧表的使用方法及注意事项

(1) 将电源开关打开,显示器高位显示“1”。

(2) 根据测量需要选择相应的量程(0.01～20.00MΩ/0.1～200.0MΩ/0～2000MΩ),并按下。

(3) 根据测量需要选择相应的测试电压(250V/500V/1000V),并按下。

(4) 将被测对象的电极接入兆欧表相应的插孔,测试电缆时,插孔G接保护环。

(5) 将输入线“L”接至被测对象线路端,要求“L”引线尽量悬空,“E_1”或“E_2”接至被测对象地端。

(6) 按下测试按键“PUSH”(此时高压指示LED点亮)测试进行,当显示值稳定后即可读数,读值完毕后松开“PUSH”按键。

(7) 如显示器最高位仅显示“1”,表示超量程,需要换至高量程挡,当量程按键已处在0～2000MΩ挡时,则表示绝缘电阻已超过2000MΩ。

(8) 测试前应检查被测对象是否完全脱离电网供电,并应短路放电,以证明被测对象不存在电力危险才进行操作,以保障测试操作安全。

(9) 测试时,不允许手持测试端,以保证读数准确和人身安全。

(10) 测试时如显示读数不稳,有可能是环境干扰或绝缘材料不稳定的缘故,此时将“G”端接到被测对象屏蔽端,可使读数稳定。

(11) 电池不足时LCD显示器上有欠压符号“LOBAT”显示,请及时更换电池,长期存放时应取出电池,以免电池漏液损坏仪表。

(12) 由于仪表具有自动关机功能,如在测试过程中遇到仪表自动关机时,则需关闭电源开关,重新打开开关,即可恢复测试。

(13) 空载时,如有数字显示,属正常现象,不会影响测试。

(14) 为保证测试安全和减少干扰,测试线采用硅橡胶材料,请勿随意更换。

(15) 仪表请勿置于高温、潮湿处存放,以延长使用寿命。

5. 兆欧表的常见故障及检修

兆欧表的常见故障及检修方法见表1.5。

表 1.5 兆欧表的常见故障及检修方法

故障现象	产生原因	检修方法
兆欧表发电机发不出电压或电压很低,摇柄摇动很重	(1) 发电机发不出电压可能是线路接头有断线处 (2) 发电机绕组断线或其中一个绕组断线 (3) 碳刷接触不好或碳刷磨损严重,压力不够 (4) 整流子滑环击穿短路或太脏 (5) 发电机并联电容击穿 (6) 转子线圈短路 (7) 兆欧表内部接线有短路处 (8) 发电机整流环有污物,造成短路	(1) 找出断线处,重新焊接好 (2) 焊接发电机绕组断线处或重新绕线圈 (3) 清除污物后更换新碳刷,用细砂纸打磨碳刷,使碳刷在刷架内活动自如 (4) 用酒精清洗整流子滑环,清除污物并吹干,重新装配 (5) 更换同等耐压级别、同等容量的电容 (6) 重新绕制转子线圈 (7) 检查各接头有无短路处或因振动使其焊接线脱开而短路到别的接点上,恢复原位,重新焊好 (8) 拆下转子,用酒精刷净,吹干后重新装配
兆欧表指针不指零位	(1) 导丝变形 (2) 电流线圈或零点平衡线圈有短路或断路处 (3) 电流回路电阻值变大或变小 (4) 电压回路电阻值变大或变小	(1) 更换同型号导丝 (2) 重新绕制电流线圈或零点平衡线圈 (3) 更换同规格的电流回路电阻 (4) 更换同规格的电压回路电阻
兆欧表在两表笔开路时指针指不到"∞"位置或超过"∞"位置	(1) 表头导丝变形,残余力矩变大 (2) 电压回路电阻值变大 (3) 发电机发出电压不够 (4) 电压线圈有短路或断路处 (5) 指针超过"∞"时,电压回路电阻变小 (6) 指针超过"∞"时,有无穷大平衡线圈短路或断路 (7) 指针超过"∞"时,表头导丝变形,残余力矩减小	(1) 更换同型号导丝 (2) 更换新的电压回路电阻 (3) 检查发电机发出电压不足的原因。若是碳刷接触不好,要更换碳刷;若是整流环短路,要用酒精清洗并吹干;若整流二极管损坏时,要更换 (4) 重新绕制电压线圈 (5) 更换电压回路变小的电阻 (6) 重新绕制无穷大平衡线圈 (7) 用镊子修理导丝,如果变形严重时,要更换表头导丝

续表 1.5

故障现象	产生原因	检修方法
兆欧表指针不能转动，或转到某一位置时有卡住现象	(1) 兆欧表指针没有平衡于表壳玻璃罩及底盘中间，造成表针与表壳或底盘相摩擦 (2) 支撑线圈的上、下轴尖松动，造成线圈与铁心极掌相碰 (3) 线圈内部的铁心与极掌之间间隙处有铁屑等杂物 (4) 兆欧表可动线圈框架内部与铁心相摩擦 (5) 由于导丝变形使指针摆动时与其他固定物相摩擦 (6) 兆欧表指示表盘里或线圈与铁心之间落进细小毛物	(1) 用小镊子细心地把指针焊到平衡于表壳玻璃及底盘的中间位置处 (2) 重新调整上、下轴尖，坚固好宝石螺钉 (3) 拆开兆欧表，用毛刷清除铁心与极掌之间的铁屑或其他杂物 (4) 紧固固定铁心的螺钉 (5) 用镊子整形导丝或更换新导丝 (6) 拆开兆欧表，用小细毛刷清除兆欧表表盘及线圈与铁心之间的细小毛物

第2章 电工基本操作技能

2.1 导线绝缘层的剖削

1. 塑料硬线绝缘层的剖削

芯线截面为 $4mm^2$ 及以下的塑料硬线，其绝缘层用钢丝钳剖削，具体操作方法是根据所需线头长度，用钳头刀口轻切绝缘层(不可切伤芯线)，然后用右手握住钳头用力向外勒去绝缘层，同时左手握紧导线反向用力配合动作，如图 2.1 所示。

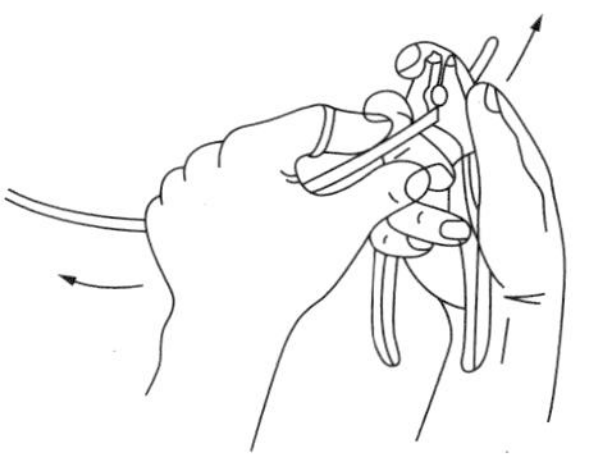

图 2.1 用钢丝钳剖削塑料硬线绝缘层

芯线截面大于 $4mm^2$ 的塑料硬线，可用电工刀来剖削其绝缘层，方法如下：

(1) 根据所需的长度用电工刀以 45°角斜切入塑料绝缘层如图 2.2(a)所示。

(2) 接着刀面与芯线保持 15°左右，用力向线端推削，不可切入芯线，削去上面一层塑料绝缘层如图 2.2(b)所示。

(3) 将下面的塑料绝缘层向后扳翻，最后用电工刀齐根切去如图 2.2(c)所示。

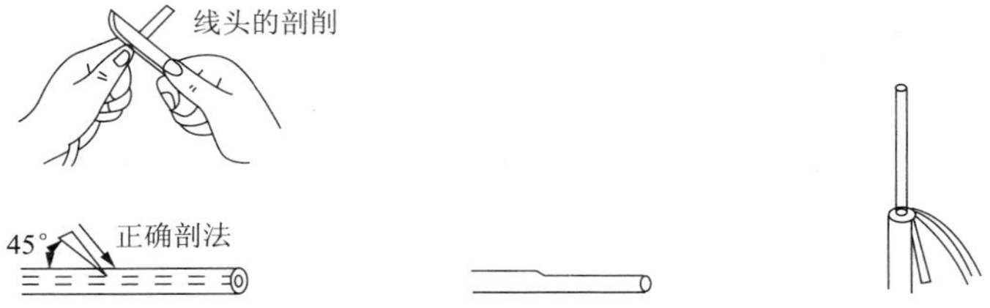

图 2.2 用电工刀剖削塑料硬线绝缘层

2. 皮线绝缘层的剖削

(1) 在皮线线头的最外层用电工刀割破一圈，如图 2.3(a)所示。

(2) 削去一条保护层，如图 2.3(b)所示。

(3) 将剩下的保护层剥割去，如图 2.3(c)所示。

(4) 露出橡胶绝缘层，如图 2.3(d)所示。

(5) 在距离保护层约 10mm 处，用电工刀以 45°斜切入橡胶绝缘层，并按塑料硬线的剖削方法剥去橡胶绝缘层，如图 2.3(e)所示。

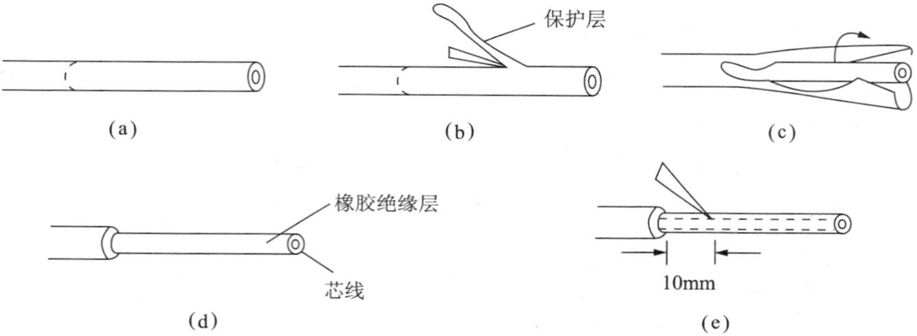

图 2.3 皮线绝缘层的剖削

3. 花线绝缘层的剖削

(1) 花线最外层棉纱织物保护层的剖削方法和里面橡胶绝缘层的剖削方法类似于皮线线端的剖削。由于花线最外层的棉纱织物较软，可用电工刀将四周切割一圈后用力将棉纱织物拉去，如图 2.4(a)所示。

(2) 在距棉纱织物保护层末端 10mm 处，用钢丝钳刀口切割橡胶绝缘层，不能损伤芯线，然后右手握住钳头，左手把花线用力抽拉，通过钳口勒出橡胶绝缘层。花线的橡胶层剥去后就露出了里面的棉纱层。

(3) 用手将包裹芯线的棉纱松散开，如图 2.4(b)所示。

(4) 用电工刀割断棉纱，即露出芯线，如图 2.4(c)所示。

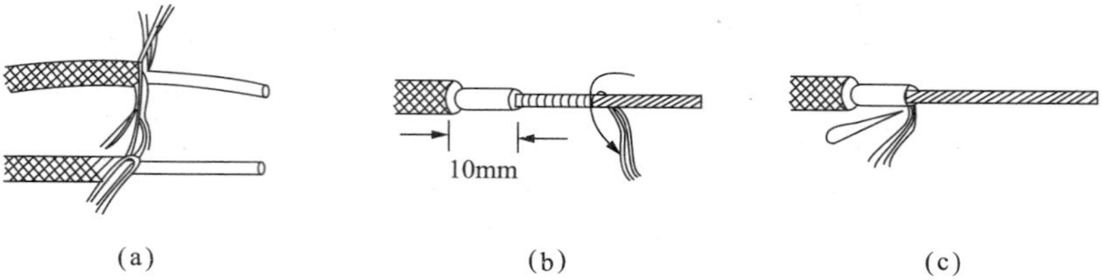

图 2.4 花线绝缘层的剖削

4. 塑料护套线绝缘层的剖削

(1) 按所需长度用电工刀刀尖对准芯线缝隙划开护套层，如图2.5(a)所示。

(2) 向后扳翻护套层，用电工刀齐根切去，如图2.5(b)所示。

(3) 在距离护套层5～10mm处，用电工刀按照剖削塑料硬线绝缘层的方法，分别将每根芯线的绝缘层剥除。

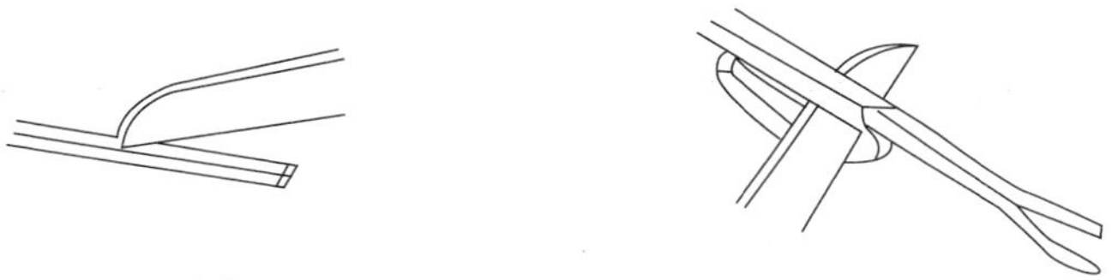

(a) (b)

图 2.5 护套线绝缘层的剖削

2.2 导线的连接

2.2.1 铜芯导线的连接

1. 单股铜芯导线的直线连接

连接时，先将两导线芯线线头按图2.6(a)所示呈“×”形相交，然后按图2.6(b)所示互相绞合2～3圈后扳直两线头，接着按图2.6(c)所示将每个线头在另一芯线上紧贴并绕6圈，最后用钢丝钳切去余下的芯线，

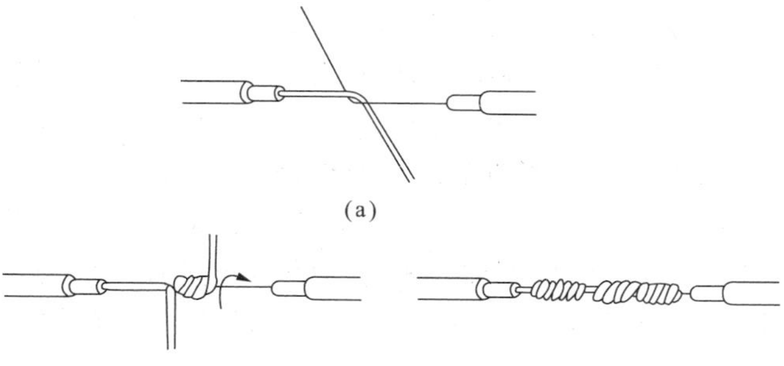

(a)

(b) (c)

图 2.6 单股铜芯导线的直线连接

并钳平芯线末端。

2. 单股铜芯导线的T字分支连接

将支路芯线的线头与干线芯线十字相交，在支路芯线根部留出5mm，然后顺时针方向缠绕支路芯线，缠绕6～8圈后，用钢丝钳切去余下的芯线，并钳平芯线末端。如果连接导线截面较大，两芯线十字交叉后直接在干线上紧密缠绕5～6圈即可，如图2.7(a)所示。较小截面的芯线可按图2.7(b)所示方法，环绕成结状，然后再将支路芯线线头抽紧扳直，向左紧密地缠绕6～8圈，剪去多余芯线，钳平切口毛刺。

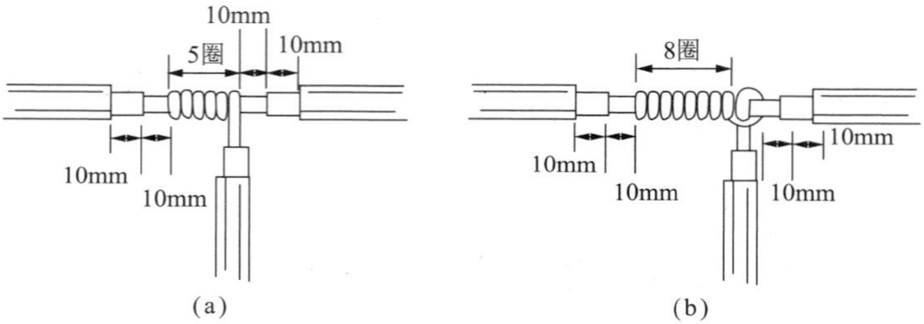

图2.7 单股铜芯导线的T字分支连接

3. 7股铜芯导线的直线连接

先将剖去绝缘层的芯线头散开并拉直，如图2.8(a)所示；把靠近绝缘层1/3线段的芯线绞紧，并将余下的2/3芯线头分散成伞状，将每根芯线拉直，如图2.8(b)所示；把两股伞骨形芯线一根隔一根地交叉，直至伞形根部相接，如图2.8(c)所示；然后捏平交叉插入的芯线，如图2.8(d)所示；把左边的7股芯线按2、2、3根分成三组，把第一组2根芯线扳起，垂直于芯线，并按顺时针方向缠绕2圈，缠绕2圈后将余下的芯线向右扳直紧贴芯线，如图2.8(e)所示；把下边第二组的2根芯线向上扳直，也按顺时针方向紧紧压着前2根扳直的芯线缠绕，缠绕2圈后，也将余下的芯线向右扳直，紧贴芯线，如图2.8(f)所示；再把下边第三组的3根芯线向上扳直，按顺时针方向紧紧压着前4根扳直的芯线向右缠绕，缠绕3圈后，切去多余的芯线，钳平线端，如图2.8(g)所示；用同样方法再缠绕另一边芯线，如图2.8(h)所示。

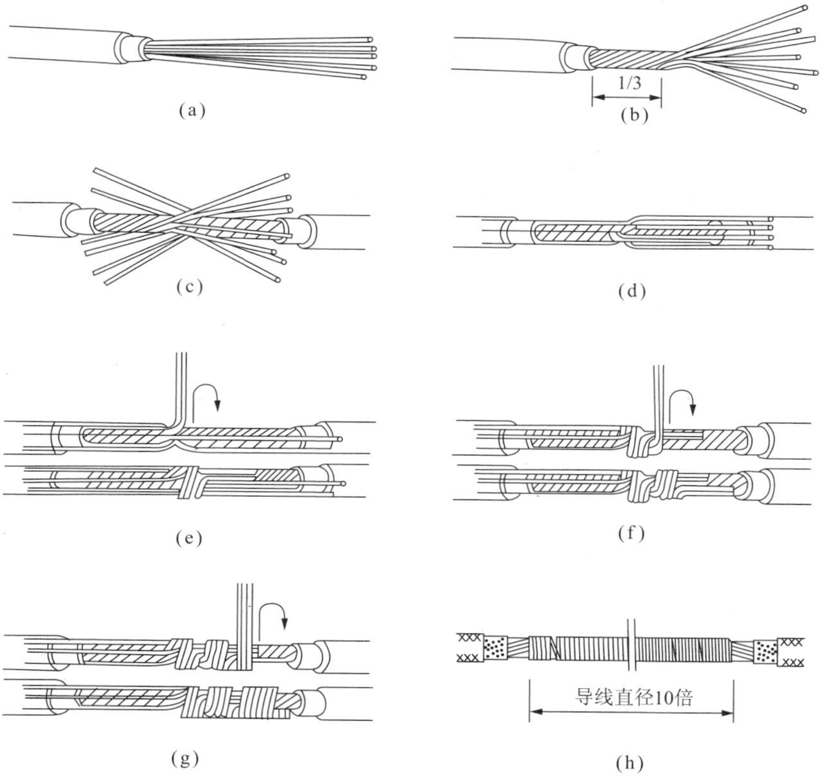

(a) (b) (c) (d) (e) (f) (g) (h)

图 2.8 7 股铜芯导线的直线连接

4. 7 股铜芯导线的 T 字分支连接

将分支芯线散开并拉直，如图 2.9(a)所示；把紧靠绝缘层 1/8 线段的芯线绞紧，把剩余 7/8 的芯线分成两组，一组 4 根，另一组 3 根，排齐，如图 2.9(b)所示；用螺丝刀把干线的芯线撬开分为两组，如图 2.9(c)所示；把支线中 4 根芯线的一组插入干线芯线中间，而把 3 根芯线的一组放在干线芯线的前面，如图 2.9(d)所示；把 3 根芯线的一组在干线右边按顺时针方向紧紧缠绕 3～4 圈，并钳平线端；把 4 根芯线的一组在干线芯线的左边按逆时针方向缠绕 4～5 圈，如图 2.9(e)所示；最后钳平线端，连接好的导线如图 2.9(f)所示。

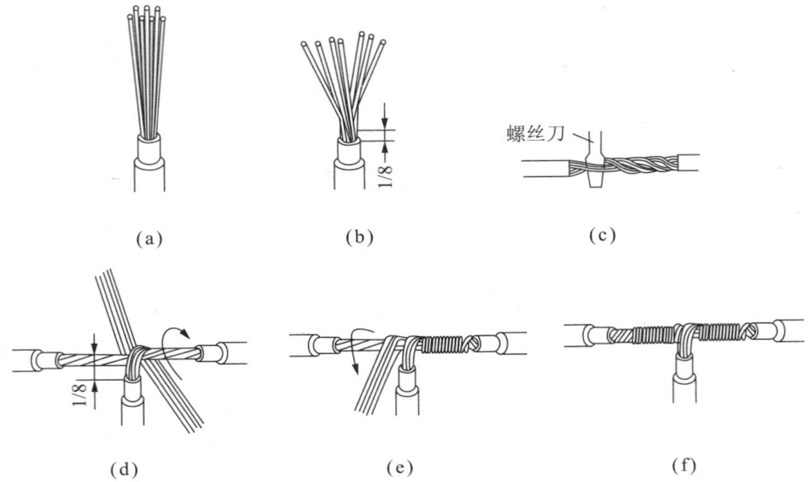

图 2.9　7股铜芯导线的T字分支连接

2.2.2　铝芯导线的连接

由于铝的表面极易氧化，而氧化铝薄膜的电阻率又很高，所以铝芯导线主要采用压接管压接和沟线夹螺栓压接。

1. 压接管压接

压接管压接又叫做套管压接。这种压接方法适用于室内外负载较大的多根铝心导线的直接连接。接线前，先选好合适的压接管，如图2.10(a)所示；清除线头表面和压接管内壁上的氧化层和污物，然后将两根线头相对插入并穿出压接管，使两线端各自伸出压接管25～30mm，如图2.10(b)所示，再用压接钳压接，如图2.10(c)所示；压接后的铝线接头如图2.10(d)所示。

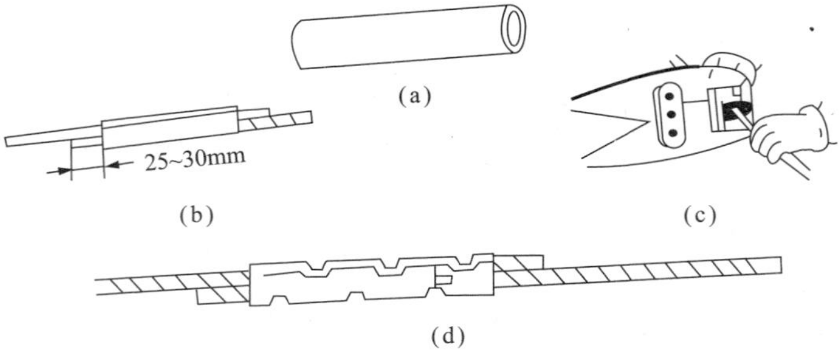

图 2.10　压接管压接方法

如果压接钢芯铝绞线，则应在两根芯线之间垫上一层铝质垫片。压接钳在压接管上的压坑数目：室内线头通常为 4 个，室外通常为 6 个。铝绞线压坑数目：截面积为 16～35mm² 的为 6 个；50～70mm² 的为 10 个。钢芯铝绞线压坑数目：截面积 16mm² 的为 12 个，25～35mm² 的为 14 个，50～70mm² 的为 16 个，95mm² 的为 20 个，120～150mm² 的为 24 个。

2. 沟线夹螺栓压接

此法适用于室内外截面积较大的架空铝导线的直线和分支连接。连接前，先用钢丝刷除去导线线头和沟线夹线槽内壁上的氧化层和污物，涂上凡士林锌膏粉（或中性凡士林），然后将导线卡入线槽，旋紧螺栓，使沟线夹紧紧夹住线头而完成连接，如图 2.11 所示。为防止螺栓松动，压紧螺栓上应套以弹簧垫圈。

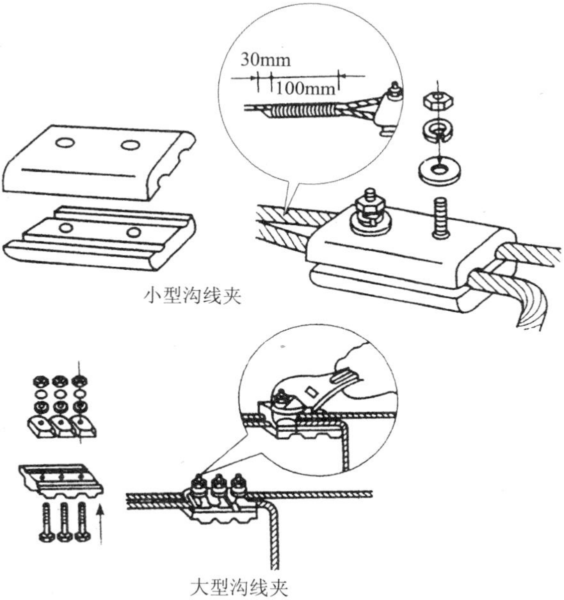

图 2.11 沟线夹螺栓压接

沟线夹的大小和使用数量与导线截面积大小有关。通常截面积为 70mm² 及以下的铝线，用一副小型沟线夹；截面积 70mm² 以上的铝线，用两副大型沟线夹，二者之间相距 300～400mm。

2.2.3 铜(导线)、铝(导线)之间的连接

铜导线与铝导线连接时,不可忽视电化腐蚀问题。如果简单地用绞接或绑接方法使二者直接连接,则铜、铝间的电化腐蚀会引起接触电阻增大而造成接头过热。实践表明,铜、铝导线直接相连的接头,在电气线路中使用寿命很短,因此,铜、铝导线连接时,应采取防电化腐蚀的措施。常见的措施有以下两种。

1. 采用铜铝过渡接线端子或铜铝过渡连接管

这是一种常用的防电化腐蚀方法。铜铝过渡接线端子一端是铝筒,另一端是铜接线板。铝筒与铝导线连接,铜接线板直接与电气设备引出线铜端子相接。

在铝导线上固定铜铝过渡接线端子,常采用焊接法或压接法。采用压接法时,压接前剥掉铝导线端部绝缘层,除掉导线接头表面和端子内部的氧化层,将中性凡士林加热,熔成液体油脂,将其涂在铝筒内壁上,并保持清洁。将导线线芯插入铝筒内,用压接钳进行压接。压接时,先在靠近端子线筒口处压第一个压槽,然后再压第二个压槽。

如果是铜导线与铝导线连接,则采用铜铝过渡连接管,把铜导线插入连接管的铜端,把铝导线插入连接管的铝端,然后用压接钳压接。

2. 采用镀锌紧固件或夹垫锌片或锡片连接

由于锌和锡与铝的标准电极电位相差较小,因此,在铜、铝之间有一层锌或锡,可以防止电化腐蚀。锌片和锡片的厚度为1～2mm。此外,也可将铜皮镀锡作为衬垫。

2.2.4 线头与接线端子(接线柱)的连接

1. 线头与针孔接线桩的连接

端子板、某些熔断器、电工仪表等的接线,大多利用接线部位的针孔并用压接螺钉来压住线头以完成连接。如果线路容量小,可只用一只螺钉压接;如果线路容量较大或对接头质量要求较高,则使用两只螺钉压接。

单股芯线与接线桩连接时,最好按要求的长度将线头折成双股并排插入针孔,使压接螺钉顶紧在双股芯线的中间,如图2.12(a)所示。如果线头较粗,双股芯线插不进针孔,也可将单股芯线直接插入,但芯线在插

入针孔前，应朝着针孔上方稍微弯曲，以免压紧螺钉稍有松动线头就脱出，如图 2.12(b)所示。

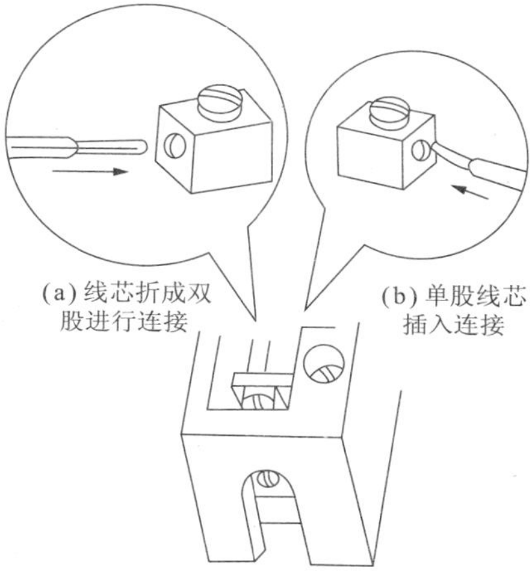

图 2.12 单股芯线与针孔接线桩连接

在接线桩上连接多股芯线时，先用钢丝钳将多股芯线进一步绞紧，以保证压接螺钉顶压时不致松散。此时应注意，针孔与线头的大小应匹配，如图 2.13(a)所示。如果针孔过大，则可选一根直径大小相宜的导线作为绑扎线，在已绞紧的线头上紧紧地缠绕一层，使线头大小与针孔匹配后再进行压接，如图 2.13(b)所示。如果线头过大，插不进针孔，则可将线头散开，适量剪去中间几股，如图 2.13(c)所示，然后将线头绞紧就可进行压接。通常 7 股芯线可剪去 1～2 股，19 股芯线可剪去 1～7 股。

无论是单股芯线还是多股芯线，线头插入针孔时必须插到底，导线绝缘层不得插入孔内，针孔外的裸线头长度不得超过 3mm。

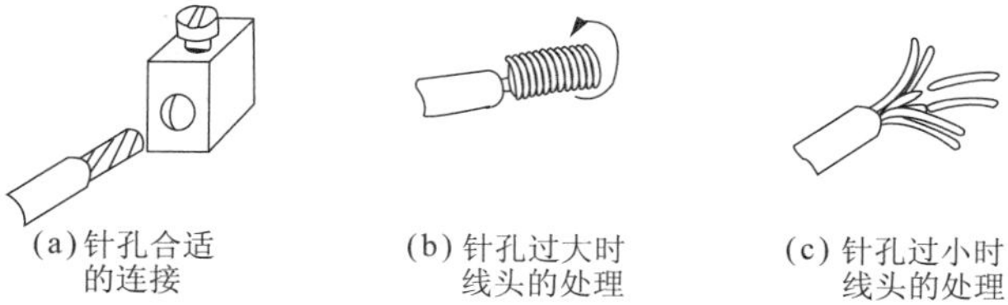

图 2.13 多股芯线与针孔接线桩连接

2. 线头与螺钉平压式接线桩的连接

单股芯线与螺钉平压式接线桩的连接，是利用半圆头、圆柱头或六角头螺钉加垫圈将线头压紧完成连接的。对载流量较小的单股芯线，先将线头变成压接圈（俗称羊眼圈），再用螺钉压紧。为保证线头与接线桩有

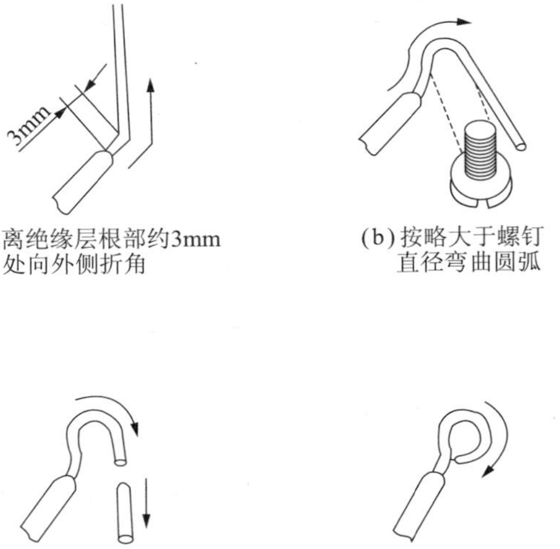

(a) 离绝缘层根部约3mm处向外侧折角　(b) 按略大于螺钉直径弯曲圆弧

(c) 剪去芯线余端　(d) 修整圆圈成圆环

图 2.14　单股芯线压接圈弯法

足够的接触面积，日久不会松动或脱落，压接圈必须弯成圆形。单股芯线压接圈弯法如图 2.14 所示。

对于横截面不超过 $10mm^2$ 的 7 股及以下多股芯线，应按图 2.15 所示方法弯制压接圈。首先把离绝缘层根部约 1/2 长的芯线重新绞紧，越紧越好，如图 2.15(a)所示；将绞紧部分的芯线，在离绝缘层根部 1/3 处向左外折角，然后弯曲圆弧，如图 2.15(b)所示；当圆弧弯曲得将成圆圈（剩下 1/4）时，应将余下的芯线向右外折角，然后使其成圆，捏平余下线端，使两端芯线平行，如图 2.15(c)所示；把散开的芯线按 2、2、3 根分成三组，将第一组两根芯线扳起，垂直于芯线[要留出垫圈边宽，如图 2.15(d)所示]；按 7 股芯线直线对接的自缠法加工，如图 2.15(e)所示。图 2.15(f)是缠成后的 7 股芯线压接圈。

对于横截面超过 $10mm^2$ 的 7 股以上软导线端头，应安装接线耳。

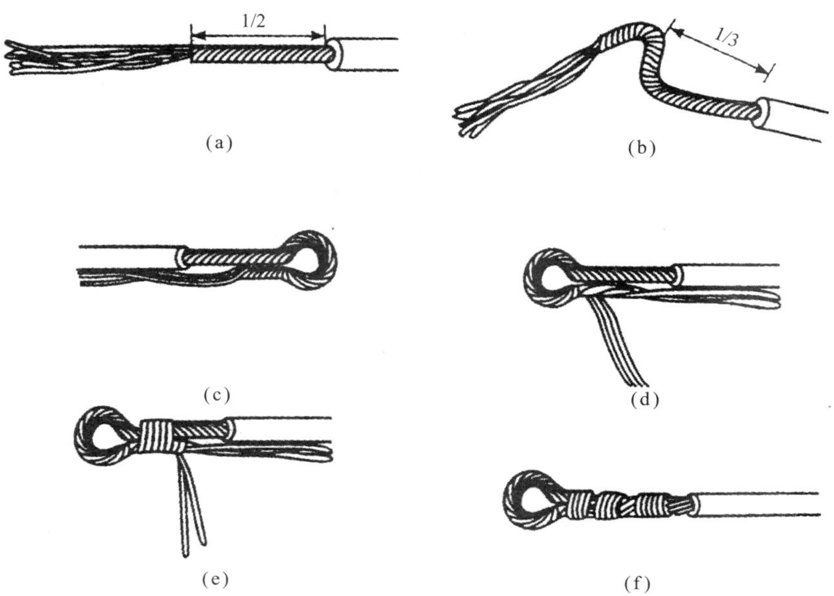

图 2.15 7 股导线压接圈弯法

压接圈与接线桩连接的工艺要求是:压接圈和接线耳的弯曲方向与螺钉拧紧方向应一致;连接前应清除压接圈、接线耳和垫圈上的氧化层及污物,然后将压接圈或接线耳放在垫圈下面,用适当的力矩将螺钉拧紧,以保证接触良好。压接时不得将导线绝缘层压入垫圈内。

软导线线头也可用螺钉平压式接线桩连接。软导线线头与压接螺钉之间的绕结方法如图 2.16 所示,其工艺要求与上述多股芯线压接相同。

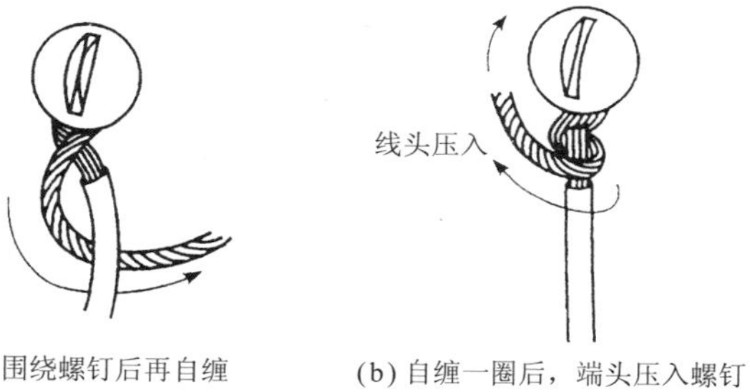

(a) 围绕螺钉后再自缠　　(b) 自缠一圈后，端头压入螺钉

图 2.16 软导线线头用平压式接线桩的连接方法

3. 线头与瓦形接线桩的连接

瓦形接线桩的垫圈为瓦形。为了保证线头不从瓦形接线桩内滑出，压接前应先将已去除氧化层和污物的线头弯成U形，如图2.17(a)所示，然后将其卡入瓦形接线桩内进行压接。如果需要把两个线头接入一个瓦形接线桩内，则应使两个弯成U形的线头重合，然后将其卡入瓦形垫圈下方进行压接，如图2.17(b)所示。

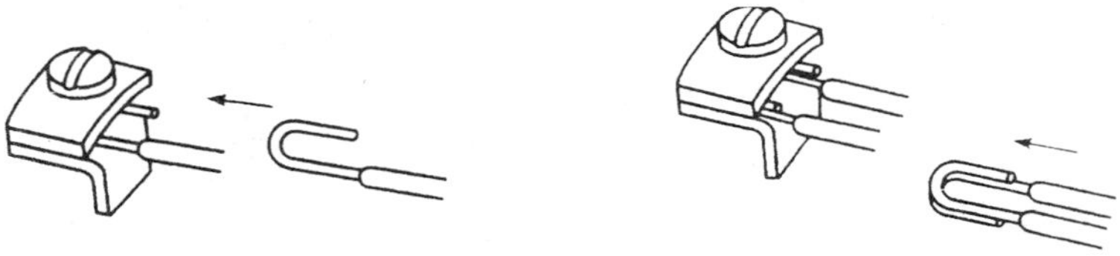

(a) 一个线头连接方法　　(b) 两个线头连接方法

图2.17 单股芯线与瓦形接线桩的连接

2.3 导线绝缘层的恢复

导线绝缘层被破坏或导线连接以后，必须恢复其绝缘性能。恢复后绝缘强度不应低于原有绝缘层。通常采用包缠法进行恢复，即用绝缘胶带紧扎数层。常用的绝缘材料有黄蜡带、涤纶薄膜带、塑料胶带和黑胶布带等多种，为方便包缠一般选用20mm宽度的绝缘带。由于黑胶布防水性较差，通常需与黄蜡带或塑料带配合使用，方能取得较好的效果。

2.3.1 导线直线连接后绝缘带的包扎方法

将黄蜡带从导线左边完整的绝缘层处开始包缠，包缠两根带宽后方可进入连接处的芯线部分，如图2.18(a)所示；包缠时，黄蜡带与导线应保持55°的倾斜角，每圈压叠带宽的1/2，如图2.18(b)所示；包扎1层黄蜡带后，将黑胶布接在黄蜡带的尾端，按另一斜叠方向包扎1层黑胶布，每圈也压叠带宽1/2，如图2.18(c)和图2.18(d)所示。

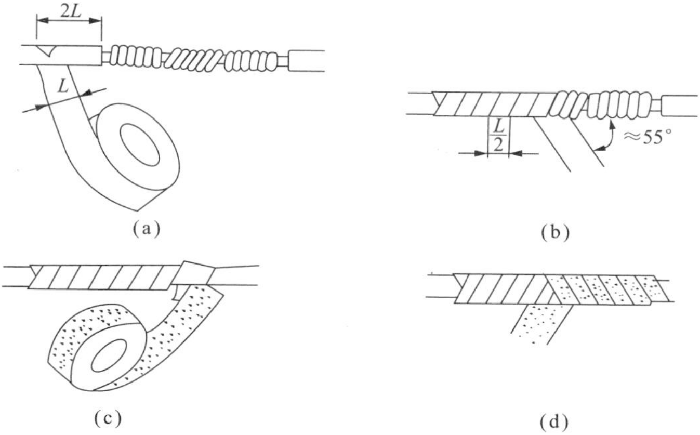

图 2.18 导线直线连接后绝缘带的包扎方法

2.3.2 导线分支连接后绝缘带的包扎方法

从主线距绝缘切口两根带宽处开始起头，先用黄蜡带(或塑料带)绕包，便于密封防止进水，如图 2.19(a)所示。包扎到分支线处时，用左手拇指顶住左侧接头的直角处，使胶带贴紧弯角处的导线，并使处于干线顶部的带面尽量向右侧斜压，如图 2.19(b)所示。当缠绕到右侧转角处时，用手指顶住右侧直角处带面，并使带面在干线顶部向左侧斜压，与被压在下边的带面呈"×"状交叉，然后把带再回绕到右侧转角处，如图 2.19(c)所示。使带沿紧贴住支线连接处根端，开始在支线上缠包，如图 2.19(d)所示。包至绝缘层上约两根带宽时，原带折回再包至支线连接处根端，并把带向干线左侧斜压。当带围过干线顶部后，紧贴干线右侧的支线连接处开始在干线右侧芯线上进行包缠，如图 2.19(e)所示。包至干线另一端的完好绝缘层后，接上黑胶布再按上述方法包缠即可，如图 2.19(f)所示。

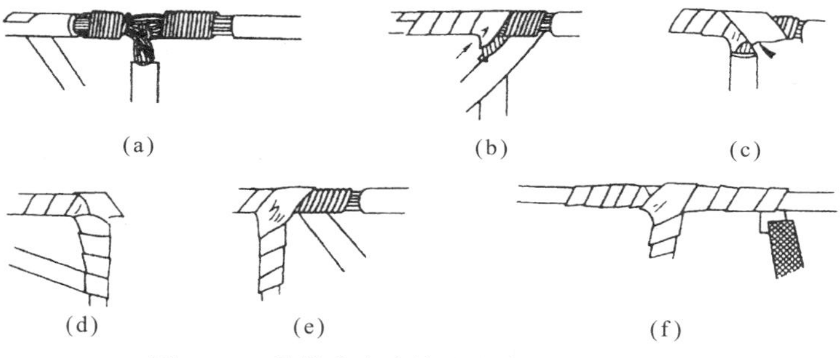

图 2.19 导线分支连接后绝缘带的包扎方法

2.4 常见电线载流量

常见电线载流量见表2.1～表2.4。

表2.1 500V单芯橡皮、聚氯乙烯绝缘电线长期允许载流量

标称截面积（mm^2）	聚氯乙烯绝缘电线（A）	橡皮绝缘电线（A）
	BV、BVR	BX、BXF、BXR
0.75	16	18
1	19	21
1.5	24	27
2.5	32	33
4	42	45
6	55	58
10	75	85
16	105	110
25	138	145
35	170	180
50	215	230
70	265	285
95	325	345
120	375	400
150	430	470
185	490	540
240	—	660
300	—	770
400	—	940
500	—	1100
630	—	1250

表 2.2 BV 单芯电线穿塑料管或穿铁管敷设载流量

标称截面积 (mm^2)	穿塑料管允许载流量(A)			穿铁管允许载流量(A)		
	穿 2 根	穿 3 根	穿 4 根	穿 2 根	穿 3 根	穿 4 根
1	12	11	10	14	13	11
1.5	16	15	13	19	17	16
2.5	24	21	19	26	24	22
4	31	28	25	35	31	28
6	41	36	32	47	41	37
10	56	49	44	65	57	50
16	72	65	57	82	73	65
25	95	85	75	107	95	85
35	120	105	93	133	115	105
50	150	132	117	165	146	130
70	185	167	148	205	183	165
95	230	205	185	250	225	200
120	270	240	215	290	260	230
150	305	275	250	330	300	265
185	355	310	280	380	340	300

表 2.3 BX 单芯电线穿塑料管或穿铁管敷设载流量

标称截面积 (mm^2)	穿塑料管允许载流量(A)			穿铁管允许载流量(A)		
	穿 2 根	穿 3 根	穿 4 根	穿 2 根	穿 3 根	穿 4 根
1	13	12	11	15	14	12
1.5	17	16	14	20	18	17
2.5	25	22	20	28	25	23
4	33	30	26	37	33	30
6	43	38	34	49	43	39
10	59	52	46	68	60	53
16	76	68	60	86	77	69
25	100	90	80	113	100	90
35	125	110	98	140	122	110
50	160	140	123	175	154	137

续表 2.3

标称截面积 (mm²)	穿塑料管允许载流量(A)			穿铁管允许载流量(A)		
	穿 2 根	穿 3 根	穿 4 根	穿 2 根	穿 3 根	穿 4 根
70	195	175	155	215	193	173
95	240	215	195	260	235	210
120	278	250	227	300	270	245
150	320	290	265	340	310	280
185	360	330	300	385	355	320

表 2.4　铜排、铝排安全载流量

尺寸(宽×厚,mm)	安全载流量(A)					
	铜排			铝排		
	一片	二片	三片	四片	五片	六片
25×3	300	—	—	235	—	—
25×3	300	—	—	235	—	—
30×3	355	—	—	270	—	—
30×4	420	—	—	320	—	—
40×4	550	—	—	420	—	—
40×5	615	—	—	475	—	—
50×5	755	—	—	585	—	—
50×6	840	—	—	650	—	—
60×5	900	—	—	715	—	—
60×6	990	1530	1970	765	1190	1510
60×8	1160	1900	2460	900	1480	1920
60×10	1300	2250	2900	1015	1770	2330
80×6	1300	1860	2390	1010	1430	1850
80×8	1490	2300	2970	1160	1800	2310
80×10	1670	2730	3510	1300	2120	2730
100×6	1590	2170	2790	1250	1700	2200
100×8	1830	2690	3460	1430	2100	3680
100×10	2030	3180	4090	1600	2520	3200
120×8	2110	2990	3820	1670	2330	2970
120×20	2330	3610	4580	1820	2820	3610

第3章 低压电器

3.1 组合开关

组合开关也是一种刀开关，不过它的刀片(动触片)是转动式的，比刀开关轻巧而且组合性强，具有体积小、寿命长、使用可靠、结构简单等优点。

组合开关可作为电源引入开关或作为5.5kW以下电动机的直接启动、停止、正反转和变速等的控制开关。采用组合开关控制电动机正反转时，必须使电动机完全停止转动后，才能接通电动机反转的电路。每小时的转接次数不宜超过20次。组合开关的外形与结构如图3.1所示。

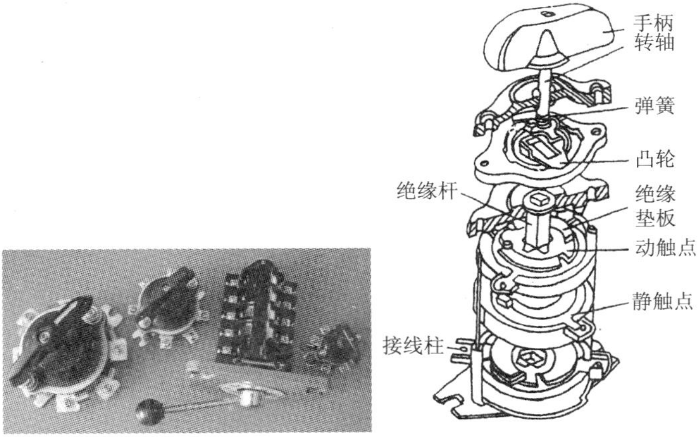

(a) 外　形　　(b) 结　构

图3.1　组合开关

1. 组合开关的型号

常用的组合开关为HZ系列，其型号含义如下：

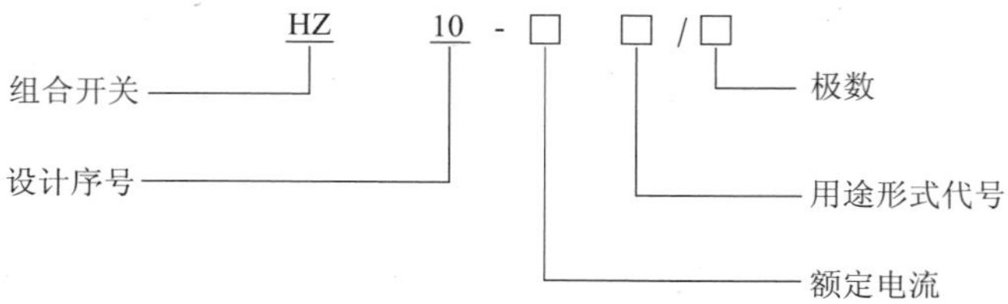

2. 组合开关的主要技术参数

HZ10 系列组合开关的主要技术参数如表 3.1 所示。

表 3.1 HZ10 系列组合开关的技术参数

型　号	极　数	额定电流(A)	额定电压(V)	
HZ10-10	2,3	6,10	直流 220	交流 380
HZ10-25	2,3	25		
HZ10-60	2,3	60		
HZ10-100	2,3	100		

3. 组合开关的选用

(1) 组合开关应根据用电设备的电压等级、容量和所需触点数进行选用。

(2) 用于照明或电热负载,转换开关的额定电流等于或大于被控制电路中各负载额定电流之和。

(3) 用于电动机负载,组合开关的额定电流一般为电动机额定电流的 1.5～2.5 倍。

4. 组合开关安装及使用注意事项

(1) 组合开关应固定安装在绝缘板上,周围要留一定的空间便于接线。

(2) 操作时频度不要过高,一般每小时的转换次数不宜超过 15～20 次。

(3) 用于控制电动机正反转时,必须使电动机完全停止转动后,才能接通电动机反转的电路。

(4) 由于组合开关本身不带过载保护和短路保护,使用时必须另设其他保护电器。

(5) 当负载的功率因数较低时,应降低组合开关的容量使用,否则会影响开关的寿命。

5. 组合开关的常见故障及检修方法

组合开关的常见故障及检修方法见表3.2。

表3.2 组合开关的常见故障及检修方法

故障现象	产生原因	检修方法
手柄转动后，内部触片未动作	(1) 手柄的转动连接部件磨损 (2) 操作机构损坏 (3) 绝缘杆变形 (4) 轴与绝缘杆装配不紧	(1) 调换新的手柄 (2) 打开开关，修理操作机构 (3) 更换绝缘杆 (4) 紧固轴与绝缘杆
手柄转动后，三副触片不能同时接通或断开	(1) 开关型号不对 (2) 修理开关时触片装配得不正确 (3) 触片失去弹性或有尘污	(1) 更换符合操作要求的开关 (2) 打开开关，重新装配 (3) 更换触片或清除污垢
开关接线桩相间短路	因导电物或油污附在接线桩间形成导电，将胶木烧焦或绝缘破坏形成短路	清扫开关或调换开关

3.2 低压断路器

低压断路器又称自动空气开关或自动空气断路器，主要用于低压动力线路中，当电路发生过载、短路、失压等故障时，它的电磁脱扣器自动脱扣进行短路保护，直接将三相电源同时切断，保护电路和用电设备的安全。在正常情况下也可用作不频繁地接通和断开电路或控制电动机。

低压断路器具有多种保护功能，动作后不需要更换元件，其动作电流可按需要方便地调整，工作可靠、安装方便、分断能力较强，因而在电路中得到广泛的应用。

低压断路器按结构形式可分为塑壳式(又称装置式)和框架式(又称万能式)两大类，常用的塑壳式和DW10型框架式低压断路器的外形如图3.2所示。框架式断路器为敞开式结构，适用于大容量配电装置；塑料外壳式断路器的特点是外壳用绝缘材料制作，具有良好的安全性，广泛用于电气控制设备及建筑物内作电源线路保护，以及对电动机进行过载和短路保护。

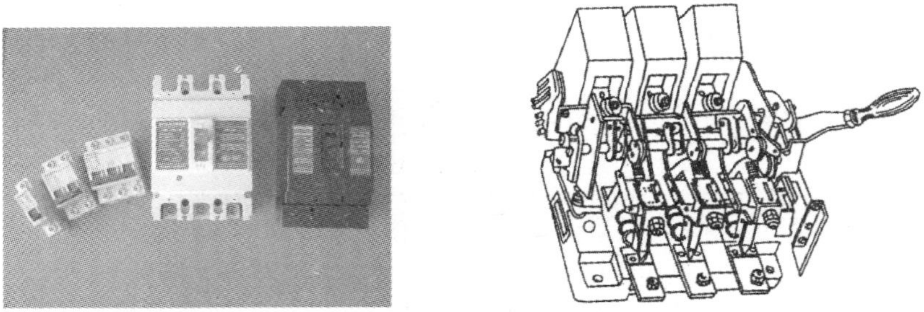

(a) 常用的塑壳式断路器　　(b) DW10型框架式低压断路器

图 3.2 低压断路器

1. 低压断路器的型号

低压断路器的型号含义如下：

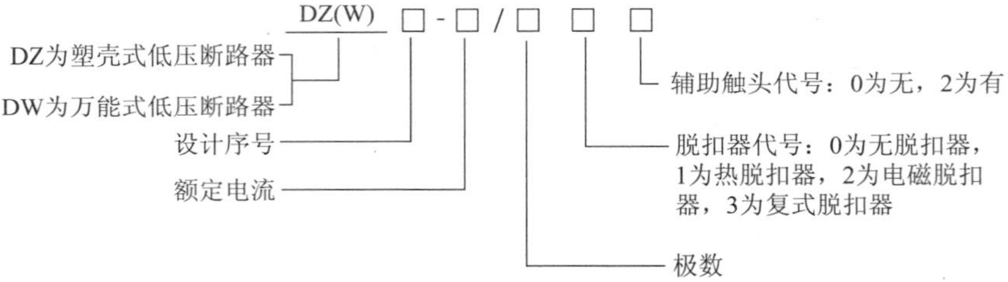

2. 低压断路器的主要技术参数

DZ20 系列断路器外形如图 3.3 所示。按其极限分断故障电流的能力分为一般型(Y 型)、较高型(J 型)、最高型(G 型)。J 型是利用短路电流的巨大电动斥力将触点斥开，紧接着脱扣器动作，故分断时间在 14ms 以内，G 型可在 8～10ms 以内分断短路电流。DZ20 系列断路器的主要技术参数见表 3.3。

3. 低压断路器的选用

(1) 根据电气装置的要求选定断路器的类型、极数以及脱扣器的类型、附件的种类和规格。

(2) 断路器的额定工作电压应大于或等于线路或设备的额定工作电压。对于配电电路来说应注意区别是电源端保护还是负载保护，电源端电压比负载端电压高出约 5%。

(3) 热脱扣器的额定电流应等于或稍大于电路工作电流。

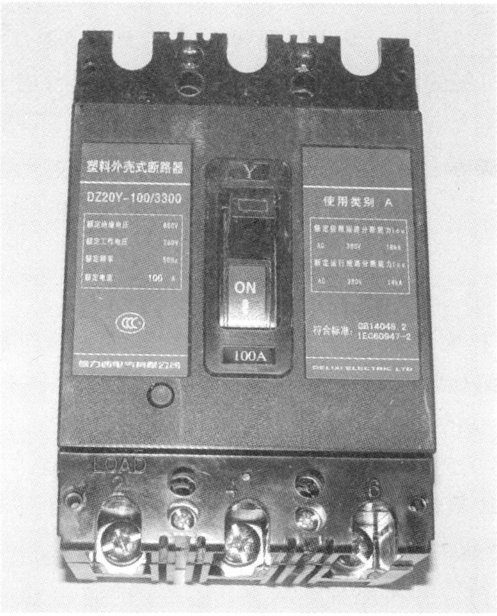

图 3.3 DZ20 系列断路器

表 3.3 **DZ20 系列断路器的主要技术参数**

<table>
<tr><th>型 号</th><th>额定电压
(V)</th><th>壳架额定电流
(A)</th><th>断路器额定电流 I_N
(A)</th><th>瞬时脱扣器整定
电流倍数</th></tr>
<tr><td>DZ20Y-100</td><td rowspan="11">~380/
~220</td><td rowspan="3">100</td><td rowspan="3">16, 20, 25, 32, 40, 50,63,80,100</td><td rowspan="3">配电用 $10I_N$
保护电机用 $12I_N$</td></tr>
<tr><td>DZ20J-100</td></tr>
<tr><td>DZ20G-100</td></tr>
<tr><td>DZ20Y-225</td><td rowspan="3">225</td><td rowspan="3">100, 125, 160, 180, 200,225</td><td rowspan="3">配电用 $5I_N$,$10I_N$
保护电机用 $12I_N$</td></tr>
<tr><td>DZ20J-225</td></tr>
<tr><td>DZ20G-225</td></tr>
<tr><td>DZ20Y-400</td><td rowspan="3">400</td><td rowspan="3">250,315,350,400</td><td rowspan="2">配电用 $10I_N$
保护电机用 $12I_N$</td></tr>
<tr><td>DZ20J-400</td></tr>
<tr><td>DZ20G-400</td><td rowspan="3">配电用 $5I_N$,$10I_N$</td></tr>
<tr><td>DZ20Y-630</td><td rowspan="2">630</td><td rowspan="2">400,500,630</td></tr>
<tr><td>DZ20J-630</td></tr>
</table>

(4) 根据实际需要,确定电磁脱扣器的额定电流和瞬时动作整定

电流。

① 电磁脱扣器的额定电流只要等于或稍大于电路工作电流即可。

② 电磁脱扣器的瞬时动作整定电流为：作为单台电动机的短路保护时，电磁脱扣器的整定电流为电动机启动电流的1.35倍（DW系列断路器）或1.7倍（DZ系列断路器）；作多台电动机的短路保护时，电磁脱扣器的整定电流为最大一台电动机的启动电流的1.3倍再加上其余电动机的工作电流。

4. 低压断路器的安装、使用和维护

（1）安装前核实装箱单上的内容，核对铭牌上的参数与实际需要是否相符，再用螺钉（或螺栓）将断路器垂直固定在安装板上。

（2）板前接线的断路器允许安装在金属支架或金属底板上，把铜导线剥去适量长度的绝缘外层，插入线箍的孔内，将线箍的外包层压紧，包牢导线，然后将线箍的连接孔与断路器接线端用螺钉紧固；对于铜排，先把接线板在断路器上固定，再与铜排固定。

（3）板后接线的断路器必须安装在绝缘底板上。固定断路器的支架或底板必须平坦。

（4）为防止相间电弧短路，进线端应安装隔弧板，隔弧板安装时应紧贴在外壳上，不可留有缝隙，或在进线端包扎200mm黄蜡带。

（5）断路器的上接线端为进线端，下接线端为出线端，“N”极为中性板，不允许倒装。

（6）断路器在工作前，对照安装要求进行检查，其固定连接部分应可靠；反复操作断路器几次，其操作机构应灵活、可靠。用500V兆欧表检查断路器的极与极、极与安装面（金属板）的绝缘电阻应不小于1MΩ，如低于1MΩ，则该产品不能使用。

（7）当低压断路器用作总开关或电动机的控制开关时，在断路器的电源进线侧必须加装隔离开关、刀开关或熔断器，作为明显的断开点。凡设有接地螺钉的产品，均应可靠接地。

（8）断路器各种特性与附件由制造厂整定，使用中不可任意调节。

（9）断路器在过载或短路保护后，应先排除故障，再进行合闸操作。

（10）断路器的手柄在自由脱扣或分闸位置时，断路器应处于断开状态，不能对负载起保护作用。

（11）断路器承载的电流过大，手柄已处于脱扣位置而断路器的触点并没有完全断开，此时负载端处于非正常运行，需人为切断电流，更换断路器。

(12) 断路器在使用或贮存、运输过程中，不得受雨水侵袭和跌落。

(13) 断路器断开短路电流后，应打开断路器检查触点、操作机构。如触点完好，操作机构灵活，试验按钮操作可靠，则允许继续使用。若发现有弧烟痕迹，可用干布抹净；若弧触点已烧毛，可用细锉小心修整，但烧毛严重，则应更换断路器以避免事故发生。

(14) 对于用电动机操作的断路器，如要拆卸电机，一定要在原处先做标记，然后再拆，再将电机装上时，不会错位，影响其性能。

(15) 长期使用后，可清除触点表面的毛刺和金属颗粒，保持良好电接触。

(16) 断路器应做周期性检查和维护，检查时应切断电源。周期性检查项目包括：在传动部位加润滑油；清除外壳表层尘埃，保持良好绝缘；清除灭弧室内壁和栅片上的金属颗粒和黑烟灰，保持良好灭弧效果，如灭弧室损坏，断路器则不能继续使用。

5. 低压断路器的常见故障及检修方法

低压断路器的常见故障及检修方法见表 3.4。

表 3.4 低压断路器的常见故障及检修方法

故障现象	产生原因	检修方法
电动操作的断路器触点不能闭合	(1) 电源电压与断路器所需电压不一致 (2) 电动机操作定位开关不灵，操作机构损坏 (3) 电磁铁拉杆行程不到位 (4) 控制设备线路断路或元件损坏	(1) 应重新通入一致的电压 (2) 重新校正定位机构，更换损坏机构 (3) 更换拉杆 (4) 重新接线，更换损坏的元器件
手动操作的断路器触点不能闭合	(1) 断路器机械机构复位不好 (2) 失压脱扣器无电压或线圈烧毁 (3) 储能弹簧变形，导致闭合力减弱 (4) 弹簧的反作用力过大	(1) 调整机械机构 (2) 无电压时应通入电压，线圈烧毁应更换同型号线圈 (3) 更换储能弹簧 (4) 调整弹簧，减少反作用力
断路器有一相触点接触不上	(1) 断路器一相连杆断裂 (2) 操作机构一相卡死或损坏 (3) 断路器连杆之间角度变大	(1) 更换其中一相连杆 (2) 检查机构卡死原因，更换损坏器件 (3) 把连杆之间的角度调整至 170°为宜

续表 3.4

故障现象	产生原因	检修方法
断路器失压脱扣器不能自动开关分断	(1) 断路器机械机构卡死不灵活 (2) 反力弹簧作用力变小	(1) 重新装配断路器,使其机构灵活 (2) 调整反力弹簧,使反作用力及储能力增大
断路器分励脱扣器不能使断路器分断	(1) 电源电压与线圈电压不一致 (2) 线圈烧毁 (3) 脱扣器整定值不对 (4) 电动开关机构螺丝未拧紧	(1) 重新通入合适电压 (2) 更换线圈 (3) 重新整定脱扣器的整定值,使其动作准确 (4) 紧固螺丝
在启动电动机时断路器立刻分断	(1) 负荷电流瞬时过大 (2) 过流脱扣器瞬时整定值过小 (3) 橡皮膜损坏	(1) 处理负荷超载的问题,然后恢复供电 (2) 重新调整过电流脱扣器瞬时整定弹簧及螺丝,使其整定到适合位置 (3) 更换橡皮膜
断路器在运行一段时间后自动分断	(1) 较大容量的断路器电源进出线接头连接处松动,接触电阻大,在运行中发热,引起电流脱扣器动作 (2) 过电流脱扣器延时整定值过小 (3) 热元件损坏	(1) 对于较大负荷的断路器,要松开电源进出线的固定螺丝,去掉接触杂质,把接线鼻重新压紧 (2) 重新整定过流值 (3) 更换热元件,严重时要更换断路器
断路器噪声较大	(1) 失压脱扣器反力弹簧作用力过大 (2) 线圈铁心接触面不洁或生锈 (3) 短路环断裂或脱落	(1) 重新调整失压脱扣器弹簧压力 (2) 用细砂纸打磨铁心接触面,涂上少许机油 (3) 重新加装短路环
断路器辅助触点不通	(1) 辅助触点卡死或脱落 (2) 辅助触点不洁或接触不良 (3) 辅助触点传动杆断裂或滚轮脱落	(1) 重新拨正装好辅助触点机构 (2) 把辅助触点清擦一次或用细砂纸打磨触点 (3) 更换同型号的传动杆或滚轮
断路器在运行中温度过高	(1) 通入断路器的主导线接触处未接紧,接触电阻过大 (2) 断路器触点表面磨损严重或有杂质,接触面积减小 (3) 触点压力降低	(1) 重新检查主导线的接线鼻,并使导线在断路器上压紧 (2) 用锉刀把触点打磨平整 (3) 调整触点压力或更换弹簧
带半导体过流脱扣的断路器,在正常运行时误动作	(1) 周围有大型设备的磁场影响半导体脱扣开关,使其误动作 (2) 半导体元件损坏	(1) 仔细检查周围的大型电磁铁分断时磁场产生的影响,并尽可能使两者距离远些 (2) 更换损坏的元件

3.3 低压熔断器

常用熔断器外形如图 3.4 所示，它是一种广泛应用的最简单有效的保护电器。其主体是低熔点金属丝或金属薄片制成的熔体，串联在被保护的电路中。在正常情况下，熔体相当于一根导线，当发生短路或过载时，电流很大，熔体因过热熔化而切断电路。熔断器具有结构简单、价格低廉、使用和维护方便等优点。常用的低压熔断器有瓷插式、螺旋式、无填料封闭管式、有填料封闭管式等几种。

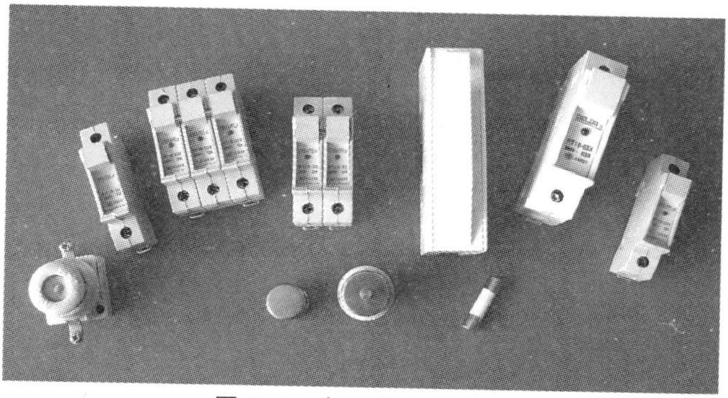

图 3.4 常用熔断器外形

常用熔断器型号的含义如下：

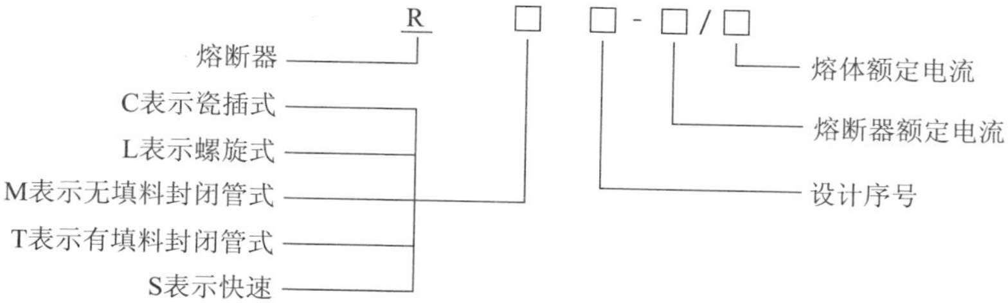

1. 几种常用的熔断器

(1) 瓷插式熔断器。瓷插式熔断器结构简单、价格低廉、更换熔丝方便，广泛用作照明和小容量电动机的短路保护。常用的 RC1A 系列瓷插式熔断器的外形结构如图 3.5 所示。

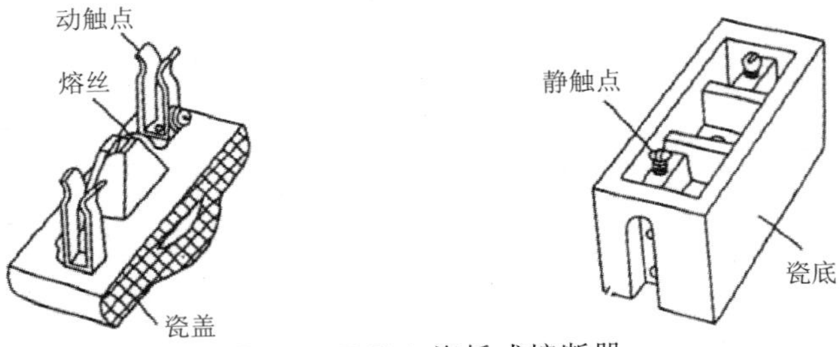

图 3.5 RC1A 瓷插式熔断器

RC1A 系列瓷插式熔断器的主要技术参数见表 3.5。

表 3.5 RC1A 系列瓷插式熔断器的主要技术参数

熔断器额定电流(A)	熔体额定电流(A)	熔体材料	熔体直径(mm)	极限分断能力(A)	交流回路功率因数(cosφ)
5	2	软铅丝	0.52	250	0.8
	5		0.71		
10	2		0.52	500	
	4		0.82		
	6		1.08		
	10		1.25		
15	15		1.98		
30	20	铜丝	0.61	1500	0.7
	25		0.71		
	30		0.81		
60	40		0.92	3000	0.6
	50		1.07		
	60		1.20		
100	80		1.55		
	100		1.80		

(2) 螺旋式熔断器。螺旋式熔断器主要由瓷帽,熔断管(熔芯),瓷套,上、下接线端及底座等组成。常用的 RL1 系列螺旋式熔断器的外形结构如图 3.6 所示。它具有熔断快、分断能力强、体积小、更换熔丝方便、安全可靠和熔丝熔断后有显示等优点,适用于额定电压 380V 及以下、电流在 200A 以内的交流电路或电动机控制电路中,作为过载或短路保护。

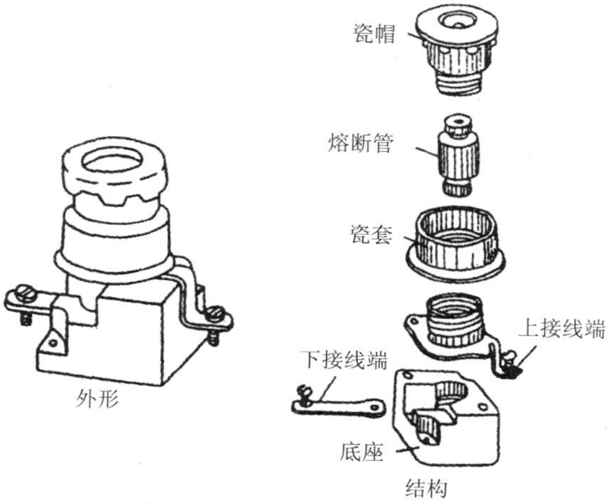

图 3.6 RL1 螺旋式熔断器

螺旋式熔断器的熔断管内除装有熔丝外，还填满起灭弧作用的石英砂。熔断管的上盖中心装有带色熔断指示器，一旦熔丝熔断，指示器即从熔断管上盖中跳出，显示熔丝已熔断，并可从瓷盖上的玻璃窗口直接发现，以便拆换熔断管。

使用螺旋式熔断器时，用电设备的连接线应接到金属螺旋壳的上接线端，电源线应接到底座的下接线端，使旋出瓷帽更换熔丝时金属壳上不会带电，以确保用电安全。

RL6 系列螺旋式熔断器的主要技术参数见表 3.6。

表 3.6 RL6 系列螺旋式熔断器的主要技术参数

型　号	额定电压(V)	熔断器额定电流(A)	熔断体额定电流(A)	额定分断能力(kA)
RL6-25	500	25	2,4,6,10,16,20,25	50
RL6-63	500	63	35,50,63	50

(3) 无填料封闭管式熔断器。常用的无填料封闭管式熔断器为 RM 系列，主要由熔断管、熔体和静插座等部分组成，具有分断能力强、保护性好、更换熔体方便等优点，但造价较高。

无填料封闭管式熔断器适用于额定电压交流 380V 或直流 440V 的各电压等级的电力线路及成套配电设备中，作为短路保护或防止连续过载之用。

为保证这类熔断器的保护功能，当熔管中的熔体熔断三次后，应更换新的熔管。

RM系列无填料封闭管式熔断器有RM1、RM3、RM7、RM10等系列产品，RM10系列的外形和结构如图3.7所示。

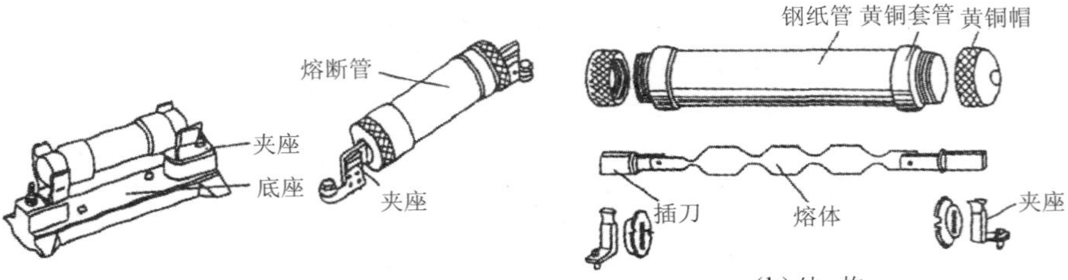

(a)外 形　　(b)结 构

图3.7 RM10系列无填料封闭管式熔断器

RM10系列无填料封闭管式熔断器的主要技术参数见表3.7。

表3.7 RM10系列无填料封闭管式熔断器的主要技术参数

型 号	额定电流(A)	熔体额定电流(A)	极限分断能力(kA)
RM10-15	15	6,10,15	1,2
RM10-60	60	15,20,25,35,45,60	3,5
RM10-100	100	60,80,100	10
RM10-200	200	100,125,160,200	10
RM10-350	350	200,225,260,300,350	10
RM10-600	600	350,430,500,600	10
RM10-1000	1000	600,700,850,1000	12

(4) 有填料封闭管式熔断器。使用较多的有填料封闭管式熔断器为RT系列，主要由熔管、触刀、夹座、底座等部分组成，如图3.8所示。它具有极限断流能力大(可达50kA)、使用安全、保护特性好、带有明显的熔断指示器等优点，缺点是熔体熔断后不能单独更换，造价较高。

有填料封闭管式熔断器适用于交流电压380V、额定电流1000A以内的高短路电流的电力网络和配电装置中，作为电路、电机、变压器及电气设备的过载与短路保护。

RT系列有填料封闭管式熔断器有螺栓连接的RT12、RT15系列和瓷质圆筒结构、两端有帽盖的 RT14、RT19 系列熔断器等。

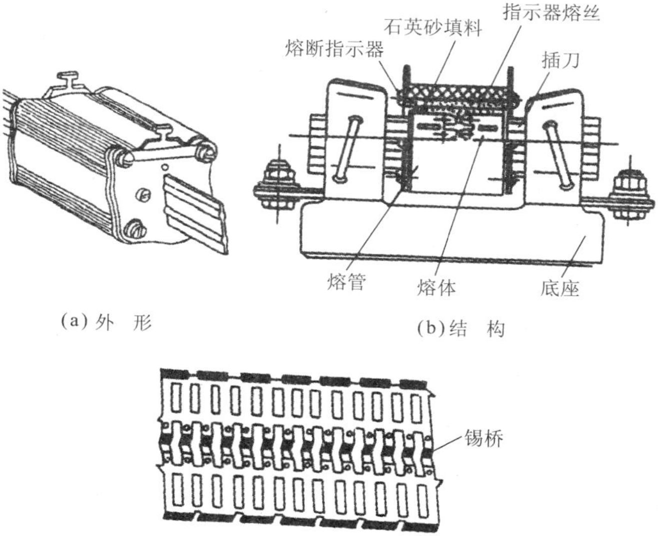

(a) 外　形　　(b) 结　构

(c) 锡　桥

图 3.8　RT 系列有填料封闭管式熔断器

RT14、RT15 系列熔断器的主要技术参数见表 3.8。

表 3.8　RT14、RT15 系列熔断器的主要技术参数

型　号	额定电压 (V)	支持件额定电流 (A)	熔体额定电流 (A)	额定分断能力 (kA)
RT14	380	20	2,4,6,10,16,20	100
		32	2,4,6,10,20,25,32	
		63	10,16,25,32,40,50,60	
RT15	415	100	40,50,63,100	80
		200	125,160,200	
		315	250,315	
		400	350,400	

(5) NT 系列低压高分断能力熔断器。NT 系列低压高分断能力熔断器具有分断能力强(可达 100kA)、体积小、质量轻、功耗小等优点，适用于额定电压不超过 660V、额定电流不超过 1000A 的电路中，作为工业电气设备过载和短路保护使用。NT2 型熔断器的外形如图 3.9 所示。

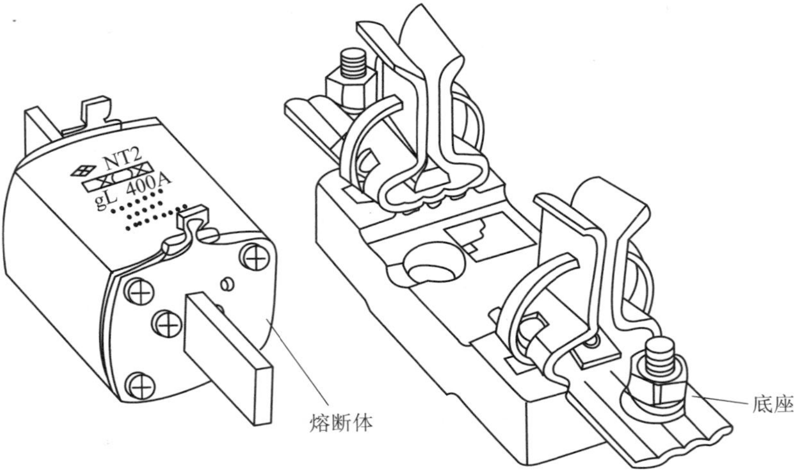

图3.9 NT2型熔断器

NT型熔断器的主要技术参数见表3.9。

表3.9 NT型熔断器的主要技术参数

型 号	额定电压(V)	底座额定电流(A)	熔体额定电流(A)	额定分断能力(kA)
NT00	500/600	160	4,6,10,16,20,25,32,35,40,50,63,80,100,125,160	500V,120kA/660V,50kA
NT0		160	6,10,16,20,25,32,35,40,50,63,80,100,125,160	
NT1		250	80,100,125,160,200,224,250	
NT2		400	125,160,200,224,250,300,315,355,400	

2. 熔断器的选用

(1) 熔断器的类型应根据使用场合及安装条件进行选择。电网配电一般用管式熔断器;电动机保护一般用螺旋式熔断器;照明电路一般用瓷插式熔断器;保护可控硅则应选择快速熔断器。

(2) 熔断器的额定电压必须大于或等于线路的电压。

(3) 熔断器的额定电流必须大于或等于所装熔体的额定电流。

(4) 合理选择熔体的额定电流:

① 对于变压器、电炉和照明等负载，熔体的额定电流应略大于线路负载的额定电流。

② 对于一台电动机负载的短路保护，熔体的额定电流应大于或等于1.5～2.5倍电动机的额定电流。

③ 对几台电动机同时保护，熔体的额定电流应大于或等于其中最大容量的一台电动机的额定电流的1.5～2.5倍加上其余电动机额定电流的总和。

④ 对于降压启动的电动机，熔体的额定电流应等于或略大于电动机的额定电流。

3. 熔断器安装及使用注意事项

(1) 安装前检查熔断器的型号、额定电流、额定电压、额定分断能力等参数是否符合规定要求。

(2) 安装熔断器除保证足够的电气距离外，还应保证足够的间距，以便于拆卸、更换熔体。

(3) 安装时应保证熔体和触刀，以及触刀和触刀座之间接触紧密可靠，以免由于接触处发热，使熔体温度升高，发生误熔断。

(4) 安装熔体时必须保证接触良好，不允许有机械损伤，否则准确性将降低。

(5) 熔断器应安装在各相线上，三相四线制电源的中性线上不得安装熔断器，而单相两线制的零线上应安装熔断器。

(6) 瓷插式熔断器安装熔丝时，熔丝应顺着螺钉旋紧方向绕过去，同时应注意不要划伤熔丝，也不要把熔丝绷紧，以免减小熔丝截面尺寸或绷断熔丝。

(7) 安装螺旋式熔断器时，必须注意将电源线接到瓷底座的下接线端(即低进高出的原则)，以保证安全。

(8) 更换熔丝，必须先断开电源，一般不应带负载更换熔断器，以免发生危险。

(9) 在运行中应经常注意熔断器的指示器，以便及时发现熔体熔断，防止缺相运行。

(10) 更换熔体时，必须注意新熔体的规格尺寸、形状应与原熔体相同，不能随意更换。

4. 熔断器的常见故障及检修方法

熔断器的常见故障及检修方法见表 3.10。

表 3.10　熔断器的常见故障及检修方法

故障现象	产生原因	检修方法
保险丝或保险管、保险片换上后瞬间全部熔断	(1)电源负载线路短路或线路接线错误 (2)更换的保险丝过小或负载太大难以承受 (3)电动机卡死,造成负载过重,启动时保险熔断	(1)接线错误应予更正,查出短路点,修复后再供电 (2)根据线路和负载情况重新计算保险丝的容量 (3)若查出电动机卡死,应检修机械部分使其恢复正常
保险丝更换后在压紧螺丝附近慢慢熔断	(1)接线桩头或压保险丝的螺丝锈死,压不紧保险丝或导线 (2)导线过细或负载过重 (3)铜、铝连接时间过长,引起接触不良 (4)瓷插保险插头与插座间接触不良 (5)熔丝规格过小,负载过重	(1)更换同型号的螺丝及垫片并重新压紧保险丝 (2)根据负载大小重新计算所用导线截面积,更换新导线 (3)去掉铜、铝接头处氧化层,重新压紧接触点 (4)把瓷插头的触点爪向内扳一点,使其能在插入插座后接触紧密,并且用砂布打磨瓷插保险金属的所有接触面 (5)根据负载情况可更换大一号的熔丝
瓷插保险丝破损	(1)瓷插保险丝人为损坏 (2)瓷插保险丝因电流过大引起发热自身烧坏	(1)更换瓷插保险丝 (2)更换瓷插保险丝
螺旋保险更换后不通电	(1)螺旋保险未旋紧,引起接触不良 (2)螺旋保险外壳底面接触不良,里面有尘屑或金属皮因熔断器熔断时熔坏脱落	(1)重新旋紧新换的保险管 (2)更换同型号的保险外壳后装入适当保险丝重新旋紧

3.4　交流接触器

交流接触器是通过电磁机构动作,频繁地接通和分断主电路的远距离操纵电器。它具有动作迅速、操作安全方便、便于远距离控制以及具有欠电压、零电压保护作用等优点,广泛用于电动机、电焊机、小型发电机、电热设备和机床电路上。常用的交流接触器的外形如图 3.10 所示。由于它只能接通和分断负荷电流,不具备短路保护作用,因此常与熔断器、

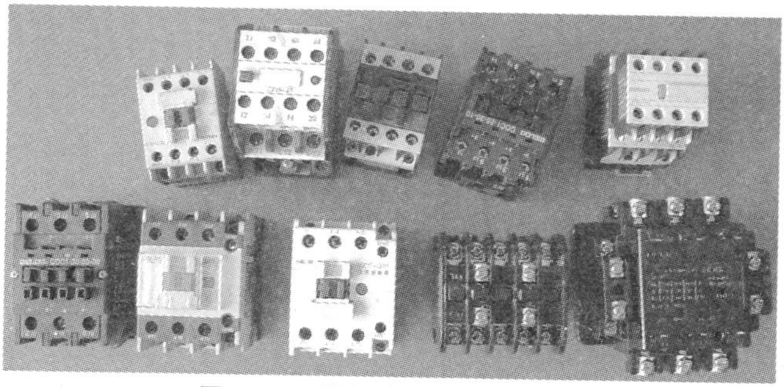

图 3.10 常见交流接触器外形

热继电器等配合使用。

1. 交流接触器的工作原理

交流接触器主要由电磁机构、触点系统、灭弧装置及辅助部件等组成。图 3.11 所示是 CDC10-20 型交流接触器的结构。

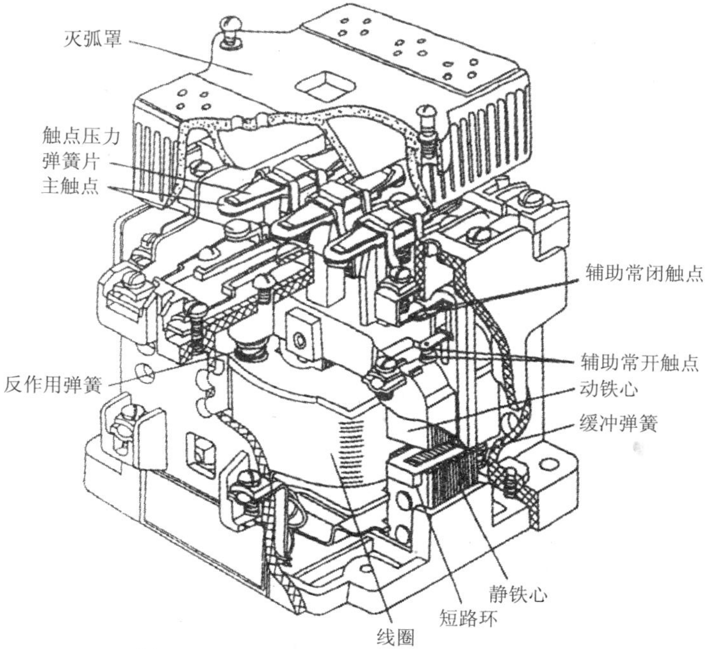

图 3.11 CDC10-20 型交流接触器的结构

当交流接触器的电磁线圈通电后，线圈中流过电流产生磁场，使静铁心产生足够的吸力，克服反作用弹簧与动触点压力弹簧片的反作用力，将动铁心吸合，同时带动传动杆使动触点和静触点的状态发生改变，其中三对常开主触点闭合，主触点两侧的两对常开辅助触点闭合，两对常闭辅助触点断开。当电磁线圈断电后，由于铁心电磁吸力消失，动铁心在反作用弹簧力的作用下释放，各触点也随之恢复原始状态。交流接触器的线圈电压在80%～105%额定电压下工作时，能保证正常吸合和释放。电压过高时，磁路趋于饱和，线圈电流将增大，严重时会烧毁线圈。而电压过低时，电磁吸力不足，动铁心吸合不上或时吸时放，线圈电流增大会造成线圈过热而烧毁。

2. 交流接触器的型号

常用的交流接触器有CJX2、CJ12、CJ20和CJT1系列以及B系列等。

CJ20系列交流接触器的型号含义如下：

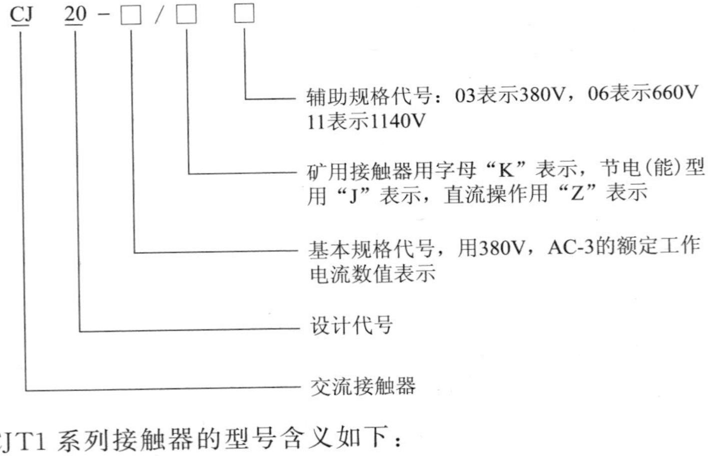

CJT1系列接触器的型号含义如下：

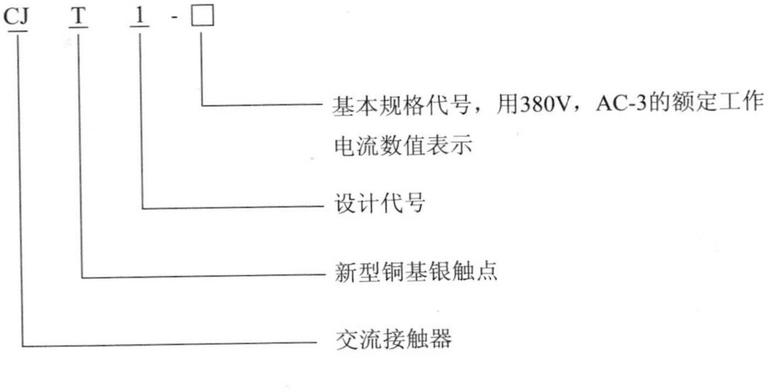

3. 交流接触器的主要技术参数

CJ20 系列交流接触器主要用于交流 50Hz、额定电压不超过 660V（个别等级至 1140V）、电流不超过 630A 的电力线路中，亦可用于远距离频繁地接通和分断电路及控制交流电动机，并可与热继电器或电子式保护装置组成电磁启动器，以保护电路。

CJ20 系列交流接触器的主要技术参数见表 3.11。

表 3.11 CJ20 系列交流接触器的主要技术参数

<table>
<tr><th rowspan="2">型 号</th><th rowspan="2">额定绝缘电压(V)</th><th rowspan="2">额定发热电流(A)</th><th colspan="3">AC-3 使用类别下可控制的三相鼠笼形电动机的最大功率(kW)</th><th rowspan="2">每小时操作循环数(次/h)(AC-3)</th><th rowspan="2">AC-3 电寿命(万次)</th><th rowspan="2">线圈功率启动/保持(V·A/W)</th><th rowspan="2">选用的熔断器型号</th></tr>
<tr><th>220V</th><th>380V</th><th>660V</th></tr>
<tr><td>CJ20-10</td><td rowspan="7">660</td><td>10</td><td>2.2</td><td>4</td><td>4</td><td rowspan="7">1200</td><td rowspan="4">100</td><td>65/8.3</td><td>RT16-20</td></tr>
<tr><td>CJ20-16</td><td>16</td><td>4.5</td><td>7.5</td><td>11</td><td>62/8.5</td><td>RT16-32</td></tr>
<tr><td>CJ20-25</td><td>32</td><td>5.5</td><td>11</td><td>13</td><td>93/14</td><td>RT16-50</td></tr>
<tr><td>CJ20-40</td><td>55</td><td>11</td><td>22</td><td>22</td><td>175/19</td><td>RT16-80</td></tr>
<tr><td>CJ20-63</td><td>80</td><td>18</td><td>30</td><td>35</td><td rowspan="3">120</td><td>480/57</td><td>RT16-160</td></tr>
<tr><td>CJ20-100</td><td>125</td><td>28</td><td>50</td><td>50</td><td>570/61</td><td>RT16-250</td></tr>
<tr><td>CJ20-160</td><td>200</td><td>48</td><td>85</td><td>85</td><td>855/85.5</td><td>RT16-315</td></tr>
<tr><td>CJ20-250</td><td rowspan="5">660</td><td>315</td><td>80</td><td>132</td><td>—</td><td rowspan="5">600</td><td rowspan="5">60</td><td>1710/152</td><td>RT16-400</td></tr>
<tr><td>CJ20-250/06</td><td>315</td><td>—</td><td>—</td><td>190</td><td>1710/152</td><td>RT16-400</td></tr>
<tr><td>CJ20-400</td><td>400</td><td>115</td><td>200</td><td>220</td><td>1710/152</td><td>RT16-500</td></tr>
<tr><td>CJ20-630</td><td>630</td><td>175</td><td>300</td><td>—</td><td>3578/250</td><td>RT16-630</td></tr>
<tr><td>CJ20-630/06</td><td>630</td><td>—</td><td>—</td><td>350</td><td>3578/250</td><td>RT16-630</td></tr>
</table>

CJT1 系列交流接触器主要用于交流 50Hz、额定电压不超过 380V、电流不超过 150A 的电力线路中，做远距离频繁接通与分断线路之用，并与适当的热继电器或电子式保护装置组合成电动机启动器，以保护可能发生过载的电路。

CJT1 系列接触器的主要参数和技术性能见表 3.12。

表 3.12 CJT1 系列接触器的主要参数和技术性能

<table>
<tr><th colspan="2">型 号</th><th>CJT1-10</th><th>CJT1-20</th><th>CJT1-40</th><th>CJT1-60</th><th>CJT1-100</th><th>CJT1-150</th></tr>
<tr><td colspan="2">额定工作电压(V)</td><td colspan="6">380</td></tr>
<tr><td colspan="2">额定工作电流
(AC-1-AC-4,380V)</td><td>10</td><td>20</td><td>40</td><td>60</td><td>100</td><td>150</td></tr>
<tr><td rowspan="2">控制电动机
功率(kW)</td><td>220 V</td><td>2.2</td><td>5.8</td><td>11</td><td>17</td><td>28</td><td>43</td></tr>
<tr><td>380 V</td><td>4</td><td>10</td><td>20</td><td>30</td><td>50</td><td>75</td></tr>
<tr><td colspan="2">每小时操作循环数
(次/h)</td><td colspan="6">AC-1,AC-3 为 600,AC-2,AC-4 为 300,
CJT1-150 AC-4 为 120</td></tr>
<tr><td rowspan="2">电寿命
(万次)</td><td>AC-3</td><td colspan="6">60</td></tr>
<tr><td>AC-4</td><td colspan="3">2</td><td colspan="2">1</td><td>0.6</td></tr>
<tr><td colspan="2">机械寿命(万次)</td><td colspan="6">300</td></tr>
<tr><td colspan="2">辅助触点</td><td colspan="6">2 常开 2 常闭,AC-15 180V · A;DC-13 60W I_{th}:5A</td></tr>
<tr><td colspan="2">配用熔断器</td><td>RT16-20</td><td>RT16-50</td><td>RT16-80</td><td>RT16-160</td><td>RT16-250</td><td>RT16-315</td></tr>
<tr><td rowspan="2">吸引线圈
消耗功率
(V · A)</td><td>闭合前
瞬间</td><td>65</td><td>140</td><td>245</td><td>485</td><td>760</td><td>1100</td></tr>
<tr><td>闭合后
吸持</td><td>11</td><td>22</td><td>30</td><td>95</td><td>105</td><td>116</td></tr>
<tr><td colspan="2">吸合功率(W)</td><td>5</td><td>6</td><td>12</td><td>26</td><td>27</td><td>28</td></tr>
</table>

4. 交流接触器的选用

(1) 接触器类型的选择。根据电路中负载电流的种类来选择,即交流负载应选用交流接触器,直流负载应选用直流接触器。

(2) 主触点额定电压和额定电流的选择。接触器主触点的额定电压应大于或等于负载电路的额定电压。主触点的额定电流应大于负载电路的额定电流。

(3) 线圈电压的选择。交流线圈电压:36V、110V、127V、220V、380V;直流线圈电压:24V、48V、110V、220V、440V;从人身和设备安全角度考虑,线圈电压可选择低一些;但当控制线路简单,线圈功率较小时,为了节省变压器,可选 220V 或 380V。

(4) 触点数量及触点类型的选择。通常接触器的触点数量应满足控制回路数的要求,触点类型应满足控制线路的功能要求。

(5) 接触器主触点额定电流的选择。主触点额定电流应满足下面的

条件,即

$$I_{N主触点}\geqslant P_{N电动机}/[(1\sim1.4)U_{N电动机}]$$

若接触器控制的电动机启动或正反转频繁,一般将接触器主触点的额定电流降一级使用。

(6) 接触器主触点额定电压的选择。使用时要求接触器主触点额定电压应大于或等于负载的额定电压。

(7) 接触器操作频率的选择。操作频率是指接触器每小时的通断次数。当通断电流较大或通断频率过高时,会引起触点过热,甚至熔焊。操作频率若超过规定值,应选用额定电流大一级的接触器。

(8) 接触器线圈额定电压的选择。接触器线圈的额定电压不一定等于主触点的额定电压,当线路简单、使用电器较少时,可直接选用于380V或220V电压的线圈,如线路较复杂、使用电器超过5个时,可选用24V、48V或110V电压的线圈。

5. 交流接触器的安装、使用和维护

(1) 接触器安装前应核对线圈额定电压和控制容量等是否与选用的要求相符合。

(2) 接触器应垂直安装于直立的平面上,与垂直面的倾斜不超过5°。

(3) 金属底座的接触器上备有接地螺钉,绝缘底座的接触器安装在金属底板或金属外壳中时,亦须备有可靠的接地装置和明显的接地符号。

(4) 主回路接线时,应使接触器的下部触点接到负荷侧,控制回路接线时,用导线的直线头插入瓦形垫圈,旋紧螺钉即可。未接线的螺钉亦须旋紧,以防失落。

(5) 接触器在主回路不通电的情况下通电操作数次确认无不正常现象后,方可投入运行。接触器的灭弧罩未装好之前,不得操作接触器。

(6) 接触器使用时,应进行经常和定期的检查与维修。经常清除表面污垢,尤其是进出线端相间的污垢。

(7) 接触器工作时,如发出较大的噪声,可用压缩空气或小毛刷清除衔铁极面上的尘垢。

(8) 使用中如发现接触器在切除控制电源后,衔铁有显著的释放延迟现象时,可将衔铁极面上的油垢擦净,即可恢复正常。

(9) 接触器的触点如受电弧烧黑或烧毛时,并不影响其性能,可以不必进行修理，否则，反而可能促使其提前损坏。但触点和灭弧罩如有松散的金属小颗粒应清除。

(10) 接触器的触点如因电弧烧损，以致厚薄不均时，可将桥形触点调换方向或相别，以延长其使用寿命。此时，应注意调整触点使之接触良好，每相下断点不同期接触的最大偏差不应超过 0.3mm，并使每相触点的下断点较上断点滞后接触约 0.5mm。

(11) 接触器主触点的银接点厚度磨损至不足 0.5mm 时，应更换新触点；主触点弹簧的压缩超程小于 0.5mm 时，应进行调整或更换新触点。

(12) 对灭弧电阻和软连接，应特别注意检查，如有损坏等情况时，应立即进行修理或更换新件。

(13) 接触器如出现异常现象，应立即切断电源，查明原因，排除故障后方可再次投入使用。

(14) 在更换 CJT1-60、CJT1-100、CJT1-150 接触器线圈时，先将安装在静铁心上的缓冲钢丝取下，然后用力将线圈骨架向底部压下，使线圈骨架相的缺口脱离线圈左右两侧的支架，静铁心即随同线圈往上方抽出，当线圈从静铁心上取下时，应防止其中的缓冲弹簧失落。

6. 接触器的常见故障及检修方法

接触器的常见故障及检修方法见表 3.13。

表 3.13 接触器的常见故障及检修方法

故障现象	产生原因	检修方法
接触器线圈过热或烧毁	(1)电源电压过高或过低	(1)调整电压到正常值
	(2)操作接触器过于频繁	(2)改变操作接触器的频度或更换合适的接触器
	(3)环境温度过高使接触器难以散热或线圈在有腐蚀性气体或潮湿环境下工作	(3)改善工作环境
	(4)接触器铁心端面不平，消剩磁气隙过大或有污垢	(4)清理擦拭接触器铁心端面，严重时更换铁心
	(5)接触器动铁心机械故障使其通电后不能吸上	(5)检查接触器机械部分动作不灵或卡死的原因，修复后如线圈烧毁应更换同型号线圈
	(6)线圈有机械损伤或中间短路	(6)更换接触器线圈，排除造成接触器线圈机械损伤的故障

续表 3.13

故障现象	产生原因	检修方法
接触器触点熔焊	(1)接触器负载侧短路 (2)接触器触点超负载使用 (3)接触器触点质量太差发生熔焊 (4)触点表面有异物或有金属颗粒突起 (5)触点弹簧压力过小 (6)接触器线圈与通入线圈的电压线路接触不良,造成高频率的通断,使接触器瞬间多次吸合释放	(1)首先断电,用螺丝刀把熔焊的触点分开,修整触点接触面,并排除短路故障 (2)更换容量大一级的接触器 (3)更换合格的高质量接触器 (4)清理触点表面 (5)重新调整好弹簧压力 (6)检查接触器线圈控制回路接触不良处,并修复
接触器铁心吸合不上或不能完全吸合	(1)电源电压过低 (2)接触器控制线路有误或接不通电源 (3)接触器线圈断线或烧坏 (4)接触器衔铁机械部分不灵活或动触点卡住 (5)触点弹簧压力过大或超程过大	(1)调整电压达正常值 (2)更正接触器控制线路;更换损坏的电气元件 (3)更换线圈 (4)修理接触器机械故障,去除生锈,并在机械动作机构处加些润滑油;更换损坏零件 (5)按技术要求重新调整触点弹簧压力
接触器铁心释放缓慢或不能释放	(1)接触器铁心端面有油污造成释放缓慢 (2)反作用弹簧损坏,造成释放慢 (3)接触器铁心机械动作机构被卡住或生锈动作不灵活 (4)接触器触点熔焊造成不能释放	(1)取出动铁心,用棉布把两铁心端面油污擦净,重新装配好 (2)更换新的反作用弹簧 (3)修理或更换损坏零件;清除杂物与除锈 (4)用螺丝刀把动静触点分开,并用钢锉修整触点表面
接触器相间短路	(1)接触器工作环境极差 (2)接触器灭弧罩损坏或脱落 (3)负载短路 (4)正反转接触器操作不当,加上联锁互锁不可靠,造成换向时两只接触器同时吸合	(1)改善工作环境 (2)重新选配接触器灭弧罩 (3)处理负载短路故障 (4)重新联锁换向接触器互锁电路,并改变操作方式,不能同时按下两只换向接触器启动按钮
接触器触点过热或灼伤	(1)接触器在环境温度过高的地方长期工作 (2)操作过于频繁或触点容量不够 (3)触点超程太小 (4)触点表面有杂质或不平 (5)触点弹簧压力过小 (6)三相主触点不能同步接触 (7)负载侧短路	(1)改善工作环境 (2)尽可能减少操作频率或更换大一级容量的接触器 (3)重新调整触点超程或更换触点 (4)清理触点表面 (5)重新调整弹簧压力或更换新弹簧 (6)调整接触器三相动触点,使其同步接触静触点 (7)排除负载短路故障

续表 3.13

故障现象	产生原因	检修方法
接触器工作时噪声过大	(1)通入接触器线圈的电源电压过低 (2)铁心端面生锈或有杂物 (3)铁心吸合时歪斜或机械有卡住故障 (4)接触器铁心短路环断裂或脱掉 (5)铁心端面不平磨损严重 (6)接触器触点压力过大	(1)调整电压 (2)清理铁心端面 (3)重新装配、修理接触器机械动作机构 (4)焊接短路环并重新装上 (5)更换接触器铁心 (6)重新调整接触器弹簧压力，使其适当为止

3.5 时间继电器

时间继电器是一种利用电磁原理或机械动作原理来延迟触点闭合或分断的自动控制电器。它的种类很多，有电磁式、电动式、空气阻尼式和晶体管式等。常用的各种时间继电器外形和结构如图 3.12 所示。

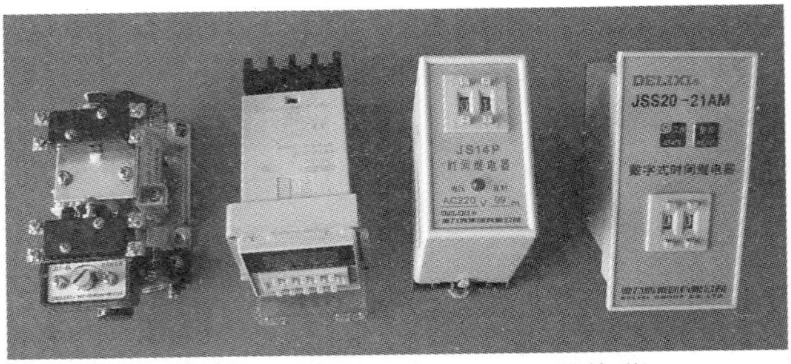

图 3.12 常用的各种时间继电器外形

1. 时间继电器的型号

常用的 JS7-A 系列时间继电器的型号含义为：

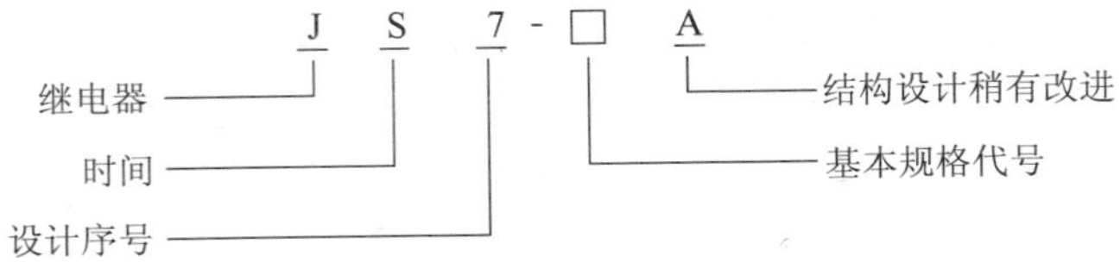

常用的 JS14A 系列晶体管时间继电器的型号含义为：

JS 14 A -□/□

- JS：时间继电器
- 14：设计序号
- A：改型(派生品种)
- 第一个□：安装形式：不标注为装置式，M为面板式，Y为外接式
- 第二个□：控制电源电压：不标注为交流，Z为直流

2. 时间继电器的主要技术参数

JS7-A 系列空气阻尼式时间继电器的优点是结构简单、寿命长、价格低，还附有不延时瞬动触点，应用较为广泛。缺点是准确度低、延时误差大，在要求延时精度高的场合不宜采用。它的主要技术参数见表 3.14。

表 3.14　JS7-A 系列空气阻尼式时间继电器的主要技术参数

<table>
<tr><th rowspan="3">型　号</th><th colspan="2">瞬时动作触点数量</th><th colspan="4">延时动作触点数量</th><th rowspan="3">触点额定电压(V)</th><th rowspan="3">触点额定电流(A)</th><th rowspan="3">线圈电压(V)</th><th rowspan="3">延时范围(s)</th><th rowspan="3">额定操作频率(次/h)</th></tr>
<tr><th rowspan="2">常开</th><th rowspan="2">常闭</th><th colspan="2">通电延时</th><th colspan="2">断电延时</th></tr>
<tr><th>常开</th><th>常闭</th><th>常开</th><th>常闭</th></tr>
<tr><td>JS7-1A</td><td>—</td><td>—</td><td>1</td><td>1</td><td>—</td><td>—</td><td rowspan="4">380</td><td rowspan="4">5</td><td rowspan="4">24,36,110,127,220,380,420</td><td rowspan="4">0.4～60 及 0.4～180</td><td rowspan="4">600</td></tr>
<tr><td>JS7-2A</td><td>1</td><td>1</td><td>1</td><td>1</td><td>—</td><td>—</td></tr>
<tr><td>JS7-3A</td><td>—</td><td>—</td><td>—</td><td>—</td><td>1</td><td>1</td></tr>
<tr><td>JS7-4A</td><td>1</td><td>1</td><td>—</td><td>—</td><td>1</td><td>1</td></tr>
</table>

JS14A 系列继电器为通电延时型的时间继电器，用于控制电路中作延时元件，按规定的时间接通或分断电路，起自动控制作用。它的主要技术参数见表 3.15。

表 3.15　JS14A 系列时间继电器的主要技术参数

工作方式	通电延时
工作电压	AC 50Hz、36V、110V、127V、220V、380V、DC 24V
重复误差	≤2.5%
触点数量	延时 2 转换
触点容量	AC 220V　5A　$\cos\varphi=1$　DC 28V　5A
电寿命	1×10^5

续表 3.15

机械寿命	1×10^6												
安装方式	装置式 面板式 外接式												
延时范围代号	1	5	10	30	60	120	180	300	600	900	1200	1800	3600
延时范围	0.1～1s	0.5～5s	1～10s	3～30s	6～60s	12～120s	18～180s	30～300s	60～600s	90～900s	120～1200s	180～1800s	360～3600s

3. 时间继电器的选用

(1) 类型的选择：在要求延时范围大、延时准确度较高的场合，应选用电动式或电子式时间继电器。在延时精度要求不高、电源电压波动大的场合，可选用价格较低的电磁式或气囊式时间继电器。

(2) 线圈电压的选择：根据控制线路电压来选择时间继电器吸引线圈的电压。

(3) 延时方式的选择：时间继电器有通电延时和断电延时两种，应根据控制线路的要求来选择。

4. 时间继电器的安装使用和维护

(1) 必须按接线端子图正确接线，核对继电器额定电压与将接的电源电压是否相符，直流型注意电源极性。

(2) 对于晶体管时间继电器，延时刻度不表示实际延时值，仅供调整参考。若需精确的延时值，需在使用时先核对延时数值。

(3) JS7 系列时间继电器由于无刻度，故不能准确地调整延时时间，同时气室的进排气孔也有可能被尘埃堵住而影响延时的准确性，应经常清除灰尘及油污。

(4) JS7-1A、JS7-2A 时间继电器只要将电磁部分转动 180°安装即可将通电延时改为断电延时方式。

(5) JS7-3A、JS7-4A 时间继电器只要将电磁部分转动 180°安装也可以将断电延时改为通电延时方式。

(6) JS11-□1 系列通电延时继电器，必须在分断离合器电磁铁线圈电源时才能调节延时值；而 JS11-□2 系列断电延时继电器，必须在接通离合器电磁铁线圈电源时才能调节延时值。

(7) JS20 系列时间继电器与底座间有扣襻锁紧，在拔出继电器本体前先要扳开扣襻，然后缓缓拔出继电器。

5. 时间继电器的常见故障及检修方法

时间继电器的常见故障及检修方法见表 3.16。

表 3.16 时间继电器的常见故障及检修方法

故障现象	产生原因	检修方法
延时触点不动作	(1)电磁线圈断线 (2)电源电压低于线圈额定电压很多 (3)电动式时间继电器的同步电动机线圈断线 (4)电动式时间继电器的棘爪无弹性，不能刹住棘齿 (5)电动式时间继电器游丝断裂	(1)更换线圈 (2)更换线圈或调高电源电压 (3)重绕电动机线圈，或调换同步电动机 (4)更换新的合格的棘爪 (5)更换游丝
延时时间缩短	(1)空气阻尼式时间继电器的气室装配不严，漏气 (2)空气阻尼式时间继电器的气室内橡皮薄膜损坏	(1)修理或调换气室 (2)更换橡皮薄膜
延时时间变长	(1)空气阻尼式时间继电器的气室内有灰尘，使气道阻塞 (2)电动式时间继电器的传动机构缺润滑油	(1)清除气室内灰尘，使气道畅通 (2)加入适量的润滑油

3.6 中间继电器

中间继电器是用来转换控制信号的中间元件。其输入是线圈的通电或断电信号，输出信号为触点的动作。其主要用途是当其他继电器的触点数或触点容量不够时，可借助中间继电器来扩展它们的触点数或触点容量。

中间继电器的基本结构和工作原理与小型交流接触器基本相同，由电磁线圈、动铁心、静铁心、触点系统、反作用弹簧和复位弹簧等组成，如图 3.13 所示。

中间继电器的触点数量较多，并且无主、辅触点之分。各对触点允许通过的电流大小也是相同的，额定电流约为 5A。在控制电动机额定电流不超过 5A 时，也可用中间继电器来代替接触器。

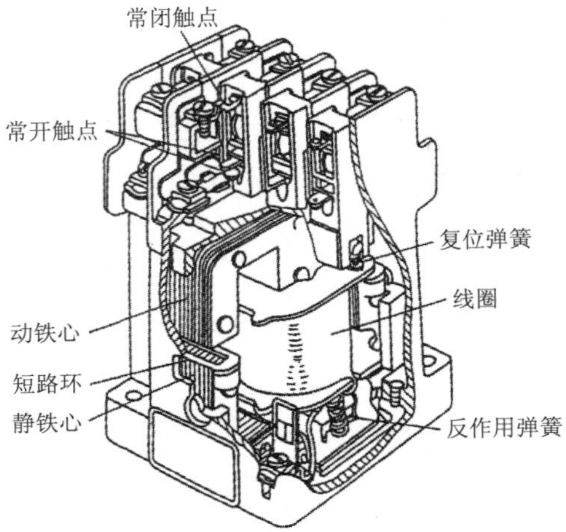

图 3.13 中间继电器

1. 中间继电器的型号

常用的 JZ 系列中间继电器的型号含义为：

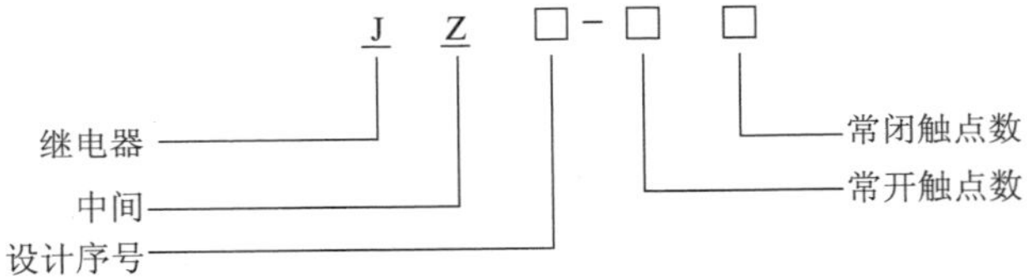

2. 中间继电器的主要技术参数

中间继电器种类有很多，常用的为 JZ7 系列，它适用于交流 50Hz、电压不超过 500V、电流不超过 5A 的控制电路，以控制各种电磁线圈。JZ7 系列中间继电器的主要技术参数见表 3.17。

表 3.17 JZ7 系列中间继电器的主要技术参数

型 号	触点额定电压(V)	触点额定电流(A)	触点数量		吸引线圈电压(V)		操作频率(次/h)	通电持续率(%)	电寿命(万次)
			常开	常闭	50 Hz	60 Hz			
JZ7-22	交流(50Hz 或 60Hz) 380，直流 440	5	2	2	12，24，36，48，110，127，220，380，420，440，500	12，36，110，127，220，380，440	1200	40	100
JZ7-41			4	1					
JZ7-42			4	2					
JZ7-44			4	4					
JZ7-53			5	1 或 3					
JZ7-62			6	2					
JZ7-80			8	0					

3. 中间继电器的选用

中间继电器的使用与接触器相似,但中间继电器的触点容量较小,一般不能在主电路中应用。中间继电器一般根据负载电流的类型、电压等级和触点数量来选择。

3.7 速度继电器

速度继电器是一种可以按照被控电动机转速的大小使控制电路接通或断开的电器。速度继电器通常与接触器配合,实现对电动机的反接制动。速度继电器主要由转子、定子和触点组成,它的外形和结构如图3.14所示。

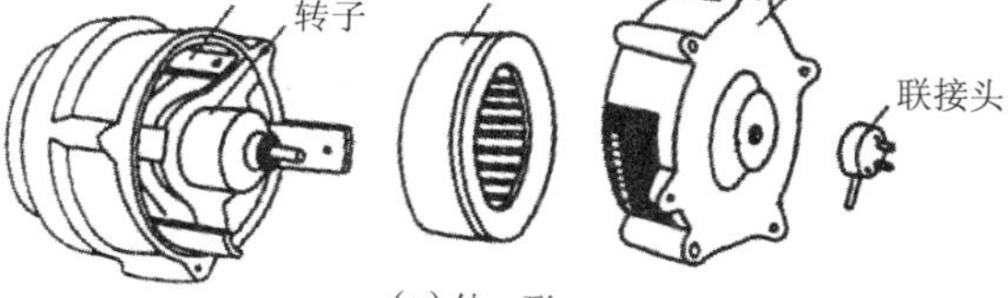

(a)外 形

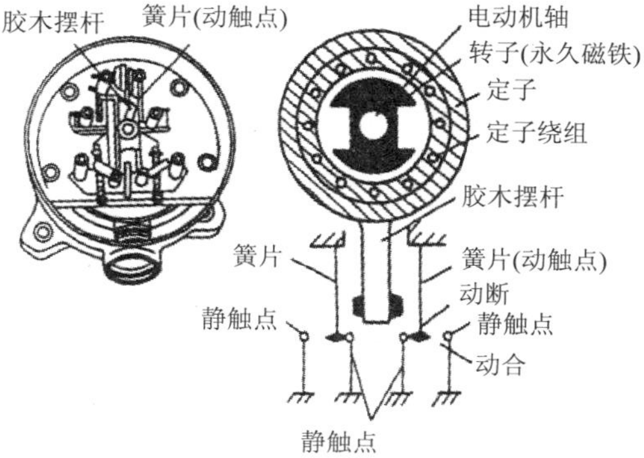

(b)结 构

图 3.14 速度继电器

1. 速度继电器的型号

JFZ0 系列速度继电器的型号含义为:

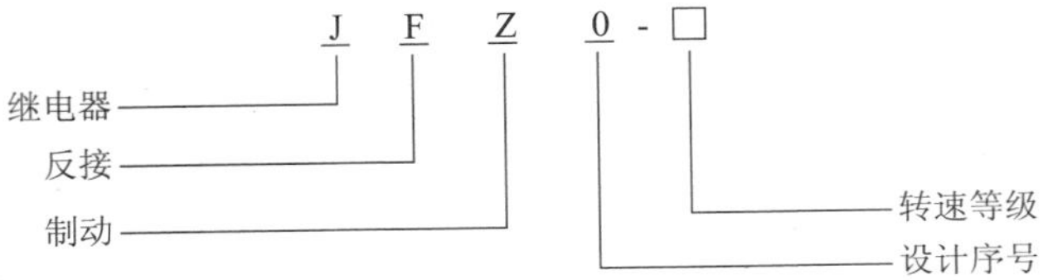

2. 速度继电器的主要技术参数

常用的速度继电器有JY1型和JFZ0型。JY1型能在3000r/min以下可靠工作;JFZ0-1型适用于300～1000r/min,JFZ0-2型适用于1000～3600r/min;JFZ0型有两对动合、动断触点。一般速度继电器转轴在120r/min左右即能动作,在100r/min以下触点复位。

JY1型和JFZ0型速度继电器的主要技术参数见表3.18。

表3.18 JY1型和JFZ0型速度继电器的主要技术参数

型号	触点容量		触点数量		额定工作转速(r/min)	允许操作频率(次/h)
	额定电压(V)	额定电流(A)	正转时动作	反转时动作		
JY1 JFZ0	380	2	1组转换触点	1组转换触点	100～3600 300～3600	<30

3. 速度继电器的选用及使用

(1) 速度继电器主要根据电动机的额定转速来选择。

(2) 速度继电器的转轴应与电动机同轴连接。安装接线时,正反向的触点不能接错,否则不能起到反接制动时接通和断开反向电源的作用。

3.8 热继电器

热继电器是一种电气保护元件。常用热继电器外形见图3.15。它是利用电流的热效应来推动动作机构使触点闭合或断开的保护电器,广泛用于电动机的过载保护、断相保护、电流不平衡保护以及其他电气设备的过载保护。热继电器由热元件、触点、动作机构、复位按钮和整定电流装置等部分组成,如图3.16所示。

热继电器有两相结构、三相结构和三相带断相保护装置三种类型。

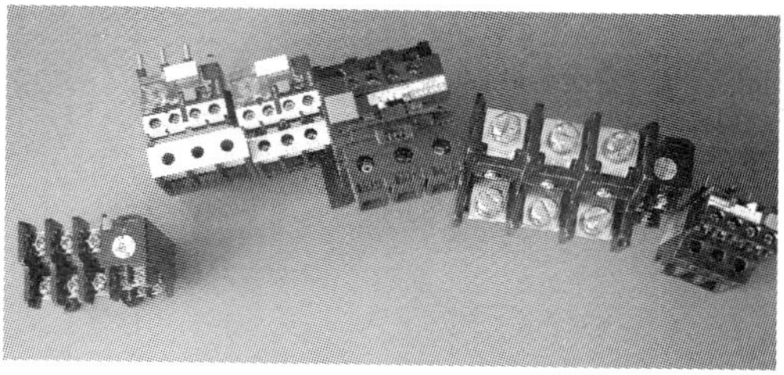

图 3.15 常用热继电器外形

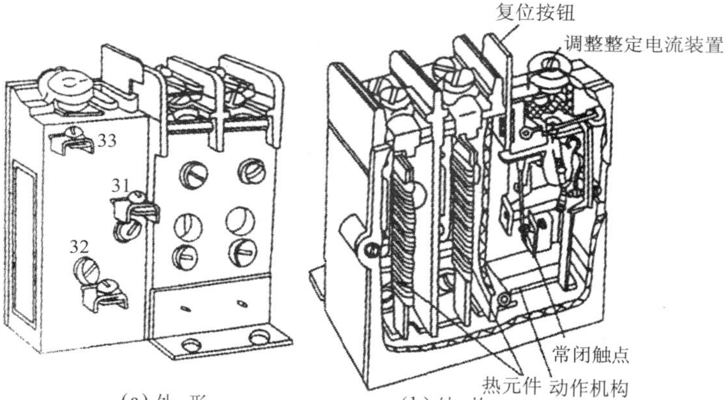

(a) 外 形 (b) 结 构

图 3.16 热继电器结构

对于三相电压和三相负载平衡的电路，可选用两相结构式热继电器作为保护电器；对于三相电压严重不平衡或三相负载严重不对称的电路，则不宜用两相结构式热继电器而只能用三相结构式热继电器。

1. 热继电器的型号

热继电器的型号含义为：

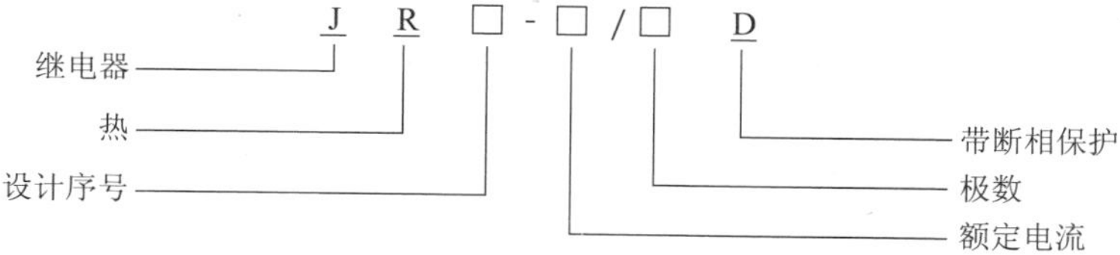

2. 热继电器的主要技术参数

常用的热继电器有 JR20、JR36、JRS1、JR16B 和 T 系列等。

JR36系列双金属片热继电器主要用于交流50Hz、额定电压不超过690V、电流0.25～160A的长期工作或间断长期工作的三相交流电动机的过载保护和断相保护。JR36系列热继电器的主要技术参数见表3.19。

表3.19 JR36系列热继电器的主要技术参数

			JR36-20	JR36-63	JR36-160
额定工作电流(A)			20	63	160
额定绝缘电压(V)			690	690	690
断相保护			有	有	有
手动与自动复位			有	有	有
温度补偿			有	有	有
测试按钮			有	有	有
安装方式			独立式	独立式	独立式
辅助触点			1NO+1NC	1NO+1NC	1NO+1NC
AC-15 380V 额定电流(A)			0.47	0.47	0.47
AC-15 220V 额定电流(A)			0.15	0.15	0.15
导线截面积(mm^2)	主回路	单心或绞合线	1.0～4.0	6.0～16	16～70
		接线螺钉	M5	M6	M8
	辅助回路	单心或绞合线	2×(0.5～1)	2×(0.5～1)	2×(0.5～1)
		接线螺钉	M3	M3	M3

3. 热继电器的选用

(1) 热继电器的类型选用：一般轻载启动、长期工作的电动机或间断长期工作的电动机，选择二相结构的热继电器；电源电压的均衡性和工作环境较差或较少有人照管的电动机，或多台电动机的功率差别较大，可选择三相结构的热继电器；而三角形连接的电动机，应选用带断相保护装置的热继电器。

(2) 热继电器的额定电流选用：热继电器的额定电流应略大于电动机的额定电流。

(3) 热继电器的型号选用：根据热继电器的额定电流应大于电动机的额定电流原则，查表确定热继电器的型号。

(4) 热继电器的整定电流选用：一般将热继电器的整定电流调整到等于电动机的额定电流；对过载能力差的电动机，可将热元件整定值调整到电动机额定电流的0.6～0.8倍；对启动时间较长，拖动冲击性负载或不允许停机的电动机，热继电器的整定电流应调节到电动机额定电流的1.1～1.15倍。

4. 热继电器的安装、使用和维护

(1) 热继电器安装接线时，应清除触点表面污垢，以避免电路不通或因接触电阻太大而影响热继电器的动作特性。

(2) 热继电器进线端子标志为 1/L1、3/L2、5/L3，与之对应的出线端子标志为 2/T1、4/T2、6/T3，常闭触点接线端子标志为 95、96，常开触点接线端子标志为 97、98。

(3) 必须选用与所保护的电动机额定电流相同的热继电器，如不符合，则将失去保护作用。

(4) 热继电器除了接线螺钉外，其余螺钉均不得拧动，否则其保护特性即改变。

(5) 热继电器进行安装接线时，必须切断电源。

(6) 当热继电器与其他电器安装在一起时，应将它安装在其他电器的下方，以免其动作特性受到其他电器发热的影响。

(7) 热继电器的主回路连接导线不宜太粗，也不宜太细。如连接导线过细，轴向导热性差，热继电器可能提前动作；反之，连接导线太粗，轴向导热快，热继电器可能滞后动作。

(8) 当电动机启动时间过长或操作次数过于频繁时，会使热继电器误动作或烧坏电器，故这种情况一般不用热继电器作过载保护。

(9) 若热继电器双金属片出现锈斑，可用棉布蘸上汽油轻轻揩拭，切忌用砂纸打磨。

(10) 当主电路发生短路事故后，应检查发热元件和双金属片是否已经发生永久变形，若已变形，应更换。

(11) 热继电器在出厂时均调整为自动复位形式。如欲调为手动复位，可将热继电器侧面孔内螺钉倒退约三四圈即可。

(12) 热继电器脱扣动作后，若要再次启动电动机，必须待热元件冷却后，才能使热继电器复位。一般自动复位需待 5min，手动复位需待 2min。

(13) 热继电器的整定电流必须按电动机的额定电流进行调整，在做调整时，绝对不允许弯折双金属片。

(14) 为使热继电器的整定电流与负荷的额定电流相符，可以旋动调节旋钮使所需的电流值对准箭头，旋钮上的电流值与整定电流值之间可能有所误差，可在实际使用时按情况适当偏转。如需用两刻度之间整定电流值，可按比例转动调节旋钮，并在实际使用时适当调整。

5. 热继电器的常见故障及检修方法

热继电器的常见故障及检修方法见表3.20。

表3.20 热继电器的常见故障及检修方法

故障现象	产生原因	检修方法
热继电器误动作	(1)选用热继电器规格不当或大负载选用热继电器电流值太小	(1)更换热继电器，使它的额定值与电动机额定值相符
	(2)热继电器整定电流值偏低	(2)调整热继电器整定值使其正好与电动机的额定电流值相符合并对应
	(3)电动机启动电流过大，电动机启动时间过长	(3)减轻启动负载；电动机启动时间过长时，应将时间继电器调整的时间稍短些
	(4)反复在短时间内启动电动机，操作过于频繁	(4)减少电动机启动次数
	(5)连接热继电器主回路的导线过细、接触不良或主导线在热继电器接线端子上未压紧	(5)更换连接热继电器主回路的导线，使其横截面积符合电流要求；重新压紧热继电器主回路的导线端子
	(6)热继电器受到强烈的冲击震动	(6)改善热继电器使用环境
热继电器在超负载电流值时不动作	(1)热继电器动作电流值整定得过高	(1)重新调整热继电器电流值
	(2)动作二次触点有污垢造成短路	(2)用酒精清洗热继电器的动作触点，更换损坏部件
	(3)热继电器烧坏	(3)更换同型号的热继电器
	(4)热继电器动作机构卡死或导板脱出	(4)调整热继电器动作机构，并加以修理；如导板脱出要重新放入并调整好
	(5)连接热继电器的主回路导线过粗	(5)更换成符合标准的导线
热继电器烧坏	(1)热继电器在选择的规格上与实际负载电流不相配	(1)热继电器的规格要选择适当
	(2)流过热继电器的电流严重超载或负载短路	(2)检查电路故障，在排除短路故障后，更换合适的热继电器
	(3)可能是操作电动机过于频繁	(3)改变操作电动机方式，减少启动电动机次数
	(4)热继电器动作机构不灵敏，使热元件长期超载而不能保护热继电器	(4)更换动作灵敏的合格热继电器
	(5)热继电器的主接线端子与电源线连接时有松动现象或氧化，线头接触不良引起发热烧坏	(5)设法去掉接线头与热继电器接线端子的氧化层，并重新压紧热继电器的主接线

3.9 按钮开关

按钮开关又叫按钮或控制按钮，是一种短时接通或断开小电流电路的电器，它不直接控制主电路的通断，而在控制电路中发出“指令”去控制接触器、继电器等电器，再由它们去控制主电气回路，其内部结构如图3.17所示。按钮开关的触点允许通过的电流一般不超过5A。

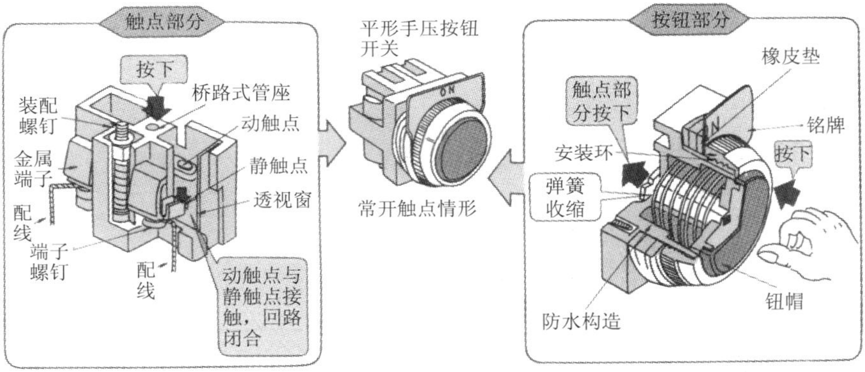

图 3.17 按钮开关内部结构

按钮开关按用途和触点的结构不同分为停止按钮(常闭按钮)、启动按钮(常开按钮)和复合按钮(常开和常闭组合按钮)。

按钮开关的种类很多，常用的有LA2、LA18、LA19、LAY3、LAY7、LAY8和LA20等系列。常用按钮的外形如图3.18所示。

图 3.18 常用按钮的外形

1. 按钮开关的型号

常用按钮的型号含义为：

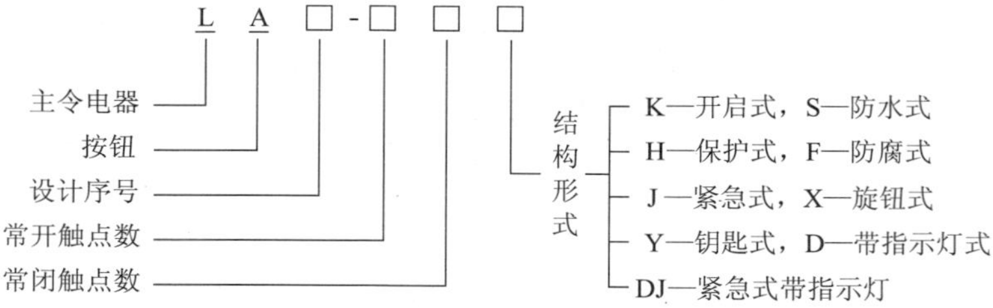

2. 按钮开关的主要技术参数

常用按钮开关的主要技术参数见表3.21。

表3.21 常用按钮开关的主要技术参数

型号	额定电压(V)	额定电流(A)	结构形式	触点对数(组)		按钮数	按钮颜色
				常开	常闭		
LA2	500	5	元件	1	1	1	黑、绿、红
LA10-2K			开启式	2	2	2	黑、绿、红
LA10-3K			开启式	3	3	3	黑、绿、红
LA10-2H			保护式	2	2	2	黑、绿、红
LA10-3H			保护式	3	3	3	红、绿、红
LA18-22J			元件(紧急式)	2	2	1	红
LA18-44J			元件(紧急式)	4	4	1	红
LA18-66J			元件(紧急式)	6	6	1	红
LA18-22Y			元件(钥匙式)	2	2	1	本色
LA18-44Y			元件(钥匙式)	4	4	1	本色
LA18-22X			元件(旋钮式)	2	2	1	黑
LA18-44X			元件(旋钮式)	4	4	1	黑
LA18-66X			元件(旋钮式)	6	6	1	黑
LA19-11J			元件(紧急式)	1	1	1	红
LA19-11D			元件(带指示灯)	1	1	1	红、绿、黄、蓝、白

3. 按钮开关的选用

(1) 根据使用场合选择按钮的种类。

(2) 根据用途选择合适的形式。

(3) 根据控制回路的需要确定按钮数。

(4) 按工作状态指示和工作情况要求选择按钮和指示灯的颜色。

4. 按钮开关的安装和使用

(1) 将按钮安装在面板上时,应布置整齐,排列合理,可根据电动机启动的先后次序,从上到下或从左到右排列。

(2) 按钮的安装固定应牢固,接线应可靠。应用红色按钮表示停止,绿色或黑色表示启动或通电,不要搞错。

(3) 由于按钮触点间距离较小,如有油污等容易发生短路故障,因此应保持触点的清洁。

(4) 安装按钮的按钮板和按钮盒必须是金属的,并设法使它们与机床总接地母线相连接,对于悬挂式按钮必须设有专用接地线,不得借用金属管作为地线。

(5) 按钮用于高温场合时,易使塑料变形老化而导致松动,引起接线螺钉间相碰短路,可在接线螺钉处加套绝缘塑料管来防止短路。

(6) 带指示灯的按钮因灯泡发热,长期使用易使塑料灯罩变形,应降低灯泡电压,延长使用寿命。

(7) "停止"按钮必须是红色;"急停"按钮必须是红色蘑菇头式;"启动"按钮必须有防护挡圈,防护挡圈应高于按钮头,以防意外触动使电气设备误动作。

5. 按钮开关的常见故障及检修方法

按钮开关的常见故障及检修方法见表 3.22。

表 3.22 按钮开关的常见故障及检修方法

故障现象	产生原因	检修方法
按下按钮时有触电感觉	(1) 按钮的防护金属外壳与连接导线接触 (2) 按钮帽的缝隙间充满导体物,使其与导电部分形成通路	(1) 检查按钮内连接导线,排除故障 (2) 清理按钮及触点,使其保持清洁
按下启动按钮,不能接通电路,控制失灵	(1) 接线头脱落 (2) 触点磨损松动,接触不良 (3) 动触点弹簧失效,使触点接触不良	(1) 重新连接接线 (2) 检修触点或调换按钮 (3) 更换按钮

续表 3.22

故障现象	产生原因	检修方法
按下停止按钮,不能断开电路	(1) 接线错误 (2) 尘埃或机油、乳化液等流入按钮形成短路 (3) 绝缘击穿短路	(1) 更正错误接线 (2) 清扫按钮并采取相应密封措施 (3) 更换按钮

3.10 行程开关

行程开关又叫限位开关或位置开关,其作用与按钮开关相同,只是触点的动作不靠手动操作,而是用生产机械运动部件的碰撞使触点动作来实现接通或分断控制电路,达到一定的控制目的。

通常,这类开关被用来限制机械运动的位置或行程,使运动机械按一定位置或行程自动停止、反向运动、变速运动或自动往返运动等。

行程开关由操作头、触点系统和外壳组成。可分为按钮式(直动式)、旋转式(滚动式)和微动式三种,其外形和结构如图 3.19 所示。

图 3.20 是行程开关的动作原理图。

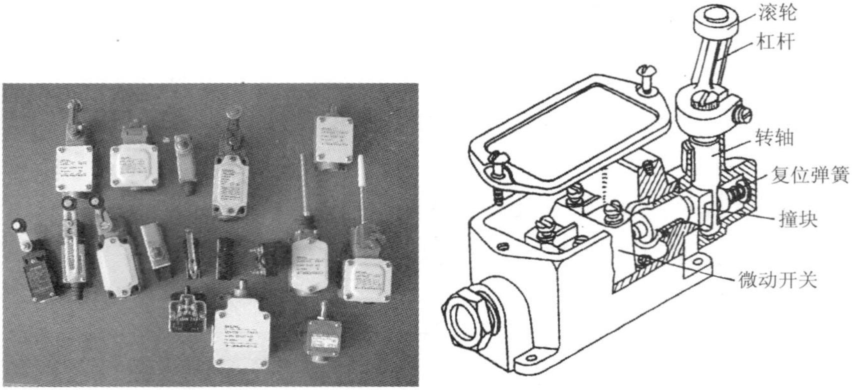

(a)外　形　　(b)结　构

图 3.19　行程开关

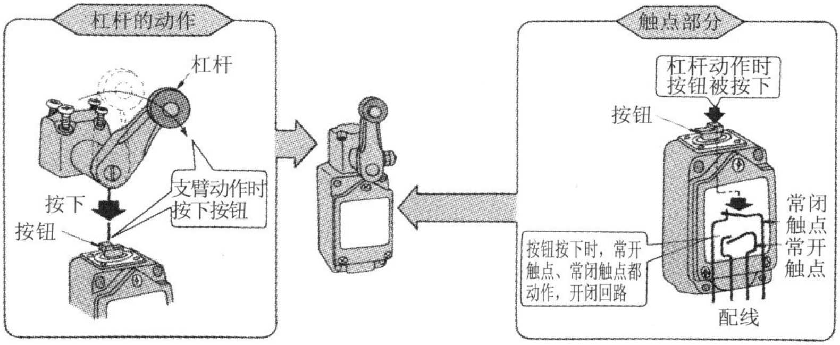

图 3.20 行程开关动作原理图

1. 行程开关的型号

LX 系列行程开关的型号含义为：

L X 19 - □ □ □

- L —— 主令电器
- X —— 限位开关
- 19 —— 设计序号
- 第一个□ —— 滚轮数目
- 第二个□ —— 滚轮位置
- 第三个□ —— 1 —— 能自动复位；2 —— 不能自动复位

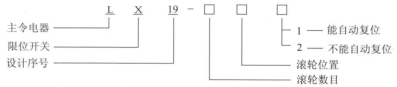

2. 行程开关的主要技术参数

LX19 系列行程开关的主要技术参数见表 3.23。

表 3.23 LX19 系列行程开关的主要技术参数

型号	额定电压(V)	额定电流(A)	结构形式	触点对数	
				常开	常闭
LX19K	交流 380 直流 220	5	元件	1	1
LX19-001			无滚轮，仅用传动杆，能自动复位	1	1
LX19-111			单轮，滚轮装在传动杆内侧，能自动复位	1	1
LX19-121			单轮，滚轮装在传动杆外侧，能自动复位	1	1
LX19-131			单轮，滚轮装在传动杆凹槽内	1	1
LX19-212			双轮，滚轮装在 U 形传动杆内侧，不能自动复位	1	1
LX19-222			双轮，滚轮装在 U 形传动杆外侧，不能自动复位	1	1
LX19-232			双轮，滚轮装在 U 形传动杆内外侧各一，不能自动复位	1	1

3. 行程开关的选用

(1) 根据应用场合及控制对象选择种类。

(2) 根据机械与限位开关的传力与位移关系选择合适的操作头形式。

(3) 根据控制回路的额定电压和额定电流选择系列。

(4) 根据安装环境选择防护形式。

4. 行程开关的安装和使用

(1) 行程开关应紧固在安装板和机械设备上,不得有晃动现象。

(2) 行程开关安装时位置要准确,否则不能达到位置控制和限位的目的。

(3) 定期检查限位开关,以免触点接触不良而达不到行程和限位控制的目的。

5. 行程开关的常见故障及检修方法

行程开关的常见故障及检修方法见表3.24。

表3.24　行程开关的常见故障及检修方法

故障现象	产生原因	检修方法
挡铁碰撞开关,触点不动作	(1) 开关位置安装不当 (2) 触点接触不良 (3) 触点连接线脱落	(1) 调整开关的位置 (2) 清洁触点,并保持清洁 (3) 重新紧固接线
行程开关复位后常闭触点不能闭合	(1) 触杆被杂物卡住 (2) 动触点脱落 (3) 弹簧弹力减退或被卡住 (4) 触点偏斜	(1) 打开开关,清除杂物 (2) 重新调整动触点 (3) 更换弹簧 (4) 更换触点
杠杆偏转后触点未动	(1) 行程开关位置太低 (2) 机械卡阻	(1) 上调开关到合适位置 (2) 清扫开关内部

3.11　星-三角启动器

星-三角启动器是一种减压启动设备,适用于运行时为三角形接法的三相笼形感应电动机的启动。电动机启动时将定子绕组接成星形,使加在每相绕组上的电压降到额定电压的$1/\sqrt{3}$,电流降为三角形直接启动的1/3;待转速接近额定值时,将绕组换接成三角形,使电动机在额定电压下运行。常用的QX1系列星-三角启动器的外形及接线如图3.21所示。

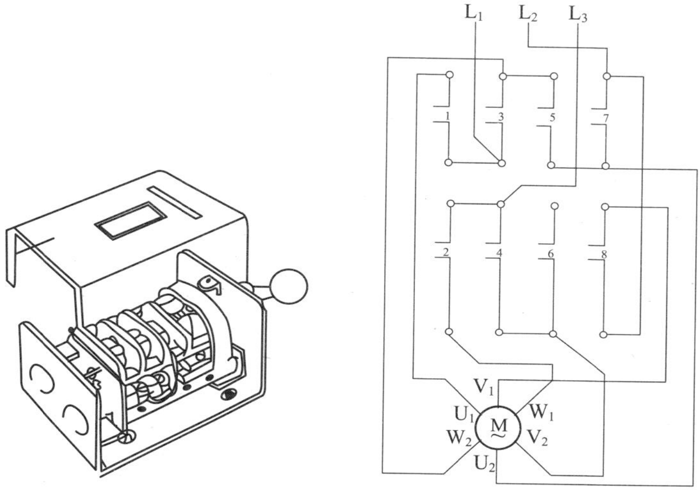

(a)外 形　　(b)接 线

图 3.21 QX1 系列星-三角启动器的外形及接线

1. 星-三角启动器的型号

星-三角启动器的型号含义为：

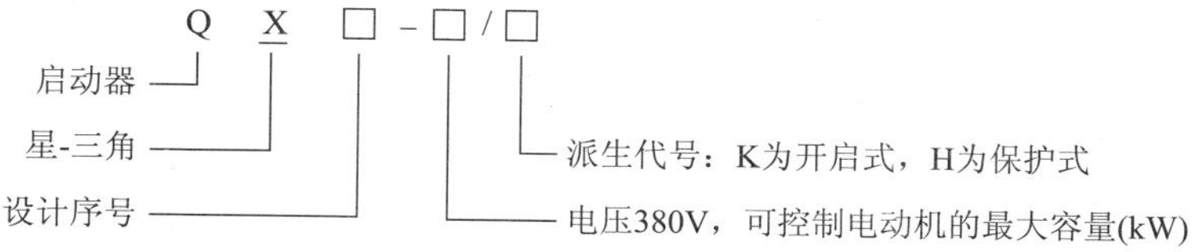

2. 星-三角启动器的主要技术参数

常用的启动器有 QX1、QX2、QX3、QX4 等系列，QX1、QX2 为手动式，QX3、QX4 为自动式。QX1、QX3 系列星-三角启动器的主要技术参数见表 3.25、表 3.26。

表 3.25 QX1 系列星-三角启动器的主要技术参数

型　号	额定电流(A)	被控电动机最大功率(kW)		启动时间(s)			正常操作频率(次/h)
		220 V	380 V	最短	最长	每次间隔时间	
QX1-13	16	7.5	13	11	15	120	30
QX1-30	40	17	30	15	25	120	30

表 3.26 QX3 系列星-三角启动器的主要技术参数

<table>
<tr><th rowspan="2">型 号</th><th colspan="3">被控电动机最大功率(kW)</th><th colspan="2">热继电器电流(A)</th><th rowspan="2">启动延时时间(s)</th><th rowspan="2">最高操作频率(次/h)</th></tr>
<tr><th>220V</th><th>380 V</th><th>500 V</th><th>额定电流</th><th>整定电流调节范围</th></tr>
<tr><td rowspan="3">QX3-13</td><td rowspan="3">7.5</td><td rowspan="3">13</td><td rowspan="3">13</td><td>11</td><td>6.8～11</td><td rowspan="5">4～16</td><td rowspan="5">30
两次
启动间隔
大于 90s</td></tr>
<tr><td>16</td><td>10～16</td></tr>
<tr><td>22</td><td>14～22</td></tr>
<tr><td rowspan="2">QX3-30</td><td rowspan="2">17</td><td rowspan="2">30</td><td rowspan="2">30</td><td>32</td><td>20～32</td></tr>
<tr><td>45</td><td>28～45</td></tr>
</table>

3. 星-三角启动器的安装和使用

(1) 用于 13kW 以下电动机时，QX1 启动器的启动时间为 11～15s，每次启动完毕到下一次启动的间歇时间不得小于 2min。

(2) QX1 系列星-三角启动器可以水平或垂直安装，但不得倒装。

(3) 启动器金属外壳必须接地，并注意防潮。

(4) QX1 系列为手动空气式星-三角启动器，当需操作电动机启动时，将手柄扳到“Y”位置，电动机接成星形启动，待转速正常后，将手柄迅速扳到“△”位置，电动机接成三角形运行。停机时，将手柄扳到“0”位置即可。

(5) QX1 系列启动器没有保护装置，应配以保护电器使用。

(6) QX3 和 QX4 系列为自动星-三角启动器，由三个交流接触器、一个三相热继电器和一个时间继电器组成，外配一个启动按钮和一个停止按钮。操作时，只按动一次启动按钮，便由时间继电器自动延迟启动时间，到事先规定的时间，便自动换接成三角形正常运转。热继电器作电动机过载保护，接触器兼作失压保护。

(7) 星-三角启动器仅适用于空载或轻载启动。

3.12 自耦减压启动器

自耦减压启动器又叫补偿器，是一种减压启动设备，常用来启动额定电压为 220V/380V 的三相笼形感应电动机。自耦减压启动器采用抽头式自耦变压器作减压启动，既能适应不同负载的启动需要，又能得到比星-三角启动时更大的启动转矩，并附有热继电器和失压脱扣器，具有完善的过载和失电压保护，应用非常广泛。

自耦减压启动器有手动和自动两种。手动自耦减压启动器由外壳、自耦变压器、触点、保护装置和操作机构等部分组成。常用的 QJ3 系列手动自耦减压启动器的结构如图 3.22 所示。

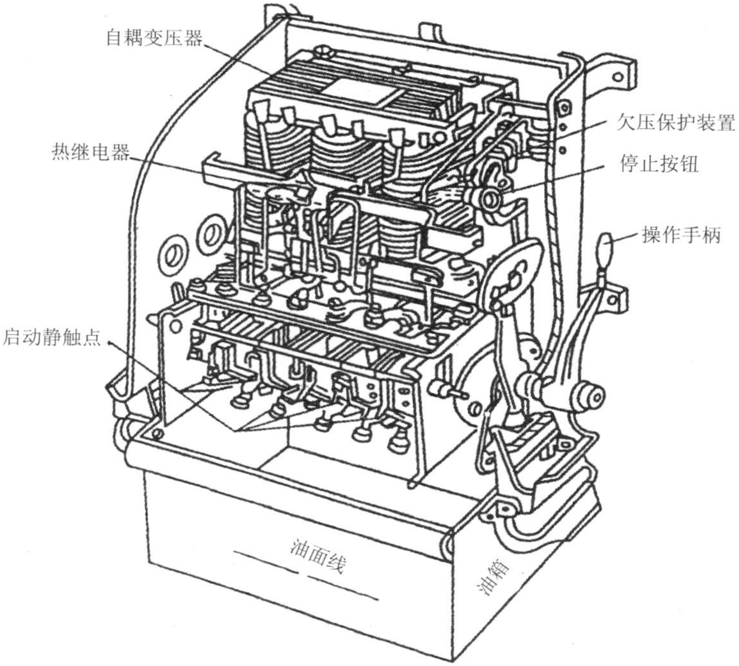

图 3.22 QJ3 系列手动自耦减压启动器

1. 自耦减压启动器的型号

自耦减压启动器的型号含义为：

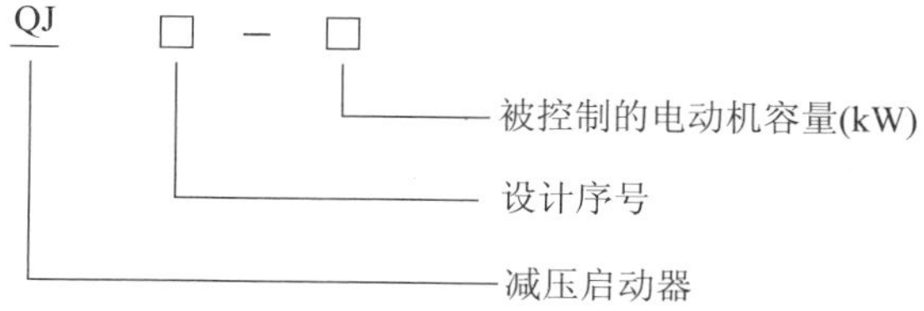

2. 自耦减压启动器的主要技术参数

QJ3 系列充油式手动自耦减压启动器和 QJ10 系列空气式手动自耦减压启动器，适用于电压 380V、功率在 75kW 以下的三相感应电动机，作不频繁的降压启动及停止之用。它们的主要技术参数见表 3.27、表 3.28。

表 3.27 QJ3 系列自耦减压启动器的主要技术参数

型号	电压 220V 50(60)Hz				电压 380V 50(60)Hz			
	控制电动机功率(kW)	额定工作电流(A)	热保护额定电流(A)	最大启动时间(s)	控制电动机功率(kW)	额定工作电流(A)	热保护额定电流(A)	最大启动时间(s)
QJ3-Ⅰ				30	10	22	20	30
	8	29	32		14	30	32	
	10	37	45	40	17	38	45	40
	11	40	45		20	40	45	
QJ3-Ⅱ	14	51	63		22	48	63	
	15	54	63		28	59	63	
					30	63	63	
	20	72	85	60	40	85	85	60
QJ3-Ⅲ	25	91	120		45	100	120	
	30	108	120		55	120	160	
	40	145	160		75	145	160	

表 3.28 QJ10 系列自耦减压启动器的主要技术参数

额定电压 U_N(V)	380
控制电动机功率(kW)	10,13,17,22,30,40,55,75
通断能力	$1.05U_N$，$\cos\varphi=0.4$，$8I_N$，20 次
过载保护整定电流(A)	20.5,25.7,34,43,58,77,105,142
最大启动时间(s)	30,40,60
电寿命(次)	接通 U_N，$4.5I_N$，$\cos\varphi=0.4$，分断 $1/6U_N$，I_N，$\cos\varphi=0.4$ 条件下：5000 次
机械寿命(万次)	1
操作力(N)	150,250
接线	自耦变压器有 $65\%U_N$ 及 $80\%U_N$ 二挡抽头

续表 3.28

失电压保护特性	≥75%U_N 启动器能可靠工作，≤35%U_N 启动器保证脱扣，切断电源
过载及断相保护	120%U_N 不大于 20min 动作，断相时，另两相电流达 115%I_N 时在 20min 内动作

3. 自耦减压启动器的选用

(1) 额定电压≥工作电压。

(2) 工作电压下所控制的电动机最大功率≥实际安装的电动机的功率。

4. 自耦减压启动器安装和使用注意事项

(1) 使用前，启动器油箱内必须灌注绝缘油，油加至规定的油面线高度，以保证触点浸没于油中。启动器油箱安装不得倾斜，以防绝缘油外溢。要经常注意变压器油的清洁，以保持绝缘和灭弧性能良好。

(2) 启动器的金属外壳必须可靠接地，并经常检查接地线，以保障电气操作人员的安全。

(3) 使用启动器前，应先把失压脱扣器铁心主极面上涂有的凡士林或其他油用棉布擦去，以免造成因油的黏度太大而使脱扣器失灵的事故。

(4) 使用时，应在操作机构的滑动部分添加润滑油，使操作灵活方便，保护零件不致生锈。

(5) 启动器内的热继电器不能当做短路保护装置用，因此应在启动器进线前的主回路上串装断路器，进行短路保护。

(6) 自耦减压启动器装置内的自耦变压器可输出不同的电压，如因负荷太重造成启动困难时，可将自耦变压器抽头换接到输出电压较高的抽头上面使用。

(7) 电动机如要停止运行时，可按下停止按钮 SB；如需远距离控制电动机停止时，可在线路控制回路中串接一个常闭按钮。

(8) 启动器的功率必须与所控制电动机的功率相当。遇到过流使热继电器动作后，应先排除故障，再将热继电器手动复位，以备下次启动电动机时使用。有的热继电器调到了自动复位，就不必用手动复位，只需等数分钟后再启动电动机。

(9) 自耦减压补偿启动器在安装时，如果配用的电动机的电流与补偿器上的热继电器调节的不一致，可旋动热继电器上的调节旋钮作适当调节。

(10) 要定期检查触点表面,发现触点烧毛,应用细锉刀锉光。如果触点严重烧坏,应更换同型号的触点。

3.13 磁力启动器

磁力启动器是一种全压启动设备,由交流接触器和热继电器组装在铁壳内,与控制按钮配套使用,用来对三相鼠笼形电动机作直接启动或正反转控制。磁力启动器具有失压和过载保护功能,如果在电动机的主回路中加装断路器,会起到短路保护功能。常用磁力启动器的外形及结构如图3.23所示。

磁力启动器可以控制75kW及以下的电动机作频繁直接启动,操作安全方便,可远距离操作,应用广泛。磁力启动器分为可逆启动器和不可逆启动器两种。可逆启动器一般具有电气及机械连锁机构,以防止误操作或机械撞击引起相间短路,同时,正、反向接触器的可逆转换时间应大于燃弧时间,保证转换过程的可靠进行。

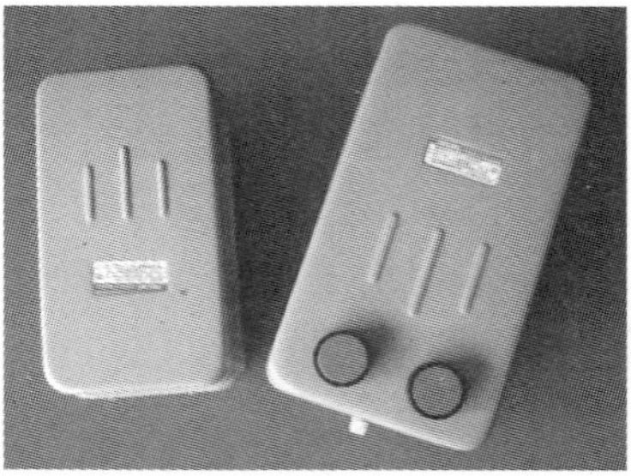

(a) 外 形

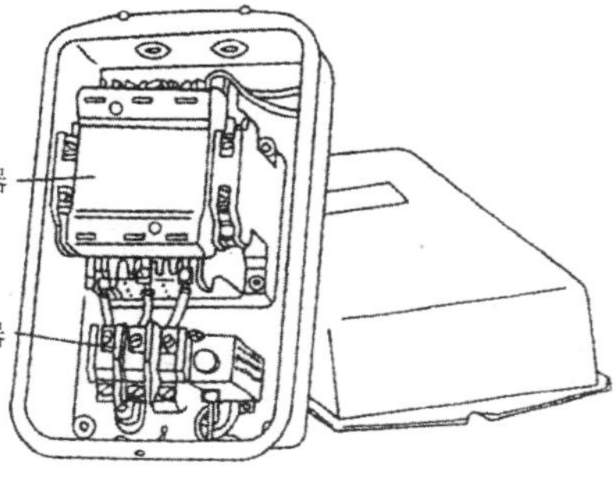

(b) 结 构

图 3.23 磁力启动器

1. 磁力启动器的型号

常用的磁力启动器有QC8、QC10、QC12和QC13等系列。它们的型号含义为:

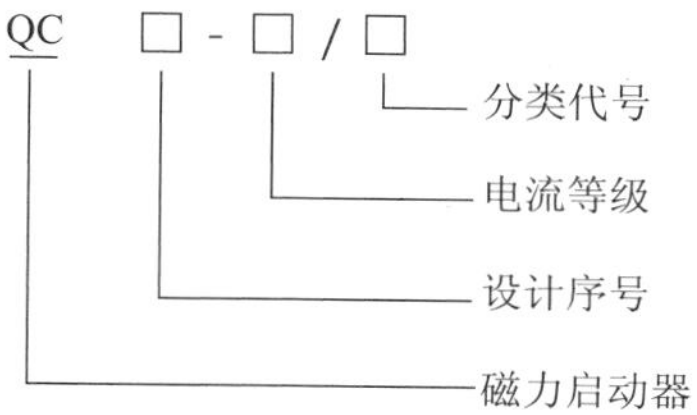

2. 磁力启动器的主要技术参数

常用 QC10 系列磁力启动器的主要技术参数见表 3.29。

表 3.29 QC10 系列磁力启动器的主要技术参数

<table>
<tr><th rowspan="2">型号</th><th rowspan="2">额定电流
(A)</th><th rowspan="2">配用接触器型号
CJ10 系列</th><th rowspan="2">配用热继电器型号
JR15 系列</th><th rowspan="2">额定电压
(V)</th><th colspan="2">辅助触点</th><th colspan="2">可控电动机
最大功率(kW)</th></tr>
<tr><th>额定电流
(A)</th><th>数量</th><th>220V</th><th>380V</th></tr>
<tr><td>QC10-1</td><td>5</td><td>5</td><td>10</td><td rowspan="7">交流 36,
110,127,
220,380
直流 48,
110,220</td><td rowspan="7">5</td><td rowspan="7">不可逆
2 常开
2 常闭
可逆
4 常开
4 常闭</td><td>1.2</td><td>2.2</td></tr>
<tr><td>QC10-2</td><td>10</td><td>10</td><td>20</td><td>2.2</td><td>4</td></tr>
<tr><td>QC10-3</td><td>20</td><td>20</td><td>40</td><td>5.5</td><td>10</td></tr>
<tr><td>QC10-4</td><td>40</td><td>40</td><td>40</td><td>11</td><td>20</td></tr>
<tr><td>QC10-5</td><td>60</td><td>60</td><td>100</td><td>17</td><td>30</td></tr>
<tr><td>QC10-6</td><td>100</td><td>100</td><td>100</td><td>29</td><td>50</td></tr>
<tr><td>QC10-7</td><td>150</td><td>150</td><td>150</td><td>47</td><td>75</td></tr>
</table>

3. 磁力启动器的选用

(1) 磁力启动器的选择主要是额定电流的选择和热继电器整定电流的调节,即磁力启动器的额定电流(也是接触器的额定电流)和热继电器热元件的额定电流应略大于电动机的额定电流。

(2) 磁力启动器的额定电压应等于或大于工作电压。

(3) 工作电压下所控制的电动机最大功率应大于或等于实际安装的电动机功率。

4. 磁力启动器的安装和使用

(1) 磁力启动器应垂直安装,倾斜不应大于 5°。磁力启动器的按钮距地面以 1.5m 为宜。

(2) 检查磁力启动器内的热继电器的热元件的额定电流是否与电动

机的额定电流相符,并将热继电器电流调整至被保护电动机的额定电流。

(3) 磁力启动器所有接线螺钉及安装螺钉都应紧固,并注意外壳应有良好接地。

(4) 启动器上热继电器的热元件的额定工作电流大于启动器的额定工作电流时,其整定电流的调节不得超过启动器的额定工作电流。

(5) 启动器的热继电器动作后,必须进行手动复位。

(6) 磁力启动器使用日久会由于积尘发出噪声,可断电后用压缩空气或小毛刷将衔铁极面的灰尘清除干净。

(7) 未将灭弧罩装在接触器上时,严禁带负荷启动综合启动器开关,以防弧光短路。

3.14 凸轮控制器

凸轮控制器主要用于起重设备中控制中小型绕线转子异步电动机的启动、停止、调速、换向和制动,也适用于有相同要求的其他电力拖动场合,如卷扬机等。凸轮控制器的结构和接线原理如图 3.24 所示。

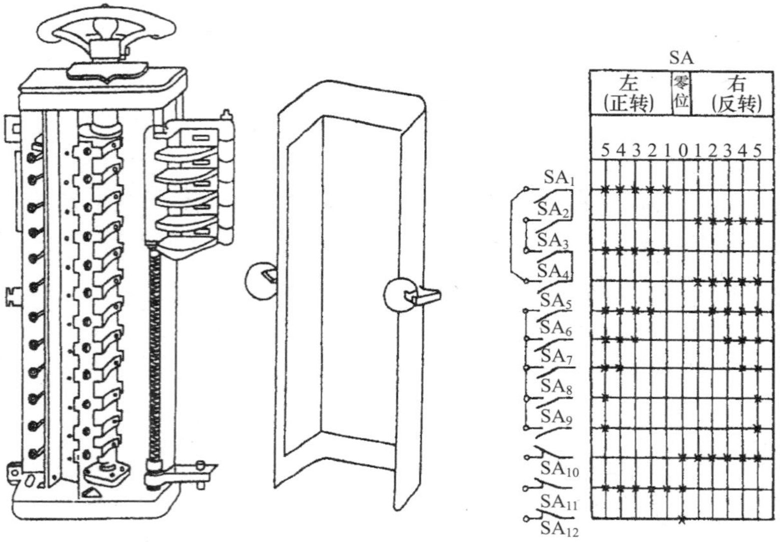

(a) 结　构　　(b) 接线原理

图 3.24　凸轮控制器的结构和接线原理

当手轮向左旋转时，电动机正转；手轮向右旋转时，电动机反转。图中每一条横线代表一对触点，每一条竖线代表一个挡位，左右各有 5 挡，中间为零位。横线和竖线交叉处的“×”符号表示触点接通。例如，当凸轮控制器手轮由零位向左旋转一个挡位时，在标明 1 数字的竖线与横线之间交叉点上有“×”符号，从这三条横线看过去，即表示触点 SA_1、SA_3、SA_{11} 接通，SA_{10}、SA_{12} 则由接通状态变为断开状态。由于凸轮控制器的触点具有这样的组合功能，因此不但能控制电动机的正反转、启动、停止，还可通过手轮的转动，逐一短接一部分电阻，以致最后全部切除电阻，达到调整电动机转速的目的。

1. 凸轮控制器的型号

凸轮控制器的型号含义为：

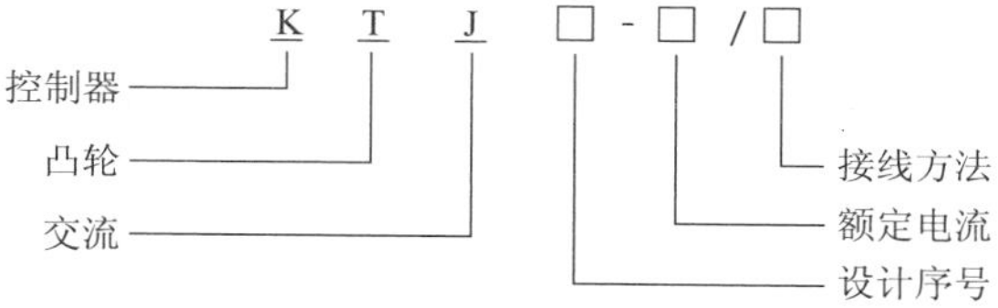

2. 凸轮控制器的主要技术参数

常用的凸轮控制器的主要技术参数见表 3.30。

表 3.30 凸轮控制器的主要技术参数

型 号	额定电流(A)	位置数		转子最大电流(A)	最大功率(kW)	额定操作频率(次/h)
		左	右			
KT14-25J/1	25	5	5	32	11	600
KT14-25J/2		5	5	2×32	2×5.5	
KT14-25J/3		1	1	32	5.5	
KT14-60J/1	60	5	5	80	30	600
KT14-60J/2		5	5	2×32	2×11	
KT14-60J/4		5	5	2×80	2×30	

3. 凸轮控制器的选用

根据电动机的容量、额定电压、额定电流和控制位置数目来选择凸轮控制器。

4. 凸轮控制器的安装和使用

(1) 安装前检查凸轮控制器铭牌上的技术数据与所选择的规格是否相符。

(2) 按接线图正确安装控制器,确定正确无误后方可通电,并将金属外壳可靠接地。

(3) 首次操作或检查后试运行时,如控制器转到第2位置后,仍未使电动机转动,应停止启动,查明原因,检查线路并检查制动部分及机构有无卡住等现象。

(4) 试运行时,转动手轮不能太快,当转到第1位置时,使电动机转速达到稳定后,经过一定的时间间隔(约1s),再使控制器转到另一位置,以后逐级启动,防止电动机的冲击电流超过电流继电器的整定值。

(5) 使用中,当降落重负荷时,在控制器的最后位置可得到最低速度,如不是非对称线路的控制器,不可长时间停在下降第1位置,否则载荷超速下降或发生电动机转子"飞车"的事故。

(6) 不使用控制器时,手轮应准确地停在零位。

(7) 凸轮控制器在使用中,应定期检查触点接触面的状况,经常保持触点表面清洁、无油污。

(8) 触点表面因电弧作用而形成的金属小珠应及时去除,当触点严重磨损使厚度仅剩下原厚度的1/3时,应及时更换触点。

3.15 电磁调速控制器

电磁调速控制器用于电磁调速电动机(滑差电机)的速度控制,实现恒转矩无级调速。JD1系列电磁调速控制器的外形如图3.25所示。

1. JD1系列电磁调速控制器的型号

JD1系列电磁调速控制器的型号含义见下页。

2. 电磁调速控制器的主要技术参数

JD1A系列电磁调速控制器的主要技术参数见表3.31,JZT系列电磁调速控制器的主要技术参数见表3.32。

图 3.25 电磁调速控制器外形

JD1 系列电磁调速控制器的型号含义：

JD 1 □ - □

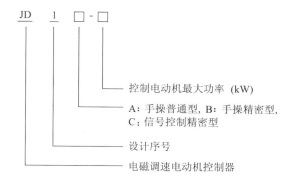

- □（后）——控制电动机最大功率 (kW)
- □（前）——A：手操普通型，B：手操精密型，C：信号控制精密型
- 1——设计序号
- JD——电磁调速电动机控制器

表 3.31 JD1A 系列电磁调速控制器的主要技术参数

型 号	JD1A-11	JD1A-40	JD1A-90
电源电压	～220V±10% 50～60Hz		
最大输出定额(直流 90V)	3.15A	5A	8A
可控电动机功率(kW)	0.55～11	11～40	40～90
测速发电机	单相或三相中频电压转速比≥2V/100(r/min)		
转速变化率	≤3%		
稳速精度	≤1%		
调速范围	10∶1		3∶1

表 3.32 JZT系列电磁调速控制器的主要技术参数

型号	JZT	ZLK	ZTK
电源电压	～220V±10% 50～60 Hz		
最大输出定额(直流 90V)	5A	5A	3.15～8A
可控电动机功率(kW)	0.55～30	0.55～40	0.6～40
测速发电机	单相或三相中频电压转速比≥2V/100(r/min)		
额定转速时的转速变化率	≤3%		
稳速精度	≤1%		

3. JD1A、JD1B型电磁调速控制器的安装使用和维护

(1) 在测试开环工作状况时，七芯航空插座的3、4芯接入负载后，输出才是0～90V的突跳电压；如果不接负载，输出电压可能不在上述范围内。

(2) 面板上的反馈量调节电位器应根据所控制的电动机进行适当的调节。反馈量调节过小，会使电动机失控；反馈量调节过大，会使电动机只能低速运行，不能升速。

(3) 面板上的转速表校准电位器在校正好后应将其锁定，否则，如果其逆时针转到底时，会使转速表不指示。

(4) 运行中，若发现电动机输出转速有周期性的摆动，可将七芯插头上接到励磁线圈的3、4线对调；对JD1B型，应调节电路板上的"比例"电位器，使之与机械惯性协调，以达到更进一步的稳定。

(5) 周围环境须保持清洁，防止油污及水渍滴入控制器内，并避免剧烈震动。

(6) 在停放时间过长或发现控制器内部受潮后，应低温烘干并检查电气性能及绝缘性能。

(7) 元件损坏时，应及时更换。在更换元件时，须小心进行，使用的电烙铁功率不得大于45W，焊接时间不超过5s，注意防止印制电路板铜箔脱落。元件修补完毕，应用酒精清洁一下，然后敷一层稀薄的万用胶。

4. 电磁调速控制器的常见故障及检修方法

电磁调速控制器的常见故障及检修方法见表3.33。

表 3.33 电磁调速控制器的常见故障及检修方法

故障现象	产生原因	检修方法
转速不能调节，仅能高速运行不能低速运行	(1)转子有相擦现象 (2)反馈量未加入，反馈量调节电位器在极限位置 (3)晶闸管供电电压与同步信号电压极性接错，触发信号不同步	(1)检查电机，重新装配 (2)检查反馈量调节电位器，必要时更换 (3)改变同步信号电压极性，将b10、b11 抽头接线互换
电网电压波动严重影响转速稳定	速度指令信号电压波动大，稳压管 VS_1、VS_2 损坏	更换 VS_1、VS_2，调节 R_1，使电流不致过大或过小，输出电压达 16V
某一转速运行时，周期性摆动现象严重	(1)励磁绕组接线接反 (2)加速电容 C_4、C_7 损坏	(1)改变励磁绕组接线头 3、4 的极性 (2)更换电容 C_4、C_7
接通电源后，保险丝熔断	(1)引出线接错 (2)续流二极管 VD 接反或击穿 (3)变压器短路 (4)压敏电阻 RU 击穿短路	(1)检查及整理各引出线 (2)检查 VD 及晶闸管 VT，若损坏应调换 (3)检查、修理变压器 (4)更换 RU
接通电源指示灯亮，但电机不运转	(1)印制电路板上没有工作电源 (2)速度指令电位器 RP_1 断路 (3)励磁回路 3、4 断开 (4)晶体管 Tr_1、Tr_2 损坏 (5)晶闸管 VT 开路 (6)脉冲变压器 T_1 无输出 (7)印制电路板插脚接触不良	(1)检测变压器 (2)测量 RP_1 输出电压，在 VD_7、VD_8 两端应测得电压变化为 0～1.3V (3)检查励磁回路接线 (4)检测 Tr_1、Tr_2，若损坏应调换 (5)检查 VT (6)检查 T_1，测量 R_6 两端电压应在 4.2～6.2V 变化，用示波器观察 VD_{12} 两端为能够移动的脉冲波 (7)重新接插
当快速调节时电机不转动，而在极缓慢转动调速电位器时，电机才能转动或动一下就停止了	由于前置放大输出电压过高，即“移相过头”，使晶闸管导通角过大而关闭。其原因是温升后引起，或 R_4、R_7 损坏	更换 R_4 使阻值增大，直至晶闸管导通角回复为止。如还不行，则调换正向阻值较大的 Tr_2 再接上
特性硬度下降，调速电位器已到零位，仍有励磁输出	(1)起始零位调节不当 (2)使用环境温度过高	(1)调节 R_7，使调速电位器在零位时晶闸管无励磁输出 (2)改善环境

续表 3.33

故障现象	产生原因	检修方法
表示指示与实际转速不一致，或无法调节(过低)	(1)测速发电机退磁造成 (2)测速发电机有一相断路或短路	(1)调节 RP_3，使之阻值减小 (2)测量三相测速发电机输出电压是否平衡
离合器只能低速运行，不能升速	(1)续流二极管 VD 开路 (2)反馈量过大	(1)更换二极管 VD (2)调节“反馈量调节”电位器

3.16 JZF 系列正反转自动控制器

在很多实际生产生活中会有这样的要求，要求生产设备能正转→停止→反转→停止→正转循环。如洗衣机、建筑用搅拌机、食堂和面机等，通常需要采用多只时间继电器来进行控制，费用很高，维护程度较难。

目前国内已有 JZF-01，JZF-04B、04C，JZF-05，JZF-06，JZF-07，JZF-10A、10B、10C 型产品，特别提醒，因生产厂家不同，其功能上有所不同，选型时应仔细阅读产品说明书。图 3.26 所示为德力西生产的 JZF 正反转自动控制器外形，其接线如图 3.27 所示。

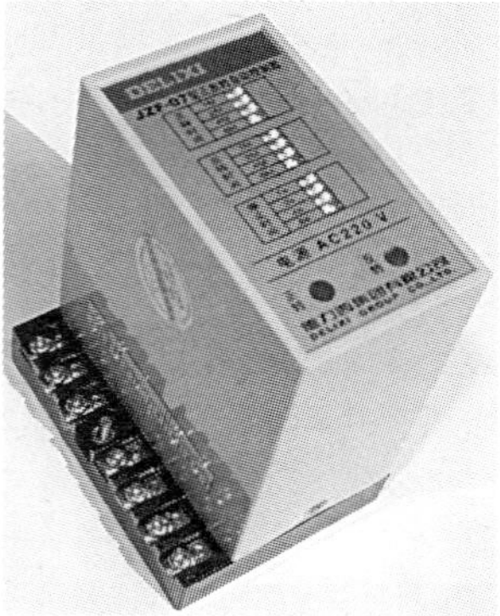

图 3.26 JZF 正反转自动控制器

它实际上是一个正反转自动控制器，JZF-06、JZF-07 型产品其时间可任意调整，可满足一般生产工作需要，且接线方便、简单、动作可靠、安全，是一种理想的产品。选型时特别注意：JZF-01 型正反转自动控制器延时时间为固定式，即正转 25s→停 5s→反转 25s 循环，不可改变时间。

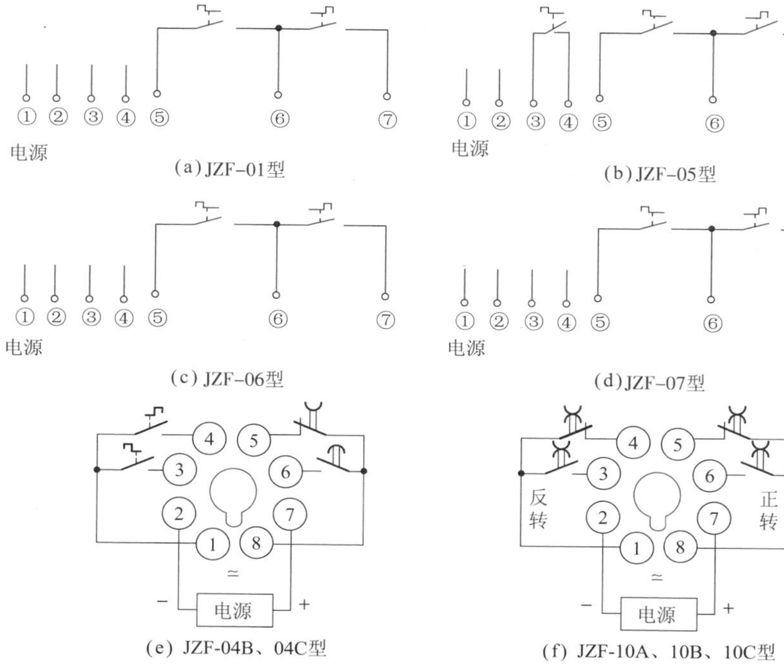

图 3.27 JZF-01～JZF-07 正反转自动控制器接线

JZF-06 型正反转自动控制器延时时间为可调式，最小 1s，最大 16s，可根据生产要求而自行设定。

JZF-06 型正反转自动控制器的常见故障及排除方法见表 3.34。

表 3.34 JZF-06 型反转自动控制器的常见故障及排除方法

故障现象	原因	排除方法
合上 SA 开关，电动机只能正转工作，然后停下来，而没有反转	(1)JZF 控制器⑦脚无输出，损坏了 (2)KM_2 线圈断路 (3)KM_1 常闭触点接触不良或断路	(1)更换 JZF 控制器 (2)更换 KM_2 线圈 (3)更换 KM_1 触点
合上 SA 开关，正反转均无反应	(1)SA 开关损坏 (2)FU_2 熔断器熔断 (3)热继电器 FR 常闭触点接触不良 (4)控制器损坏 (5)KM_1、KM_2 线圈同时断路	(1)更换 SA 开关 (2)修复 FU_2 熔芯 (3)更换热继电器 FR (4)更换或修理控制器 (5)更换 KM_1、KM_2 线圈

续表 3.34

故障现象	原　因	排除方法
过载指示灯 HL 亮	电动机过载了	检查过载原因手动使其复位
正转工作不停（一直正转），没有停止或反转	(1)交流接触器 KM_1 主触点熔焊断不开 (2)机械部分卡住(KM_1) (3)接触器 KM_1 动、静铁心极面有油污	(1)更换 KM_1 主触点 (2)检查修复 KM_1 卡住问题 (3)检查擦净铁心极面油污
熔断器 FU_2 熔断	控制器短路	更换控制器
熔断器 FU_1 熔断	(1)电动机烧毁 (2)KM_1 或 KM_2 主触点短路 (3)导线脱落短路	(1)修理电动机绕组 (2)更换 KM_1、KM_2 主触点并修理故障处 (3)连接好脱落导线
QF 断路器送不上电	造成 QF 故障原因：可将 FU_1 熔断器拆下后试试，若能送上电，则为下端有短路故障，若还送不上，则为自身故障	检查并排除故障

JZF 系列正反转自动控制器技术数据见表 3.35。

表 3.35　JZF 系列正反转自动控制器技术数据

型　号	触点数量	工作电压	控制时间
JZF-01	2 转换	AC：12V、24V、36V、110V、220V、380V DC：24V	正转：25s 停止：5s 反转：25s
JZF-05	3 转换	AC：12V、24V、36V、110V、220V、380V DC：24V	正转：15s 停止：5s 反转：15s 脱水：5s
JZF-06	2 转换	AC：12V、24V、36V、110V、220V、380V DC：24V	运转：1s、2s、4s、8s、16s 停止：0.5s、1s、2s、4s
JZF-07	2 转换	AC：12V、24V、36V、110V、220V、380V DC：24V	正转：1min、2min、4min、8min 停止：1s、2s、4s、8s 反转：1min、2min、4min、8min

3.17 KG316T系列微电脑时控开关

目前,市场上出现的时控开关种类很多,但KG316T(其外形见图3.28)微电脑时控开关应用非常广泛。它的接线非常简单,左边两端子接电源,右边两端子接负载,若负载功率超过6kW时,可外接一只交流接触器进行控制。它设置简单、方便,分十次接通和分断,时间可任意调整,也可按星期等方式进行设置,是一种理想的时控装置。因厂家型号不同,市场上有许多相同产品,常见KG316T微电脑时控开关外形如图3.29所示。

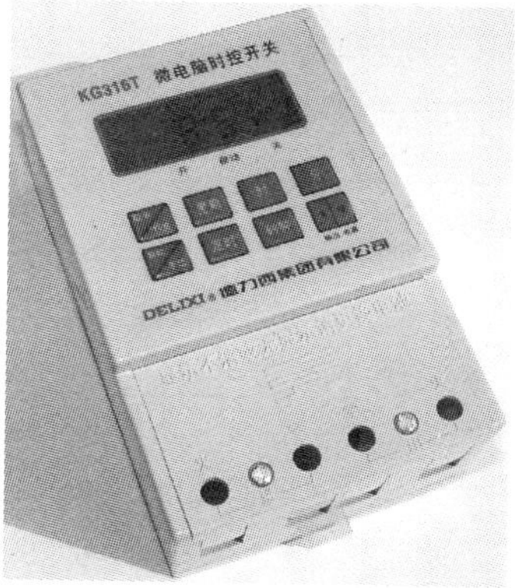

图3.28 德力西生产的KG316T微电脑时控开关

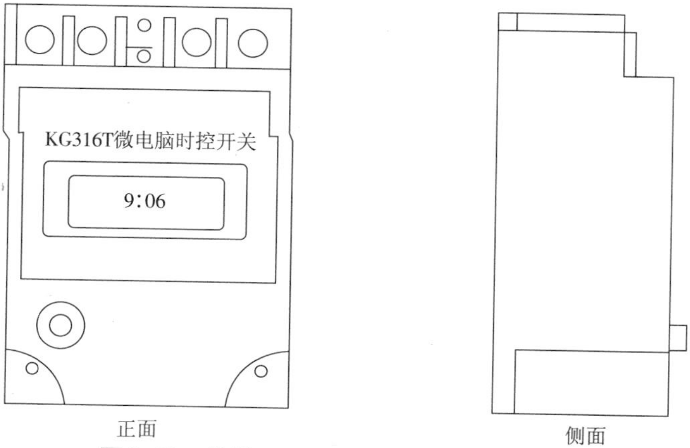

图3.29 常见KG316T微电脑时控开关外形

3.17.1　接线方法

1. 直接控制方式的接线

被控制的电器是单相供电，功耗不超过本开关的额定容量（阻性负载 25A），可直接通过本控制开关进行控制。接线方法如图 3.30 所示。

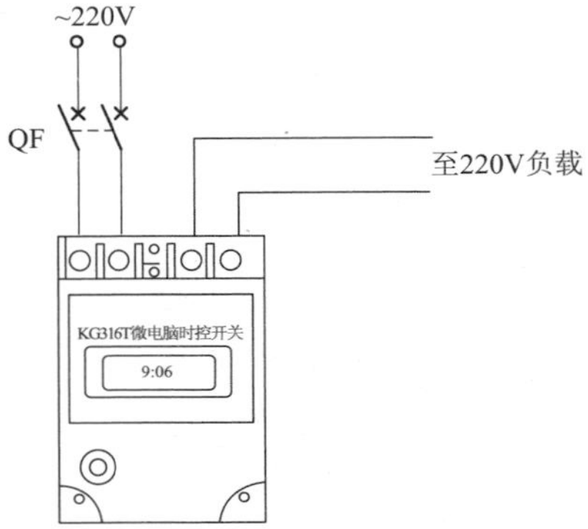

图 3.30　KG316T 直接控制方式接线图

2. 单相扩容方式的接线

被控制的电器是单相供电，但功耗超过本开关的额定容量（阻性负载 25A），那么就需要一个容量超过该电器功耗的交流接触器来扩容。接线方法如图 3.31 所示。必须注意的是，时控开关内部接线也不相同，为保证正确控制，最好在使用前用万用表测量一下，以做到心中有数。

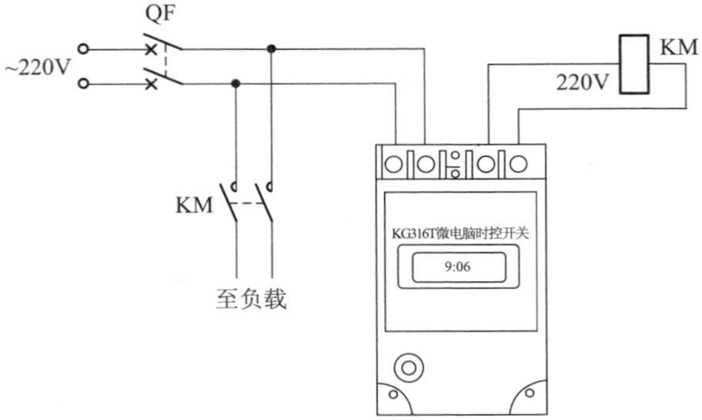

图 3.31　KG316T 单相扩容方式接线图

3. 三相工作方式的接线

被控制的电器三相供电，需要外接交流接触器。控制交流接触器的线圈电压为 AC 220V 时的接线方法如图 3.32 所示。

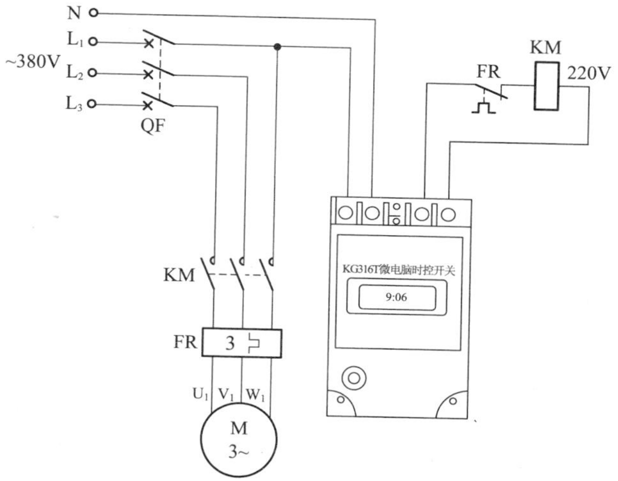

(a) 交流接触器线圈电压为220V时，控制三相380V电动机接线

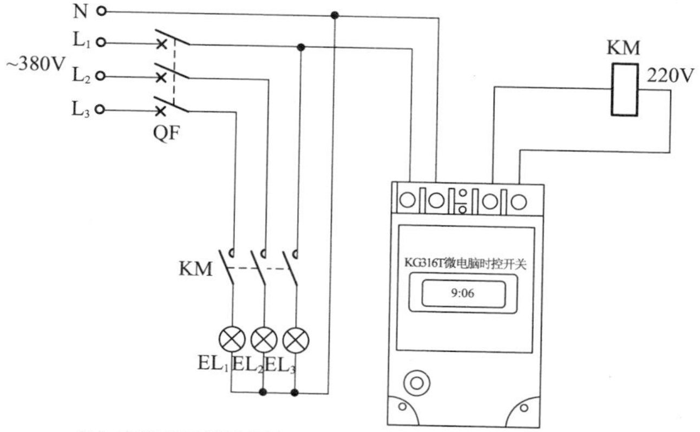

(b) 交流接触器线圈电压为220V时，控制三相照明灯接线

图 3.32 KG316T 三相工作方式接线图

控制接触器的线圈电压为 AC 380V 时的接线方法如图 3.33 所示。

KG316TQ 开孔尺寸如图 3.34 所示，其接线图如图 3.35 所示，常见故障及排除方法见表 3.36。

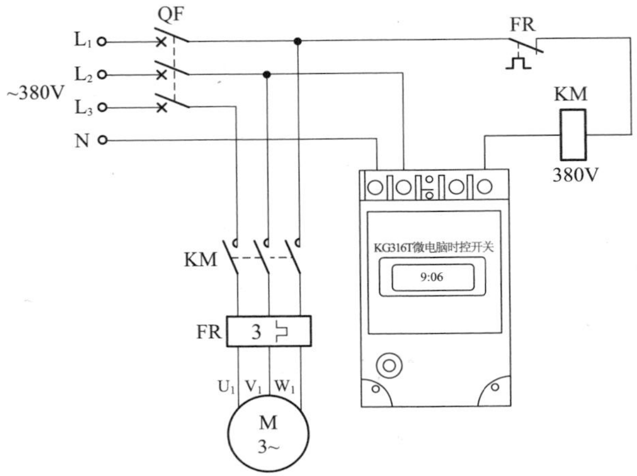

(a) 交流接触器线圈电压为380V时，控制三相380V电动机接线

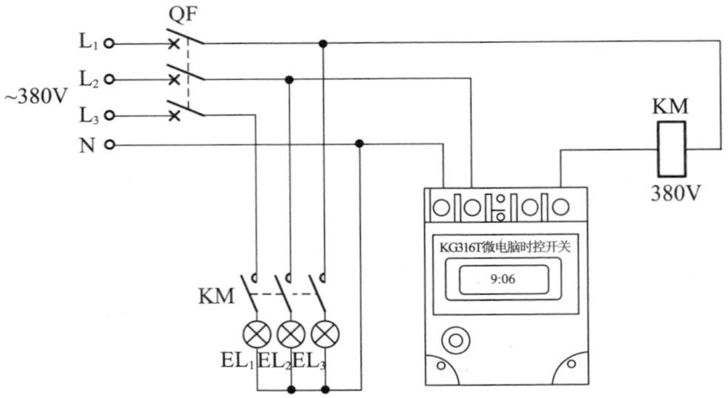

(b) 交流接触器线圈电压为380V时，控制三相照明灯接线

图 3.33　线圈电压 380V 的接线图

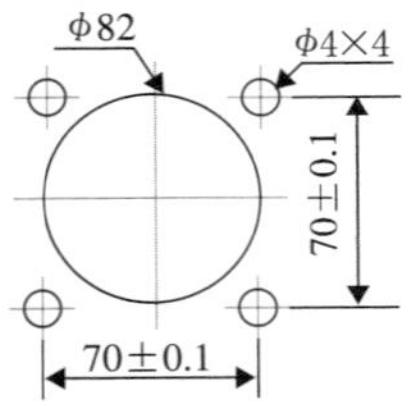

图 3.34　KG316TQ 开孔尺寸图

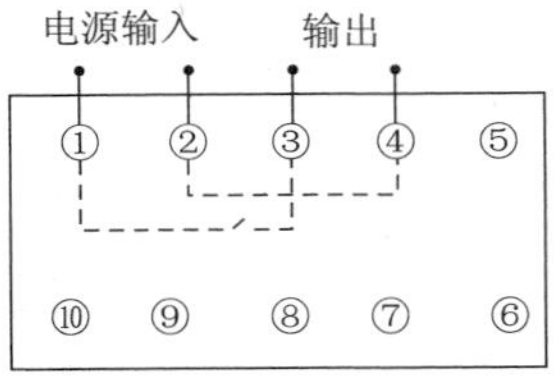

图 3.35　KG316TQ 接线图

表 3.36 KG316TQ 微电脑时控开关的常见故障及排除方法

故障现象	原 因	排除方法
LCD 无显示或显示不清	检查电池是否无电	更换电池
通电后时控开关工作不正常	检查时控开关时段设定是否正确,以及星期的设定是否设定在“自动”的位置	重新设定
时控开关在设定时间输出指示灯亮,但继电器不转换	检查电源电压是否过低	检查电源部分,加以解决
本器件自身出现故障	检查供电电源电压是否过高,电源线是否接错	检查更正
熔断器熔断	控制器内部元件损坏	检修控制器
设置在自动位置上,但电路不受控制一直工作不停止	设置不正确	在设定自动时,不能直接将“▼”三角形对应在自动位置上,必须按动至“关”位置后再回到“自动”位置

3.17.2 预置操作

(1) 如需调整时钟,则一手将“时钟”键按住不放,再利用另一手来按动“校星期”键、“校时”键、“校分”键,时钟设好后松开“时钟”键即可,控制器自动转为当前时间。

(2) 无论设定开启时间或关闭时间,则可按一下“定时”键,液晶显示屏幕上会出现(见图 3.36)左下角为数字几开,无设定时间为点线或液晶显示屏幕上会出现(见图 3.37)左下角为数字几关,无设定时间为点线。

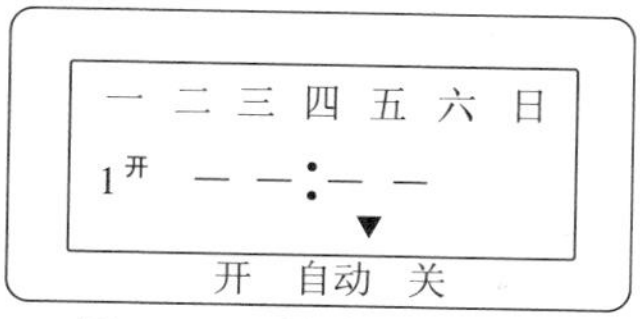

图 3.36 设定时间(一)

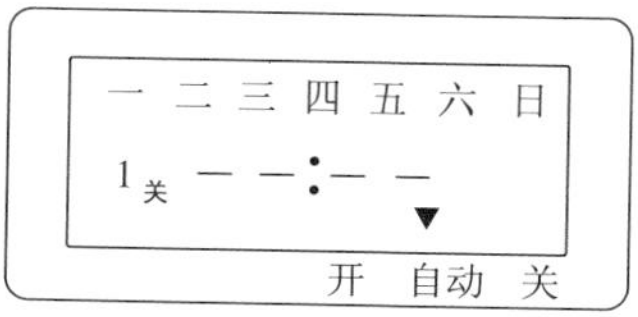

图 3.37 设定时间(二)

如果设定每天晚上 19 时 10 分自动开启(假定 $1_{开}$),则按一下“定时”键,按“校时”键设定数字为“19”,再按“校分”键设定数字为“10”,说明开启时间已设定好了,为 19 : 10(见图 3.38)。再设定关闭时间,如果设定时间为每天晚上 23 : 40 分自动关闭(假定 $1_{关}$),则还是按一下“定时”键,按“校时”键使设定数字为“23”，再按“校分”键使设定数字为“40”，说明关闭时间已设定好了，为 23：40(见图 3.39)。并按上述方法将 $2_{开}$、$2_{关}$……$10_{开}$、$10_{关}$ 全部变为无效，从显示屏幕上看全为“— —：— —”图样，说明 $2_{开}$、$2_{关}$……$10_{开}$、$10_{关}$ 无效。

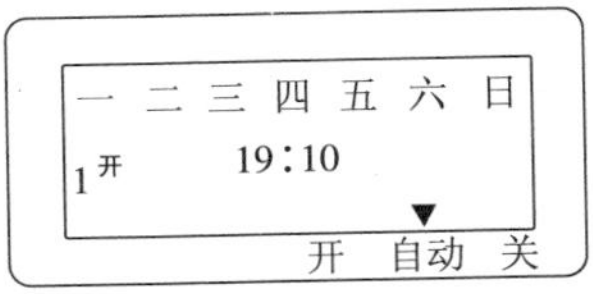

图 3.38 设定时间(三)

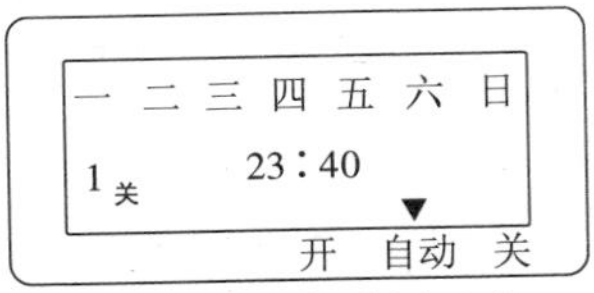

图 3.39 设定时间(四)

因本控制器每天都可以有 10 次不同时间通、断控制，如果只用一个时间通、一个时间断，可按照上述方法将 2～10 开、关全部变为无效即可。

(3) 设置定时结束后，按“时钟”键，控制器显示屏恢复当前时间。

(4) 当需要自动控制时，则按动“自动/手动”键，将液晶显示屏下方的黑三角“▼”符号先调至“关”位置后，再继续按此键使黑三角“▼”对应在“自动”位置上即可。

(5) 先按“定时”键，再按“星期”键可完成每天相同、每天不同、星期一至星期五相同、星期六至星期日相同的设定。

第4章　照明控制及安装接线

4.1　楼房走廊照明灯自动延时关灯

图4.1为楼房走廊照明灯自动延时关灯电路。当人走进楼房走廊时，瞬时按下任何一只按钮后松开复位，KT断电延时时间继电器线圈得电吸合，使KT断电延时断开的常开触点闭合，照明灯点亮。延时常开触点经过一段时间后打开，使走廊的照明灯自动熄灭。

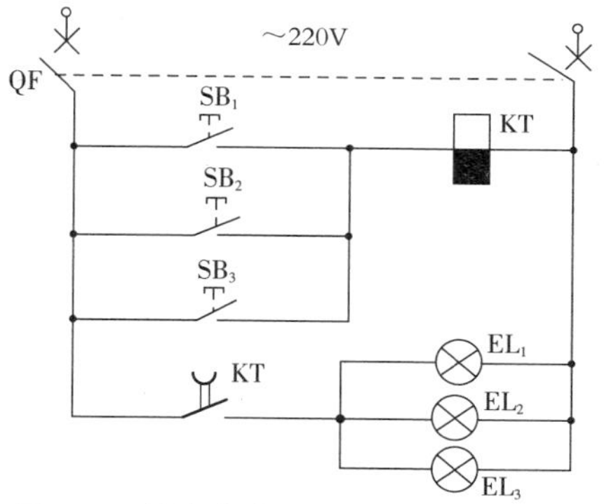

图4.1　楼房走廊照明灯自动延时关灯

图中，延时时间继电器选用JS7-3A或JS7-4A型断电延时时间继电器，线圈电压为220V。这种延时时间继电器在线圈得电后所有触点立即转态动作即常开立即变成常闭，常闭立即变成常开，使KT线圈吸合，然后在线圈断电释放后延迟一段时间触点才恢复原来状态。此电路采用的是失电延时断开的常开触点。

本电路的常见故障及排除方法见表4.1。

表4.1　本电路的常见故障及排除方法

故障现象	原　因	排除方法
按任意按钮SB_1、SB_2、SB_3，KT吸合但灯不亮	KT断电延时断开的常开触点损坏	更换

续表 4.1

故障现象	原　因	排除方法
按任意按钮无反应	(1) QF 断路或动作跳闸 (2) KT 线圈断路	(1) 恢复 (2) 更换
按下按钮开关,KT 吸合但松开后 KT 不延时	(1) 延时时间调得太小 (2) 延时部分损坏	(1) 重新调整 (2) 更换
不用按下按钮,灯长亮不受控制	KT 触点熔焊或分不开	更换

JS7 系列空气式时间继电器的安装如下所示：

(1) 在安装接线时必须核对其线圈额定电压与将要连接的电源电压是否相符;按控制原理图要求,正确选用接点的接线端子。

(2) 通电延时和断电延时的时间应在整定时间范围内安装,通电延时或断电延时可按需要进行调换。

(3) 由于该时间继电器无刻度,要准确调整延时时间较困难,同时气室的进排气孔也有可能被尘埃堵住而影响延时的准确性,因此,应经常清除灰尘及油污,否则延时误差将更大。

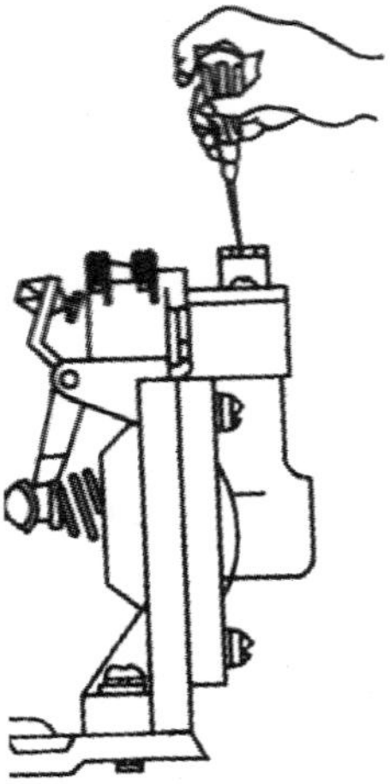

图 4.2　JS7-A 时间继电器的延时时间调整方法

(4) 空气阻尼式时间继电器的调整。断开主回路电源,接通控制回路电源,如图 4.2 所示,用旋具旋转调节调整螺钉,使其与所需的时间大致相符即可。

按动延时控制回路按钮,同时记下延时起始时间。延时结束后,立即记下结束时间,核实延时时间与所需延时时间是否相符。如不符,则继续向左或向右旋转调整螺钉,重复这一调节过程,直到实际延时时间与所需延时时间相符。

4.2　日光灯常见接线方法

在了解日光灯接线之前让我们先看图 4.3,了解日光灯的组成及其装配方法。

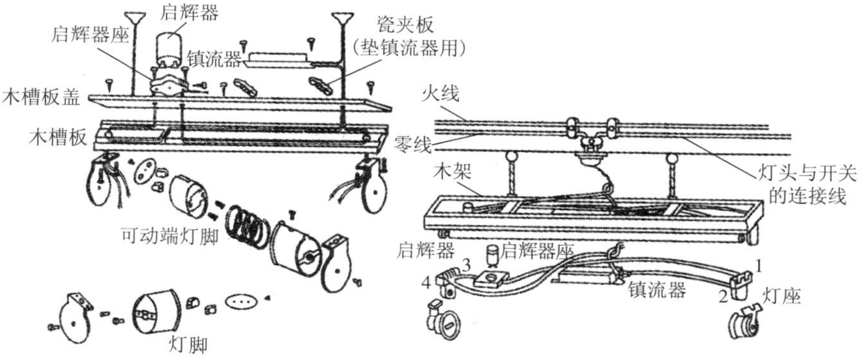

图 4.3　日光灯接线图

日光灯常见接线方法见表 4.2。

表 4.2　日光灯常见接线方法

<table>
<tr><th>名　称</th><th>图　示</th><th>说　明</th></tr>
<tr><td>一般的接法</td><td>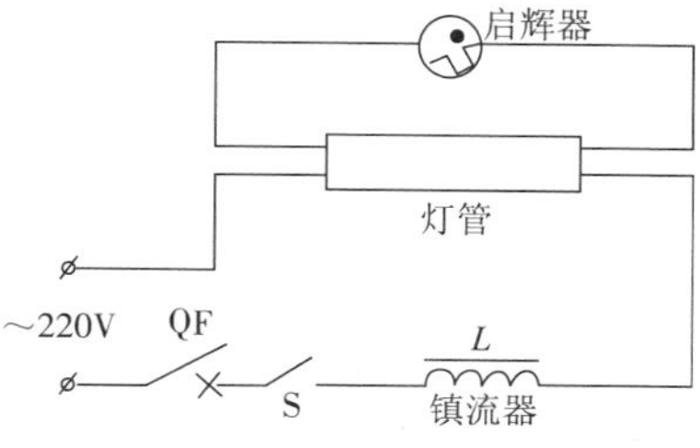
</td><td>这是常用的连接线路。安装时开关应控制日光灯光线，并且应接在镇流器一端。零线直接接日光灯另一端。日光灯启辉器并接在灯管两端即可</td></tr>
<tr><td>双日光灯的接线</td><td>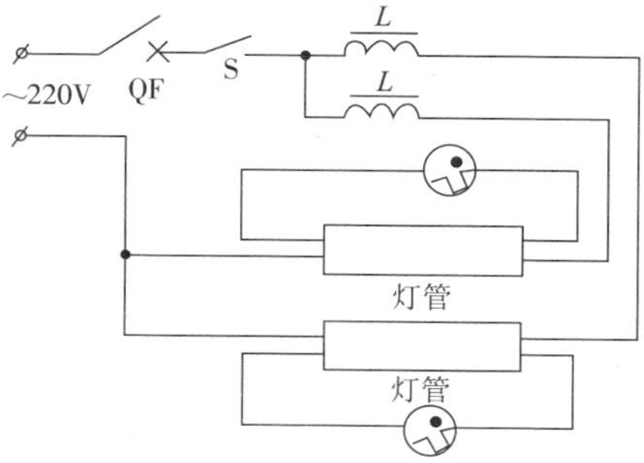
</td><td>这种线路一般用于厂矿和户外广告要求照度较高的场所</td></tr>
</table>

续表 4.2

名　称	图　示	说　明
用直流电点燃日光灯的接法	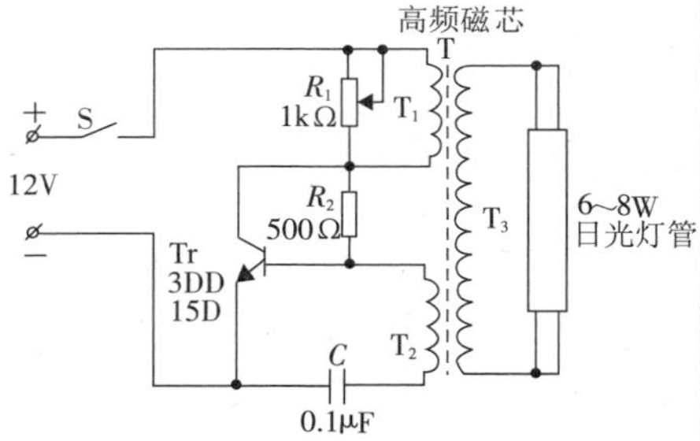	线路中 R_1 和 R_2 为0.25W电阻，电容 C 可在 0.1～1μF 范围内选用，改变 C 值，间歇振荡器的频率也会改变。变压器 T 的 T_1 和 T_2 为 40 匝，线径为 0.35mm；T_3 为 450 匝，线径为0.21mm
快速启辉的接法	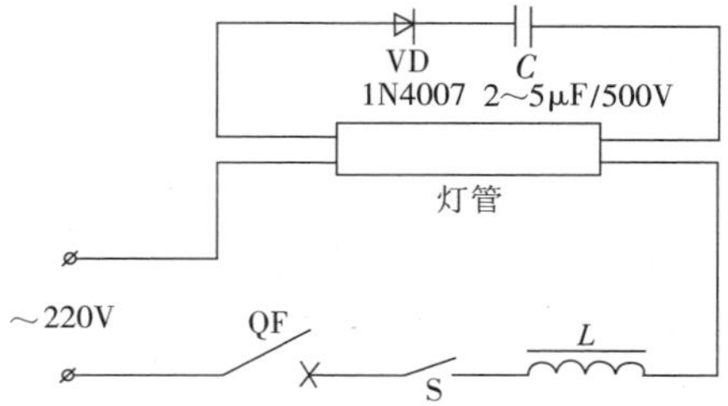	用一只二极管和一只电容器可组成一只电子启辉器，其启辉速度快，可大大减少日光灯管的预热时间，从而延长日光灯管的使用寿命，在冬天用此启辉器可达到一次性快速启动
电子镇流器接法	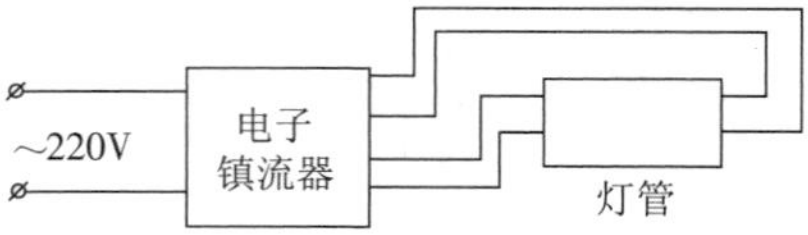	它采用改变频率将 50Hz 交流电逆变成 30kHz 高频点燃灯管
具有无功功率补偿的接法	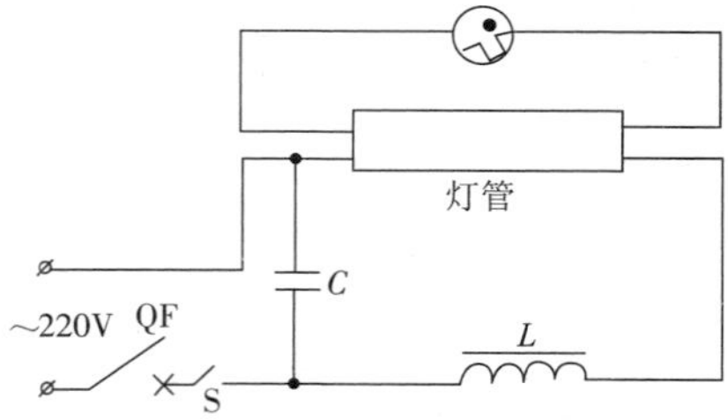	电容器的大小与日光灯功率有关。日光灯功率为 15～20W 时，选配电容容量为 2.5μF；日光灯功率为 30W 时，选配电容容量为 3.75μF；日光灯功率为 40W 时，选配电容容量为 4.75μF。所选配的电容耐压均为 400V
四线镇流器接法	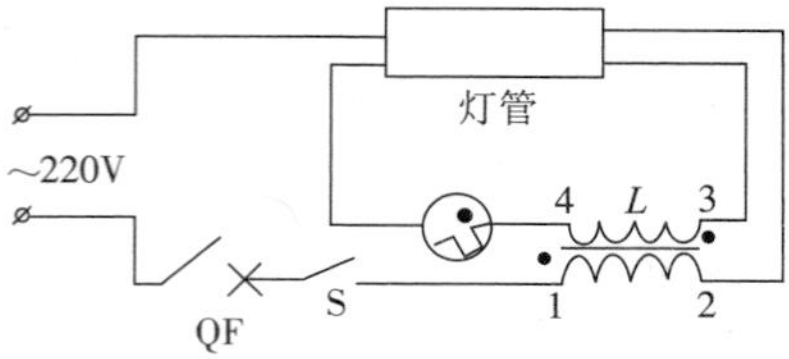	四线镇流器有四根引线，分主、副线圈，把镇流器接入电路前，必须看清接线说明，分清主副线圈。可用万用表测量检测，阻值大的为主线圈，阻值小的为副线圈

续表 4.2

名称	图示	说明
环形荧光灯的接法	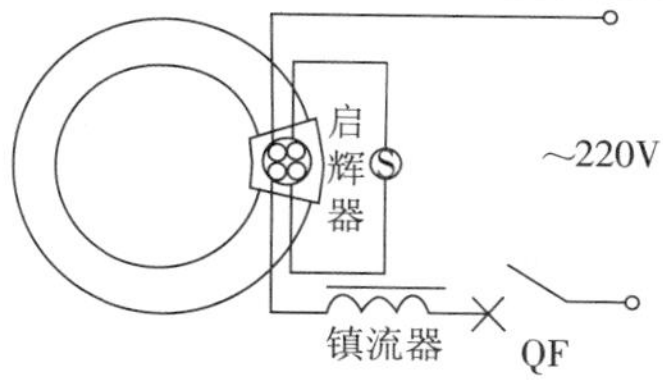	这种荧光灯将灯管的两对灯丝引线集中安装在一个接线板上，启辉器插座兼做灯管插座，使接线变得简单
U形荧光灯的接法	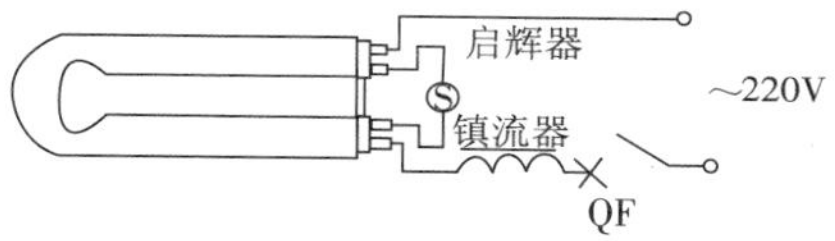	使用时需配用相应功率的启辉器和镇流器
H形荧光灯的接法	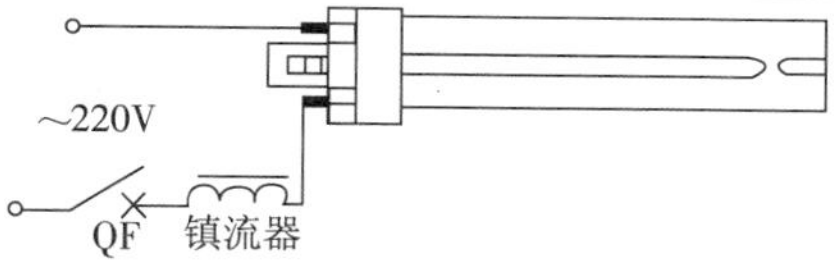	H形荧光灯必须配专用的H灯灯座，镇流器必须根据灯管功率来配置，切勿用普通的直管形荧光灯镇流器来代替

日光灯的常见故障及排除方法见表 4.3。

表 4.3 日光灯的常见故障及排除方法

故障现象	原因	排除方法
日光灯管不能发光或发光困难	(1) 电源电压过低或电源线路较长造成电压降过大 (2) 镇流器与灯管规格不配套或镇流器内部断路 (3) 灯管灯丝断丝或灯管漏气 (4) 启辉器陈旧损坏或内部电容器短路 (5) 新装日光灯接线错误 (6) 灯管与灯脚或启辉器与启辉器座接触不良 (7) 气温太低难以启辉	(1) 有条件时调整电源电压；线路较长应加粗导线 (2) 更换与灯管配套的镇流器 (3) 更换新的日光灯管 (4) 用万用表检查启辉器里的电容器是否短路，如是则应更换新启辉器 (5) 断开电源及时更正错误线路 (6) 一般日光灯灯脚与灯管接触处最容易接触不良，应检查修复。另外，用手重新装调启辉器与启辉器座，使之良好配接 (7) 进行灯管加热、加罩或换用低温灯管

续表 4.3

故障现象	原 因	排除方法
日光灯的镇流器过热	(1) 气温太高,灯架内温度过高 (2) 电源电压过高 (3) 镇流器质量差,线圈内部匝间短路或接线不牢 (4) 灯管闪烁时间过长 (5) 新装日光灯接线有误 (6) 镇流器与日光灯管不配套	(1) 保持通风,改善日光灯环境温度 (2) 检查电源 (3) 旋紧接线端子,必要时更换新镇流器 (4) 检查闪烁原因,灯管与灯脚接触不良时要加固处理,启辉器质量差要更换,日光灯管质量差引起闪烁,严重时也需要更换 (5) 对照日光灯线路图,进行更改 (6) 更换与日光灯管配套的镇流器
噪声太大或对无线电干扰	(1) 镇流器质量较差或铁心硅钢片未夹紧 (2) 电路上的电压过高,引起镇流器发出声音 (3) 启辉器质量较差引起启辉时出现噪声 (4) 镇流器过载或内部有短路处 (5) 启辉器电容器失效开路,或电路中某处接触不良 (6) 电视机或收音机与日光灯距离太近引起干扰	(1) 更换新的配套镇流器或紧固硅钢片铁心 (2) 如电压过高,要找出原因,设法降低线路电压 (3) 更换新的启辉器 (4) 检查镇流器过载原因(如是否与灯管配套,电压是否过高,气温是否过高,有无短路现象等),并处理;镇流器短路时应换新镇流器 (5) 更换启辉器或在电路上加装电容器或在进线上加滤波器来解决 (6) 电视机、收音机与日光灯的距离要尽可能离远些
日光灯管寿命太短或瞬间烧坏	(1) 镇流器与日光灯管不配套 (2) 镇流器质量差或镇流器自身有短路致使加到灯管上的电压过高 (3) 电源电压太高 (4) 开关次数太多或启辉器质量差引起长时间灯管闪烁 (5) 日光灯管受到震动致使灯丝震断或漏气 (6) 新装日光灯接线有误	(1) 换接与日光灯管配套的新镇流器 (2) 镇流器质量差或有短路处时,要及时更换新镇流器 (3) 电压过高时找出原因,加以处理 (4) 尽可能减少开关日光灯的次数,或更换新的启辉器 (5) 改善安装位置,避免强烈震动,然后再换新的灯管 (6) 更正线路接错之处
日光灯亮度降低	(1) 温度太低或冷风直吹灯管 (2) 灯管老化陈旧 (3) 线路电压太低或压降太大 (4) 灯管上积垢太多	(1) 加防护罩并回避冷风直吹 (2) 严重时更换新的灯管 (3) 检查线路电压太低的原因,有条件时调整线路或加粗导线截面使电压升高 (4) 断电后清洗灯管并做烘干处理

续表 4.3

故障现象	原因	排除方法
灯光闪烁或光有滚动	(1) 更换新灯管后出现的暂时现象 (2) 单根灯管常见现象 (3) 日光灯启辉器质量不佳或损坏 (4) 镇流器与日光灯不配套或有接触不良处	(1) 一般使用一段后即可好转，有时将灯管两端对调一下即可正常 (2) 有条件可改用双灯管解决 (3) 换新启辉器 (4) 调换与日光灯管配套的镇流器或检查接线有无松动，进行加固处理
日光灯在关闭开关后，夜晚有时会有微弱亮光	(1) 线路潮湿，开关有漏电现象 (2) 开关不是接在火线上而错接在零线上	(1) 进行烘干或绝缘处理，开关漏电严重时应更换新开关 (2) 把开关接在火线上
日光灯管两头发黑或产生黑斑	(1) 电源电压过高 (2) 启辉器质量不好，接线不牢，引起长时间的闪烁 (3) 镇流器与日光灯管不配套 (4) 灯管内水银凝结(是细灯管常见的现象) (5) 启辉器短路，使新灯管阴极发射物质加速蒸发而老化，更换新启辉器后，亦有此现象 (6) 灯管使用时间过长，老化陈旧	(1) 处理电压升高的故障 (2) 换新的启辉器 (3) 更换与日光灯配套的镇流器 (4) 启动后即能蒸发，也可将灯管旋转180°后再使用 (5) 更换新的启辉器和新的灯管 (6) 更换新的灯管
日光灯灯头抖动及灯管两头发光	(1) 日光灯接线有误或灯脚与灯管接触不良 (2) 电源电压太低或线路太长，导线太细，导致电压降太大 (3) 启辉器本身短路或启辉器座两接触点短路 (4) 镇流器与灯管不配套或内部接触不良 (5) 灯丝上电子发射物质耗尽，放电作用降低 (6) 气温较低，难以启辉	(1) 更正错误线路或修理加固灯脚接触点 (2) 检查线路及电源电压，有条件时调整电压或加粗导线截面积 (3) 更换启辉器，修复启辉器座的触片位置或更换启辉器座 (4) 更换适当的镇流器，加固接线 (5) 换新的日光灯灯管 (6) 进行灯管加热或加罩处理

日光灯电流的简单估算：

(1) 单相供电时，每千瓦电流约为 9A。

【举例】一会议室安装 30 只 40W 的日光灯，其镇流器采用电感式，接在 220V 单相电源上，问其电流为多少？

解：40W＝0.04kW

　　0.04×30×9＝10.8(A)

(2) 采用三相对称的星形供电时，每千瓦电流约为 3A。

4.3　金属卤化物灯接线

金属卤化物灯的接线方法如图 4.4 所示。

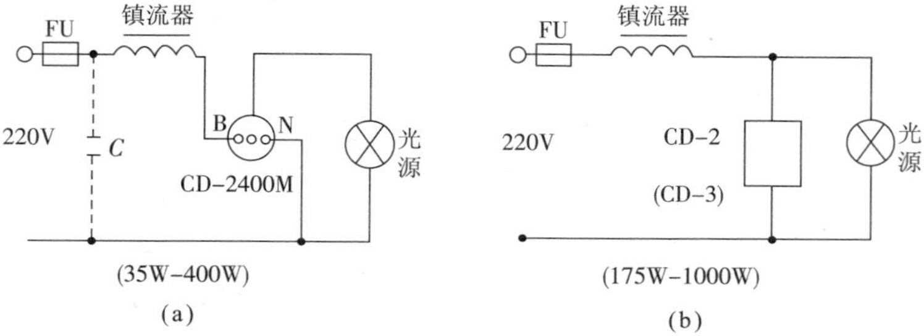

图 4.4　金属卤化物灯的接线方法

电器箱外形如图 4.5 所示。

金卤灯泡外形如图 4.6 所示。

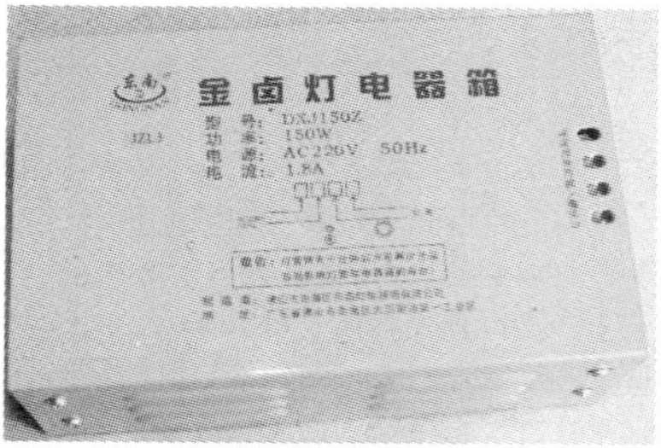

图 4.5　电器箱外形

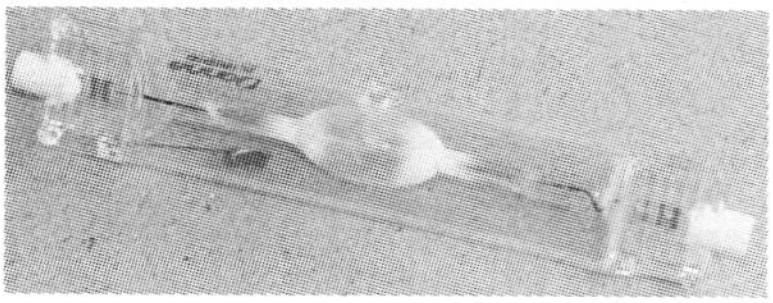

图 4.6　金卤灯泡外形(配套用)

金属卤化物灯接线的注意事项：

(1) 该金卤灯电器箱可最多并联 8 只金卤灯泡，同时要求电器箱离灯泡距离越近越好，不要超过 1m。

(2) 该电子触发器不允许在空载下工作，否则将会造成电子触发器损坏。

(3) 该金卤灯不允许长时间连续工作，可每周停几次，每次时间大于 20min 以上，以保证灯不损坏。

4.4 延长冷库照明灯泡寿命电路

冷库的温度通常在零下十几度，由于温度过低，灯泡常常在开灯或关灯的瞬间灯丝烧断。

为解决上述问题，采用两只时间继电器来进行控制，如图 4.7 所示。

电路中 KT_1 为得电延时时间继电器，KT_2 为失电延时时间继电器。开灯时，合上灯开关 S，得电延时时间继电器 KT_1 和失电延时时间继电器 KT_2 线圈同时得电吸合，KT_2 失电延时断开的常开触点立即闭合，照明灯电路在串入整流二极管 VD 的作用下，灯泡两端的电压仅为 99V，来进行低电压预热开灯，待得电延时时间继电器 KT_1 延时后，KT_1 得电延时闭合的常开触点闭合，从而短接了整流二极管 VD，照明灯全电压正常点亮。

关灯时，断开开关 S，KT_1、KT_2 线圈均断电释放，KT_1 得电延时闭合的常开触点立即断开，使整流二极管 VD 又重新串入电路中，而失电延时断开的常开触点由于延时时间未到仍处于闭合状态，照明灯 EL 转入低电压准备熄灯，经 KT_2 延时后，KT_2 失电延时断开的常开触点断开，照明灯熄灭，也就是说，开灯时，先低电压预热再全压点亮；而在关灯时，则不全压关灯，而是经低电压降温后再熄灭。这样就大大延长了照明灯的使用寿命。若冷库照明灯很多，时间继电器触点容量不够，可采用图 4.8 电路进行扩容。图 4.8 电路中整流二极管可根据负荷电流而定，但耐压必须大于 400V；KT_1 选用 JS7-1A 或 JS7-2A 型得电延时时间继电器，线圈电压为 220V；KT_2 选用 JS7-3A 或 JS7-4A 型失电延时时间继电器，线圈电压为 220V；KA_1、KA_2 选用 JZ7-44 型中间继电器，线圈电压为 220V。

图 4.8 所示电路常见故障及排除方法见表 4.4 所示。

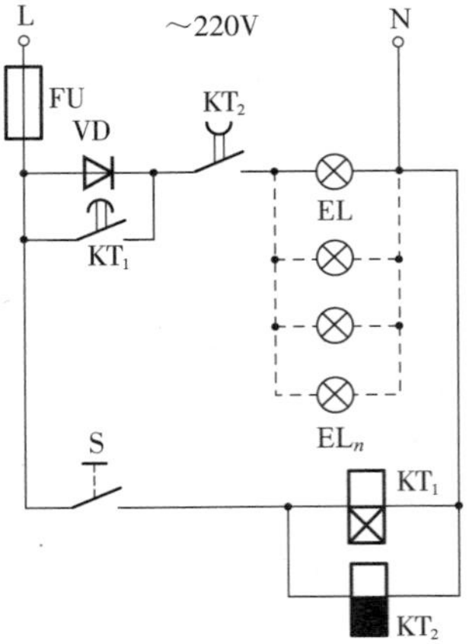

图 4.7

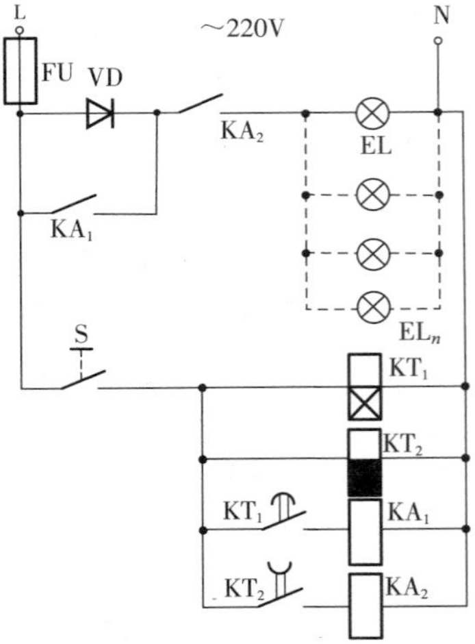

图 4.8

表 4.4 常见故障及排除方法

故障现象	原　因	排除方法
合上S，灯不亮，短接 KA_2 常开触点，灯亮，短接S，无反应	KT_1、KT_2、KA_1、KA_2 线圈导线脱落	检查恢复接线
合上S，灯EL即全压亮，继电器 KT_1、KT_2、KA_1、KA_2 均动作	(1) KT_1 得电延时时间继电器延时时间调整过短 (2) KA_1 常开触点分不开 (3) KA_1 机械部分卡住 (4) 整流二极管VD短路	(1) 重调 (2) 换新 (3) 修理 (4) 更换
关灯时，不降压延时关灯	KT_2 失电延时时间继电器延时时间调整过短	重调
合上S，开始灯不亮，几秒钟后，全压点亮而关灯时没有降压步骤	(1) 整流二极管烧坏断路 (2) 与整流二极管连接的导线脱落	(1) 更换 (2) 检查重接

4.5 SGK 声光控开关应用

声光控在晚间出现响声（如脚步、拍手等）时，开关将会自动接通照明灯，并延时30～90s后自动关闭照明灯，完成照明灯的自动控制。这样在施工中不需要增加线路，同时又避免了灯光的常亮问题，即人来灯亮，人去灯灭，完成自动控制，节省大量电能，是一种优选的自动控制产品。特别提醒此开关不能控制日光灯或继电器，只能用作控制白炽灯。注意，SGK-A、SGK-86 型严禁后端负载出现短路，否则将会烧毁声光控开关。

SGK 声光控开关的型号及其含义如下：

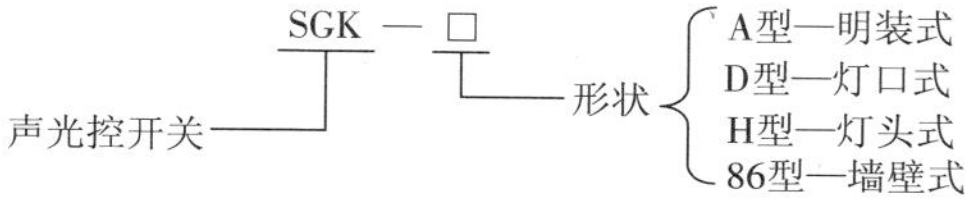

SGK 声光控开关的技术数据如表 4.5 所示。

表 4.5　SGK 声光控开关的技术数据

额定工作电压	交流 160～250V
闭锁光照	＞1 LK
启动声强	＞65dB
延时时间	30～90s
额定功率	＜60W
负载类型	白炽灯
感应距离	5m
开关寿命	10^6 次

SGK 声光控开关外形如图 4.9 所示。

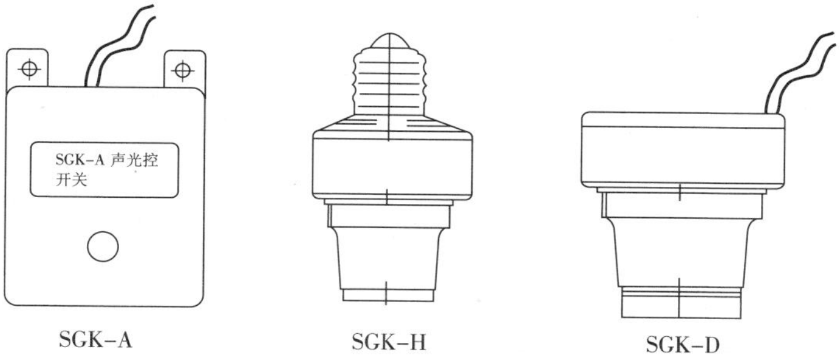

图 4.9　SGK 声光控开关外形

图 4.10 所示为 SGK 声光控自动开关的接线示意图。

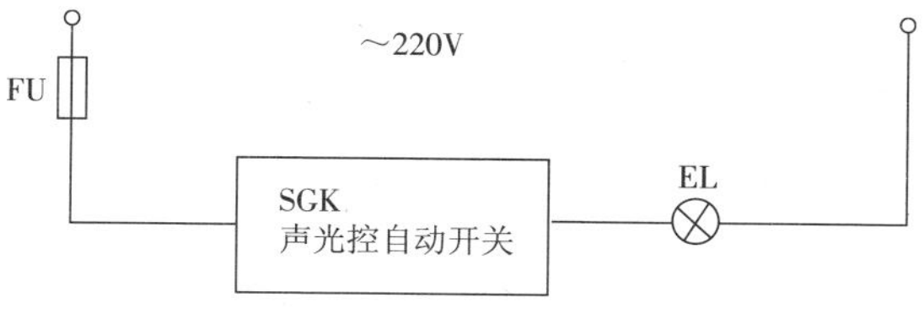

图 4.10　SGK 声光控自动开关接线示意图

声光控自动开关的常见故障及排除方法如表 4.6 所示。

表 4.6　声光控自动开关的常见故障及排除方法

故障现象	原　因	排除方法
灯不亮	(1) 声音太小 (2) 开关处有光照 (3) 声控开关损坏 (4) 线路断路 (5) 灯口接触不上或接触不良 (6) 灯泡损坏 (7) 所控灯具不是白炽灯，而是日光灯等 (8) 光控电阻损坏 (9) 熔断器熔断 (10) 晶闸管损坏 (11) 整流二极管损坏	(1) 加大拍手声或修理调整灵敏度 (2) 属于正常，否则为控制器内部故障，修理控制器 (3) 修理 (4) 恢复线路 (5) 修理或更换灯口 (6) 更换灯泡 (7) 换为原灯具用白炽灯 (8) 更换光控电阻 (9) 更换熔断器 (10) 更换晶闸管 (11) 更换整流二极管
灯延时时间很短	控制器延时电路损坏	修理延时电路
灯常亮	(1) 控制器内部大功率器件击穿损坏 (2) 接线错误 (3) 碰线 (4) 延时电路太长或损坏	(1) 更换器件 (2) 恢复接线 (3) 断开碰线处 (4) 检修延时电路
灯闪烁	控制器损坏产生振荡	修理控制器
通电灯立即亮，延时一段时间后灯灭了一下又亮了	MIC 话筒线圈开路	更换 MIC 话筒
声控时，灵敏度低	内部电容器损坏	更换电容器

4.6　实用的可控硅调光电路

在我们日常生活中，有时需要对照明灯的亮度进行调节，这就需要一只调光器(见图 4.11)。本节介绍一种简单实用的可控硅调光电路，它设计简单，选用器件少，便于制作，通常安全无误、无需调试即可正常工作，如图 4.12 所示。

电路中 R_1、R_P、C、R_2 和 VS_2 组成移相触发电路，在交流电压的某半周，220V 交流电源经电阻 R_1、电位器 R_P 向电容器 C 充电，使电容器 C 两端的电压逐渐上升。当电容器 C 两端电压升高到大于双向触发二极管 VS_1 的阻断值时，双向触发二极管 VS_1 和双向可控硅 VS_2 才相继导通，然后，双向可控硅在交流电压过零时截止。VS_2 的触发角由 R_P、R_1、C 的乘积决定，调节电位器 R_P 便可改变 VS_2 的触发角，从而改变负载电流的大小，改变灯泡 EL 两端电压，起到无级平滑调光的作用。

本电路调光范围宽，可将电压由 0V 调整到 220V。图中，可控硅 VS_2 可选用 5A、400V 以上型号，灯泡 EL 可用 220V 白炽灯泡，功率以不超过 100W 为宜。

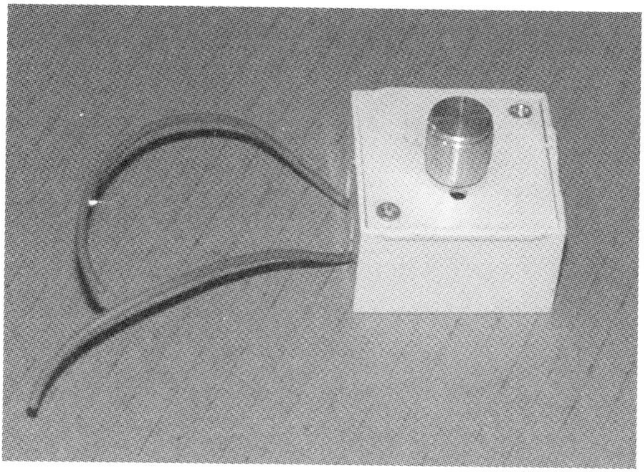

图 4.11 调光器

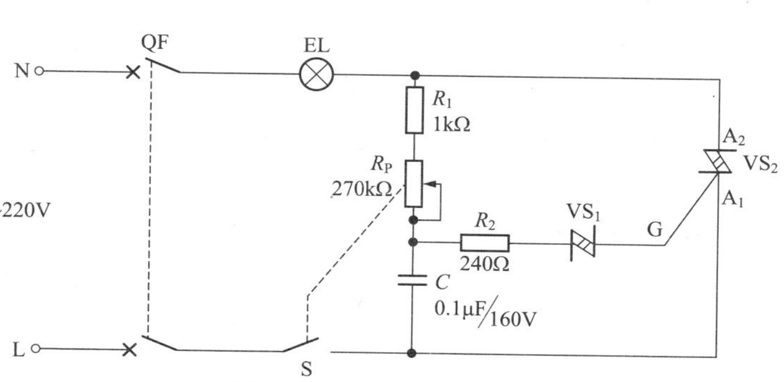

图 4.12 可控硅调光电路

4.7　用双向可控硅控制照明灯延时关灯

延时关灯应用的地方很多，像走廊灯等。如图 4.13 所示，本节介绍的是一种简单实用的延时关灯电路，使用电子元件少，效果很好。

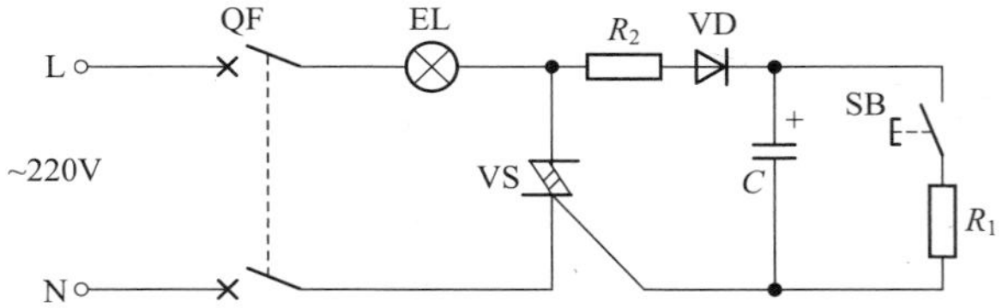

图 4.13　延时关灯电路

本电路平时自身不耗电，只在延时电路工作时随电灯 EL 一起工作，也就是讲，当按下按钮开关 SB 时，灯泡 EL 才被点亮并延时自动关灯。

在未按下按钮开关 SB 时，电容 C 处于电容充电状态，但没有充电电流。此时双向可控硅 VS 没有触发电流而不导通，电灯 EL 不亮。当按下按钮开关 SB 时，电容 C 通过电阻 R_1 快速放电，端电压变为零。松开按钮开关 SB，电容 C 则通过灯泡 EL、电阻 R_2、二极管 VD 使可控硅 VS 导通，灯泡 EL 被点亮。由于电阻 R_2 的阻值较大，其充电电流逐渐减小，这段时间就是可控硅 VS 连续导通维持时间，也就是灯泡 EL 的延时工作时间。随着电容 C 的充电，端电压逐渐升高，充电电流逐渐减小，最终使触发电流过小而使可控硅 VS 在交流电过零时自动关断，这样灯泡 EL 熄灭，延时过程结束。

电路中，二极管 VD 选用耐压大于 400V，电流大于 1A 的整流二极管即可，如 1N4007 等。电阻 R_1 为 1kΩ、电阻 R_2 为 10 kΩ、电容为 2～10μF/450V、双向可控硅 VS 可根据部分负荷情况而定，通常选用 1A/500V。

注意：在使用时，倘若双向可控硅 VS 关断不了，可采用在双向可控硅 VS 的 G-T 两端并接一只阻值为 200Ω 左右的电阻试之，即可解决双向可控硅 VS 关断不了的问题。

4.8 楼梯照明灯控制电路

为了上、下楼梯的方便，通常在每层都安装一只照明灯和控制开关，不管您在哪层按下任何一只开关，该楼梯上所有照明灯都能点亮或熄灭。这种控制方法简单、实用、方便，可达到人走灯灭的节电效果。

图 4.14 所示是五层楼单元楼梯照明灯控制电路。图中开关 SA_1、SA_5 为单刀双掷开关，SA_2、SA_3、SA_4 为双刀双掷开关。

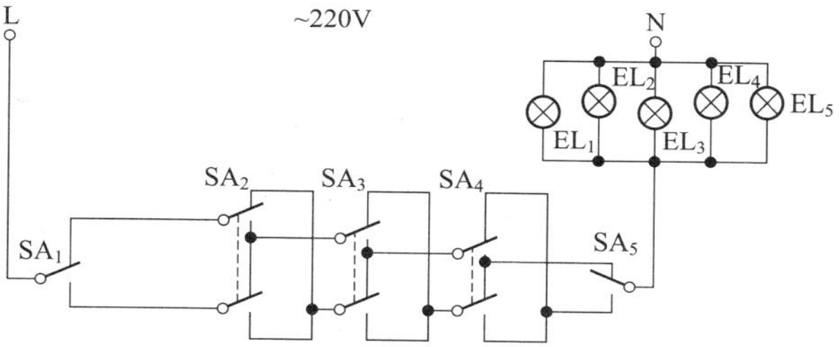

图 4.14 五层楼单元楼梯照明灯控制电路

本电路有 32 种状态，即：

(1) 开关 SA_1 向上拨，开关 SA_2、SA_3、SA_4、SA_5 都向下拨时，照明灯 EL_1～EL_5 灭。

(2) 开关 SA_2 向上拨，开关 SA_1、SA_3、SA_4、SA_5 都向下拨时，照明灯 EL_1～EL_5 灭。

(3) 开关 SA_3 向上拨，开关 SA_1、SA_2、SA_4、SA_5 都向下拨时，照明灯 EL_1～EL_5 灭。

(4) 开关 SA_4 向上拨，开关 SA_1、SA_2、SA_3、SA_5 都向下拨时，照明灯 EL_1～EL_5 灭。

(5) 开关 SA_5 向上拨，开关 SA_1、SA_2、SA_3、SA_4 都向下拨时，照明灯 EL_1～EL_5 灭。

(6) 开关 SA_1、SA_2 向上拨，开关 SA_3、SA_4、SA_5 都向下拨时，照明灯 EL_1～EL_5 亮。

(7) 开关 SA_1、SA_3 向上拨，开关 SA_2、SA_4、SA_5 都向下拨时，照明灯 EL_1～EL_5 亮。

(8) 开关 SA_1、SA_4 向上拨，开关 SA_2、SA_3、SA_5 都向下拨时，照明灯

EL_1～EL_5 亮。

(9) 开关 SA_1、SA_5 向上拨，开关 SA_2、SA_3、SA_4 都向下拨时，照明灯 EL_1～EL_5 亮。

(10) 开关 SA_2、SA_3 向上拨，开关 SA_1、SA_4、SA_5 都向下拨时，照明灯 EL_1～EL_5 亮。

(11) 开关 SA_2、SA_4 向上拨，开关 SA_1、SA_3、SA_5 都向下拨时，照明灯 EL_1～EL_5 亮。

(12) 开关 SA_2、SA_5 向上拨，开关 SA_1、SA_3、SA_4 都向下拨时，照明灯 EL_1～EL_5 亮。

(13) 开关 SA_3、SA_4 向上拨，开关 SA_1、SA_2、SA_5 都向下拨时，照明灯 EL_1～EL_5 亮。

(14) 开关 SA_3、SA_5 向上拨，开关 SA_1、SA_2、SA_4 都向下拨时，照明灯 EL_1～EL_5 亮。

(15) 开关 SA_4、SA_5 向上拨，开关 SA_1、SA_2、SA_3 都向下拨时，照明灯 EL_1～EL_5 亮。

(16) 开关 SA_1、SA_2、SA_3 都向上拨，开关 SA_4、SA_5 向下拨时，照明灯 EL_1～EL_5 灭。

(17) 开关 SA_1、SA_2、SA_4 都向上拨，开关 SA_3、SA_5 向下拨时，照明灯 EL_1～EL_5 灭。

(18) 开关 SA_1、SA_2、SA_5 都向上拨，开关 SA_3、SA_4 向下拨时，照明灯 EL_1～EL_5 灭。

(19) 开关 SA_2、SA_3、SA_4 都向上拨，开关 SA_1、SA_5 向下拨时，照明灯 EL_1～EL_5 灭。

(20) 开关 SA_2、SA_3、SA_5 都向上拨，开关 SA_1、SA_4 向下拨时，照明灯 EL_1～EL_5 灭。

(21) 开关 SA_2、SA_4、SA_5 都向上拨，开关 SA_1、SA_3 向下拨时，照明灯 EL_1～EL_5 灭。

(22) 开关 SA_1、SA_3、SA_4 都向上拨，开关 SA_2、SA_5 向下拨时，照明灯 EL_1～EL_5 灭。

(23) 开关 SA_1、SA_4、SA_5 都向上拨，开关 SA_2、SA_3 向下拨时，照明灯 EL_1～EL_5 灭。

(24) 开关 SA_2、SA_4、SA_5 都向上拨，开关 SA_1、SA_3 向下拨时，照明灯 EL_1～EL_5 灭。

(25) 开关 SA_3、SA_4、SA_5 都向上拨,开关 SA_1、SA_2 向下拨时,照明灯 EL_1～EL_5 灭。

(26) 开关 SA_1、SA_2、SA_3、SA_4 都向上拨,开关 SA_5 向下拨时,照明灯 EL_1～EL_5 亮。

(27) 开关 SA_1、SA_2、SA_3、SA_5 都向上拨,开关 SA_4 向下拨时,照明灯 EL_1～EL_5 亮。

(28) 开关 SA_1、SA_2、SA_4、SA_5 都向上拨,开关 SA_3 向下拨时,照明灯 EL_1～EL_5 亮。

(29) 开关 SA_1、SA_2、SA_3、SA_4、SA_5 都向上拨,照明灯 EL_1～EL_5 灭。

(30) 开关 SA_1、SA_3、SA_4、SA_5 都向上拨,开关 SA_2 向下拨时,照明灯 EL_1～EL_5 亮。

(31) 开关 SA_2、SA_3、SA_4、SA_5 都向上拨,开关 SA_1 向下拨时,照明灯 EL_1～EL_5 亮。

(32) 开关 SA_1、SA_2、SA_3、SA_4、SA_5 都向下拨时,照明灯 EL_1～EL_5 亮。

4.9 两只双联开关两地控制一盏灯电路(一)

在日常生活中需两地控制一盏灯的地方很多,如走廊灯控制、卧室灯控制等。

图 4.15 是两只双联开关两地控制一盏灯的优选电路,是广大电工人员采用最多的电路。

它有 4 种状态,即:

(1) 当开关 SA_1 向上拨,开关 SA_2 向下拨时,灯 EL 灭。

(2) 当开关 SA_1 向上拨,开关 SA_2 向上拨时,灯 EL 亮。

(3) 当开关 SA_1 向下拨,开关 SA_2 向上拨时,灯 EL 灭。

(4) 当开关 SA_1 向下拨,开关 SA_2 向下拨时,灯 EL 亮。

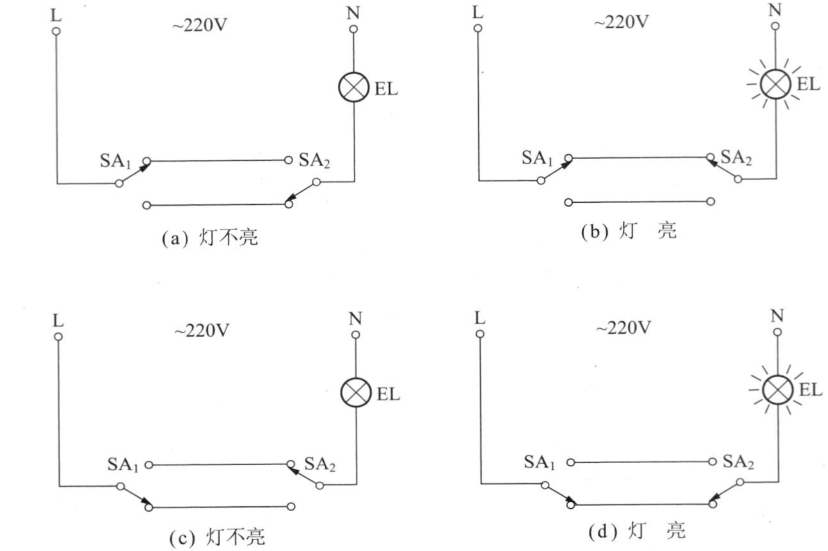

(a) 灯不亮　(b) 灯　亮　(c) 灯不亮　(d) 灯　亮

图 4.15　两只双联开关两地控制一盏灯电路(一)

4.10　两只双联开关两地控制一盏灯电路(二)

一般两地控制一盏灯电路在两个开关上需分别引出三根导线，图4.16所介绍的控制电路在两个开关上仅需引出两根导线即可对一只照明灯进行两地控制。

值得注意的是，由于电路中串联了整流二极管，其照明灯EL两端的电压仅为99V，灯泡亮度达不到，可采用增大灯泡功率的方法来解决上述问题。

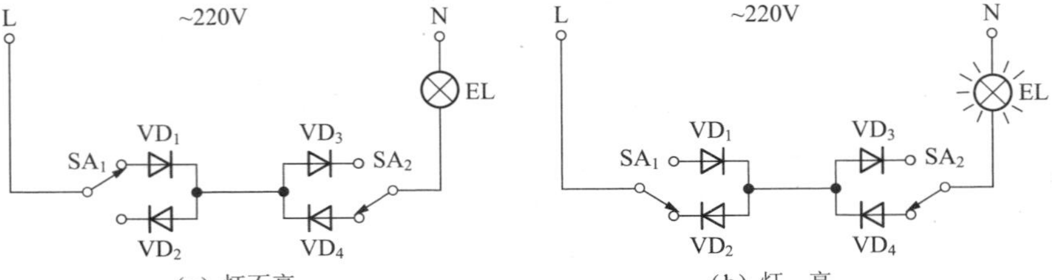

(a) 灯不亮　(b) 灯　亮

图 4.16　两只双联开关两地控制一盏灯电路(二)

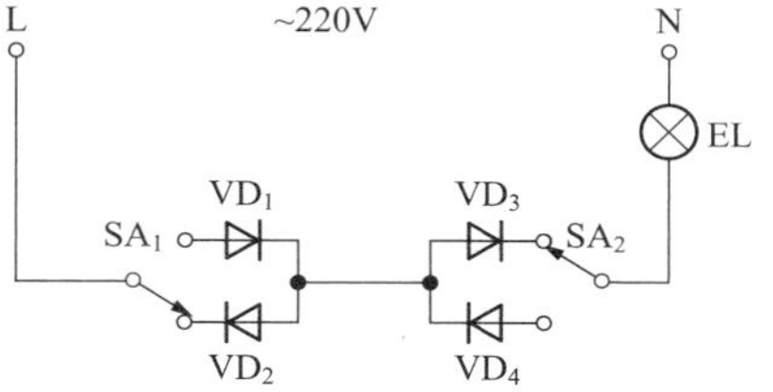

(c) 灯不亮

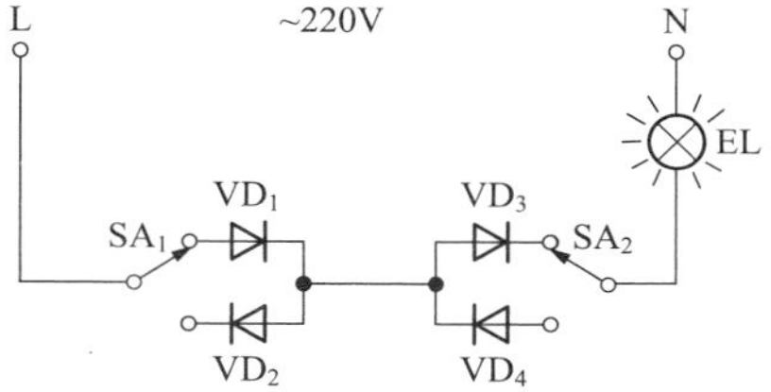

(d) 灯 亮

续图 4.16

图中整流二极管 VD_1～VD_4 选用电流为 1A,耐压为 400V 以上的小型塑封二极管,如 1N4004、1N4007 等。

4.11 两只双联开关两地控制一盏灯电路(三)

图 4.17 所示电路能对一盏灯实现两地控制,其缺点是每只开关的两个转换触点上施加有 220V 电源,接线及使用时应特别引起注意,千万不要任意短接两只开关上的导线,以免出现短路现象。

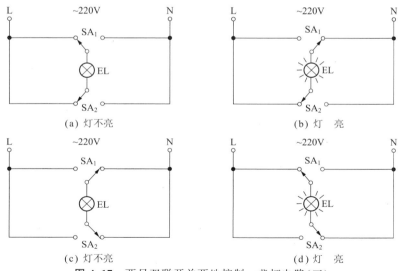

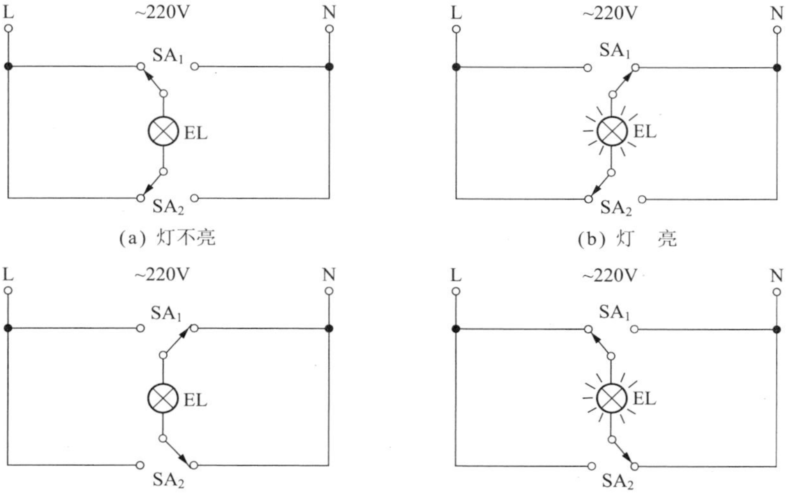

图 4.17 两只双联开关两地控制一盏灯电路(三)

4.12 两只双联开关两地控制一盏灯电路(四)

图4.18所示为两只双联开关两地控制一盏灯电路,其缺点是每只开关需引出四根导线。

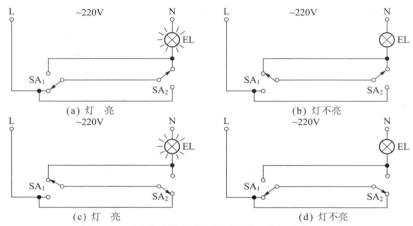

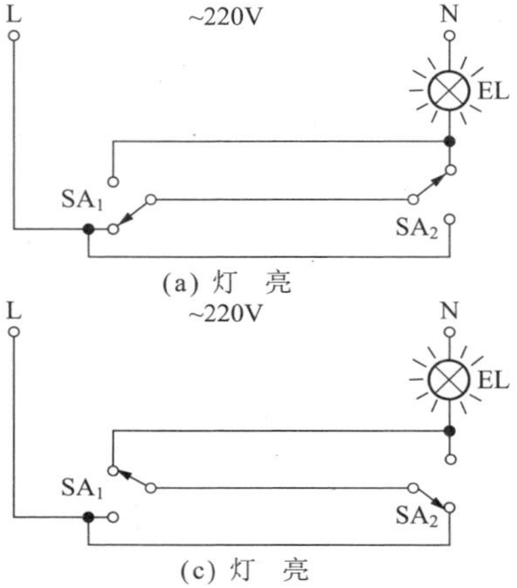

图4.18 两只双联开关两地控制一盏灯电路(四)

4.13 两只双联开关两地控制一盏灯电路(五)

图4.19所示电路采用两只双联开关和四只整流二极管对一盏灯进行两地控制,其优点是在每个开关上仅外引出两根导线,缺点是由于电路中加入整流二极管后,灯泡EL上所施加的电压不足220V而是电源电压

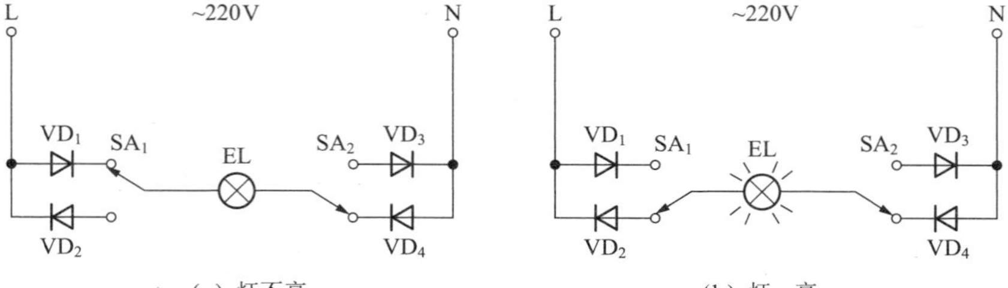

图4.19 两只双联开关两地控制一盏灯电路(五)

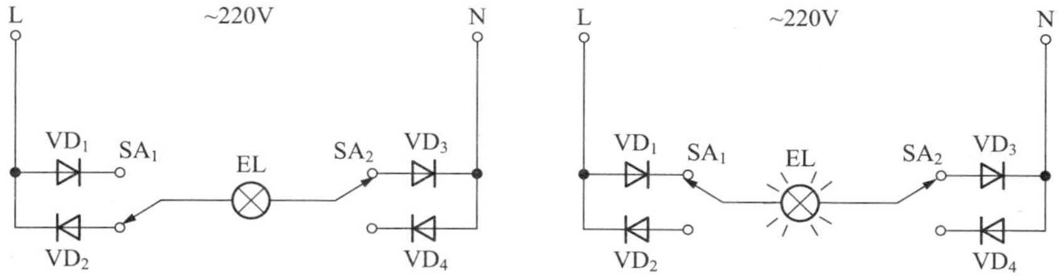

(c) 灯不亮　　(d) 灯　亮

续图 4.19

的 0.45 倍，仅为 99V，这样需将原灯泡功率加大，即原来 40W，现在 100W。该电路可应用在对照度要求不高的场合使用。

4.14 两只双联开关两地控制一盏灯电路(六)

按照图 4.20 连接也能实现两只双联开关两地控制一盏灯。

本电路优点是连接非常简单，也非常容易记忆，即两只开关之间 1 接 1、2 接 2、3 接 3，再从任意一只开关 2、3 两端找出两条线，一条接至电源一端，另一条作为控制线接至照明灯 EL 上。

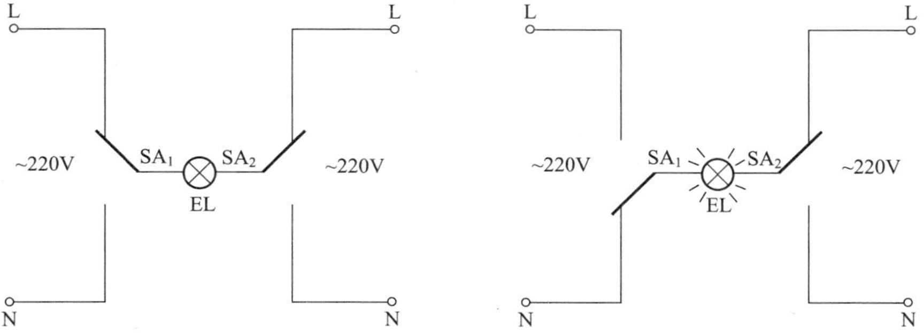

(a) 灯不亮　　(b) 灯　亮

图 4.20　两只双联开关两地控制一盏灯电路(六)

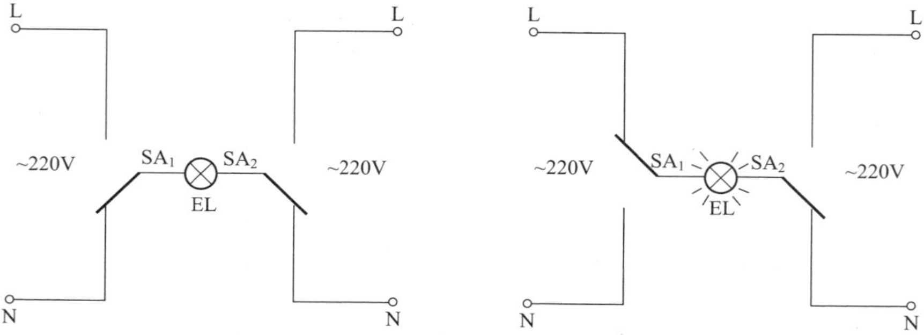

(c) 灯不亮　　(d) 灯　亮

续图 4.20

4.15 三地控制一盏灯电路

在我们日常生活中，常常需要用多只开关来控制一盏灯，最常见的如楼梯上有一盏灯，要求上、下楼梯口处各安装一只开关，使上、下楼时都能对电灯进行开灯或关灯。

图 4.21 中开关 SA_1、SA_3 用单刀双掷开关，而 SA_2 用双刀双掷开关。

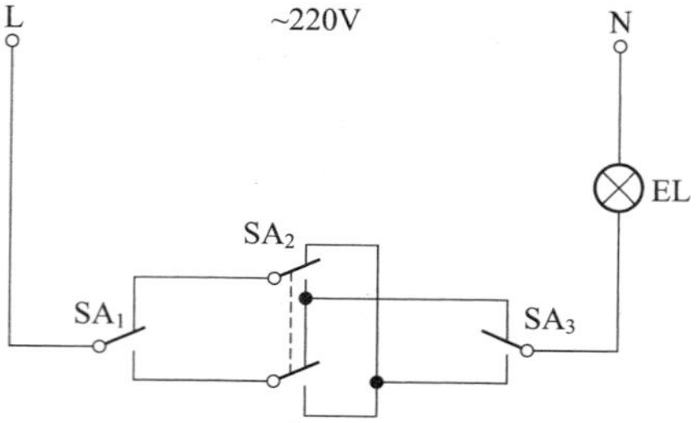

图 4.21 三地控制一盏灯电路

它有 8 种状态，即：

(1) 当开关 SA_1 向上拨，开关 SA_2、SA_3 向下拨时，灯 EL 灭。

(2) 当开关 SA_1、SA_2、SA_3 都向下拨时，灯 EL 亮。

(3) 当开关 SA_1 向下拨，开关 SA_2、SA_3 向上拨时，灯 EL 亮。

(4) 当开关 SA_1、SA_2 向上拨，开关 SA_3 向下拨时，灯 EL 亮。

(5) 当开关 SA_1、SA_3 向上拨，开关 SA_2 向下拨时，灯 EL 亮。

(6) 当开关 SA_1、SA_3 向下拨，开关 SA_2 向上拨时，灯 EL 灭。

(7) 当开关 SA_1、SA_2 向下拨，开关 SA_3 向上拨时，灯 EL 灭。

(8) 当开关 SA_1、SA_2、SA_3 都向上拨时，灯 EL 灭。

4.16　四地控制一盏灯电路

图 4.22 是一例四地控制一盏灯电路，可在四个不同地方任意对一盏灯进行控制。

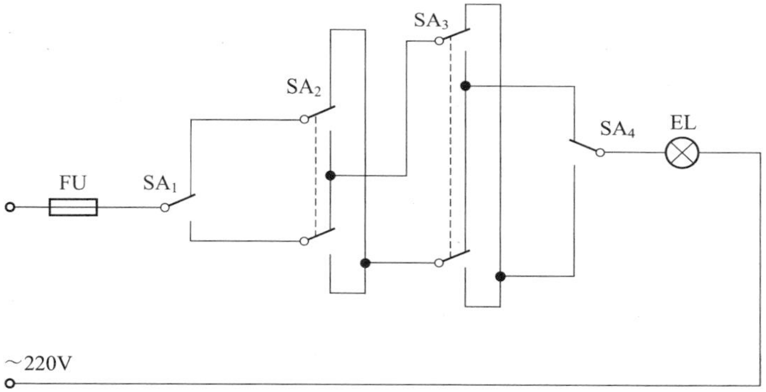

图 4.22　四地控制一盏灯电路

它有 16 个状态，即：

(1) 开关 SA_1 向上拨，开关 SA_2、SA_3、SA_4 向下拨时，照明灯 EL 灭。

(2) 开关 SA_2 向上拨，开关 SA_1、SA_3、SA_4 向下拨时，照明灯 EL 灭。

(3) 开关 SA_3 向上拨，开关 SA_1、SA_2、SA_4 向下拨时，照明灯 EL 灭。

(4) 开关 SA_4 向上拨，开关 SA_1、SA_2、SA_3 向下拨时，照明灯 EL 灭。

(5) 开关 SA_1、SA_2 向上拨，开关 SA_3、SA_4 向下拨时，照明灯 EL 亮。

(6) 开关 SA_1、SA_3 向上拨，开关 SA_2、SA_4 向下拨时，照明灯 EL 亮。

(7) 开关 SA_1、SA_4 向上拨，开关 SA_2、SA_3 向下拨时，照明灯 EL 亮。

(8) 开关 SA_2、SA_3 向上拨，开关 SA_1、SA_4 向下拨时，照明灯 EL 亮。

(9) 开关 SA_2、SA_4 向上拨，开关 SA_1、SA_3 向下拨时，照明灯 EL 亮。

(10) 开关 SA_3、SA_4 向上拨，开关 SA_1、SA_2 向下拨时，照明灯 EL 亮。

(11) 开关 SA_1、SA_2、SA_3 向上拨，开关 SA_4 向下拨时，照明灯 EL 灭。

(12) 开关 SA_1、SA_2、SA_4 向上拨，开关 SA_3 向下拨时，照明灯 EL 灭。

(13) 开关 SA_1、SA_3、SA_4 向上拨，开关 SA_2 向下拨时，照明灯 EL 灭。

(14) 开关 SA_2、SA_3、SA_4 向上拨，开关 SA_1 向下拨时，照明灯 EL 灭。

(15) 开关 SA_1、SA_2、SA_3、SA_4 都向上拨时，照明灯 EL 亮。

(16) 开关 SA_1、SA_2、SA_3、SA_4 都向下拨时，照明灯 EL 亮。

4.17 六地控制一盏灯电路

为了开阔读者思维，图 4.23 是一例六地控制一盏灯电路，读者可根据以下的 64 个状态来认真分析其照明灯 EL 的亮、灭情况。

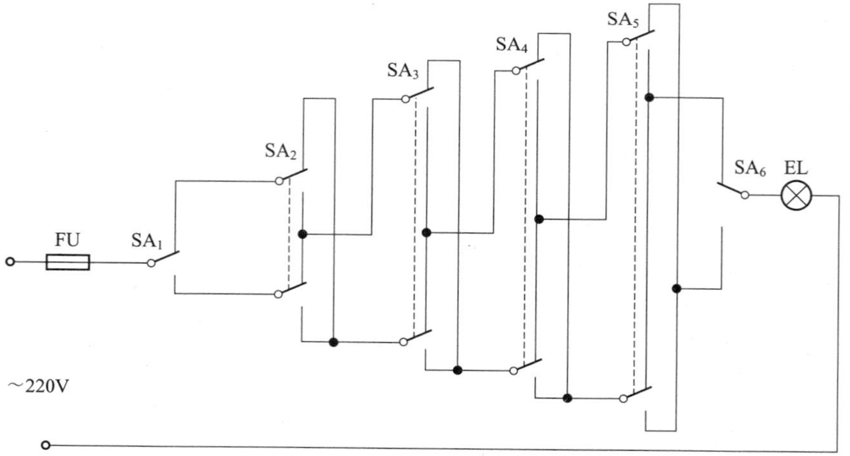

图 4.23 六地控制一盏灯电路

(1) 开关 SA_1 向上拨，开关 SA_2、SA_3、SA_4、SA_5、SA_6 都向下拨时，照明灯 EL 灭。

(2) 开关 SA_2 向上拨，开关 SA_1、SA_3、SA_4、SA_5、SA_6 都向下拨时，照明灯 EL 灭。

(3) 开关 SA_3 向上拨，开关 SA_1、SA_2、SA_4、SA_5、SA_6 都向下拨时，照明灯 EL 灭。

(4) 开关 SA_4 向上拨,开关 SA_1、SA_2、SA_3、SA_5、SA_6 都向下拨时,照明灯 EL 灭。

(5) 开关 SA_5 向上拨,开关 SA_1、SA_2、SA_3、SA_4、SA_6 都向下拨时,照明灯 EL 灭。

(6) 开关 SA_6 向上拨,开关 SA_1、SA_2、SA_3、SA_4、SA_5 都向下拨时,照明灯 EL 灭。

(7) 开关 SA_1、SA_2 向上拨,开关 SA_3、SA_4、SA_5、SA_6 都向下拨时,照明灯 EL 亮。

(8) 开关 SA_1、SA_3 向上拨,开关 SA_2、SA_4、SA_5、SA_6 都向下拨时,照明灯 EL 亮。

(9) 开关 SA_1、SA_4 向上拨,开关 SA_2、SA_3、SA_5、SA_6 都向下拨时,照明灯 EL 亮。

(10) 开关 SA_1、SA_5 向上拨,开关 SA_2、SA_3、SA_4、SA_6 都向下拨时,照明灯 EL 亮。

(11) 开关 SA_1、SA_6 向上拨,开关 SA_2、SA_3、SA_4、SA_5 都向下拨时,照明灯 EL 亮。

(12) 开关 SA_2、SA_3 向上拨,开关 SA_1、SA_4、SA_5、SA_6 都向下拨时,照明灯 EL 亮。

(13) 开关 SA_2、SA_4 向上拨,开关 SA_1、SA_3、SA_5、SA_6 都向下拨时,照明灯 EL 亮。

(14) 开关 SA_2、SA_5 向上拨,开关 SA_1、SA_3、SA_4、SA_6 都向下拨时,照明灯 EL 亮。

(15) 开关 SA_2、SA_6 向上拨,开关 SA_1、SA_3、SA_4、SA_5 都向下拨时,照明灯 EL 亮。

(16) 开关 SA_3、SA_4 向上拨,开关 SA_1、SA_2、SA_5、SA_6 都向下拨时,照明灯 EL 亮。

(17) 开关 SA_3、SA_5 向上拨,开关 SA_1、SA_2、SA_4、SA_6 都向下拨时,照明灯 EL 亮。

(18) 开关 SA_3、SA_6 向上拨,开关 SA_1、SA_2、SA_4、SA_5 都向下拨时,照明灯 EL 亮。

(19) 开关 SA_4、SA_5 向上拨,开关 SA_1、SA_2、SA_3、SA_6 都向下拨时,照明灯 EL 亮。

(20) 开关 SA_4、SA_6 向上拨,开关 SA_1、SA_2、SA_3、SA_5 都向下拨时,

照明灯 EL 亮。

(21) 开关 SA_5、SA_6 向上拨,开关 SA_1、SA_2、SA_3、SA_4 都向下拨时,照明灯 EL 亮。

(22) 开关 SA_1、SA_2、SA_3 向上拨,开关 SA_4、SA_5、SA_6 都向下拨时,照明灯 EL 灭。

(23) 开关 SA_1、SA_2、SA_4 向上拨,开关 SA_3、SA_5、SA_6 都向下拨时,照明灯 EL 灭。

(24) 开关 SA_1、SA_2、SA_5 向上拨,开关 SA_3、SA_4、SA_6 都向下拨时,照明灯 EL 灭。

(25) 开关 SA_1、SA_2、SA_6 向上拨,开关 SA_3、SA_4、SA_5 都向下拨时,照明灯 EL 灭。

(26) 开关 SA_1、SA_3、SA_4 向上拨,开关 SA_2、SA_5、SA_6 都向下拨时,照明灯 EL 灭。

(27) 开关 SA_1、SA_3、SA_5 向上拨,开关 SA_2、SA_4、SA_6 都向下拨时,照明灯 EL 灭。

(28) 开关 SA_1、SA_3、SA_6 向上拨,开关 SA_2、SA_4、SA_5 都向下拨时,照明灯 EL 灭。

(29) 开关 SA_1、SA_4、SA_5 向上拨,开关 SA_2、SA_3、SA_6 都向下拨时,照明灯 EL 灭。

(30) 开关 SA_1、SA_4、SA_6 向上拨,开关 SA_2、SA_3、SA_5 都向下拨时,照明灯 EL 灭。

(31) 开关 SA_1、SA_5、SA_6 向上拨,开关 SA_2、SA_3、SA_4 都向下拨时,照明灯 EL 灭。

(32) 开关 SA_2、SA_3、SA_4 向上拨,开关 SA_1、SA_5、SA_6 都向下拨时,照明灯 EL 灭。

(33) 开关 SA_2、SA_3、SA_5 向上拨,开关 SA_1、SA_4、SA_6 都向下拨时,照明灯 EL 灭。

(34) 开关 SA_2、SA_3、SA_6 向上拨,开关 SA_1、SA_4、SA_5 都向下拨时,照明灯 EL 灭。

(35) 开关 SA_2、SA_4、SA_5 向上拨,开关 SA_1、SA_3、SA_6 都向下拨时,照明灯 EL 灭。

(36) 开关 SA_2、SA_4、SA_6 向上拨,开关 SA_1、SA_3、SA_5 都向下拨时,照明灯 EL 亮。

(37) 开关 SA_2、SA_5、SA_6 向上拨，开关 SA_1、SA_3、SA_4 都向下拨时，照明灯 EL 亮。

(38) 开关 SA_3、SA_4、SA_5 向上拨，开关 SA_1、SA_2、SA_6 都向下拨时，照明灯 EL 灭。

(39) 开关 SA_3、SA_4、SA_6 向上拨，开关 SA_1、SA_2、SA_5 都向下拨时，照明灯 EL 灭。

(40) 开关 SA_3、SA_5、SA_6 向上拨，开关 SA_1、SA_2、SA_4 都向下拨时，照明灯 EL 灭。

(41) 开关 SA_4、SA_5、SA_6 向上拨，开关 SA_1、SA_2、SA_3 都向下拨时，照明灯 EL 灭。

(42) 开关 SA_1、SA_2、SA_3、SA_4 向上拨，开关 SA_5、SA_6 都向下拨时，照明灯 EL 亮。

(43) 开关 SA_1、SA_2、SA_3、SA_5 向上拨，开关 SA_4、SA_6 都向下拨时，照明灯 EL 亮。

(44) 开关 SA_1、SA_2、SA_3、SA_6 向上拨，开关 SA_4、SA_5 都向下拨时，照明灯 EL 亮。

(45) 开关 SA_1、SA_2、SA_4、SA_5 向上拨，开关 SA_3、SA_6 都向下拨时，照明灯 EL 亮。

(46) 开关 SA_1、SA_2、SA_4、SA_6 向上拨，开关 SA_3、SA_5 都向下拨时，照明灯 EL 亮。

(47) 开关 SA_1、SA_2、SA_5、SA_6 向上拨，开关 SA_3、SA_4 都向下拨时，照明灯 EL 亮。

(48) 开关 SA_1、SA_3、SA_4、SA_5 向上拨，开关 SA_2、SA_6 都向下拨时，照明灯 EL 亮。

(49) 开关 SA_1、SA_3、SA_4、SA_6 向上拨，开关 SA_2、SA_5 都向下拨时，照明灯 EL 亮。

(50) 开关 SA_1、SA_3、SA_5、SA_6 向上拨，开关 SA_2、SA_4 都向下拨时，照明灯 EL 亮。

(51) 开关 SA_1、SA_4、SA_5、SA_6 向上拨，开关 SA_2、SA_3 都向下拨时，照明灯 EL 亮。

(52) 开关 SA_2、SA_3、SA_4、SA_5 向上拨，开关 SA_1、SA_6 都向下拨时，照明灯 EL 亮。

(53) 开关 SA_2、SA_3、SA_4、SA_6 向上拨，开关 SA_1、SA_5 都向下拨时，

照明灯 EL 亮。

(54) 开关 SA_2、SA_3、SA_5、SA_6 向上拨，开关 SA_1、SA_4 都向下拨时，照明灯 EL 亮。

(55) 开关 SA_2、SA_4、SA_5、SA_6 向上拨，开关 SA_1、SA_3 都向下拨时，照明灯 EL 亮。

(56) 开关 SA_3、SA_4、SA_5、SA_6 向上拨，开关 SA_1、SA_2 都向下拨时，照明灯 EL 亮。

(57) 开关 SA_1、SA_2、SA_3、SA_4、SA_5 都向上拨，开关 SA_6 向下拨时，照明灯 EL 灭。

(58) 开关 SA_1、SA_2、SA_3、SA_5、SA_6 都向上拨，开关 SA_4 向下拨时，照明灯 EL 灭。

(59) 开关 SA_1、SA_2、SA_3、SA_4、SA_6 都向上拨，开关 SA_5 向下拨时，照明灯 EL 灭。

(60) 开关 SA_1、SA_2、SA_4、SA_5、SA_6 都向上拨，开关 SA_3 向下拨时，照明灯 EL 灭。

(61) 开关 SA_1、SA_3、SA_4、SA_5、SA_6 都向上拨，开关 SA_2 向下拨时，照明灯 EL 灭。

(62) 开关 SA_2、SA_3、SA_4、SA_5、SA_6 都向上拨，开关 SA_1 向下拨时，照明灯 EL 灭。

(63) 开关 SA_1、SA_2、SA_3、SA_4、SA_5、SA_6 都向上拨，照明灯 EL 亮。

(64) 开关 SA_1、SA_2、SA_3、SA_4、SA_5、SA_6 都向下拨，照明灯 EL 亮。

4.18 用得电延时时间继电器控制延时关灯电路

图 4.24 所示为一种利用得电延时时间继电器控制的延时关灯电路。

开灯时按下启动按钮 SB(1-3)，得电延时时间继电器 KT 线圈得电吸合且不延时瞬动常开触点(1-3)闭合自锁，KT 开始延时，照明灯 EL_1～EL_4 点亮。经得电延时时间继电器 KT 一定延时后，KT 得电延时断开的常闭触点(3-5)断开，切断了 KT 线圈电源，KT 断电释放，KT 不延时瞬动自锁常开触点(1-3)断开，切断了照明灯 EL_1～EL_4 电源，从而完成延时自动关灯控制。

若需多地控制则将电路改为图 4.25 所示电路即可完成。这样无论按下任意一只按钮开关 SB_1～SB_4，都会使电灯 EL_1～EL_4 全部点亮，经 KT 延时后，完成自动关灯。

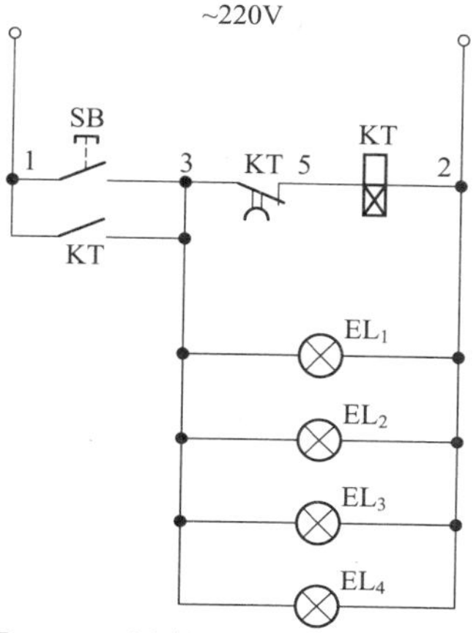

图 4.24 用得电延时时间继电器控制延时关灯电路(一)

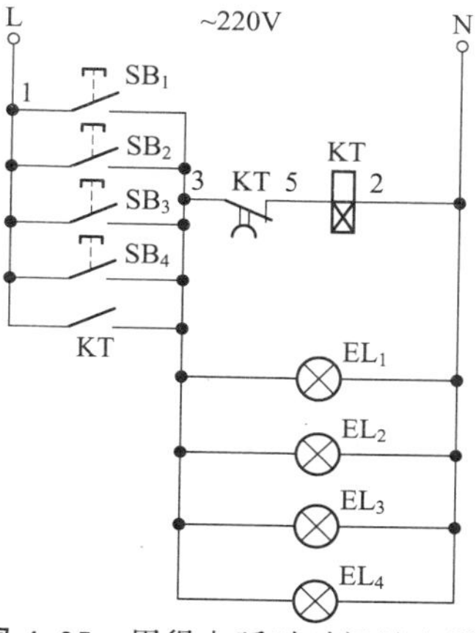

图 4.25 用得电延时时间继电器控制延时关灯电路(二)

4.19 用数码分段开关对电灯进行控制

用数码分段开关(见图 4.26)可方便地对多只电灯进行控制。如图 4.27 所示，第一次合上开关 SA，电灯 EL_1 亮；第二次断开再合上开关 SA，电灯 EL_2 亮；第三次断开再合上开关 SA，电灯 EL_3 亮；第四次断开再合上

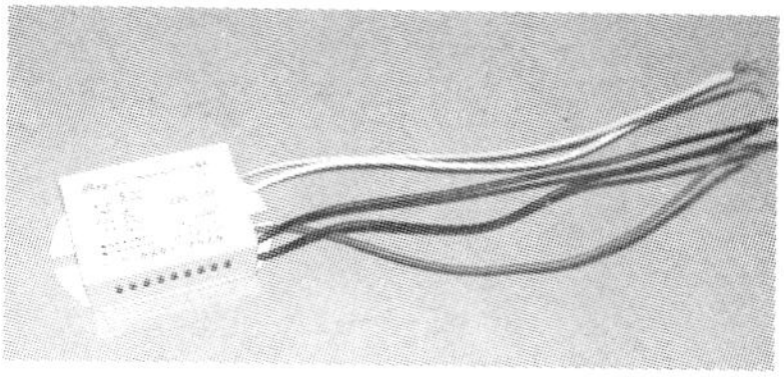

图 4.26 数码分段开关

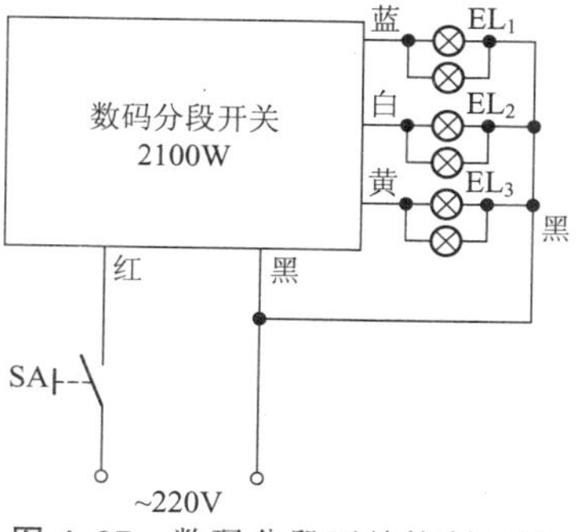

图 4.27 数码分段开关控制电灯

开关 SA，电灯 EL_1、EL_2、EL_3 全亮；第五次断开开关 SA，电灯 EL_1、EL_2、EL_3 全灭。

值得注意的是，必须将开关 SA 循环到断开时，电灯才能关闭。

4.20　用 JT-801 电子数码开关对电灯进行控制

如图 4.28 所示，用 JT-801 电子数码开关可对电灯进行任意控制，其点灯顺序为 $EL_1 \to EL_1$、$EL_2 \to EL_1$、$EL_3 \to EL_1$、EL_2、EL_3 全亮。

值得注意的是，该产品不要与调光器配合使用。

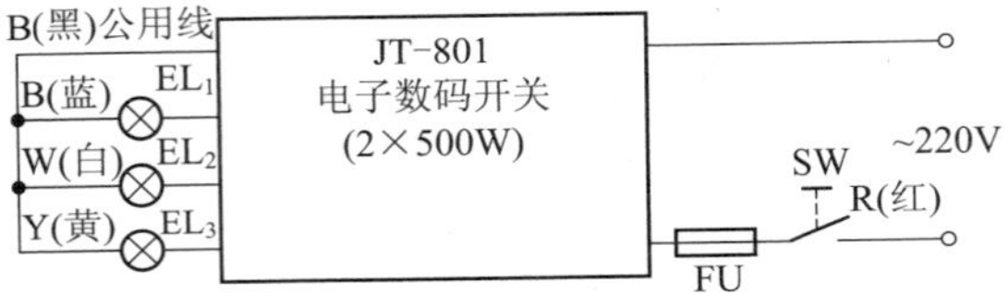

图 4.28　用 JT-801 电子数码开关对电灯进行控制

第5章 电动机

5.1 常见电动机的种类

5.1.1 永磁直流电动机

永磁直流电动机的工作原理非常容易理解，其示意图如图 5.1 所示。永磁直流电动机是依靠永磁铁和电磁铁两个磁场相互作用来实现旋转的。当转子的两极呈竖直状态时，电流通过转子线圈，在转子中心产生磁场。两个磁场相互吸引，使转子转向与永磁铁对齐的方向（图 5.1 中虚线）。当转子刚旋转到水平位置时，转子电枢断开，切断转子线圈的电流，转子向竖直方向自由旋转。随着转子旋转到竖直方向，电枢重新连接供电，这时在转子铁心的内部会产生一个与刚才方向相反的磁场。通过这种方式，转子每旋转半周，转子磁场改变一次方向，由此就产生了旋转运动。图 5.2 所示为一个两极永磁直流电动机的原理图，图 5.3 示出了永磁直流电动机的外形。

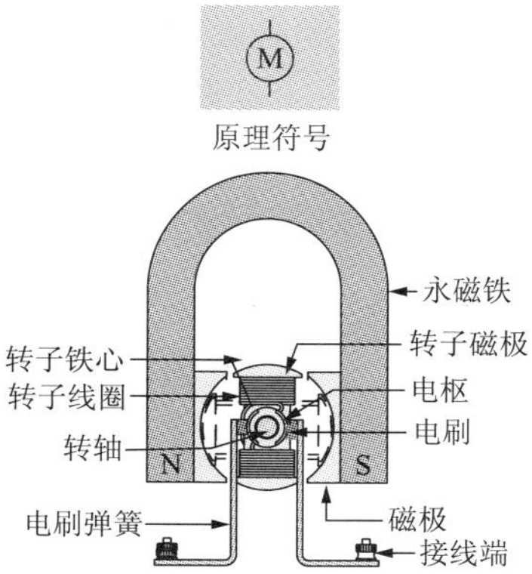

图 5.1 永磁直流电动机

值得注意的是，绝大多数的这类电动机都能够方便地更换电刷，因为电刷是直流电动机中最容易磨损的一个部件。

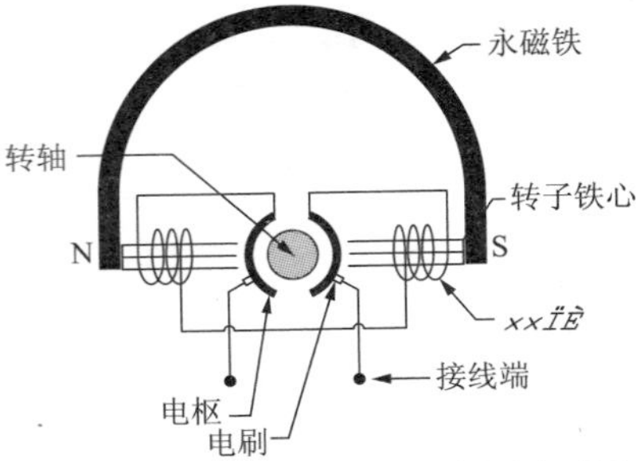

图 5.2　两极永磁直流电动机原理图

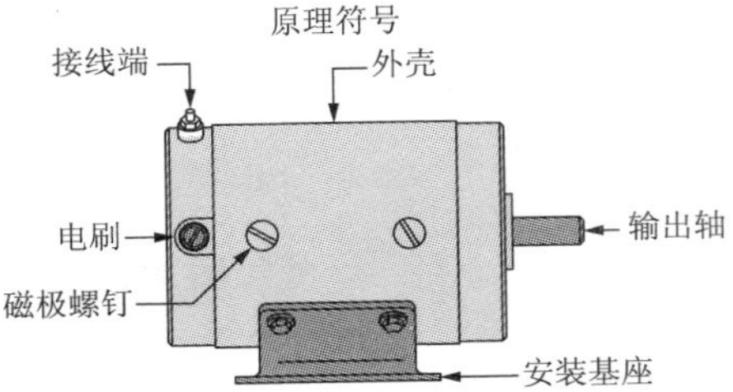

图 5.3　永磁直流电动机外形

5.1.2　并励直流电动机

并励直流电动机是永磁直流电动机的一种常见变体。它与永磁电动机基本相同,唯一不同的是,在并励直流电动机中用电磁铁代替了永磁铁。并励直流电动机通常应用于需要更高马力的工作场合,因为电磁铁与永磁铁相比,可以产生强度更大的磁场。图 5.4 所示为一个两极并励直流电动机。图 5.5 所示为并励直流电动机的原理图。

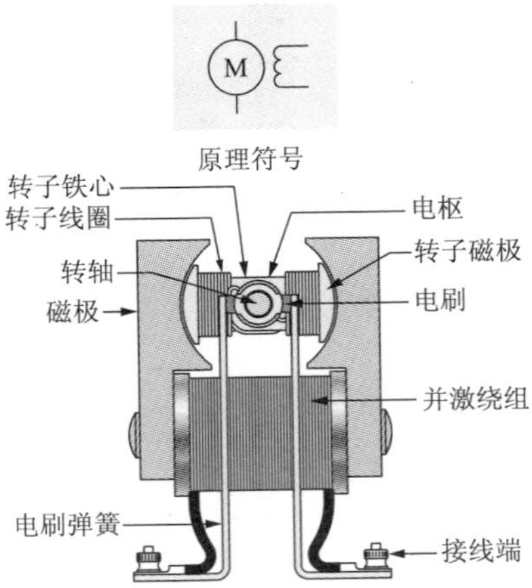

图 5.4　两极并励直流电动机

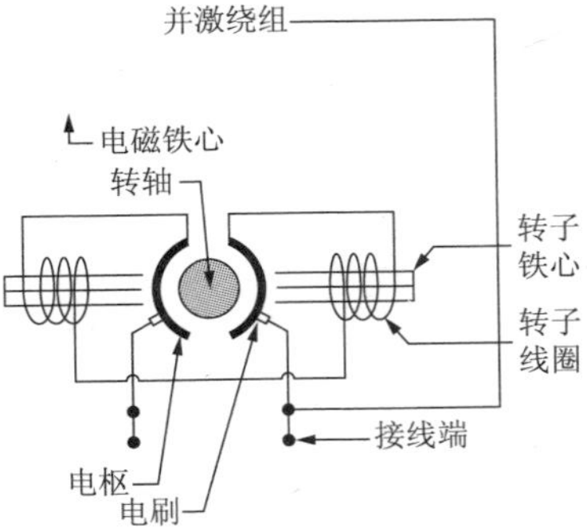

图 5.5　并励直流电动机原理图

图 5.6 所示为一种典型的并励直流电动机。值得注意的是,绝大多数这类电动机也能够很方便地更换电刷。与永磁直流电动机一样,电刷也是并励直流电动机中最容易磨损的部件。

通过限制磁场电流的大小可以改变磁场强度,进而可以控制并励直流电动机的旋转速度。如果减小电流，那么磁场强度降低，同时电动机的转速也降低。图 5.7 所示为并励直流电动机转速控制原理图。

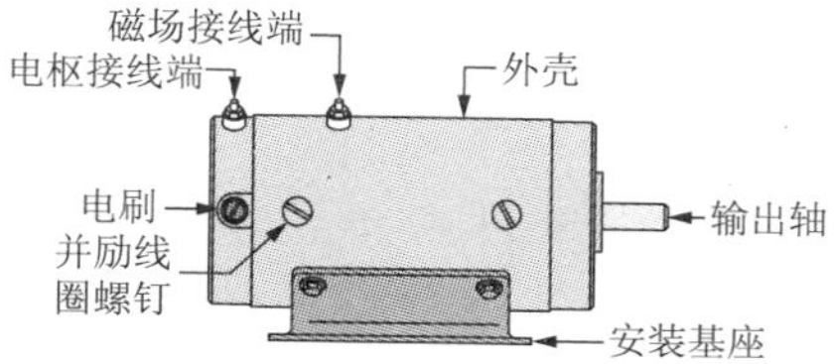

图 5.6 并励直流电动机

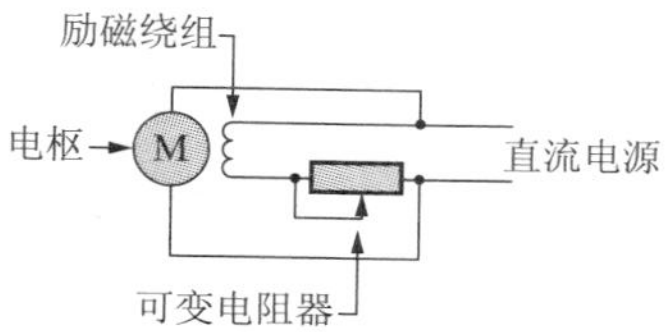

图 5.7 并励直流电动机转速控制原理图

5.1.3 单相感应电动机

到目前为止，种类最多的电动机应该非感应电动机莫属了。这种电动机的交流电利用率是最高的，与其他种类的电动机相比其制造成本却是最低的。它的功率输出范围可以从零点几马力直至上万马力。实际上，感应电动机无处不在，遍及所有领域。图 5.8 所示为一个典型的单相感应电动机。

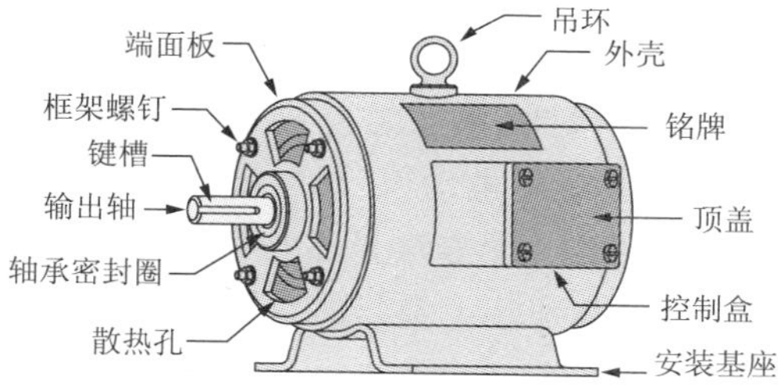

图 5.8 单相感应电动机

单相感应电动机是利用转子内的感应电流来运转的。转子内的感应电流会产生一个磁场，这个磁场会被定子产生的磁场吸引。因为交流电的电流方向是不断变化的，所以定子磁场的旋转排斥或吸引转子磁场，使转子旋转起来。图 5.9 所示为单相感应电动机原理图。当定子内的电压升高或降低时，转子内即可产生感应电流。转子的感应磁场和定子磁场相互排斥，从而推动转子使转子旋转起来。

大多数单相感应电动机都使用一个叫做“鼠笼式转子”的术语。鼠笼式转子由置于两个端面板之间的圆铁片层叠结构构成，两个端面由一系列非磁性导体连接。端面板及导体形成了导通电路，这样就有了产生感应电流的可能。铁片的层叠结构构成了磁芯,起到与定子磁场相互排斥的作用。图 5.10 所示为一种典型的用于多种单相感应电动机内部的鼠笼式转子。

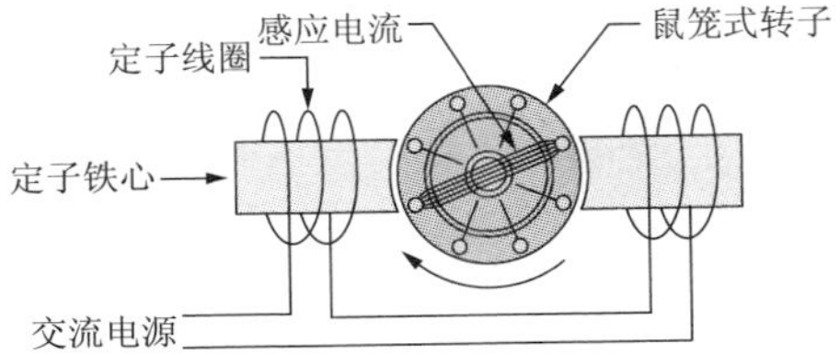

图 5.9 单相感应电动机原理图

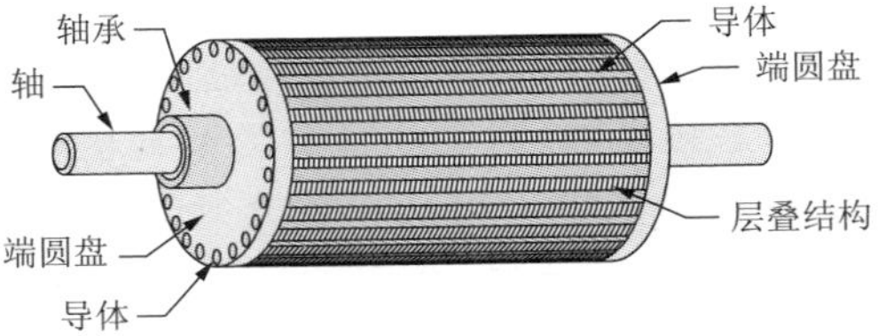

图 5.10 鼠笼式转子

基本的单相感应电动机不能自己启动。因为在停止状态下,转子磁路闭锁,从而无法旋转。因此,单相感应电动机内部必须有某种启动装置。最简单的方法是手动旋转电动机,同时接通电源,这样就足以启动一个单相感应电动机。然而,这种方法显然在实际上并不可行。基于此种原因,单相感应电动机内部预装了专门的启动电路。

5.1.4 电容启动电动机

电容启动电动机在小型设备中比较常见。这种电动机不但启动转矩大,而且效率也非常高。有些小型设备只需要 0.5～1.5hp 的功率,电容启动电动机是这类小型设备的最佳选择。图 5.11 所示为电容启动电动机的原理图。除了运转绕组以外,这类电动机还有一个启动绕组。启动绕组通过一个电容器和离心开关连接到电源上。当有电源输入而转子处于静止状态时,电容器会引入一个相位的偏差,使启动绕组在磁场中产生一个非对称磁场,这样即可以使转子旋转起来。随着转子旋转速度的增加,离心开关断开,切断启动绕组,此时电动机在运转过程中只有运转绕组处于工作状态。图 5.12 所示为一种典型的电容启动电动机外形。

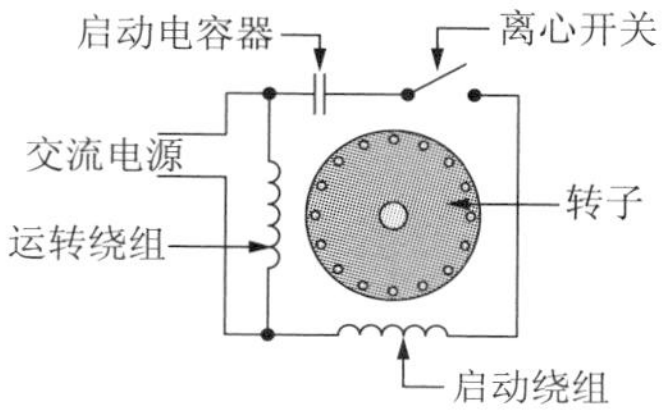

图 5.11 电容启动电动机原理图

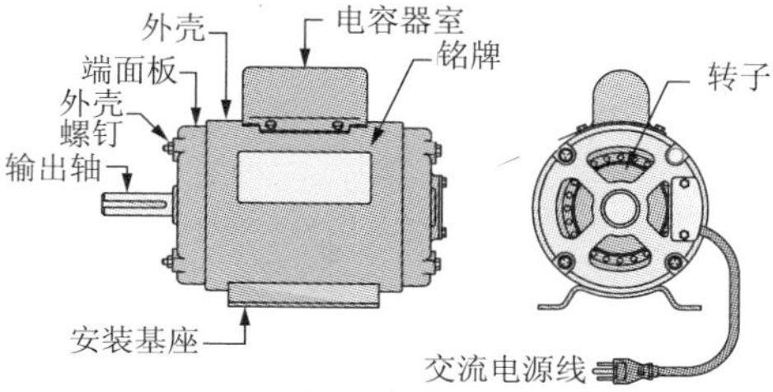

图 5.12 电容启动电动机外形

5.1.5 分相电动机

分相电动机与电容启动电动机结构基本相同,唯一不同的地方在于:其内部电路中没有电容器。通过改变启动绕组和运转绕组的相对位置即可调整内部磁场的对称性。图 5.13 所示为分相电动机的原理图。分相电动机的输出功率一般为 0.25～0.75hp。这类电动机不像电容启动电动机那样可以有一个很大的启动转矩,它们通常应用于不需要大启动转矩的设备中,例如,家用以及一些小型的商业中心用的空气处理设备等。图 5.14 所示是一种分相电动机外形。值得注意的是,这类电动机绝大多数都有一个弹性安装基座,可以减小噪声和振动。

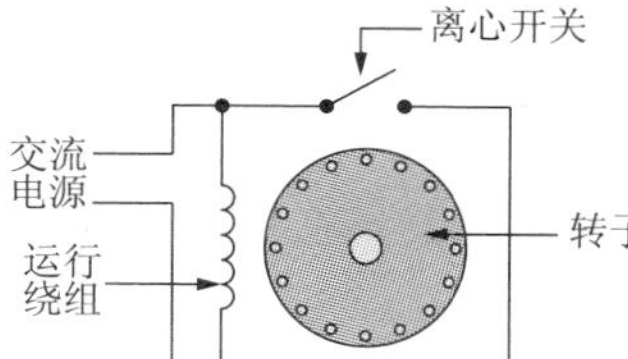

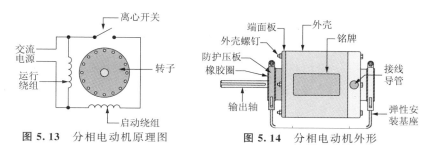

图 5.13 分相电动机原理图

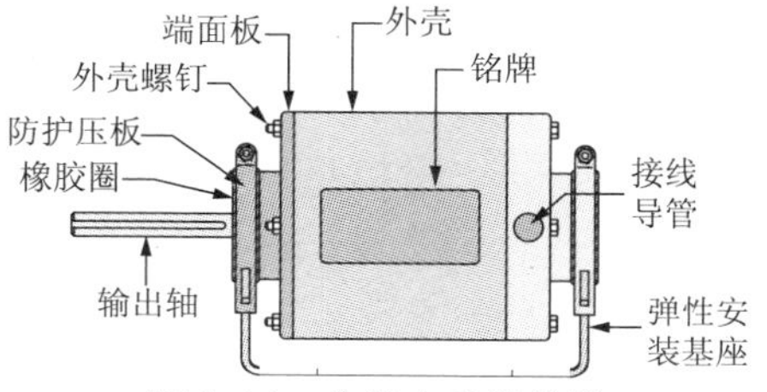

图 5.14 分相电动机外形

5.1.6 分容电动机

分容电动机与电容启动电动机的结构基本相同,唯一不同的地方是去掉了离心开关。启动绕组通过一个电容器直接连到交流电源上,目的是为了给启动绕组持续供电,从而产生一个不对称的磁场,因此通过启动绕组的电流必须很小。图 5.15 示出了分容电动机的原理图。通常这类电动机的启动转矩比较小,且效率也很低,因此一般用于小功率要求的设备中。这类电动机最大的优点就是运动部件少,可靠性高。有些小型设备的常规维护保养工作进行起来很困难或者根本不可能完成,当遇到这种情况时,这种电动机就是一种很好的选择。图 5.16 所示为一种典型的分容电动机外形。

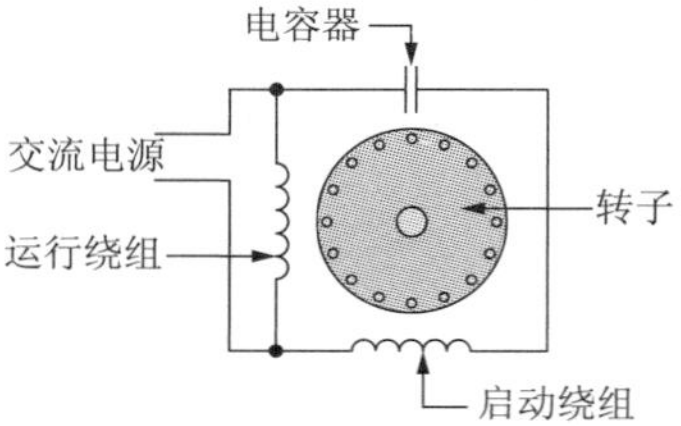

图 5.15 分容电动机原理图

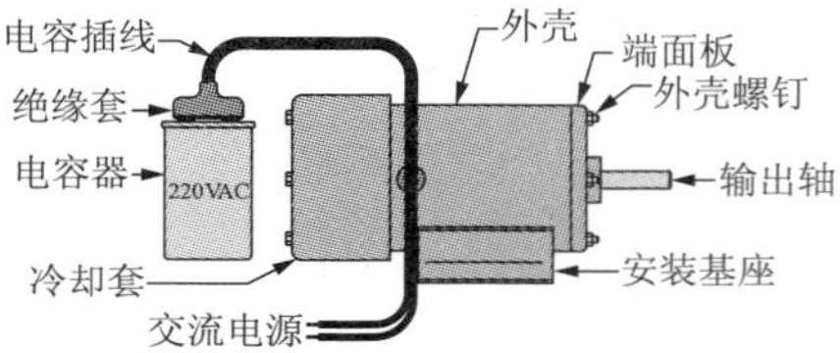

图 5.16 分容电动机外形

5.1.7 三相感应电动机

三相电动机几乎是专用于工业及商业领域的电动机。这类电动机具有启动转矩大、效率高、结构紧凑和维护费用低等特点。不但如此,仅仅通过交换电源的其中两个引脚,即可使电动机实现反向旋转,同时唯一需要保养的零件就是轴承。

由于绕组采用特定的分布规则,三相电动机拥有自启动的特点,因此不需要借助其他专门的启动装置。图 5.17 为三相感应电动机的原理图;图 5.18 示出了一个典型的全封闭风冷式(TEFC)三相感应电动机。通常 TEFC 电动机的外壳表面凸出很多散热片,用来提高冷却效率。电动机的后部安装了一个散热护罩,内装一个风扇可以将空气吹向散热片。

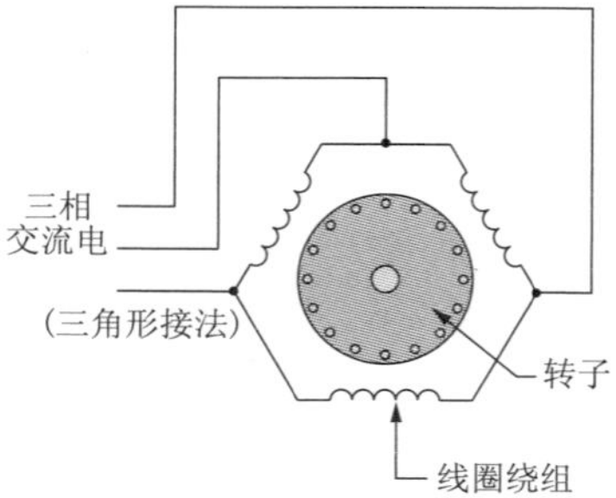

图 5.17 三相感应电动机原理图

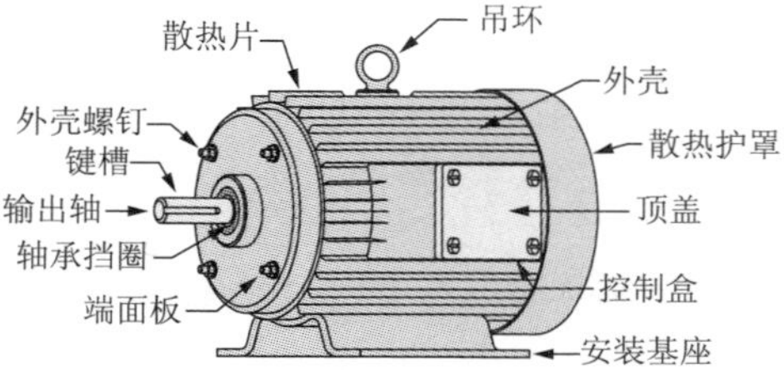

图 5.18 全封闭风冷式三相感应电动机

普通的三相感应电动机启动转矩一般在满负载转矩的 250%～750%,它们的这一特性非常适合应用于具有较高启动转矩要求的设备中。图 5.19 示出了一种典型的三相感应电动机的启动转矩和启动电流的关系曲线图。启动电流有可能高达满负载电流的 700%，这么大的启动电流在安装使用三相电动机以前必须慎重考虑。

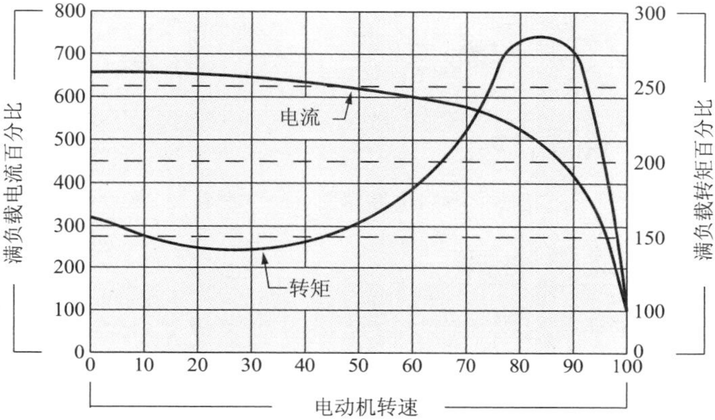

图 5.19 三相感应电动机启动转矩和启动电流关系曲线

5.1.8 绕线转子三相感应电动机

绕线转子三相感应电动机采用的是更传统的速度控制方法。这类电动机并没有采用鼠笼式转子，而是使用了绕线转子和电刷，这与直流电动机很相似。转子线圈连接到一个三端可变电阻器上，这个变阻器是用来调整转子线圈阻抗的。

当转子阻抗增大时，电动机转速降低；当转子阻抗降低时，电动机转速增加。图 5.20 示出绕线转子三相感应电动机的原理图。这类电动机通常价格比较昂贵，而且其集电环需要大量的日常维护保养工作。但考虑到它带来的低成本以及电控调速功能，这种电动机仍然大有用武之地。

5.1.9 同步电动机

同步电动机的输出是随着线电压频率的变化而变化的。尽管所有的交流感应电动机都可以看作同步电动机，但是，它们的输出精度是不能保证的，因为总会存在一定量的偏差。而一般的同步电动机就能够实现精度非常高的输出。这类电动机通常应用在实时性要求很高的设备中，例如，挂钟或磁带录音机。图 5.21 所示为一种典型的同步电动机的原理图。

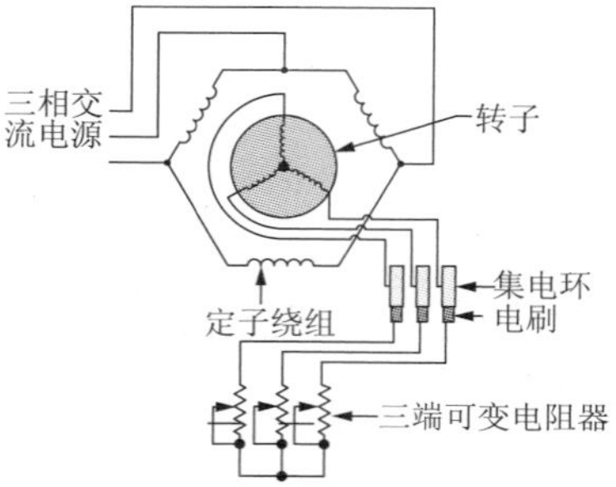

图 5.20 绕线转子三相感应电动机原理图

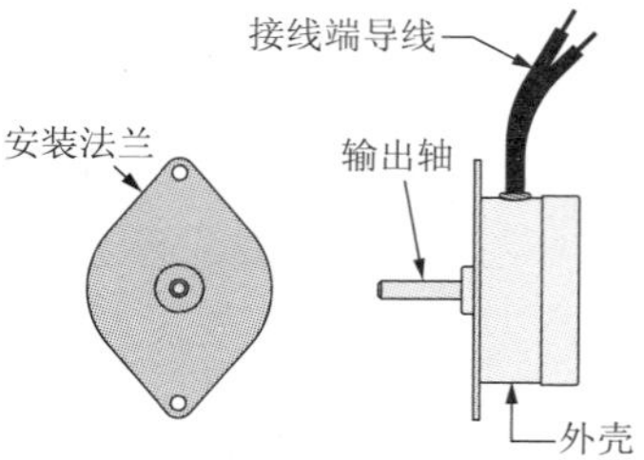

图 5.21 同步电动机原理图

5.1.10 步进电动机

步进电动机通常应用在需要运动控制的设备中，这类电动机尤其适合应用在低速或恒负载的设备中。步进电动机采用多极设计，目的是为了精确控制转子的旋转位置，甚至在输出为 0 时也可以。它们的这一特性深受运动控制工程师的欢迎。绝大多数的计算机设备，例如硬盘驱动器以及打印机，采用的都是步进电动机。

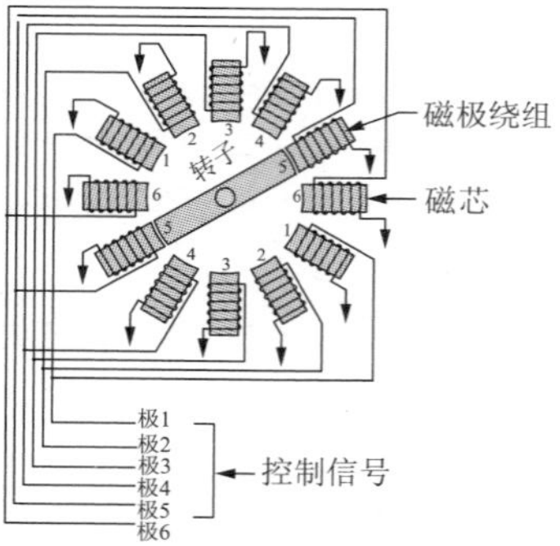

图 5.22 6 极步进电动机原理图

图 5.22 所示为 6 极步进电动机的原理图。电动机具有 6 对作用力相反的定子线圈，各对线圈相互能够独立地进行控制。当一对异性磁极（磁极 5）被激活时，就会产生一个磁场，转子在磁场的作用力下发生旋转；若磁极 5 关闭，磁极 4 被激活，则转子会转到一个新的位置。因此，只要精确控制这些磁极对，就可以精确控制转子的位置及其输出。

为了提供更加精确的分辨率，步进电动机可以工作在半步模式下。在这个模式中，有 4 个磁极被激活，因此，转子可以处于两对磁极之间的位置上，这样就使得步进电动机的运行分辨率提高了 1 倍。图 5.23 所示为工作于快步模式下的步进电动机。

把半步模式的思路进一步延伸，就产生了微步控制模式。只要精确控制两对磁极的磁场强度，就可以让转子处于两对磁极之间的任何位置。图 5.24 示出工作于微步模式下的步进电动机。

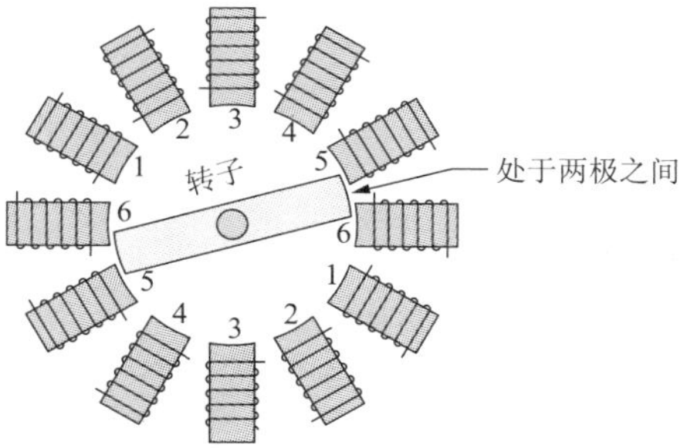

图 5.23 快步模式步进电动机

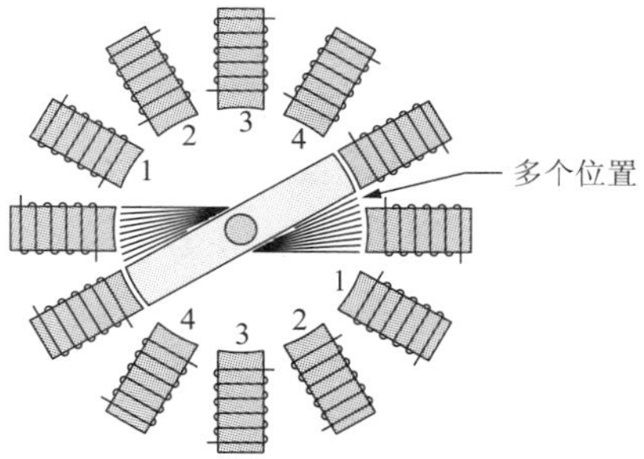

图 5.24 微步模式步进电动机

图 5.25 示出一种典型的步进电动机，这类电动机通常都自带一个安装法兰，法兰上有定位凸台。输出轴相对于定位凸台的位置非常精确，安装时可以直接把电动机安装到齿轮箱中。

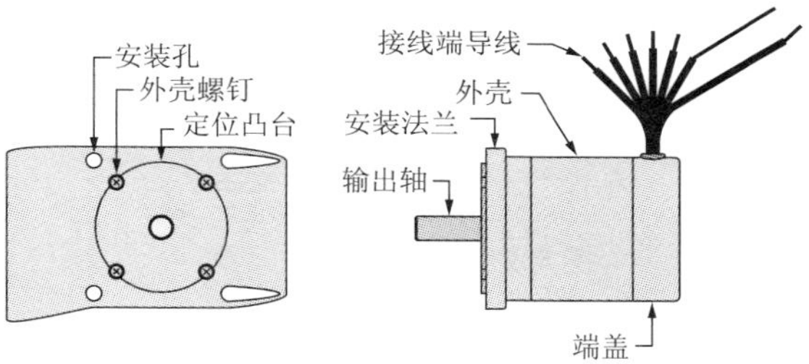

图 5.25 步进电动机

步进电动机需要一种专用控制器。控制器通常由一些可以接通或者断开磁极的开关构成。这些开关通常是一些可控晶体管，它们用直流电源来控制磁极对。这些开关与步距控制器相连，控制器通过这些开关来控制电动机的转速、步距和转向。图 5.26 所示为一种典型的步进电动机

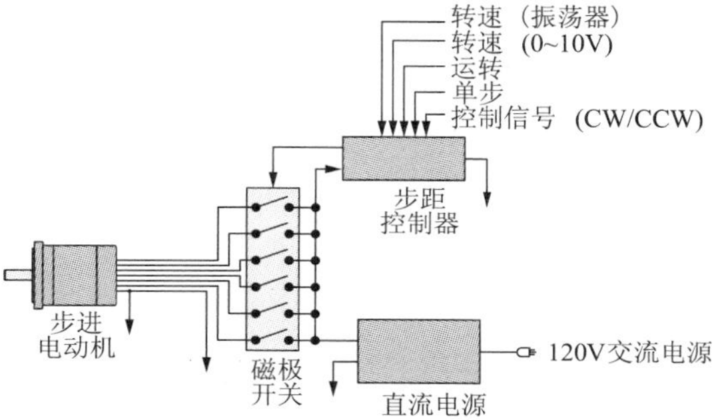

图 5.26 步进电动机控制系统结构图

控制系统结构图,其中请注意,该图为一个开环系统,在开环系统中,电动机不能给控制器提供任何反馈信息。

5.1.11 伺服电动机

伺服电动机实际上就是一种传动轴上带有位置反馈装置的直流电动机。它可以实时采集电动机轴的旋转参数。如果负载很高或负载经常发生变化,例如机床及传送系统等,利用这种电动机进行运动控制是一个不错的选择。图5.27示出一种直流伺服电动机。其中请注意,信号采集器安装在电动机的后面。采集器里安装有传感器,传感器可以把转速以及位置等信息反馈给控制器。

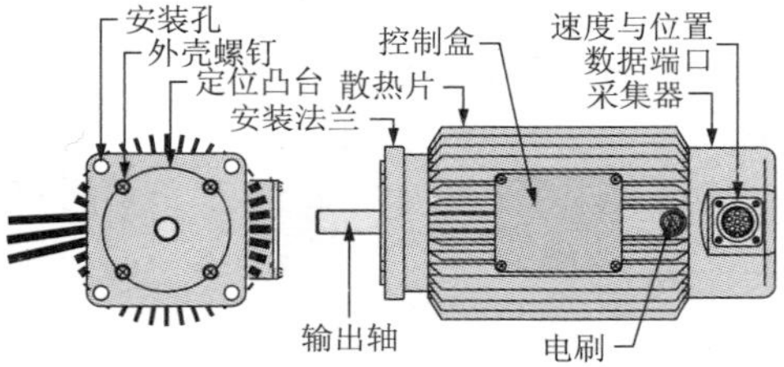

图5.27 直流伺服电动机

图5.28示出一种典型闭环伺服电动机的控制系统结构图。电动机的信号采集器把位置以及转速信息反馈给控制器。控制器根据反馈回来的信息调整电源的输出,以确保电动机按照系统的要求工作。通常称这种系统为闭环系统。

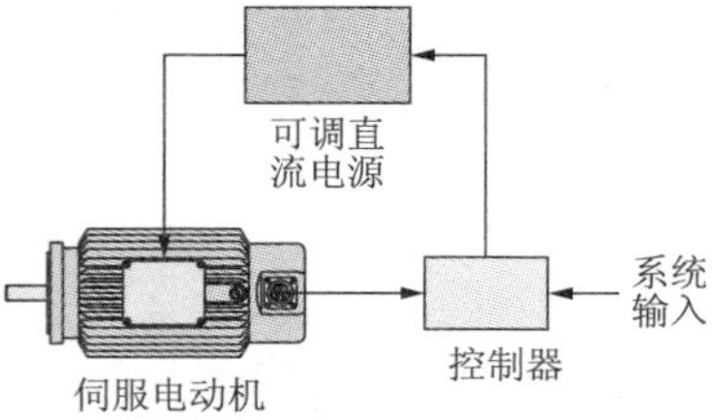

图5.28 闭环伺服电动机控制系统

5.2 电动机的铭牌

每台电动机的机壳上都有一块金属标牌,称为电动机的铭牌。铭牌上面标有电动机的型号、规格和有关技术数据。铭牌就是一个简单的说明书，是选用电动机的主要依据。

图 5.29 所示为三相感应异步电动机铭牌的一般形式。

1. 型　号

常见电动机的型号含义如下：

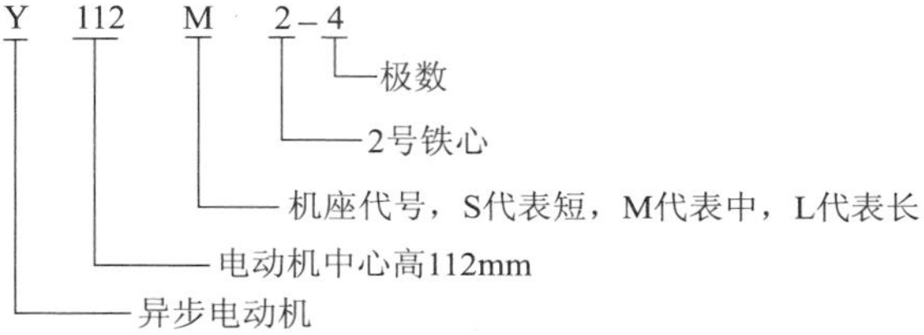

2. 额定功率

电动机的额定功率又称额定容量，它表示这台电动机在额定工作状况下运行时，机轴上所能输出的机械功率，单位为千瓦(kW)。

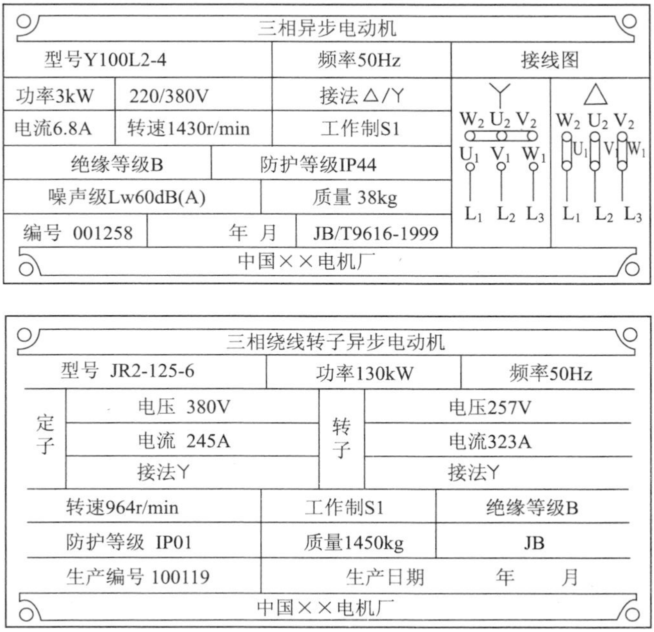
三相异步电动机
型号Y100L2-4
频率50Hz
接线图
功率3kW
220/380V
接法△/Y
电流6.8A
转速1430r/min
工作制S1
绝缘等级B
防护等级IP44
噪声级Lw60dB(A)
质量 38kg
编号 001258
年 月
JB/T9616-1999
Y
△
W2 U2 V2
U1 V1 W1
L1 L2 L3
中国××电机厂
三相绕线转子异步电动机
型号 JR2-125-6
功率130kW
频率50Hz
定子
电压 380V
电流 245A
接法Y
转子
电压257V
电流323A
接法Y
转速964r/min
工作制S1
绝缘等级B
防护等级 IP01
质量1450kg
JB
生产编号 100119
生产日期 年 月
中国××电机厂

图 5.29　三相感应异步电动机的铭牌

3. 频 率

频率是指电动机所接交流电源的频率。我国目前采用 50Hz 的频率。

4. 额定电压

额定电压是指电动机在额定运行状态下加在定子绕组上的线电压，单位为伏(V)。通常铭牌上标有两种电压，如 220/380V，表示这台电动机可用于线电压为 220V 的三相电源，也可用于线电压为 380V 的三相电源。通常，电动机只有在额定电压下运行才能输出额定功率。

5. 额定电流

电动机的额定电流是指电动机在额定电压、额定频率和额定负载下定子绕组的线电流，单位为安[培](A)。电动机定子绕组为△接法时，线电流是相电流的$\sqrt{3}$倍；为Y接法时，线电流等于相电流。一般电动机电流受外加电压、负载等因素影响较大，所以了解电动机所允许通过的最大电流为正确选择导线、开关以及电动机上所加的熔断器和热继电器提供了依据。

对于额定电压为 380V、容量不超过 55kW 的三相异步电动机，其额定电流的安[培]数近似等于额定功率千瓦数的 2 倍，通常称为"1 千瓦 2 安[培]关系"。例如，10kW 电动机的额定电流约为 20A；17kW 电动机的额定电流约为 34A。

6. 额定转速

额定转速是指电动机在额定电压、额定频率和额定功率情况下运行时，转子每分钟所转的圈数，单位为 r/min。通常额定转速比同步转速低 2%～6%。同步转速、电源频率和电动机磁极对数有如下关系：

同步转速＝60×频率/磁极对数

例如：2 极电动机(一对磁极)　同步转速＝60×50/1＝3000(r/min)

　　　4 极电动机(二对磁极)　同步转速＝60×50/2＝1500(r/min)

2 极电动机的额定转速为 2930r/min 左右，4 极电动机的额定转速为 1440r/min 左右。

7. 绝缘等级

绝缘等级是指电动机绕组所用绝缘材料的耐热等级，它表明电动机所允许的最高工作温度。有的电动机铭牌上只标注最高允许温度(环境温度为 40℃时电动机的最高允许温度)而未标注绝缘等级，其对应关系如表 5.1 所示。

表 5.1 电动机的绝缘等级和最高允许温度(环境温度为 40℃)

绝缘等级	Y	A	E	B	F	H	C
最高允许温度(℃)	90	105	120	130	155	180	180 以上

8. 定　额

定额是指电动机在额定情况下,允许连续使用时间的长短。定额分连续、短时和断续三种。连续(S1)是指电动机连续不断地输出额定功率而温升不超过铭牌允许值。短时(S2)表示电动机不能连续使用,只能在规定的较短时间内输出额定功率。断续(S3)表示电动机只能短时输出额定功率,但可多次断续重复启动和运行。

9. 温　升

温升是指电动机长期连续运行时的工作温度比周围环境温度高出的数值。我国规定周围环境的最高温度为 40℃。例如,若电动机的允许温升为 65℃,则其允许的工作温度为 65℃+40℃=105℃。电动机的允许温升与所用绝缘材料等级有关。电动机运行中的温度如果超过极限温升,会使绝缘材料加速老化,缩短电动机的使用寿命。

10. 防护等级

防护等级是指电动机外壳(含接线盒等)防护电动机电路部分的能力。在铭牌中以 IPxy 的方式给出,其中,IP 是国际通用的防护等级代码,后面的 x 和 y 分别是一个数字,x 是 0～5 共 6 个,代表防固体能力;y 是 0～8 共 9 个,代表防液体(一般指水)的能力。数字越大,防护能力越强,具体见表 5.2。

电动机的防护等级有如下规定:

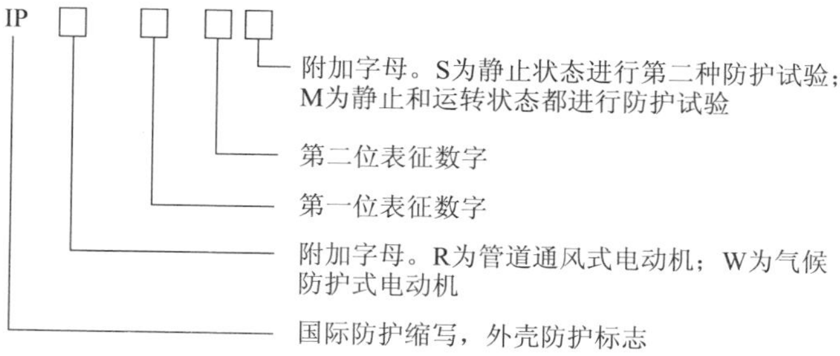

表 5.2 第一、二位表征数字表示的电动机外壳防护等级

第一位表征数字	防护等级简述	第二位表征数字	防护等级简述
0	无防护电动机	0	无防护电动机
1	防护大于 50mm 固体的电动机	1	防滴电动机
2	防护大于 12mm 固体的电动机	2	15°防滴电动机
3	防护大于 2.5mm 固体的电动机	3	防淋水电动机
4	防护大于 1mm 固体的电动机	4	防溅水电动机
5	防尘电动机	5	防喷水电动机
		6	防海浪电动机
		7	防浸水电动机
		8	潜水电动机

11. 功率因数

功率因数是指电动机从电网所吸收的有功功率与视在功率的比值。视在功率一定时，功率因数越高，有功功率越大，电动机对电能的利用率也越高。

12. 接　法

电动机定子绕组的常用连接方法有星形(Y)和三角形(△)两种。定子绕组的接线方式与电动机的额定电压有关。当铭牌上标明 220/380V，接线方式为△/Y时，表示电动机用于 220V 线电压时，三相定子绕组应接成三角形；用于 380V 线电压时，三相绕组须接成星形。接线时不能任意改变接法，否则会损坏电动机。

5.3　电动机的选择

5.3.1　电动机类型的选择

电动机品种繁多，结构各异，分别适用于不同的场合，选择电动机时，首先应根据配套机械的负载特性、安装位置、运行方式和使用环境等因素来选择，从技术和经济两方面进行综合考虑后确定选择什么类型的电动机。

对于无特殊变速调速要求的一般机械设备，可选用机械特性较硬的笼型异步电动机。对于要求启动特性好，在不大范围内平滑调速的设备，一般应选用绕线式异步电动机。对于有特殊要求的设备，则选用特殊结构的电动机，如小型卷扬机、升降设备等，可选用锥形转子制动电动机。

5.3.2 电动机容量(功率)的选择

电动机的功率应根据生产机械所需要的功率来选择，尽量使电动机在额定负载下运行。实践证明，电动机的负载为额定负载的70%～100%时效率最高。电动机的容量选择过大，就会出现“大马拉小车”现象，其输出机械功率不能得到充分利用，功率因数和效率都不高。电动机的容量选得过小，就会出现“小马拉大车”现象，造成电动机长期过载，使其绝缘因发热而损坏，甚至电动机被烧毁。一般，对于采用直接传动的电动机，容量以 1～1.1 倍负载功率为宜；对于采用皮带传动的电动机，容量以 1.05～1.15 倍负载功率为宜。

另外，在选择电动机时，还要考虑到配电变压器容量的大小。一般，直接启动时最大一台电动机的功率，不宜超过变压器容量的 30%。

5.3.3 电动机转速的选择

应根据电动机所拖动机械的转速要求来选用转速相对应的电动机。如果采用联轴器直接传动，电动机的额定转速应与生产机械的额定转速相同。如果采用皮带传动，电动机的额定转速不应与生产机械的额定转速相差太多，其变速比一般不宜大于 3。如果生产机械的转速与电动机的转速相差很多，则可选择转速稍高于生产机械转速的电动机，再另配减速器，使二者都在各自的额定转速下运行。

在选择电动机的转速时，不宜选得过低，因为电动机的额定转速越低，极数越多，体积越大，价格越高。但高转速的电动机，启动转矩小，启动电流大，电动机的轴承也容易磨损。因此，在工农业生产上选用同步转速为 1500 r/min(4 极)或 1000 r/min(6 极)的电动机较多，这类电动机适用性强，功率因数和效率也较高。

5.3.4 电动机防护形式的选择

电动机的防护形式有开启式、防护式、封闭式和防爆式等。应根据电动机工作环境进行选择。

(1) 开启式电动机内部的空气能与外界畅通,散热条件很好,但是它的带电部分和转动部分没有专门的保护,只有在干燥和清洁的工作环境下使用。

(2) 防护式电动机有防滴式、防溅式和网罩式等种类,可以防止一定方向内的水滴、水浆等落入电动机内部,虽然它的散热条件比开启式差,但应用的比较广泛。

(3) 封闭式电动机的机壳是完全封闭的,被广泛应用于灰尘多和湿气较大的场合。

(4) 防爆式电动机的外壳具有严密密封结构和较高的机械强度,有爆炸性气体的场合应选用封闭式电动机。

5.4 电动机的安装

5.4.1 电动机基础的安装

1. 固定基础的安装

如果电动机的安装地点是长期固定的,则其基础可采用混凝土结构,基础形状如图5.30所示。基础高出地面的尺寸 H 一般为100～150mm,具体高度随电动机规格、传动方式和安装条件等而定。底座长度 L 和宽度 B 的尺寸,应根据底板或电动机机座尺寸确定,每边应比电动机机座宽100～150mm。基础的深度一般按地脚螺栓长度的1.5～2.0倍选取,以保证埋设的地脚螺栓有足够的强度。基础的重量应为机组重量的2.5～3.0倍。

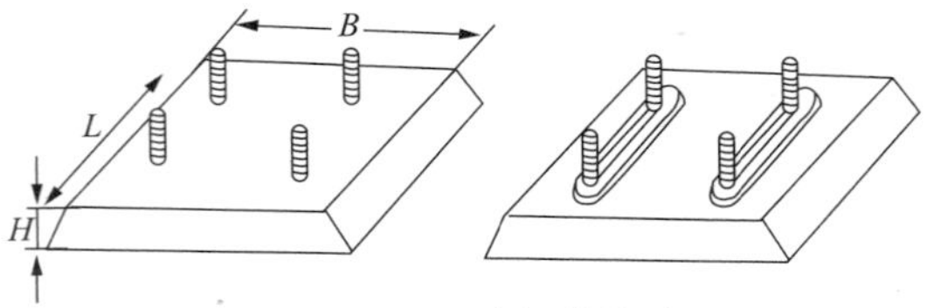

图5.30 电动机的基础

浇注基础以前,应挖好基坑,夯实坑底,防止基础下沉。接着在坑底铺一层石子,用水淋透并夯实;然后把基础模板放在石子上,或将木板铺设在浇注混凝土的木框架上,并埋入地脚螺栓。

浇注混凝土时,要保持各地脚螺栓的位置不变和上下垂直。浇注时速度不宜太快,边浇注边用铁钎捣实。混凝土浇好后,将草袋覆盖在基础上,经常洒水,保护草袋湿润。养护 7 天后,便可拆除模板,再继续养护 7～10 天,便可安装电动机。

在易遭受震动的地点,电动机的底座基础应浇注成锯齿状,以增强抗震性能。

2. 非固定基础的安装

如果电动机的安装地点不是长期固定的,并且电动机功率较小,可将其安装在木架上,木架用 100mm×200mm 的方木制成,把方木埋在地下,用铁钎或木桩固定。

如果电动机是移动使用的,并且功率又比较小,也可以将电动机和被带动的机械设备在使用地点用打桩的方法固定在一起。使用时应注意安装坚固稳定,防止电动机振动过大及出现跳跃现象。

5.4.2 地脚螺栓的埋设

为了保证地脚螺栓埋设牢固,通常将其埋入基础的一端做成人字形或弯钩形,如图 5.31 所示。埋设地脚螺栓时,埋入混凝土的深度一般为螺栓直径的 10 倍左右,人字开口或弯钩的长度约为螺栓埋入混凝土深度的一半。

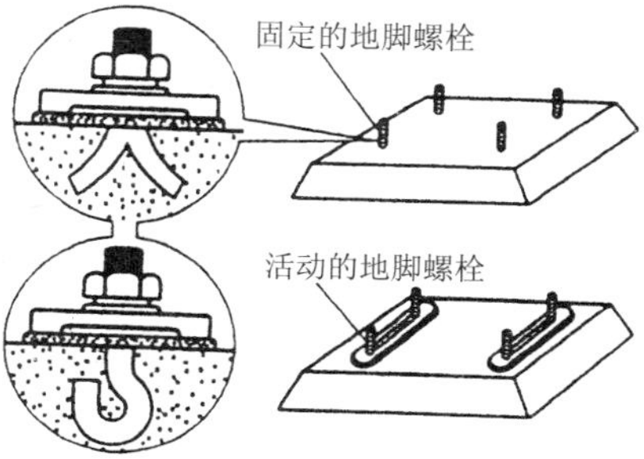

图 5.31 地脚螺栓的埋设

5.4.3 安装就位

电动机在混凝土基础上的安装方式有两种,一种是将电动机基座直接安装在基础上，如图 5.32 所示；另一种是在基础上先安装槽轨，再将电动机装在槽轨上，如图 5.33 所示。后一种安装方式便于更换电动机和进行安装调整。

短距离搬运电动机，当质量在 100kg 以下时，可用铁棒穿过电动机上部吊环抬运到基础上，或者将绳子拴在电动机的吊环或底座上，用杠棒来抬运。禁止将绳子套在电动机的皮带轮或转轴上，或者穿过电动机的端盖来抬运电动机。质量在 100kg 以上的电动机，应使用起重机或滑轮（电葫芦）来吊装。为了防止震动，安装时应在电动机与基础之间垫一层硬橡皮板，四角的地脚螺栓都要套上弹簧垫圈。

电动机安装就位后，应用水平仪对电动机进行纵向和横向校正。如果不平，可在机座下面垫上 0.5～5.0mm 厚的钢片进行校正，如图 5.34 所示。禁止用木片、竹片或铝片垫在机座下。否则，在拧紧地脚螺栓时或者在电动机运行过程中，木片、竹片、铝片就会变形或碎裂，影响电动机的安装精度。

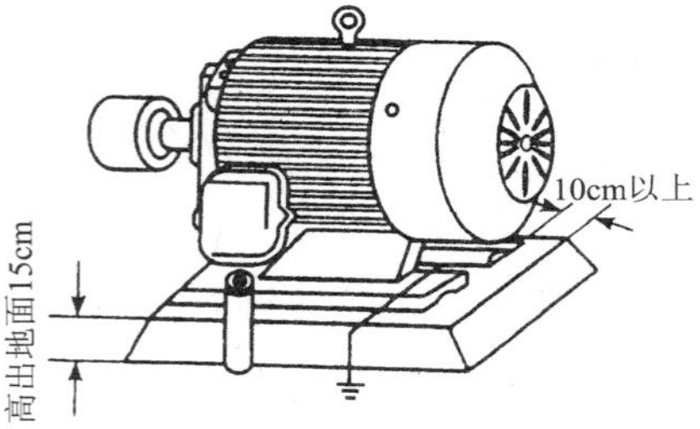

图 5.32　电动机在混凝土基础上安装

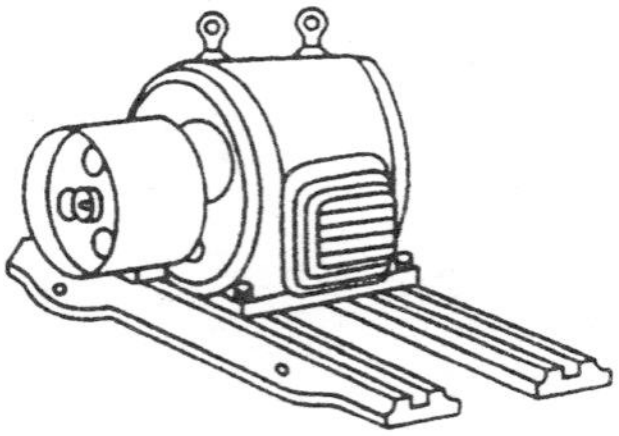
图 5.33　电动机在槽轨上安装

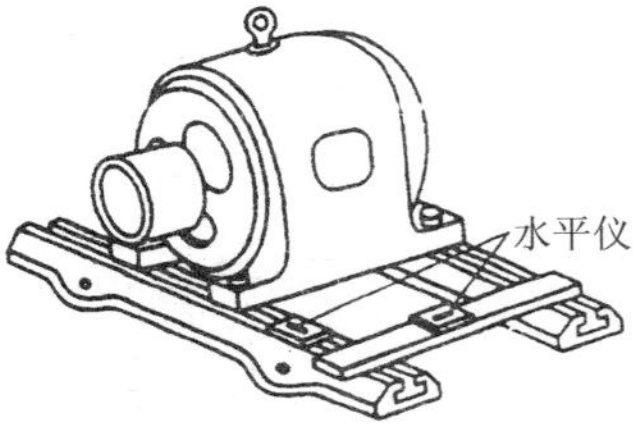

图 5.34　电动机的水平校正

5.4.4　电动机传动装置的安装和校正

传动装置若安装得不好，会增加电动机的负载，严重时会烧坏电动机的绕组和损坏电动机的轴承。电动机的传动形式很多，常用的有齿轮传动、皮带传动和联轴器传动等。

1. 齿轮传动装置的安装与校正

安装的齿轮与电动机要配套，转轴纵横尺寸要配合安装齿轮的尺寸；所装齿轮与被动轮应配套，如模数、直径和齿形等。

齿轮传动时，电动机的轴与被传动的轴应保持平行，两齿轮的啮合应合适，可用塞尺测量两齿间间隙。如果间隙均匀，说明两轴已平行，否则要进行调整。

2. 皮带传动装置的安装与校正

电动机的两个皮带轮直径大小应按机械传动要求配套使用，传动比应符合要求。两个皮带轮的宽度中心线要在一条直线上，两轴在安装中必须平行，否则会损坏传送带，使电机发生振动，严重时会烧坏电机绕组，如果是平带，电动机在运行过程中有可能造成脱带事故。

如两个皮带轮宽度相等，可用一根弦线拉紧并紧靠两个皮带轮的端面，如果弦线均匀地接触 A、B、C、D 四点，说明两轴平行及皮带轮宽度上的中心线在一条直线上，可以使用电动机，如图 5.35 所示。当细线距 CD 有一段距离时，松开电动机的紧固螺母，将电动机顺轴向方向朝前平移至 A、B、C、D 呈一直线为止，再拧紧固定螺母。

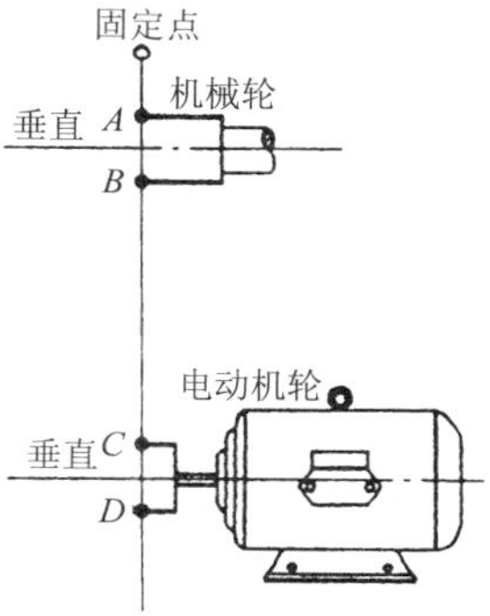

图 5.35 电动机皮带轮校正方法

当 A、B、D 在一条直线上，C 点距细线有一段距离时，表明两轴不平行，此时必须在电动机后（非传动端）底座加垫片抬高，最终使 A、B、C、D 在一条直线上。对于其他需校正的状态可以此类推。

3. 联轴器传动装置的安装和校正

常用的弹性联轴器在安装时，应先把两半片联轴器分别装在电动机和所带机械的轴上，然后把电动机移近连接处，当两轴相对处于一条直线上时，先初步拧紧电动机的机座安装螺栓，但不要拧得太紧，接着用钢尺，按图 5.36 所示方法搁在两半片联轴器上，然后用手转动电动机转轴，旋转 180°，同时用直尺查看联轴器转动时是否有高低之差，高低不一致，应在电动机机座下或机械传动机座下垫些钢条，使其联轴器上下平衡，在同一轴心位置上。若上述两个方面均已调整好，说明电动机和机械轴已处于同轴状态。再调整两个半片联轴器，使端面同另一轮端面之间有均衡的1～2mm的间隙后，便可将联轴器的机械部分和电动机分别固定，拧紧地脚螺栓即可试运行。

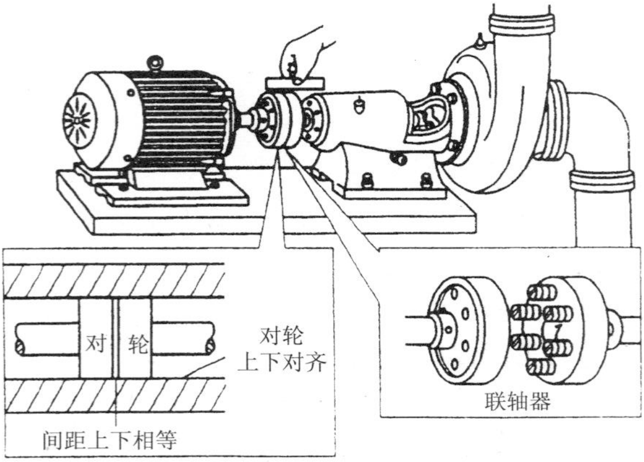

图5.36 联轴器的安装和校正

5.4.5 电动机电源线的安装

电动机电源线安装一般采用两种方法，一种是把电动机四根电源线（其中有一根为电动机保护零线或是地线）先穿入具有阻燃性能的塑料管内，然后从电源开关下桩头明敷到电动机接线盒边。另一种是预埋钢管法，用这种方法安装较美观，并且安装正规，安全系数高，使用长久，目前在很多地方或单位都广泛采用。一般穿导线的钢管应在浇注混凝土前埋好，连接电动机一端的钢管管口高出地面不得少于100mm，并最好用蛇形管（带）或软管伸入接线盒内，如图5.37所示。用钢管敷设电动机电源线时，要求一台电动机的三根电源线同时穿入这一根钢管内，并且要对这根穿电线的钢管做接零或接地处理（两头在穿线前焊接接零或接地螺丝，用多股铜导线一边连接到电动机外壳上，一边与三相四线制的零线或地线连接），以确保电气运行安全。

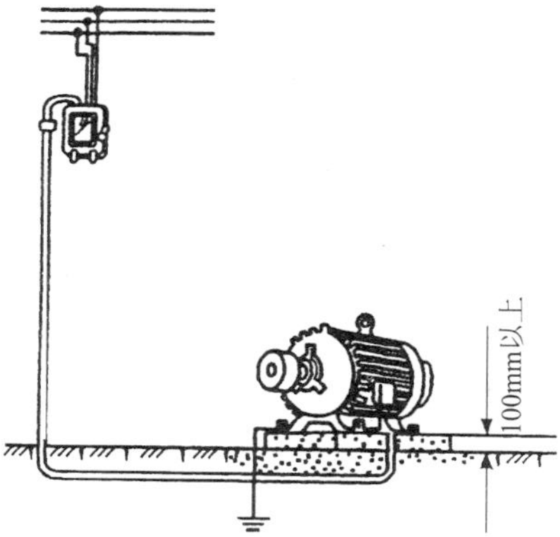

图 5.37 电动机电源线用钢管安装

5.4.6 电动机的保护接地及接零安装

为了防止电动机绕组的保护绝缘层损坏发生漏电时造成人身触电，必须给电动机装设保护接地线或保护接零装置，以保障人身安全。

电动机接入三相电源时，若电网中性点不直接接地，这些电动机应采取保护接地措施。其方法是把电动机外壳用接地线连接起来。一般采用较粗的铜线（不小于 $4mm^2$）与接地极可靠连接，这种方法称为保护接地，接地电阻一般不大于 4Ω。原理是，一旦电动机发生漏电现象，人身碰触电动机外壳时或是通过金属管道传到其他金属连接体处发生漏电时，由于人体电阻比接地电阻大得多，漏电电流主要经接地线流入大地，人体不致通过较大的电流而危及生命，从而保护了人身安全，接地保护示意如图 5.38 所示。

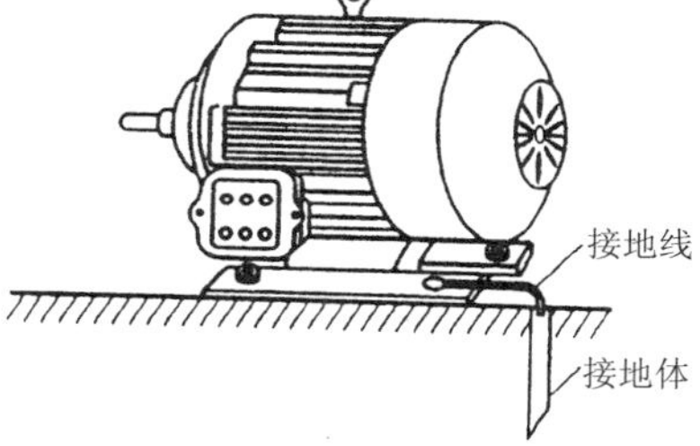

图 5.38 电动机接地保护

如果电网中性点直接接地，则可采用保护接零措施。方法是将电动机的外壳用铜导线与三相四线制电网的中性线相连接。这种保护措施比较安全可靠，现已被广泛采用，它的原理是，一旦发生电动机外壳漏电现象，它会迅速地形成较大的短路电流，使电路中的熔断器熔断或使断路器等过流装置跳闸，从而断开电源，保护人身不受触电的危害。

值得注意的是，在同一三相四线制系统中，不允许一部分电动机设备的外壳采用保护接地而另一部分电气部分的外壳采用保护接零。

5.5 电动机的接线和电动机定子绕组首、尾端的判别

5.5.1 电动机的接线

电动机接线盒内的接线方式有△形连接（三角形连接）和Y形连接（星形连接）两种方式。当铭牌上标有220/380V、△/Y字样时，表示电源电压如果为220V三相交流电时，定子绕组为△形接法，如果接入电源电压为380V时，定子绕组应接成Y形。接线方式不允许任意更改。目前Y系列电动机3kW及以下为Y形接法，4kW以上均为△形接法，电动机的额定线电压为380V。

电动机接线盒内有上下两排6个接线头，规定下排3个接线端子自左至右的编号为U_1、V_1、W_1，上排3个接线端子自左至右编号为W_2、U_2、V_2，如图5.39(a)所示。

当采用△形连接时，按图5.39(b)所示方法连接，将电动机接线盒内的接线端子上、下两两用短接铜片连接，再分别把三相电源接到U_1、V_1、W_1上。也就是将三相定子绕组的第一相的尾端U_2接到第二相的首端V_1，第二相的尾端V_2接到第三相的首端W_1，第三相的尾端W_2接到第一相的首端U_1。然后把来自开关的3根导线的线头，分别与U_1、V_1、W_1连接。如果出现电动机反转，可把任意两相线头对换接线端子位置，即会顺转。

当采用Y形连接时，按图5.39(c)所示方法连接，将三相绕组的尾端W_2、U_2、V_2用短接铜片连在一起，首端U_1、V_1、W_1分别接三相电源。

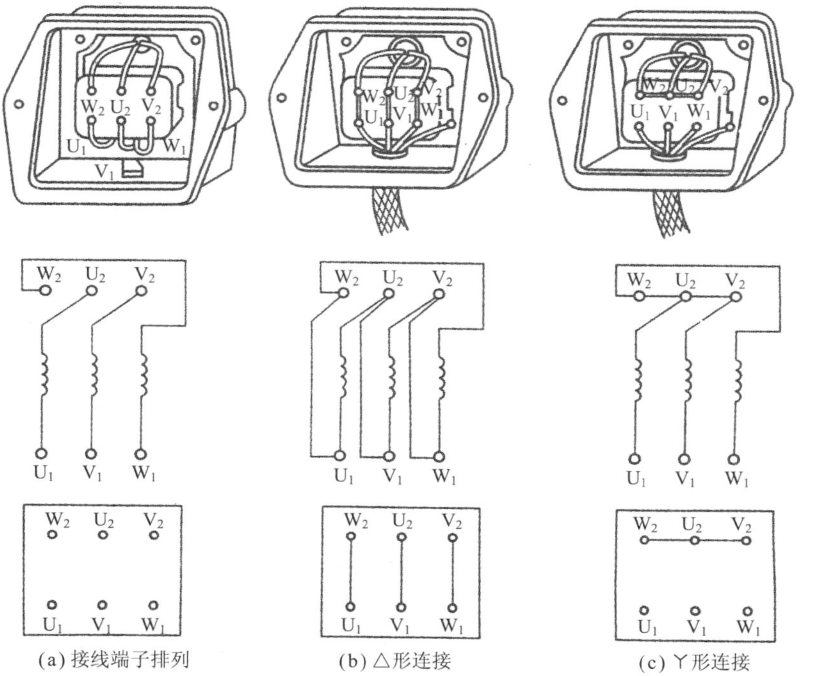

图 5.39　电动机的接线

5.5.2　电动机定子绕组的首、尾端判别

1. 用万用表判别

使用时间久了的三相异步电动机，常因电动机定子绕组引出线头上标记号模糊不清或遗失，而造成定子三相绕组引出线的首尾端头混乱。因此，往往由于定子绕组一相反接而引起电动机损坏的严重事故。所以，简捷而准确地辨别出电动机定子三相绕组引出线的首尾端头是非常重要的。

利用万用表的毫安挡可以快速准确地辨别出电动机定子三相绕组的首、尾端，电路如图 5.40 所示。

此法所测试的电动机转子必须有剩磁，即必须是运转过的或通过电流的电动机。

首先，用万用表电阻挡找出被测电动机定子各相绕组的两根线端，电阻值最小两线端为同相绕组，并给各端头做好编号。

任意选定三相绕组的首、尾,并联起来接到万用表的低毫安挡上。这时慢慢匀速转动电动机转子,看万用表指针摆动情况。如果万用表指针向左右摆动明显,说明有一相绕组的首、尾与其他两相绕组的首、尾相反,如图 5.40(a)所示。任意调换其中一相绕组线端头的位置,再用上述同样的方法测试。一相一相分别对调,看万用表指针摆动的情况,直至万用表指针无明显摆动为止,如图 5.40(b)所示。此时接在一起的三个线头,就是被测电动机定子绕组的三个首端或尾端。

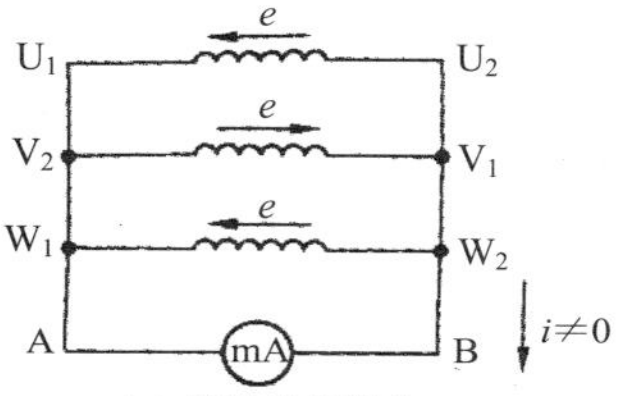

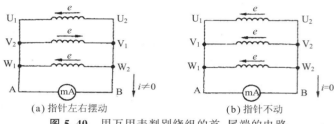

(a) 指针左右摆动　　(b) 指针不动

图 5.40　用万用表判别绕组的首、尾端的电路

2. 用干电池和万用表判别

判别电路如图 5.41 所示。

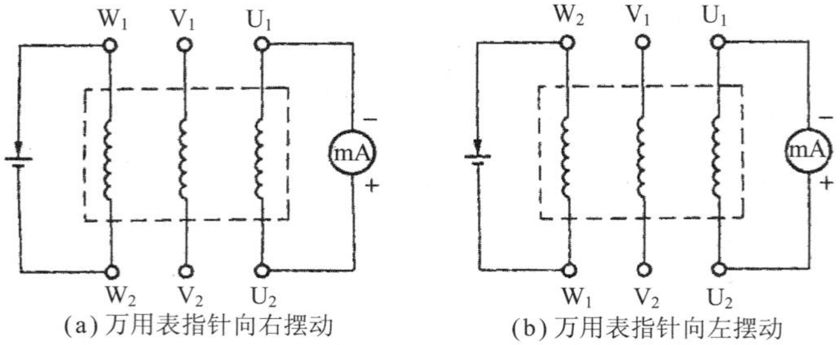

(a) 万用表指针向右摆动　　(b) 万用表指针向左摆动

图 5.41　用干电池和万用表判别绕组的首、尾端的电路

(1) 先判别出三个绕组各自的两个线端。把万用表调到电阻挡,根据电阻的大小可分清哪两个线端属于同一相绕组,同一相绕组的电阻很小。

(2) 再判别出其中两相绕组的首、尾端。先把万用表调到直流电流最小挡位,再把任意一相绕组的两个线端接到万用表上,并指定接表"—"端的为该相绕组的首端,接表"+"端的为尾端。然后将另外任意一相绕组的一个引出线线头接电池的负极,另一个引出线线头去碰触电池的正极，同时注意观察万用表指针在线头碰触电池的瞬间偏转方向。如果万用表指针正转（向右转），则说明与电池正极触碰的那根引出线线头为首端（标上 W_1），如图 5.41(a)所示；如果万用表指针在瞬间反转（向左转），则该相绕组的首、尾端与上述判断相反，如图 5.41(b)所示。

(3) 判别最后一相绕组的首、尾端。前面万用表所接的这相绕组不动，将剩下的一相绕组的两个线端分别去碰触干电池的"+"和"−"极，用上述相同的方法即可判断出最后一相绕组的首、尾端。

3. 用市电和灯泡判别

(1) 先判别同一相绕组的两线端。用市电和灯泡判别电动机同相绕组的两线端的电路如图 5.42 所示。

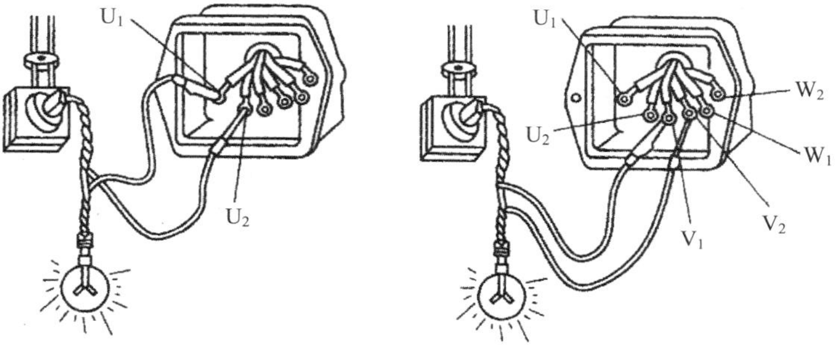

(a) 找出2个线头 (b) 找出4个线头

图 5.42 用市电和灯泡判别电动机同相绕组的两线端的电路

取 220V/60W 白炽灯泡一盏，串接在 220V 相线 L 上。把白炽灯泡的一根引出线线头与被测电动机定子绕组任意一根线头相连接，并把这个线头记为"U_1"。把电源的中性线 N 线头依次与定子绕组其余 5 个线头接触，当接触到电动机某一个线头而电灯发光时，说明这个线头与"U_1"是同一相绕组，并把这个线头记上"U_2"。用同样的方法可以判别出另一相绕组，并把两个线头记上"V_1"、"V_2"。余下两个线头是同一相绕组，就可记上"W_1"、"W_2"。

(2) 判别每相绕组的首、尾端。用市电和灯泡判别电动机绕组的首、尾端的电路如图 5.43 所示。

先假定上述的编号是正确的，把"U_2"、"V_1"连接起来，"U_1"、"V_2"跨接 220V 电源，"W_1"、"W_2"接白炽灯泡。接通电源后，如果电灯灯丝发红闪亮，说明"V_1"、"V_2"的编号正确；如果电灯灯丝不发红闪亮，只要把

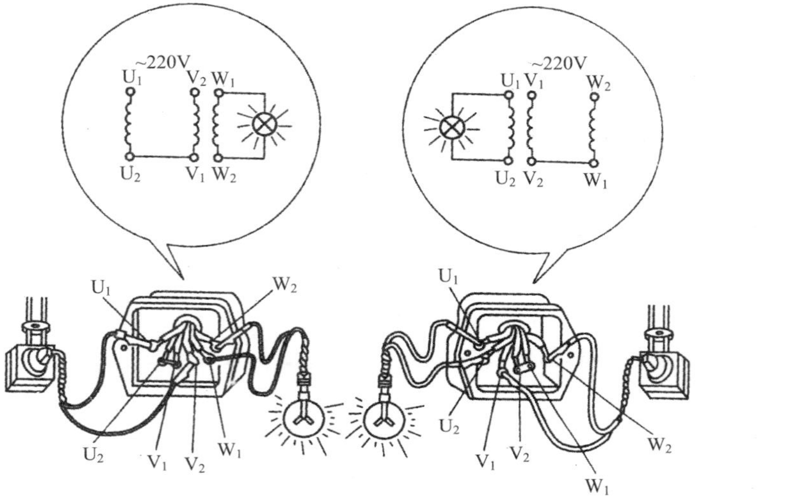

(a) 连接电路一 (b) 连接电路二

图 5.43 用市电和灯泡判别电动机绕组的首、尾端的电路

“V_1”、“V_2”编号对换即可，如图 5.43(a)所示。

把“V_2”、“W_1”连接起来，“V_1”、“W_2”跨接 220V 电源，“U_1”、“U_2”接灯泡。接通电源后，如果电灯灯丝发红闪亮，说明“W_1”、“W_2”编号正确；如果灯丝不发红闪亮，只要把“W_1”、“W_2”编号对换即可，如图 5.43(b)所示。

(3) 注意事项：此法不适于辨别大、中型电动机定子绕组的首、尾。若用此法判别大、中型电动机线头时，220V 电源的熔丝立即熔断。另外，在判别电动机线头时，先用鳄鱼夹夹住电动机线头，后接通电源，以免触电。

5.6 电动机的运行和维护

5.6.1 电动机使用前的准备工作

为了确保电动机的正常运转，减少不必要的机械电气损坏，使电气设备的故障消除在发生之前，电动机在使用前要做好以下准备工作。

(1) 首先消除电动机及其周围的尘土杂物，用 500V 兆欧表测量电动机相间以及三相绕组对地绝缘电阻，如图 5.44 所示，测得的电阻值不应小于 0.5MΩ，否则应对电动机进行干燥处理，使绝缘达到要求后方能使用。

(2) 核对电动机铭牌是否与实际的各项数据配套一致，如接线方法是否正确，功率是否配套，电压是否相符，转速是否符合要求。

(3) 检查电动机各部件是否齐全，装配是否完好。

(4) 检查电动机转子并带上机械负载，看其转动是否灵活。

(5) 检查电动机所配的传动带是否过紧或过松，检查联轴器螺丝、销子是否牢固，对于电动机与机械对轮的配合要检查间隙是否合适。

(6) 检查电源是否正常，有无缺相现象，电压是否过高或过低，只有在电源电压符合要求时方能启动电气设备。

(7) 在准备启动电动机之前还应通知在机械传动部件附近的人员远离，确定电气设备以及机械设备无误的情况下，通知操作人员按操作规程启动电动机。

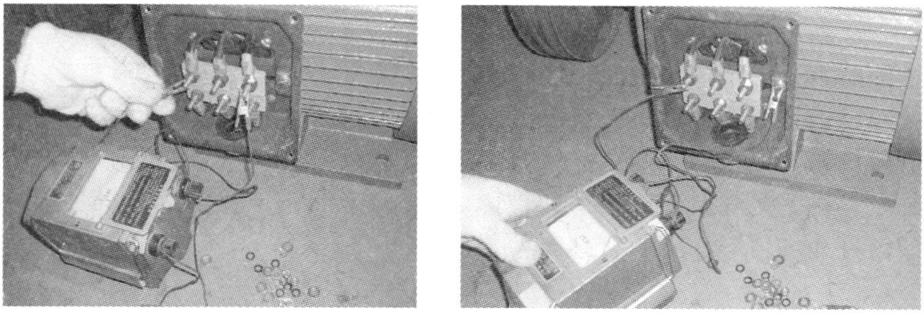

(a) 测电动机相间绝缘　　(b) 测电动机绕组对地绝缘

图 5.44　用兆欧表测电动机绝缘情况

5.6.2　电动机启动时应注意的问题

启动电动机时，要注意以下几个问题：

(1) 在电动机接通电源后，发现电动机不转，应立即断开电源，查明原因，方能再次启动，不允许带电检查电动机不转的原因。

(2) 电动机启动后要观察电动机的旋转方向是否符合机械负载要求，如水泵、浆泵，上面标有方向铭牌，看看是否一致。如是其他机械应注意观察机械传动方向是否正确，如果方向与要求相反，应立即断开电源，将三相电源线中的任意两根线互相调换一下即可。

(3) 电动机的启动次数应尽可能减少，空载连续启动不能超过每分钟3～5次，电动机长期运行停机后再启动，其连续启动次数不应超过每分钟2～3次。

5.6.3 电动机运行中的允许电压

由于电动机的转矩与电压的平方成正比，因此电动机的运转性能就容易受到电压波动的影响。电压过高，则使电动机铁心交变磁通增大，涡流增加，绕组电流增加，造成电动机发热严重；电压过低，转矩下降，则使电动机定子绕组电流增加，同样使电动机绕组发热以致烧坏。

一般电源电压的变化不超出额定电压的±5%时，电动机仍能维持额定功率运行。若电压波动超出±5%的范围，则电动机的运转性能就要受到影响。因此，电动机的运行电压规定不得超出额定电压的±5%，三相电压之差不得大于5%。

5.6.4 电动机的允许温升

电动机的输出功率和使用寿命均与温升有着密切的关系。如果电动机的温升超出了规定的允许值，就会加速绕组绝缘的老化，甚至烧坏。因此对于运行着的电动机的绕组、铁心、轴承以及其他各部件的温度应经常进行测量，不宜使它的温度超出制造厂所规定的范围。在一般情况下，如果电动机的机壳出现有烫手的现象，则应马上停止运行。电动机各部件的温升允许值(规定环境温度为35℃)见表5.3。

表5.3 电动机的允许温升

序号	电动机部件	环境温度(℃)	允许温度(℃)	
			温度计法	电阻法
1	滑环	35	70	
2	换向器	35	65	
3	滑动轴承	35	30	
4	滚动轴承	35	65	
5	A级绝缘的绕组	35	60	65
6	B级绝缘的绕组	35	75	85
7	E级绝缘的绕组	40	65	75
8	F级绝缘的绕组	40	85	100
9	H级绝缘的绕组	40	95	100

5.6.5 电动机运行中的检查

电动机在运行中要经常监视其运行情况，及时发现问题及时处理，减少不必要的损失。监视内容主要有：

(1) 经常观察电动机的温度。用手触及外壳看电动机是否烫手过热，如发现过热，可用水在电机外壳上滴几滴，如果水急剧汽化，则说明电动机显著过热，也可用温度计测量。如果发现电动机温度过高，要立即停止运行，查明原因并排除故障后方能继续使用。

(2) 用钳形电流表测量电动机的电流，对较大的电动机还要经常观察运行中电流是否三相平衡或超过允许值。如果三相严重不平衡或超过电动机的额定电流，应立即停机检修，分析原因。如果是负载引起的，应通知有关人员处理，若是电动机本身原因引起应及时停机修理。

(3) 要经常观察运行中的电动机电压是否正常。电动机电源电压过高、过低或三相电压严重不平衡，都应停机检查故障原因。

(4) 注意电动机有无振动，响声是否正常，电动机是否有焦臭气味，如有异常也应停机检修。

(5) 观察传动装置有无松动、过紧及发生不正常的声音，发现问题及时处理。

(6) 注意电动机轴承的运行声音是否正常，观察有无发热现象，润滑情况以及摩擦情况是否正常。简易方法可用长柄螺丝刀头触及电动机轴承外的小油盖上，把耳朵贴紧螺丝刀柄，细心听轴承运行中有无杂音、振动，以判断轴承运行情况，发现问题及时检修。

5.6.6 电动机转动方向的改变

由异步电动机的工作原理可知，电动机的转动方向是由转子的电磁转矩方向决定的。即电动机的转动方向是与电磁转矩方向一致的。而电磁转矩的方向又取决于定子旋转磁场的方向，即与旋转磁场的旋转方向一致，也就是说，电动机的转动方向是由定子旋转磁场的方向所决定的，两者的旋转方向相同。而旋转磁场的方向取决于通入定子三相绕组中的三相电源的相序。相序改变，旋转方向也改变。想改变三相交流电动机方向时，只要把三相电源线任何两相调换一下，即可使电动机方向得到改变。

5.7 电动机的拆卸和装配

5.7.1 电动机的拆卸

电动机在拆卸前，要事先清洁和整理好场地，备齐拆装工具，做好标记，以便装配时各归原位。应做的标记有标出电源线在接线盒中的相序；标出联轴器或皮带轮与轴台的距离；标出端盖、轴承、轴承盖和机座的负荷端与非负荷端；标出机座在基础上的准确位置；标出绕组引出线在机座上的出口方向。

1. 电动机的拆卸步骤

电动机的一般拆卸步骤如图 5.45 所示。

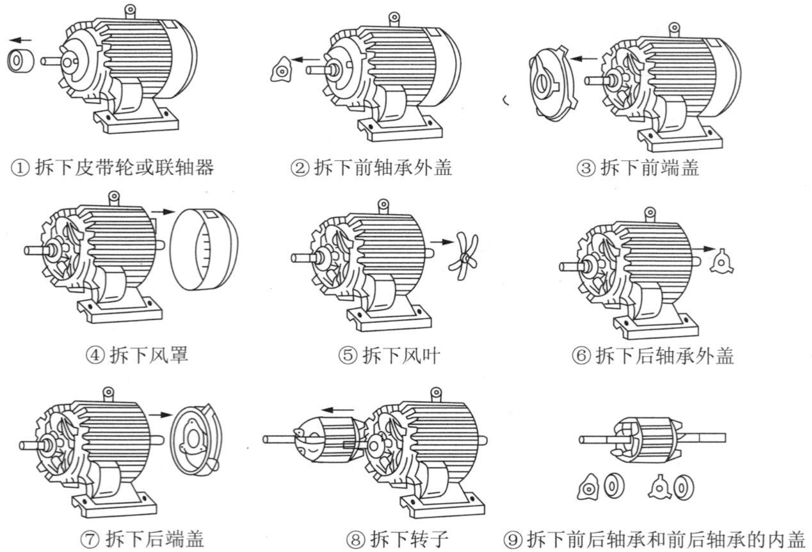

图 5.45 电动机的一般拆卸步骤

2. 电动机线头的拆卸

电动机线头的拆卸如图 5.46 所示。切断电源后拆下电动机的线头。每拆下一个线头，应随即用绝缘带包好，并把拆下的平垫圈、弹簧垫圈和螺母仍套到相应的接线桩头上，以免遗失。如果电动机的开关较远，应在开关上挂“禁止合闸”的警告牌。

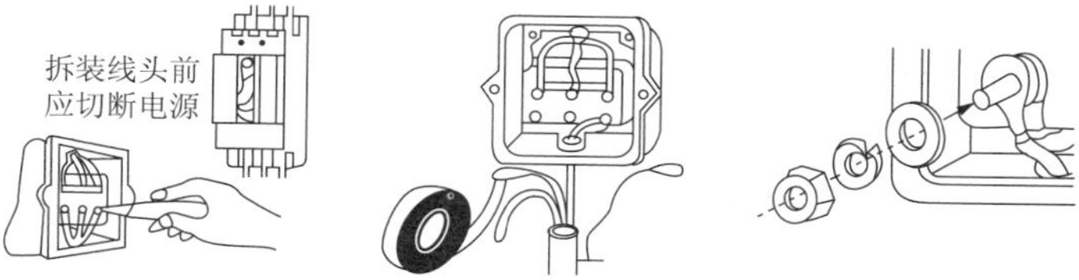

图 5.46 电动机线头的拆卸

3. 皮带轮或联轴器的拆卸

皮带轮或联轴器的拆卸如图 5.47 所示。首先用石笔或粉笔标示皮带轮或联轴器与轴配合的原位置，以备安装时照原来位置装配(见图 5.47(a))。然后装上拉具(拉具分两脚和三脚两种)，拉具的丝杆顶端要对准电动机轴的中心(见图 5.47(b))。用扳手转丝杆，使皮带轮或联轴器慢慢地脱离转轴(见图 5.47(c))。如果皮带轮或联轴器锈死或太紧，不易拉下来时，可在定位螺孔内注入螺栓松动剂(见图 5.47(d))，待数分钟后再拉。若仍拉不下来，可用喷灯将皮带轮或联轴器四周稍稍加热，使其膨胀时拉出。注意加热的温度不宜太高，以免轴变形；拆卸过程中，手锤最好尽可能减少直接重重敲击皮带轮或联轴器的次数，以免皮带轮碎裂而损坏电机轴。

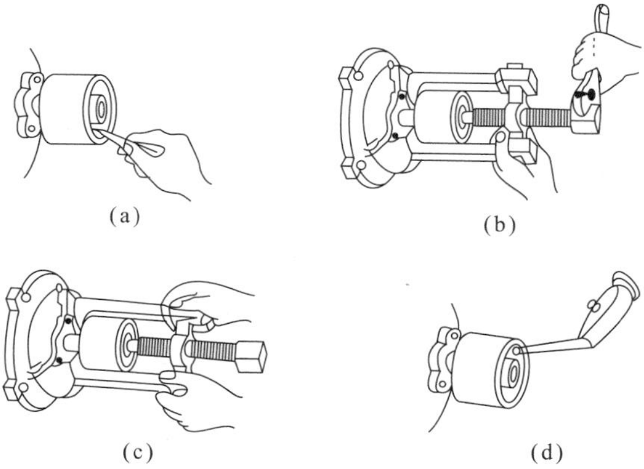

图 5.47 电动机皮带轮的拆卸

4. 轴承外盖和端盖的拆卸

轴承外盖和端盖的拆卸如图 5.48 所示。拆卸时先把轴承外盖的固定螺栓松下，并拆下轴承外盖，再松下端盖的紧固螺栓(见图 5.48(a))。为了组装时便于对正，在端盖与机座的接缝处要做好标记，以免装错。然后，用锤子敲打端盖与机壳的接缝处，使其松动。接着用螺丝刀插入端盖紧固螺丝襻的根部，把端盖按对角线一先一后地向外扳撬。注意不要把螺丝刀插入电动机内，以免把线包撬伤(见图5.48(b))。

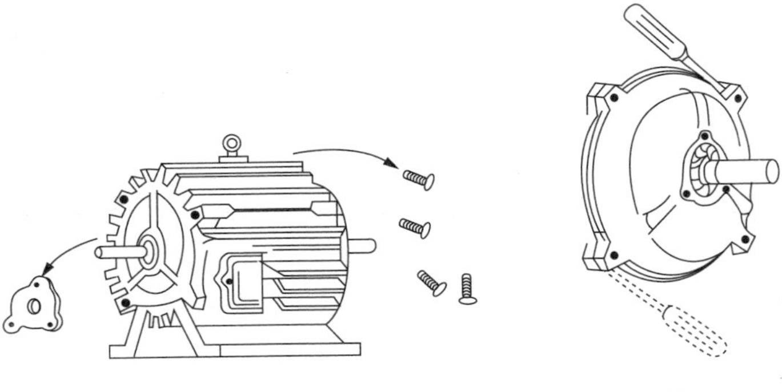

(a) (b)

图 5.48 电动机轴承外盖和端盖的拆卸

5. 转子的拆卸

电动机的转子很重，拆卸时应注意不要碰伤定子绕组。对于绕线转子异步电动机，还要注意不要损伤集电环面和刷架等。

拆卸小型电动机的转子时，要一手握住转轴，把转子拉出一些，随后，用另一手托住转子铁心，渐渐往外移，如图5.49所示。

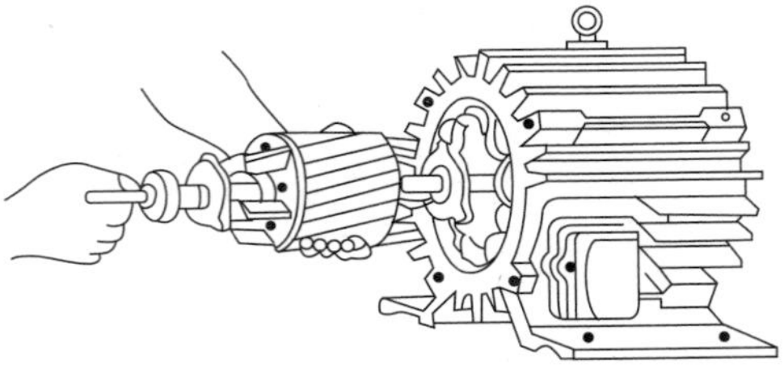

图 5.49 小型电动机转子的拆卸

对于大型电动机，转子较重，要用起重设备将转子吊出，如图5.50所示。先在转子轴上套好起重用的绳索(见图5.50(a))，然后用起重设备吊住转子慢慢移出(见图5.50(b))，待转子重心移到定子外面时，在转子轴下垫一支架，再将吊绳套在转子中间，继续将转子抽出(见图5.50(c))。

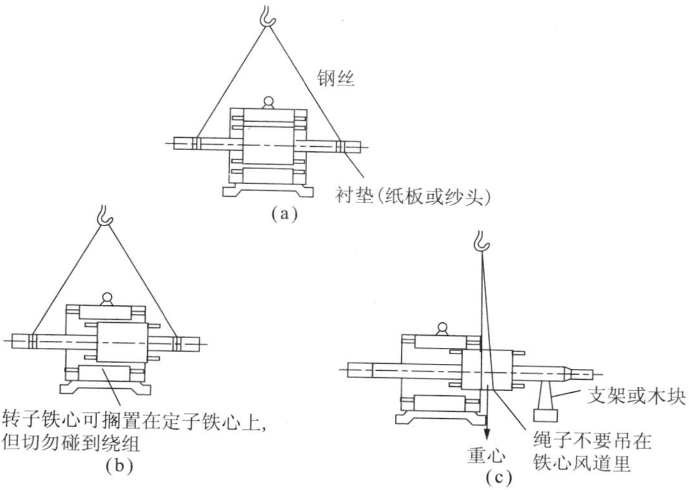

图 5.50 大型电动机转子的拆卸

6. 轴承的拆卸

电动机轴承的拆卸,首先用拉具拆卸。应根据轴承的大小,选好适宜的拉具,拉具的脚爪应紧扣在轴承的内圈上,拉具的丝杆顶点要对准转子轴的中心,扳转丝杆要慢,用力要均匀,如图 5.51 所示。

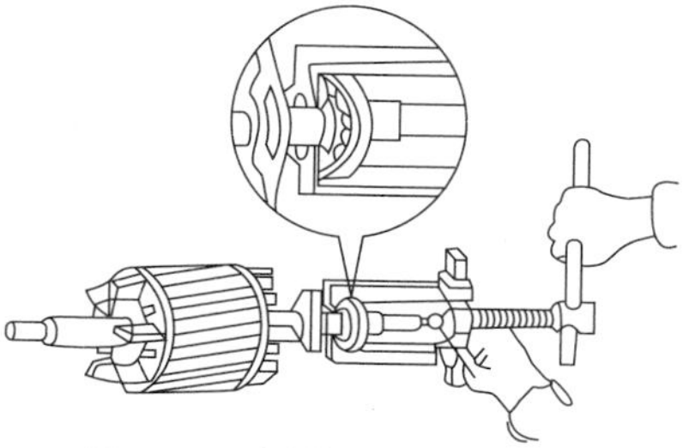

图 5.51 用拉具拆卸轴承

在拆卸电动机轴承中,也可用方铁棒或铜棒拆卸,在轴承的内圈垫上适当的铜棒,用手锤敲打铜棒,把轴承敲出,如图 5.52 所示。敲打时,要在轴承内圈四周的相对两侧轮流均匀敲打,不可偏敲一边,用力要均匀。

在拆卸电动机时,若轴承留在端盖轴承孔内,则应采用图 5.53 所示的方法拆卸。先将端盖止口面向上平稳放置,

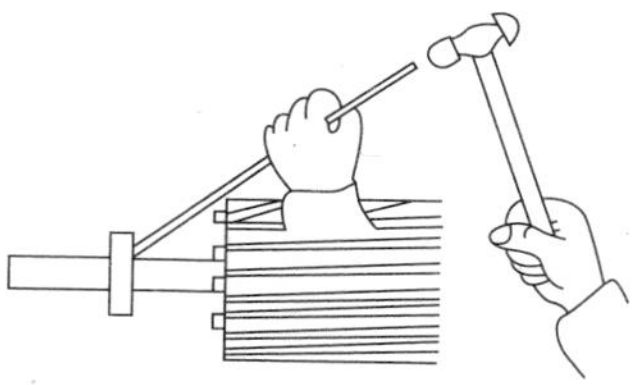

图 5.52 用铜棒拆卸轴承

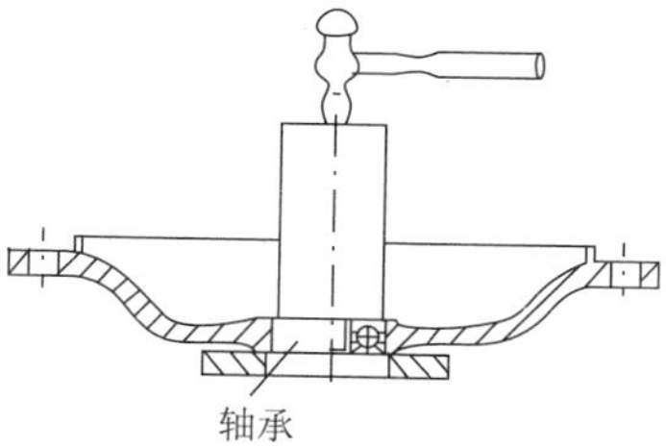

图 5.53 拆卸端盖内轴承

在端盖轴承孔四周垫上木板，但不能抵住轴承，先将端盖止口面向上平稳放置，在端盖轴承孔四周垫上木板，但不能抵住轴承，然后用一根直径略小于轴承外沿的套筒，抵住轴承外圈，从上方用锤子将轴承敲出。

5.7.2 电动机的装配

电动机的装配程序与拆卸时的程序相反。

1. 轴承的装配

装配前应检查轴承滚动件是否转动灵活而又不松旷。再检查轴承内圈与轴颈，外圈与端盖轴承座孔之间的配合情况和光洁度是否符合要求。在轴承中按其总容量的1/3～2/3的容积加足润滑油，注意润滑油不要加得过多。将轴承内盖油槽加足润滑油，先套在轴上，然后再装轴承。为使轴承内圈受力均匀，可用一根内径比转轴外径大而比轴承内圈外径略小的套筒抵住轴承内圈，将其敲打到位，如图5.54(a)所示。若找不到套筒，可用一根铜棒抵住轴承内圈，沿内圈圆周均匀敲打，使其到位，如图5.54(b)所示。如果轴承与轴颈配合过紧，不易敲打到位，可将轴承加热到100℃左右，趁热迅速套上轴颈。安装轴承时，标号必须向外，以便下次更换时查对轴承型号。

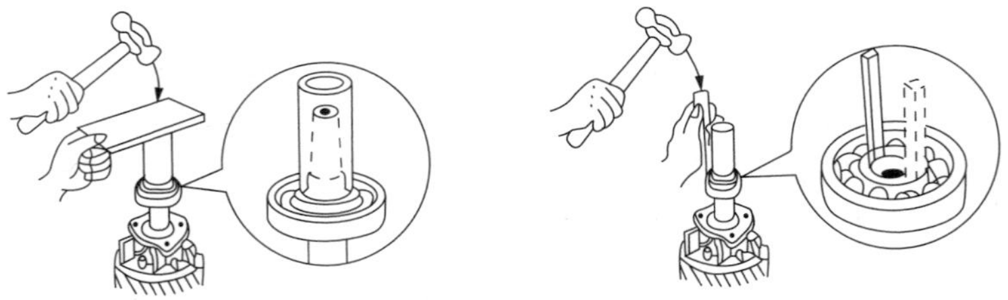

(a) 用套管抵住轴承敲打　　(b) 用铜棒抵住轴承内圈敲打

图5.54 轴承的装配

2. 端盖的装配

轴承装好后，再将后端盖装在轴上。电动机转轴较短的一端是后端，后端盖应装在这一端的轴承上。装配时，将转子竖直放置，使后端盖轴承孔对准轴承外圈套上，一边缓慢旋转后端盖，一边用木槌均匀敲击端盖的中央部位，直至后端盖到位为止，然后套上轴承外盖，旋紧轴承盖紧固螺钉，如图5.55所示。按拆卸时所作的标记，将转子送入定子内腔中，合上后端盖，按对角交替的顺序拧紧后端盖紧固螺丝。图5.56所示为前端盖

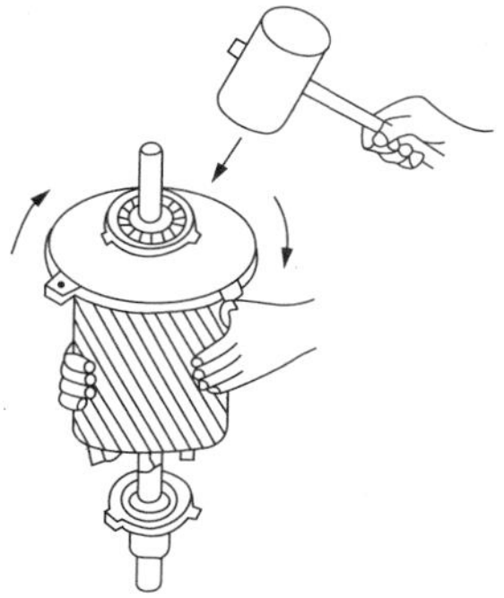

图 5.55 后端盖的装配

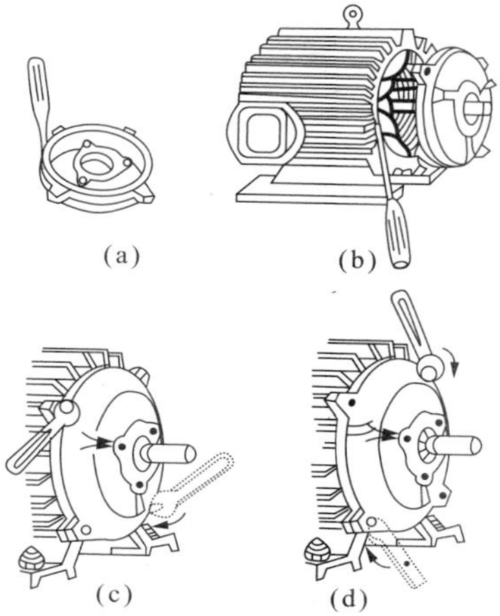

(a) (b) (c) (d)

图 5.56 前端盖的装配

的装配步骤，参照后端盖的装配方法将前端盖装配到位。装配前先用螺丝刀清除机座和端盖止口上的杂物和锈斑，然后装到机座上，按对角交替顺序旋紧螺丝。

3. 皮带轮或联轴器的装配

皮带轮或联轴器的装配如图 5.57 所示。首先用细砂纸把电机转轴的表面打磨光滑(见图 5.57(a))，然后对准键槽，把皮带轮或联轴器套在转轴上(见图 5.57(b))。用铁块垫在皮带轮或联轴器前端，然后用手锤适当敲击，从而使皮带轮或联轴器套进电动机轴上(见图 5.57(c))，再用铁板垫在键的前端轻轻敲打使键慢慢进入槽内(见图 5.57(d))。

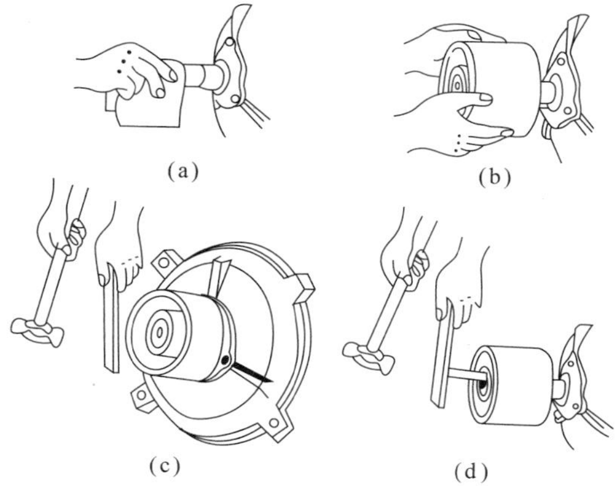

(a) (b) (c) (d)

图 5.57 皮带轮的装配

5.8 三相电动机常见故障的检查

5.8.1 机械方面的故障检查

1. 轴承磨损情况

电动机本身对前后的两套轴承要求是很严格的，轴承质量的好坏直接影响着电动机本身的工作状况。检查时如果电动机是在运行中，可用螺丝刀的一端触及轴承盖，耳朵贴紧螺丝刀的手柄，细听轴承运行有无杂音、振动等异常声音。如果声音异常可判断出轴承已有损坏，要停止电动机运行，打开电动机检查。检查轴承小环与大环中间的固架损坏情况，轴承是否卡死损坏，电动机端盖与轴承、轴承与转轴是否配合适当，有无旷动，发现旷动时，要用錾子在转轴上打些痕迹或用铣床在电动机轴上进行辊花处理，再装配轴承。再检查轴承缺油情况，轴承装配是否到位，装配的同心度是否良好，电动机端盖装配是否到位等。

2. 定子转子摩擦状况

首先用手转动电动机转子，仔细听有无摩擦声音，或用手轻轻触及电动机轴和周围部位，即可感觉出有无摩擦现象，另外也可拆开电动机，观察定子铁心表面上有无摩擦后的痕迹，再观察转子上有无摩擦后的痕迹，根据转子铁心上摩擦痕迹的部位来判断造成摩擦的原因。主要原因有：端盖没有上到合适位置、轴承损坏、轴与轴承摩擦、转子与定子间夹有杂物、硅钢片错位串出、电动机旋转磁场变异等。

5.8.2 电动机定子绕组的检查

1. 电动机绕组发生接地的检查

(1) 用兆欧表查找电动机接地点。电动机绕组出现接地，首先要查出电动机三个绕组中的哪一组接地，或是哪两组接地。先把三相绕组的连接线拆除，然后用500V的兆欧表分别对三相绕组进行相间绝缘检测，如果三相绕组之间绝缘良好，再进行对地检测。检测方法是兆欧表一端接通三相绕组的出线一端，另一端触及电动机金属壳的铭牌或触及电动机不生锈的金属外壳上，如图5.58所示，如果兆欧表的指针为零位，说明该相绕组有接地短路点，为了进一步查出哪个线圈接地，需再将该线圈绕组中的各线圈间连接过桥线分开，逐步查找。

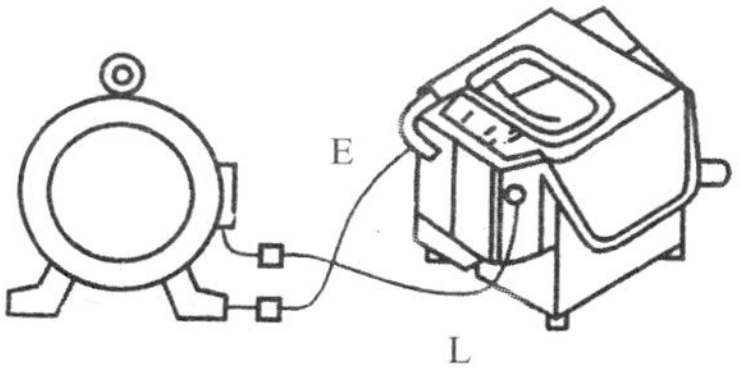

图 5.58 用兆欧表检查电动机接地点

(2) 用灯泡查找电动机接地点。在农村，有时电工仪表不全，可采用图 5.59 所示方法进行检测，把交流电 220V 直接串联灯泡后接在电动机外壳及电动机绕组一端（注意零线接电动机外壳，并注意人员不要触及带电部分），若三相绕组中的某一相在触及时灯泡发亮，说明该相绕组有接地故障点，可按照上一条方法查找接地点的具体部位。

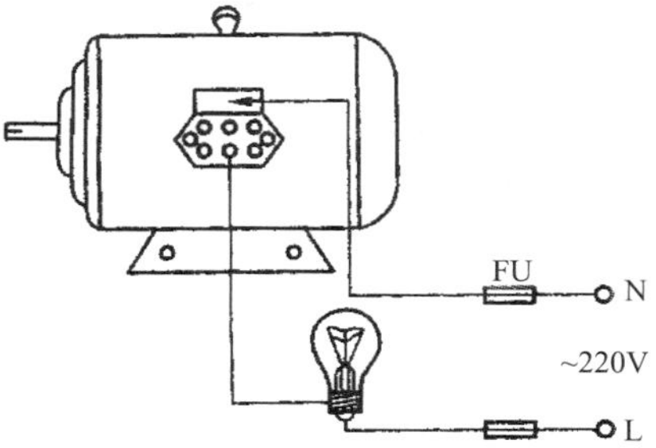

图 5.59 用灯泡检测电动机接地点

(3) 用耐压机查找电动机接地点。这种方法可直接观察到接地点的部位，如图 5.60 所示，当耐压机电压逐渐升高时，若绕组线圈有接地故障，线圈接地点便会起弧冒烟，只要仔细观察，就可找出接地点的具体位置。如果接地点在电动机槽内，根据打耐压所产生的“吱吱”声来判断接

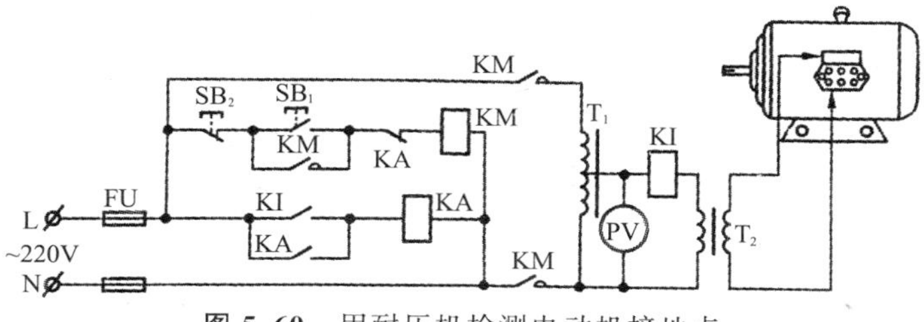

图 5.60 用耐压机检测电动机接地点

地点的大概部位，然后取出槽内的槽楔，重新打耐压，直至查出接地点的具体部位。应用这种方法，在打耐压时应注意人身安全，人和设备要保持一定的安全距离，严防触电。

2. 电动机绕组短路故障的检查

电动机绕组发生短路会使周围绝缘损坏变色。若是相间短路，用兆欧表可测出，这种故障所产生的后果较严重，从外表上即可观察到短路部位有烧坏的痕迹。

电动机绕组存在匝间短路的检测方法是用短路侦察器查找。把短路侦察器接于220V交流电源上，如图5.61所示，然后将铁心开口对准被检查线圈所在的槽，这时短路侦察器和定子的一部分组成一个小型“变压器”，短路侦察器本身的线圈为变压器的初级，而被检测的电动机绕组为变压器的次级线圈，短路侦察器的铁心和定子铁心的一部分组成变压器的磁路。当接上220V交流电源后，被检测的定子绕组线圈便会产生感应电动势，若有短路线匝存在，短路线匝中便会有电流通过，反映到短路侦察器的初级电流也比通常要大，并且同时会使电动机定子绕组周围的铁心产生磁场，这时在槽口处放一块薄铁片，短路线圈产生的磁通就会通过铁片形成回路，将铁片吸引在铁心上，并产生振动，这样即可判断出电动机匝间短路点的部位。

利用短路侦察器检查电动机匝间短路时，必须将定子绕组的多路线圈并联处断开，否则无法判断短路故障点的位置。

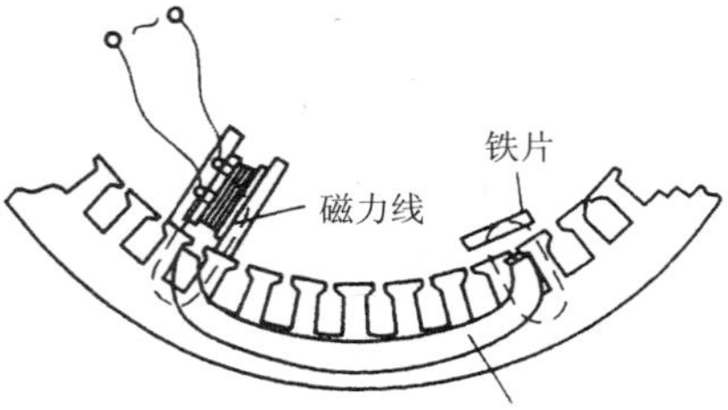

图 5.61 用短路侦察器查找电动机匝间短路

检查电动机有无相间短路，首先要将电动机引出线的线板连接线拆除，然后分别用兆欧表的一端接在某相绕组上，另一端接在另一相绕组上进行测试，在测试中如果某两相绕组有相间短路点时，兆欧表指针为零。然后依次把这两相绕组的各组线圈之间的连接线拆开逐一进行测试，最终查出发生短路的两组线圈。

3. 电动机绕组断路故障的检查

检查电动机绕组断路也需将电动机接线端子的连接线断开,然后用万用表的低阻挡分别测试三相线圈绕组的通断,若某相线圈断路,则电阻会很大,说明该相线圈断路。为了进一步查出断路点的部位,可用电池与小灯泡串联,一端接于断线绕组首端,另一端接一根钢针,用钢针从断路相的首端起依次刺破线圈绝缘,观察灯泡是否发亮,当刺到某点时,灯泡不亮,则说明断路点在该点的前后之间,如图 5.62 所示。

4. 电动机绕组接错线的检查

可用一种简便的方法来检测电动机绕组是否接错线,如图 5.63 所示。首先将被检查的相绕组两端接上直流电源,然后用指南针沿定子内圈移动,如果绕组线圈没有接错,每当指南针经过该绕组的一组线槽时,它的指向是反向,并且在旋转一周时,方向改变次数正好与极数相等,如果指南针经过某组线槽时,指针不反向,或是指向不定,则说明该组有接错处。

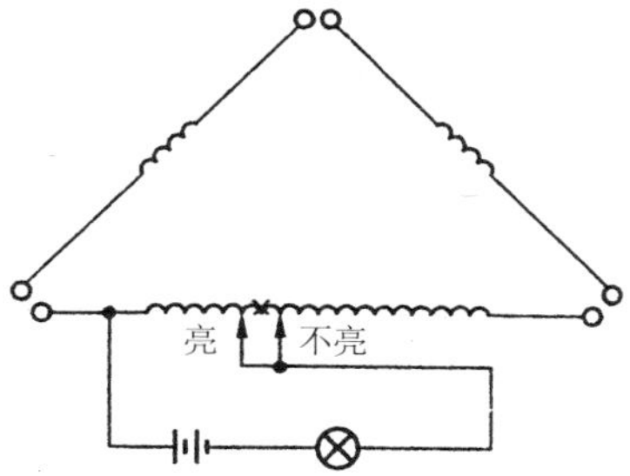

图 5.62 用灯泡查出电动机断路点

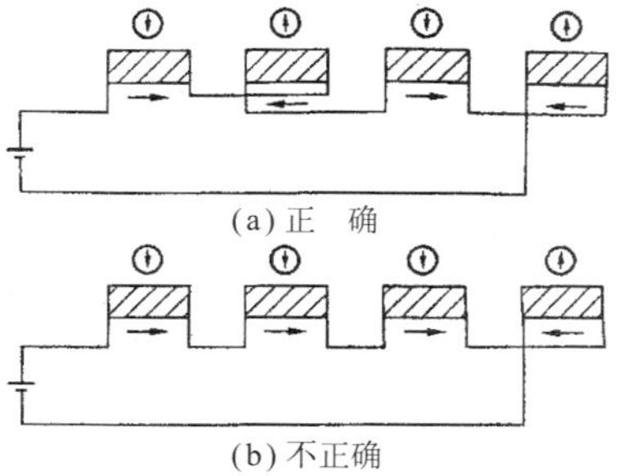

图 5.63 利用指南针检查线圈绕组接地是否正确

5.8.3 转子故障的检查

鼠笼式电动机出现转子断条故障后,启动转矩下降,在带负荷运行时,其转速比正常时要低,而且机身振动厉害且伴有强烈的噪声。转子是否断条,一般是不易直接查看出来的。在没有短路测试器等仪器检查的情况下,可用图 5.64 所示电路进行检查。

将控制开关 SA 合上,调压器从零点升高,升流器的电流逐渐升高,则在鼠笼式转子表面产生磁场。将铁粉撒在转子上，铁粉都很整齐地一行一行地排列成铜条或铝条的方向，电流大小一般可升到铁粉能排列清楚为止。如果某一根铜条或铝条上铁粉较少，则说明有可能是该铜条或铝条断条。

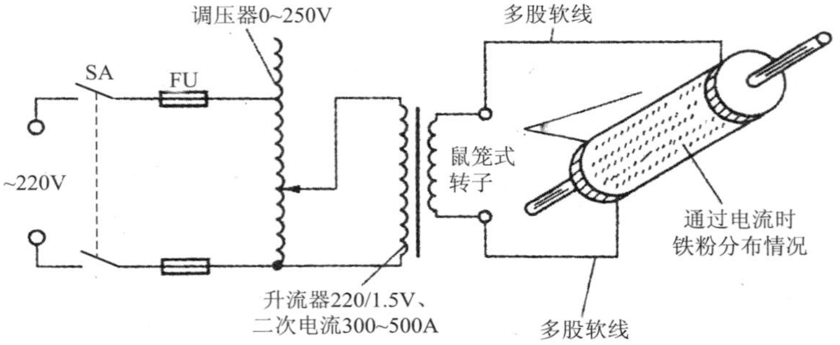

图 5.64　用铁粉检查鼠笼式转子

5.9　电动机技术数据

电动机的技术数据见表5.4～表5.9。

表 5.4　Y系列三相交流异步电动机技术数据

电动机型号	功率(kW)	电流(A)	接法	转速(r/min)	功率因数(cosφ)	效率(%)	最大转矩(额定转矩)	堵转电流(额定电流)	堵转转矩(额定转矩)
Y801-2	0.75	1.9	Y	2825	0.84	73	2.2	7.0	2.2
Y802-2	1.1	2.6	Y	2825	0.86	76	2.2	7.0	2.2
Y90S-2	1.5	3.4	Y	2840	0.85	79	2.2	7.0	2.2
Y90L-2	2.2	4.7	Y	2840	0.86	82	2.2	7.0	2.2
Y100L-2	3	6.4	Y	2880	0.87	82	2.2	7.0	2.2
Y112M-2	4	8.2	△	2890	0.87	85.5	2.2	7.0	2.2
Y132S1-2	5.5	11.1	△	2900	0.88	85.5	2.2	7.0	2.0
Y132S2-2	7.5	15	△	2900	0.88	86.2	2.2	7.0	2.0
Y160M1-2	11	21.8	△	2930	0.88	87.2	2.2	7.0	2.0
Y160M2-2	15	29.4	△	2930	0.88	88.2	2.2	7.0	2.0
Y160L-2	18.5	35.5	△	2930	0.89	89	2.2	7.0	2.0
Y180M-2	22	42.2	△	2940	0.89	89	2.2	7.0	2.0
Y200L1-2	30	56.9	△	2950	0.89	90	2.2	7.0	2.0

续表 5.4

电动机型号	功率（kW）	电流（A）	接法	转速（r/min）	功率因数（cosφ）	效率（%）	最大转矩（额定转矩）	堵转电流（额定电流）	堵转转矩（额定转矩）
Y200L2-2	37	70.4	△	2950	0.89	90.5	2.2	7.0	2.0
Y225M-2	45	83.9	△	2970	0.89	91.5	2.2	7.0	2.0
Y250M-2	55	102.7	△	2970	0.89	91.4	2.2	7.0	2.0
Y280S-2	75	140.1	△	2970	0.89	91.4	2.2	7.0	2.0
Y280M-2	90	167	△	2970	0.89	92	2.2	7.0	1.6
Y315S-2	110	206.4	△	2970	0.89	91	2.2	7.0	1.6
Y315M1-2	132	247.6	△	2970	0.89	91	2.2	7.0	1.6
Y315M2-2	160	298.5	△	2970	0.89	91.5	2.2	7.0	1.6
Y355M1-2	200	369	△	2975	0.90	91.5	2.2	7.0	1.6
Y355M2-2	250	461.2	△	2975	0.90	91.5	2.2	7.0	1.6
Y801-4	0.55	1.6	Y	1390	0.76	70.5	2.2	7.0	2.2
Y802-4	0.75	2.1	Y	1390	0.76	72.5	2.2	6.5	2.2
Y90S-4	1.1	2.7	Y	1400	0.78	79	2.2	6.5	2.2
Y90L-4	1.5	3.7	Y	1400	0.79	79	2.2	6.5	2.2
Y100L1-4	2.2	5.0	Y	1420	0.82	81	2.2	6.5	2.2
Y100L2-4	3	6.8	Y	1420	0.81	82.5	2.2	7.0	2.2
Y112M-4	4	8.8	△	1440	0.82	84.5	2.2	7.0	2.2
Y132S-4	5.5	11.6	△	1440	0.84	85.5	2.2	7.0	2.2
Y132M-4	7.5	15.4	△	1440	0.85	87	2.2	7.0	2.2
Y160M-4	11	22.6	△	1460	0.84	88	2.2	7.0	2.2
Y160L-4	15	30.3	△	1460	0.85	88.5	2.2	7.0	2.0
Y180M-4	18.5	35.9	△	1470	0.86	91	2.2	7.0	2.0
Y180L-4	22	42.5	△	1470	0.86	91.5	2.2	7.0	2.0
Y200L-4	30	56.8	△	1470	0.87	92.5	2.2	7.0	1.9
Y225S-4	37	69.8	△	1480	0.87	91.8	2.2	7.0	1.9
Y225M-4	45	84.2	△	1480	0.88	92.3	2.2	7.0	2.0
Y250M-4	55	102.5	△	1480	0.88	92.6	2.2	7.0	1.9
Y280S-4	75	139.7	△	1480	0.88	92.7	2.2	7.0	1.9
Y280M-4	90	164.3	△	1480	0.88	93.5	2.2	7.0	1.8
Y315S-4	110	201.9	△	1480	0.89	93	2.2	7.0	1.8
Y315M1-4	132	242.3	△	1480	0.89	93	2.2	7.0	1.8
Y315M2-4	160	293.7	△	1480	0.89	93	2.2	7.0	1.8
Y355M1-4	200	367.1	△	1480	0.89	93	2.2	7.0	1.8
Y355M2-4	250	458.9	△	1480	0.89	93	2.2	7.0	1.8
Y355M3-4	315	578.2	△	1480	0.89	93	2.2	7.0	1.8
Y90S-6	0.75	2.3	Y	910	0.70	72.5	2.0	6.0	2.0
Y90L-6	1.1	3.2	Y	910	0.72	73.5	2.0	6.0	2.0
Y100L-6	1.5	4.0	Y	940	0.74	77.5	2.0	6.0	2.0

续表 5.4

电动机型号	功率(kW)	电流(A)	接法	转速(r/min)	功率因数(cosφ)	效率(%)	最大转矩(额定转矩)	堵转电流(额定电流)	堵转转矩(额定转矩)
Y112M-6	2.2	5.6	Y	940	0.74	80.5	2.0	6.0	2.0
Y132S-6	3	7.2	Y	960	0.76	83	2.0	6.5	2.0
Y132M1-6	4	9.4	△	960	0.77	84	2.0	6.5	2.0
Y132M2-6	5.5	12.6	△	960	0.78	85.3	2.0	6.5	2.0
Y160M-6	7.5	17	△	970	0.78	86	2.0	6.5	2.0
Y160L-6	11	24.6	△	970	0.78	87	2.0	6.5	2.0
Y180L-6	15	31.5	△	970	0.81	89.5	2.0	6.5	1.8
Y200L_1-6	18.5	37.7	△	970	0.83	89.8	2.0	6.5	1.8
Y200L_2-6	22	44.6	△	970	0.83	90.2	2.0	6.5	1.8
Y225M-6	30	59.5	△	980	0.85	90.2	2.0	6.5	1.7
Y250M-6	37	72	△	980	0.86	90.8	2.0	6.5	1.8
Y280S-6	45	85.4	△	980	0.87	92	2.0	6.5	1.8
Y280M-6	55	104.9	△	980	0.87	91.6	2.0	7.0	1.8
Y315S-6	75	142.4	△	980	0.87	92	2.0	7.0	1.6
Y315M1-6	90	170.8	△	980	0.87	92	2.0	7.0	1.6
Y315M2-6	110	207.7	△	980	0.87	92.5	2.0	7.0	1.6
Y315M3-6	132	249.2	△	980	0.87	92.5	2.0	7.0	1.6
Y335M1-6	160	297	△	980	0.88	93	2.0	7.0	1.6
Y335M2-6	200	371.3	△	980	0.88	93	2.0	7.0	1.6
Y335M3-6	250	464.1	△	980	0.88	93	2.0	7.0	1.6
Y132S-8	2.2	5.8	Y	710	0.71	81	2.0	5.5	2.0
Y132M-8	3	7.7	Y	710	0.72	82	2.0	5.5	2.0
Y160M1-8	4	8.9	△	720	0.73	84	2.0	6.0	2.0
Y160M2-8	5.5	13.3	△	720	0.74	85	2.0	6.0	2.0
Y160L-8	7.5	17.7	△	720	0.75	86	2.0	5.5	2.0
Y180L-8	11	25.1	△	730	0.77	86.5	2.0	6.0	1.7
Y200L-8	15	34.1	△	730	0.76	88	2.0	6.0	1.8
Y225S-8	18.5	41.3	△	730	0.76	89.5	2.0	6.0	1.7
Y225M-8	22	47.6	△	730	0.78	90	2.0	6.0	1.8
Y250M-8	30	63	△	730	0.80	90.5	2.0	6.0	1.8
Y280S-8	37	78.2	△	740	0.79	91	2.0	6.0	1.8
Y280M-8	45	93.2	△	740	0.80	91.7	2.0	6.0	1.8

续表 5.4

电动机型号	功率(kW)	电流(A)	接法	转速(r/min)	功率因数(cosφ)	效率(%)	最大转矩(额定转矩)	堵转电流(额定电流)	堵转转矩(额定转矩)
Y315S-8	55	112.1	△	740	0.81	92	2.0	6.5	1.6
Y315M1-8	75	152.8	△	740	0.81	92	2.0	6.5	1.6
Y315M2-8	90	180.3	△	740	0.82	92.5	2.0	6.5	1.6
Y315M3-8	110	220.3	△	740	0.82	92.5	2.0	6.5	1.6
Y355M1-8	132	261.2	△	740	0.83	92.5	2.0	6.5	1.6
Y355M2-8	160	316.6	△	740	0.83	92.5	2.0	6.5	1.6
Y355M3-8	200	395.9	△	740	0.83	92.5	2.0	6.5	1.6
Y315S-10	45	100.2	△	585	0.75	91	2.0	5.5	1.4
Y315M1-10	55	121.8	△	585	0.75	91.5	2.0	5.5	1.4
Y315M2-10	75	163.9	△	585	0.76	91.5	2.0	5.5	1.4
Y355M1-10	90	185.8	△	585	0.80	92	2.0	5.5	1.4
Y355M2-10	110	227	△	585	0.80	92	2.0	5.5	1.4
Y355M3-10	132	272.5	△	585	0.80	92	2.0	5.5	1.4

表 5.5 Y2 系列(IP54)三相交流异步电动机技术数据

电动机型号	功率(kW)	电流(A)	电压(V)	防护等级	功率因数(cosφ)	效率(%)	最大转矩(额定转矩)	堵转电流(额定电流)	堵转转矩(额定转矩)
Y2-631-2	0.18	0.51	380	IP54	0.80	65	2.2	5.5	2.2
Y2-632-2	0.25	0.67	380	IP54	0.81	68	2.2	5.5	2.2
Y2-711-2	0.37	0.98	380	IP54	0.81	70	2.2	6.1	2.2
Y2-712-2	0.55	1.33	380	IP54	0.82	73	2.2	6.1	2.3
Y2-801-2	0.75	1.78	380	IP54	0.83	75	2.2	6.1	2.3
Y2-802-2	1.1	2.49	380	IP54	0.84	77	2.2	7.0	2.3
Y2-90S-2	1.5	3.34	380	IP54	0.84	79	2.2	7.0	2.3
Y2-90L-2	2.2	4.69	380	IP54	0.85	81	2.2	7.0	2.3
Y2-100L-2	3	6.14	380	IP54	0.87	83	2.3	7.5	2.2
Y2-112M-2	4	7.83	380	IP54	0.88	85	2.3	7.5	2.2
Y2-132S1-2	5.5	10.7	380	IP54	0.88	86	2.3	7.5	2.2
Y2-132S2-2	7.5	14.2	380	IP54	0.88	87	2.3	7.5	2.2
Y2-160M1-2	11	20.9	380	IP54	0.89	88	2.3	7.5	2.2
Y2-160M2-2	15	27.9	380	IP54	0.89	89	2.3	7.5	2.2
Y2-160L-2	18.5	33.9	380	IP54	0.90	90	2.3	7.5	2.2
Y2-180M-2	22	40.5	380	IP54	0.90	90	2.3	7.5	2.0
Y2-200L1-2	30	54.8	380	IP54	0.90	91.2	2.3	7.5	2.0
Y2-200L2-2	37	66.6	380	IP54	0.90	92	2.3	7.5	2.0

续表 5.5

电动机型号	功率(kW)	电流(A)	电压(V)	防护等级	功率因数(cosφ)	效率(%)	最大转矩(额定转矩)	堵转电流(额定电流)	堵转转矩(额定转矩)
Y2-225M-2	45	81	380	IP54	0.90	92.3	2.3	7.5	2.0
Y2-250M-2	55	99.6	380	IP54	0.90	92.5	2.3	7.5	2.0
Y2-280S-2	75	133.3	380	IP54	0.90	93	2.3	7.5	2.0
Y2-280M-2	90	158.2	380	IP54	0.91	93.8	2.3	7.5	2.0
Y2-315S-2	110	195.1	380	IP54	0.91	94	2.2	7.1	1.8
Y2-315M-2	132	231.6	380	IP54	0.91	94.5	2.2	7.1	1.8
Y2-315L1-2	160	279.6	380	IP54	0.92	94.6	2.2	7.1	1.8
Y2-315L2-2	200	347.6	380	IP54	0.92	94.8	2.2	7.1	1.8
Y2-355M-2	250	429.4	380	IP54	0.92	95.3	2.2	7.1	1.6
Y2-355L-2	315	538.9	380	IP54	0.92	95.6	2.2	7.1	1.6
Y2-631-4	0.12	0.43	380	IP54	0.72	57	2.2	4.4	2.1
Y2-632-4	0.18	0.61	380	IP54	0.73	60	2.2	4.4	2.1
Y2-711-4	0.25	0.76	380	IP54	0.74	65	2.2	5.2	2.1
Y2-712-4	0.37	1.07	380	IP54	0.75	67	2.2	5.2	2.1
Y2-801-4	0.55	1.54	380	IP54	0.75	71	2.3	5.2	2.4
Y2-802-4	0.75	1.99	380	IP54	0.76	73	2.3	6.0	2.3
Y2-90S-4	1.1	2.8	380	IP54	0.77	75	2.3	6.0	2.3
Y2-90L-4	1.5	3.65	380	IP54	0.79	78	2.3	6.0	2.3
Y2-100L1-4	2.2	5.05	380	IP54	0.81	80	2.3	7.0	2.3
Y2-100L2-4	3	6.64	380	IP54	0.82	82	2.3	7.0	2.3
Y2-112M-4	4	8.62	380	IP54	0.82	84	2.3	7.0	2.3
Y2-132S-4	5.5	11.5	380	IP54	0.83	85	2.3	7.0	2.3
Y2-132M-4	7.5	15.3	380	IP54	0.84	87	2.3	7.0	2.3
Y2-160M-4	11	22.2	380	IP54	0.84	88	2.3	7.0	2.2
Y2-160L-4	15	29.8	380	IP54	0.85	89	2.3	7.5	2.2
Y2-180M-4	18.5	36.1	380	IP54	0.86	90.5	2.3	7.5	2.2
Y2-180L-4	22	42.6	380	IP54	0.86	91.5	2.3	7.5	2.2
Y2-200L-4	30	57.2	380	IP54	0.86	92	2.3	7.2	2.2
Y2-225S-4	37	69.6	380	IP54	0.87	92.5	2.3	7.2	2.2
Y2-225M-4	45	84	380	IP54	0.87	92.8	2.3	7.2	2.2
Y2-250M-4	55	102.9	380	IP54	0.87	93	2.3	7.2	2.2
Y2-280S-4	75	138	380	IP54	0.87	93.8	2.3	7.2	2.2
Y2-280M-4	90	165.6	380	IP54	0.87	94.2	2.3	7.2	2.2
Y2-315S-4	110	200.2	380	IP54	0.88	94.5	2.2	6.9	2.1
Y2-315M-4	132	239.1	380	IP54	0.88	94.8	2.2	6.9	2.1
Y2-315L1-4	160	288	380	IP54	0.89	94.9	2.2	6.9	2.1
Y2-315L2-4	200	358.9	380	IP54	0.89	95	2.2	6.9	2.1
Y2-355M-4	250	437.5	380	IP54	0.90	95.3	2.2	6.9	2.1

续表 5.5

电动机型号	功率(kW)	电流(A)	电压(V)	防护等级	功率因数(cosφ)	效率(%)	最大转矩(额定转矩)	堵转电流(额定电流)	堵转转矩(额定转矩)
Y2-355L-4	315	547.4	380	IP54	0.90	95.6	2.2	6.9	2.1
Y2-711-6	0.18	0.71	380	IP54	0.66	56	2.0	4.0	1.9
Y2-712-6	0.25	0.92	380	IP54	0.68	59	2.0	4.0	1.9
Y2-801-6	0.37	1.27	380	IP54	0.70	62	2.0	4.7	1.9
Y2-802-6	0.55	1.74	380	IP54	0.72	65	2.1	4.7	1.9
Y2-90S-6	0.75	2.23	380	IP54	0.72	69	2.1	5.5	2.0
Y2-90L-6	1.1	3.10	380	IP54	0.73	72	2.1	5.5	2.0
Y2-100L-6	1.5	3.89	380	IP54	0.75	76	2.1	5.5	2.0
Y2-112M-6	2.2	5.46	380	IP54	0.76	79	2.1	6.5	2.0
Y2-132S-6	3	7.1	380	IP54	0.76	81	2.1	6.5	2.1
Y2-132M1-6	4	9.3	380	IP54	0.76	82	2.1	6.5	2.1
Y2-132M2-6	5.5	12.3	380	IP54	0.77	84	2.1	6.5	2.1
Y2-160M-6	7.5	16.7	380	IP54	0.77	86	2.1	6.5	2.0
Y2-160L-6	11	23.6	380	IP54	0.78	87.5	2.1	6.5	2.0
Y2-180L-6	15	30.7	380	IP54	0.81	89	2.1	7.0	2.0
Y2-200L1-6	18.5	37.7	380	IP54	0.86	92.5	2.0	7.0	2.1
Y2-200L2-6	22	44.1	380	IP54	0.86	92.8	2.0	7.0	2.1
Y2-225M-6	30	58.4	380	IP54	0.84	91.5	2.1	7.0	2.0
Y2-250M-6	37	70.4	380	IP54	0.86	9.2	2.1	7.0	2.1
Y2-280S-6	45	85.4	380	IP44	0.86	92.5	2.0	7.0	2.1
Y2-280M-6	55	103.3	380	IP44	0.86	92.8	2.0	7.0	2.1
Y2-315S-6	75	140.2	380	IP44	0.86	93.8	2.0	7.0	2.0
Y2-315M-6	90	167.0	380	IP44	0.86	94	2.0	7.0	2.0
Y2-315L1-6	110	202.3	380	IP44	0.86	94	2.0	6.7	2.0
Y2-315L2-6	132	242.3	380	IP44	0.87	94	2.0	6.7	2.0
Y2-355M1-6	160	287.9	380	IP44	0.88	94.5	2.0	6.7	1.9
Y2-355M2-6	200	358.4	380	IP44	0.88	94.7	2.0	6.7	1.9
Y2-355L-6	250	444.8	380	IP44	0.88	94.9	2.0	6.7	1.9
Y2-801-8	0.18	0.86	380	IP44	0.61	51	1.9	3.3	1.8
Y2-802-8	0.25	1.14	380	IP44	0.61	54	1.9	3.3	1.8
Y2-90S-8	0.37	1.47	380	IP44	0.61	62	1.9	4.0	1.8
Y2-90L8	0.55	2.10	380	IP44	0.61	63	2.0	4.0	1.8
Y2-100L1-8	0.75	2.34	380	IP44	0.67	71	2.0	4.0	1.8
Y2-100L2-8	1.1	3.22	380	IP44	0.69	73	2.0	5.0	1.8
Y2-112M-8	1.5	4.41	380	IP54	0.69	75	2.0	5.0	1.8
Y2-132S-8	2.2	6	380	IP54	0.71	78	2.0	6.0	1.8
Y2-132M-8	3	7.6	380	IP54	0.73	79	2.0	6.0	1.8
Y2-160M1-8	4	10	380	IP54	0.73	81	2.0	6.0	1.9

续表 5.5

电动机型号	功率(kW)	电流(A)	电压(V)	防护等级	功率因数($\cos\varphi$)	效率(%)	最大转矩(额定转矩)	堵转电流(额定电流)	堵转转矩(额定转矩)
Y2-160M2-8	5.5	13.3	380	IP54	0.74	83	2.0	6.0	2.0
Y2-160L-8	7.5	17.8	380	IP54	0.75	85.5	2.0	6.0	2.0
Y2-180L-8	11	24.9	380	IP54	0.76	87.5	2.0	6.6	2.0
Y2-200L-8	15	33.3	380	IP54	0.76	88	2.0	6.6	2.0
Y2-225S-8	18.5	40.1	380	IP54	0.76	90	2.0	6.6	1.9
Y2-225M-8	22	46.8	380	IP54	0.78	90.5	2.0	6.6	1.9
Y2-250M-8	30	63	380	IP54	0.79	91	2.0	6.6	1.9
Y2-280S-8	37	76.2	380	IP54	0.79	91.5	2.0	6.6	1.9
Y2-280M-8	45	92.5	380	IP54	0.79	92	2.0	6.6	1.9
Y2-315S-8	55	110.4	380	IP54	0.81	92.8	2.0	6.6	1.8
Y2-315M-8	75	148.1	380	IP54	0.81	93	2.0	6.6	1.8
Y2-315L1-8	90	177.6	380	IP54	0.82	93	2.0	6.6	1.8
Y2-315L2-8	110	215.8	380	IP54	0.82	93.8	2.0	6.6	1.8
Y2-355M1-8	132	256.8	380	IP54	0.82	93.7	2.0	6.4	1.8
Y2-355M2-8	160	307.8	380	IP54	0.82	94.2	2.0	6.4	1.8
Y2-355L-8	200	383	380	IP54	0.83	94.5	2.0	6.4	1.8
Y2-315S-10	45	95.2	380	IP54	0.75	91.5	2.0	6.0	1.5
Y2-315M-10	55	116.7	380	IP54	0.75	92	2.0	6.0	1.5
Y2-315L1-10	75	156.3	380	IP54	0.76	92.5	2.0	6.0	1.5
Y2-315L2-10	90	187.2	380	IP54	0.77	93	2.0	6.0	1.5
Y2-355M1-10	110	224.7	380	IP54	0.78	93.2	2.0	6.0	1.3
Y2-355M2-10	132	270	380	IP54	0.78	93.5	2.0	6.0	1.3
Y2-355L-10	160	322.5	380	IP54	0.78	93.5	2.0	6.0	1.3

表 5.6 YR 系列(IP44)三相交流异步电动机技术数据

电动机型号	功率(kW)	电流(A)	定子电压(V)	转速(r/min)	功率因数($\cos\varphi$)	效率(%)	最大转矩(额定转矩)	转子电压(V)	转子电流(A)
YR132S1-4	2.2	5.5	380	1440	0.77	82	3.0	190	7.9
YR132S2-4	3	7.0	380	1440	0.78	83	3.0	215	9.4
YR132M1-4	4	9.3	380	1440	0.77	84.5	3.0	230	11.5
YR132M2-4	5.5	12.6	380	1440	0.77	86	3.0	272	13
YR160M-4	7.5	15.7	380	1460	0.83	87.5	3.0	250	19.5
YR160L-4	11	22.5	380	1460	0.83	89.5	3.0	276	25
YR180L-4	15	30	380	1465	0.85	89.5	3.0	278	34
YR200L1-4	18.5	36.7	380	1465	0.86	89	3.0	248	47.5
YR200L2-4	22	43.2	380	1465	0.86	90	3.0	293	47
YR225M2-4	30	57.6	380	1475	0.87	91	3.0	360	51.5

续表 5.6

电动机型号	功率(kW)	电流(A)	定子电压(V)	转速(r/min)	功率因数(cosφ)	效率(%)	最大转矩(额定转矩)	转子电压(V)	转子电流(A)
YR250M1-4	37	71.4	380	1480	0.86	91.5	3.0	289	79
YR250M2-4	45	85.9	380	1480	0.87	91.5	3.0	340	81
YR280S-4	55	103.8	380	1480	0.88	91.5	3.0	485	70
YR280M-4	75	140	380	1480	0.88	92.5	3.0	354	128
YR132S1-6	1.5	4.17	380	955	0.70	78	2.8	180	5.9
YR132S2-6	2.2	5.96	380	955	0.70	80	2.8	200	7.5
YR132M1-6	3	8.2	380	955	0.69	80.5	2.8	206	9.5
YR132M2-6	4	10.7	380	955	0.69	82.5	2.8	230	11
YR160M-6	5.5	13.4	380	970	0.74	84.5	2.8	244	14.5
YR160L-6	7.5	17.9	380	970	0.74	86	2.8	266	18
YR180L-6	11	23.6	380	975	0.81	87.5	2.8	310	22.5
YR200L1-6	15	31.8	380	975	0.81	88.5	2.8	198	48
YR225M1-6	18.5	38.3	380	980	0.83	89.5	2.8	187	62.5
YR225M2-6	22	45	380	980	0.83	90	2.8	224	61
YR250M1-6	30	60.3	380	980	0.84	90.5	2.8	282	66
YR250M2-6	37	73.9	380	980	0.84	91.5	2.8	331	69
YR280S-6	45	87.9	380	985	0.85	91.5	2.8	362	76
YR280M-6	55	106.9	380	985	0.85	92	2.8	423	80
YR160M-8	4	10.7	380	715	0.69	82.5	2.4	216	12
YR160L-8	5.5	14.1	380	715	0.71	83	2.4	230	15.5
YR180L-8	7.5	18.4	380	725	0.73	85	2.4	255	19
YR200L1-8	11	26.6	380	725	0.73	86	2.4	152	46
YR225M1-8	15	34.5	380	735	0.75	88	2.4	169	56
YR225M2-8	18.5	42.1	380	735	0.75	89	2.4	211	54
YR250M1-8	22	48.1	380	735	0.78	89	2.4	210	65.5
YR250M2-8	30	66.1	380	735	0.77	89.5	2.4	270	69
YR280S-8	37	78.2	380	735	0.79	91	2.4	281	81.5
YR280M-8	45	92.9	380	735	0.80	92	2.4	359	76

表 5.7 YR 系列(IP23)三相交流异步电动机技术数据

电动机型号	功率(kW)	电流(A)	定子电压(V)	转速(r/min)	功率因数(cosφ)	效率(%)	最大转矩(额定转矩)	转子电压(V)	转子电流(A)
YR160M-4	7.5	16	380	1421	0.84	84	2.8	260	19
YR160L1-4	11	22.6	380	1434	0.85	86.5	2.8	275	26
YR160L2-4	15	30.2	380	1444	0.85	87	2.8	260	37
YR180M-4	18.5	36.1	380	1426	0.88	87	2.8	197	61
YR180L-4	22	42.5	380	1434	0.88	88	3.0	232	61
YR200M-4	30	57.7	380	1439	0.88	89	3.0	255	76

续表 5.7

电动机型号	功率(kW)	电流(A)	定子电压(V)	转速(r/min)	功率因数(cosφ)	效率(%)	最大转矩(额定转矩)	转子电压(V)	转子电流(A)
YR200L-4	37	70.2	380	1448	0.88	89	3.0	316	74
YR225M1-4	45	86.7	380	1442	0.88	89	2.5	240	120
YR225M2-4	55	104.7	380	1448	0.88	90	2.5	288	121
YR250S-4	75	141.1	380	1453	0.89	90.5	2.6	449	105
YR250M-4	90	167.4	380	1457	0.89	91	2.6	521	107
YR280S-4	110	201.3	380	1458	0.89	91.5	3.0	349	196
YR280M-4	132	239	380	1463	0.89	92.5	3.0	419	194
YR160M-6	5.5	12.7	380	949	0.77	82.5	2.5	279	13
YR160L-6	7.5	16.9	380	949	0.78	83.5	2.5	260	19
YR180M-6	11	24.2	380	940	0.78	84.5	2.8	146	50
YR180L-6	15	32.6	380	947	0.79	85.5	2.8	187	53
YR200M-6	18.5	39	380	949	0.81	86.5	2.8	187	65
YR200L-6	22	45.5	380	955	0.82	87.5	2.8	224	63
YR225M1-6	30	59.4	380	955	0.85	87.5	2.2	227	86
YR225M2-6	37	73.1	380	964	0.85	89	2.2	287	82
YR250S-6	45	88	380	966	0.85	89	2.2	307	93
YR250M-6	55	105.7	380	967	0.86	89.5	2.2	359	97
YR280S-6	75	141.8	380	969	0.88	90.5	2.5	392	121
YR280M-6	90	166.7	380	972	0.89	91	2.5	481	118
YR160M-8	4	10.5	380	703	0.71	81	2.2	262	11
YR160L-8	5.5	14.2	380	705	0.71	81.5	2.2	243	15
YR180M-8	7.5	18.4	380	692	0.73	82	2.2	105	49
YR180L-8	11	26.8	380	699	0.73	83	2.2	140	53
YR200M-8	15	36.1	380	706	0.73	85	2.2	153	64
YR200L-8	18.5	44	380	712	0.73	86	2.2	187	64
YR225M1-8	22	48.6	380	710	0.78	86	2.0	161	90
YR225M2-8	30	65.3	380	713	0.79	87	2.0	200	97
YR250S-8	37	78.9	380	715	0.79	87.5	2.0	218	110
YR250M-8	45	95.5	380	720	0.79	88.5	2.0	264	109
YR280S-8	55	114	380	723	0.82	89	2.2	279	125
YR280M-8	75	152.1	380	725	0.82	90	2.2	359	131

表 5.8 J2 系列三相交流异步电动机技术数据

电动机型号	功率(kW)	电流(A)	接法	转速(r/min)	功率因数(cosφ)	效率(%)	最大转矩(额定转矩)	堵转电流(额定电流)	堵转转矩(额定转矩)
J2-61-2	17	32.5	△	2910	0.90	88.5	2.2	7	1.2
J2-62-2	22	41.7	△	2920	0.90	89	2.2	7	1.2
J2-71-2	30	56.2	△	2940	0.91	89.2	2.2	7	1.1
J2-72-2	40	73.9	△	2940	0.91	90.5	2.2	6.5	1.1
J2-81-2	55	99.8	△	2950	0.92	91	2.2	6.5	1
J2-82-2	75	135	△	2950	0.92	91.5	2.2	6.5	1
J2-91-2	100	179.6	△	2960	0.92	92	2.2	6.5	1
J2-92-2	125	223.3	△	2960	0.92	92.5	2.2	6.5	1
J2-61-4	13	25.5	△	1460	0.88	88	2	7	1.2
J2-62-4	17	33	△	1460	0.88	89	2	7	1.2
J2-71-4	22	42.5	△	1460	0.88	89.5	2	7	1.1
J2-72-4	30	57.6	△	1460	0.88	90	2	7	1.1
J2-81-4	40	75	△	1470	0.89	91	2	6.5	1.1
J2-82-4	55	103	△	1470	0.89	91.5	2	6.5	1.1
J2-91-4	75	137.5	△	1470	0.90	92	2	6.5	1
J2-92-4	100	182.4	△	1470	0.90	92.5	2	6.5	1
J2-61-6	10	21.4	△	960	0.82	86.5	1.8	6.5	1.2
J2-62-6	13	27.4	△	960	0.83	87	1.8	6.5	1.2
J2-71-6	17	35	△	970	0.84	88	1.8	6.5	1.2
J2-72-6	22	44.4	△	970	0.85	88.5	1.8	6.5	1.2
J2-81-6	30	59.3	△	970	0.86	89.5	1.8	6.5	1.2
J2-82-6	40	77.4	△	970	0.87	90.5	1.8	6.5	1.2
J2-91-6	55	104	△	980	0.88	91.5	1.8	6.5	1
J2-92-6	75	139.5	△	980	0.89	92	1.8	6.5	1
J2-61-8	7.5	17.1	△	720	0.78	85.5	1.8	5.5	1.1
J2-62-8	10	22.1	△	720	0.80	86	1.8	5.5	1.1
J2-71-8	13	28	△	720	0.81	87	1.8	5.5	1.1
J2-72-8	17	36	△	720	0.82	87.5	1.8	5.5	1.1
J2-81-8	22	46	△	730	0.82	88.5	1.8	5.5	1.1
J2-82-8	30	61.6	△	730	0.83	89	1.8	5.5	1.1
J2-91-8	40	80.3	△	730	0.84	90	1.8	5.5	1.1
J2-92-8	55	109.5	△	730	0.84	91	1.8	5.5	1.1
J2-81-10	17	39	△	580	0.76	87	1.8	5.5	1.1
J2-82-10	22	49.3	△	580	0.77	88	1.8	5.5	1.1
J2-91-10	30	66.1	△	580	0.78	88.5	1.8	5.5	1.1
J2-92-10	40	87.2	△	580	0.78	89.5	1.4	5.5	1

表5.9 JO2系列三相交流异步电动机技术数据

电动机型号	功率(kW)	电流(A)	接法	转速(r/min)	功率因数(cosφ)	效率(%)	最大转矩(额定转矩)	堵转电流(额定电流)	堵转转矩(额定转矩)
JO2-11-2	0.8	1.84	Y	2810	0.85	77.5	2.2	7.0	1.8
JO2-12-2	1.1	2.44	Y	2810	0.86	79.5	2.2	7.0	1.8
JO2-21-2	1.5	3.22	Y	2860	0.87	81	2.2	7.0	1.8
JO2-22-2	2.2	4.64	Y	2860	0.87	82.5	2.2	7.0	1.8
JO2-31-2	3	10.7/6.17	Y/△	2860	0.88	84	2.2	7.0	1.8
JO2-32-2	4	8.06	△	2860	0.88	85.5	2.2	7.0	1.8
JO2-41-2	5.5	10.9	△	2920	0.88	86.5	2.2	7.0	1.6
JO2-42-2	7.5	14.8	△	2920	0.88	87.5	2.2	7.0	1.8
JO2-51-2	10	19.7	△	2920	0.88	87.5	2.2	7.0	1.4
JO2-52-2	13	25.5	△	2920	0.88	88	2.2	7.0	1.4
JO2-61-2	17	32.4	△	2940	0.90	88.5	2.2	7.0	1.3
JO2-71-2	22	42.0	△	2940	0.90	88.5	2.2	7.0	1.2
JO2-72-2	30	56.0	△	2940	0.91	89.5	2.2	7.0	1.2
JO2-81-2	40	74.3	△	2950	0.91	90	2.2	6.5	1.2
JO2-82-2	55	101	△	2950	0.92	90	2.2	6.5	1.2
JO2-91-2	75	136.2	△	2950	0.92	91	2.2	6.5	1.1
JO2-92-2	100	181	△	2950	0.92	92	2.6	6.5	1.1
JO2-11-4	0.6	1.62	Y	1380	0.76	74	2.0	7.0	1.8
JO2-12-4	0.8	2.06	Y	1380	0.77	76.5	2.0	7.0	1.8
JO2-21-4	1.1	2.68	Y	1410	0.79	79	2.0	7.0	1.8
JO2-22-4	1.5	3.49	Y	1410	0.81	80.5	2.0	7.0	1.8
JO2-31-4	2.2	8.5/4.90	Y/△	1430	0.83	82	2.0	7.0	1.8
JO2-32-4	3	11.25/6.50	Y/△	1430	0.84	83.5	2.0	7.0	1.8
JO2-41-4	4	8.40	△	1440	0.85	85	2.0	7.0	1.8
JO2-42-4	5.5	11.3	△	1440	0.86	86	2.0	7.0	1.8
JO2-51-4	7.5	15.1	△	1450	0.87	87	2.0	7.0	1.4
JO2-52-4	10	20.0	△	1450	0.87	87.5	2.0	7.0	1.4
JO2-61-4	13	25.6	△	1460	0.88	88	2.0	7.0	1.3
JO2-62-4	17	32.9	△	1460	0.88	89	2.0	7.0	1.3
JO2-71-4	22	42.5	△	1470	0.88	89.5	2.0	7.0	1.2
JO2-72-4	30	57.6	△	1470	0.88	90	2.0	7.0	1.2
JO2-81-4	40	75	△	1470	0.88	91	2.0	6.5	1.2
JO2-82-4	55	102.6	△	1470	0.89	91.5	2.0	6.5	1.2
JO2-91-4	75	137.7	△	1470	0.89	93	2.0	6.5	1.1

续表 5.9

电动机型号	功率(kW)	电流(A)	接法	转速(r/min)	功率因数(cosφ)	效率(%)	最大转矩(额定转矩)	堵转电流(额定电流)	堵转转矩(额定转矩)
JO2-92-4	100	184	△	1470	0.90	92	2.0	6.5	1.1
JO2-21-6	0.8	2.31	Y	930	0.70	75	1.8	6.5	1.8
JO2-22-6	1.1	3.01	Y	930	0.72	77	1.8	6.5	1.8
JO2-31-6	1.5	6.8/3.92	Y/△	940	0.74	78.5	1.8	6.5	1.8
JO2-32-6	2.2	9.46/5.46	Y/△	940	0.76	80.5	1.8	6.5	1.8
JO2-41-6	3	12.25/7.07	Y/△	960	0.78	82.5	1.8	6.5	1.8
JO2-42-6	4	9.15	△	960	0.79	84	1.8	6.5	1.8
JO2-51-6	5.5	12.3	△	960	0.80	85	1.8	6.5	1.4
JO2-52-6	7.5	16.3	△	960	0.81	86	1.8	6.5	1.4
JO2-61-6	10	21.3	△	960	0.82	87	1.8	6.5	1.4
JO2-62-6	13	27.2	△	970	0.83	87.5	1.8	6.5	1.4
JO2-71-6	17	34.8	△	970	0.84	88.5	1.8	6.5	1.4
JO2-72-6	22	44.3	△	970	0.85	89	1.8	6.5	1.4
JO2-81-6	30	59.3	△	970	0.86	89.5	1.8	6.5	1.4
JO2-82-6	40	77.4	△	970	0.87	90.5	1.8	6.5	1.4
JO2-91-6	55	104	△	970	0.88	91.5	1.8	6.5	1.2
JO2-92-6	75	139.5	△	970	0.89	92	1.8	6.5	1.2
JO2-21-8	0.6	3.55/2.05	Y/△	670	—	—	1.8	5.5	1.5
JO2-22-8	0.8	4.47/2.58	Y/△	700	—	—	1.8	5.5	1.5
JO2-31-8	1.1	5.76/3.34	Y/△	700	0.65	65	1.8	5.5	1.5
JO2-32-8	1.5	7.20/4.45	Y/△	700	0.62	74	1.8	5.5	1.5
JO2-41-8	2.2	10.58/6.1	Y/△	720	0.68	80.5	1.8	5.5	1.8
JO2-42-8	3	13.68/7.89	Y/△	720	0.72	82.5	1.8	5.5	1.8
JO2-51-8	4	9.64	△	720	0.75	84	1.8	5.5	1.5
JO2-52-8	5.5	12.8	△	720	0.77	85	1.8	5.5	1.5
JO2-61-8	7.5	17	△	720	0.78	86	1.8	5.5	1.3
JO2-62-8	10	21.8	△	720	0.80	87	1.8	5.5	1.3

续表 5.9

电动机型号	功率(kW)	电流(A)	接法	转速(r/min)	功率因数(cosφ)	效率(%)	最大转矩(额定转矩)	堵转电流(额定电流)	堵转转矩(额定转矩)
JO2-71-8	13	27.9	△	720	0.81	87.5	1.8	5.5	1.3
JO2-72-8	17	35.8	△	720	0.82	88	1.8	5.5	1.3
JO2-81-8	22	46	△	730	0.82	88.5	1.8	5.5	1.3
JO2-82-8	30	61.6	△	730	0.83	89	1.8	5.5	1.3
JO2-91-8	40	80.3	△	730	0.84	90	1.8	5.5	1.3
JO2-92-8	55	109.5	△	730	0.84	91	1.8	5.5	1.3
JO2-81-10	17	38.4	△	580	0.76	87.5	1.8	5.5	1.2
JO2-82-10	22	49.3	△	580	0.77	88	1.8	5.5	1.2
JO2-91-10	30	66.1	△	580	0.78	88.5	1.8	5.5	1.2
JO2-92-10	40	87.2	△	580	0.78	89.5	1.8	5.5	1.2

第6章　电能表应用

6.1　DD862型单相电能表（直接接入式）应用接线

DD862型单相电能表(直接接入式)应用接线如图6.1所示。

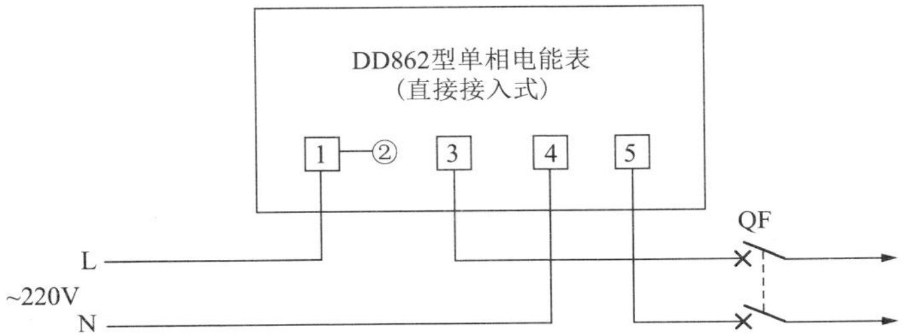

图6.1　DD862型单相电能表(直接接入式)应用接线

6.2　DD862型单相电能表（电流互感器接入式）应用接线

DD862型单相电能表(电流互感器接入式)应用接线如图6.2所示。

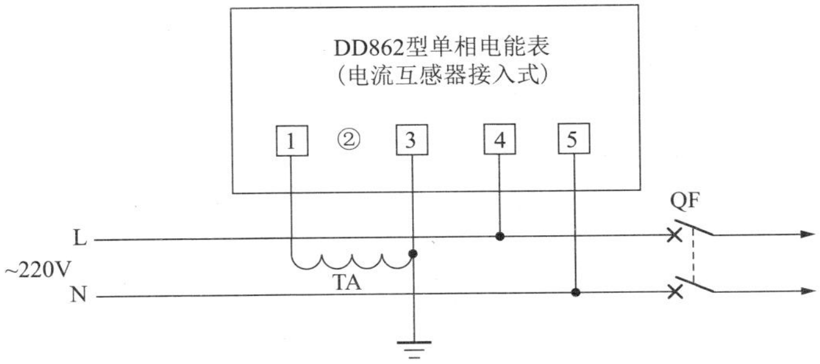

图6.2　DD862型单相电能表(电流互感器接入式)应用接线

6.3　DS862型三相三线有功电能表应用接线(一)

DS862型三相三线有功电能表(3×380V、直接接入式)应用接线如图6.3所示。

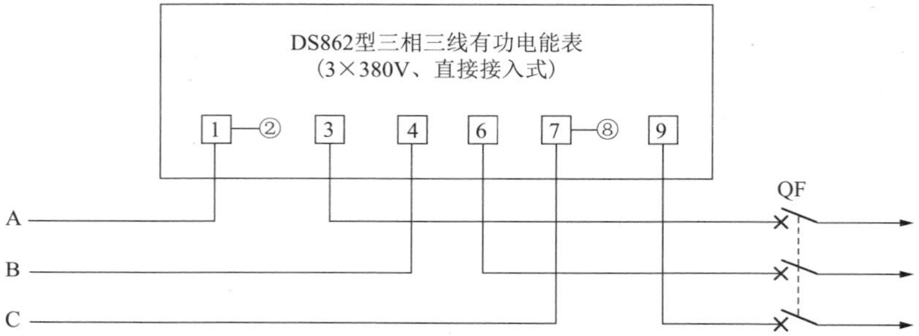

图6.3　DS862型三相三线有功电能表应用接线(一)

6.4　DS862型三相三线有功电能表应用接线(二)

DS862型三相三线有功电能表(3×380V、电流互感器接入式)应用接线如图6.4所示。

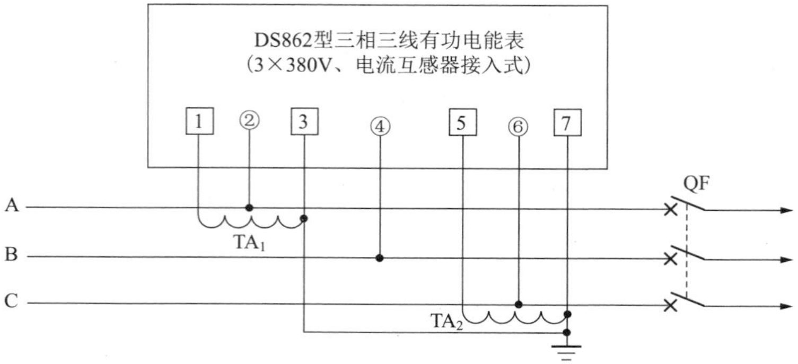

图6.4　DS862型三相三线有功电能表应用接线(二)

6.5 DS862型三相三线有功电能表应用接线(三)

DS862型三相三线有功电能表(3×100V,电压、电流互感器接入式)应用接线如图6.5所示。

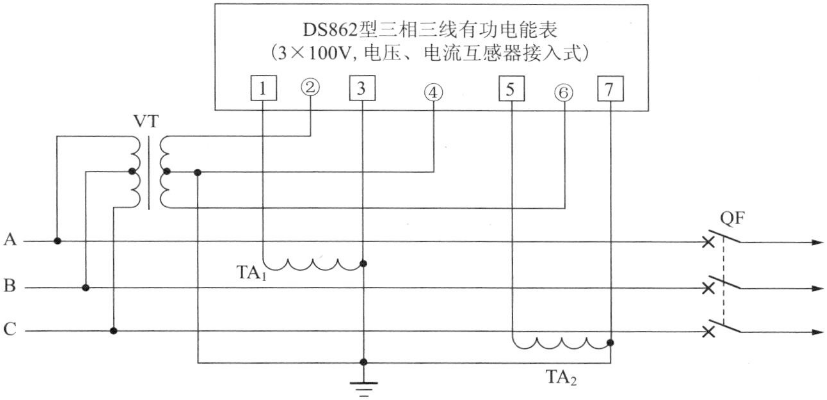

图6.5 DS862型三相三线有功电能表应用接线(三)

6.6 DT862型三相四线有功电能表应用接线(一)

DT862型三相四线有功电能表(3×220V/380V、直接接入式)应用接线如图6.6所示。

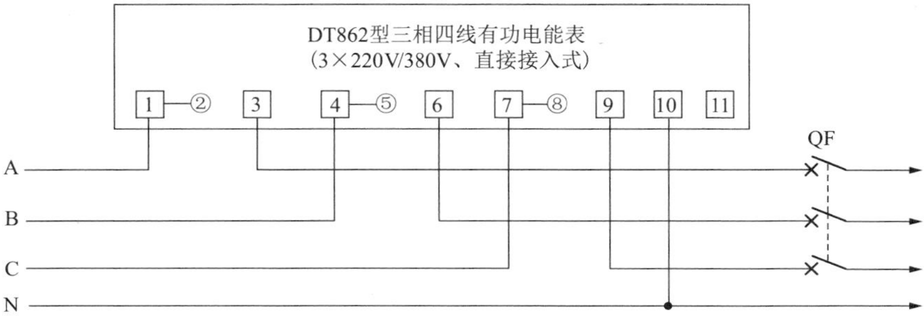

图6.6 DT862型三相四线有功电能表应用接线(一)

6.7 DT862型三相四线有功电能表应用接线(二)

DT862型三相四线有功电能表(3×220V/380V、电流互感器接入式)应用接线如图6.7所示。

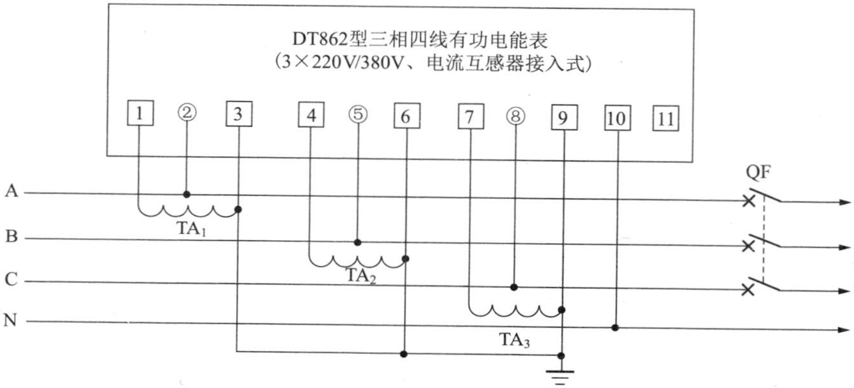

图6.7 DT862型三相四线有功电能表应用接线(二)

6.8 DT862型三相四线有功电能表应用接线(三)

DT862型三相四线有功电能表(3×100V,电压、电流互感器接入式)应用接线如图6.8所示。

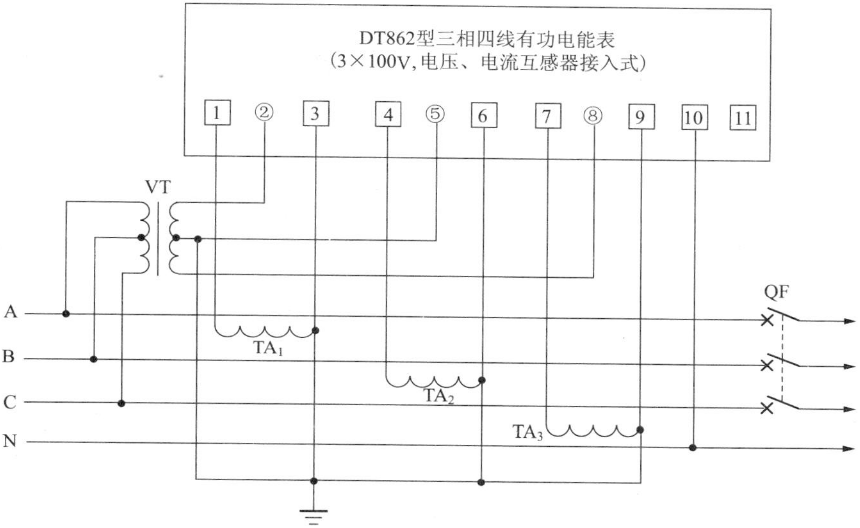

图 6.8 DT862 型三相四线有功电能表应用接线(三)

6.9 DX863 型三相三线无功电能表应用接线(一)

DX863 型三相三线无功电能表(电流互感器接入式)应用接线如图 6.9 所示。

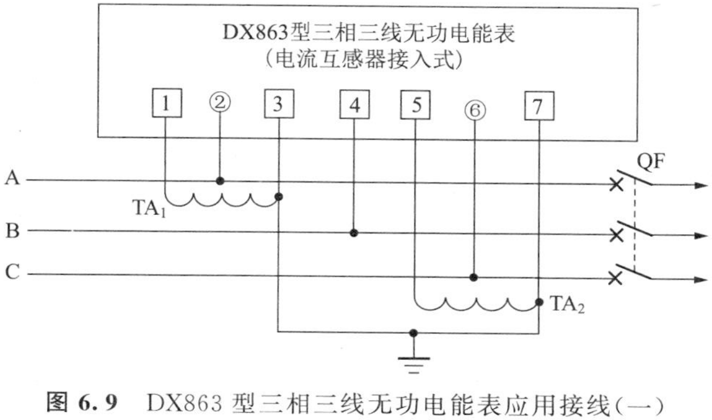

图 6.9 DX863 型三相三线无功电能表应用接线(一)

6.10 DX863型三相三线无功电能表应用接线(二)

DX863型三相三线无功电能表(3×100V,电压、电流互感器接入式)应用接线如图6.10所示。

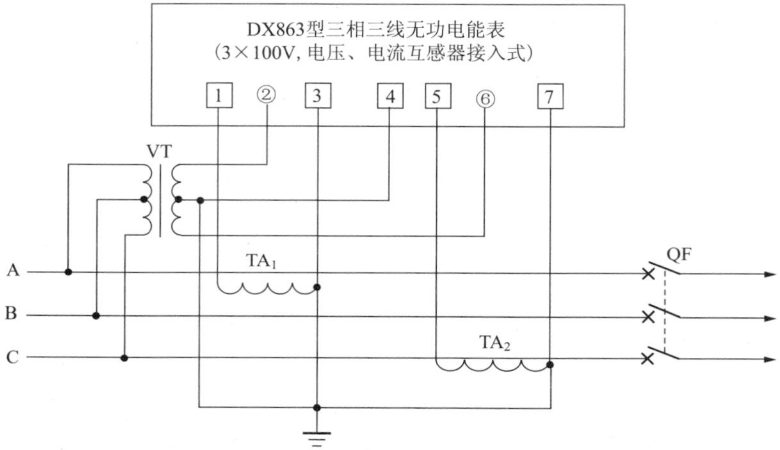

图6.10 DX863型三相三线无功电能表应用接线(二)

6.11 DX864型三相四线无功电能表应用接线(一)

DX864型三相四线无功电能表(直接接入式)应用接线如图6.11所示。

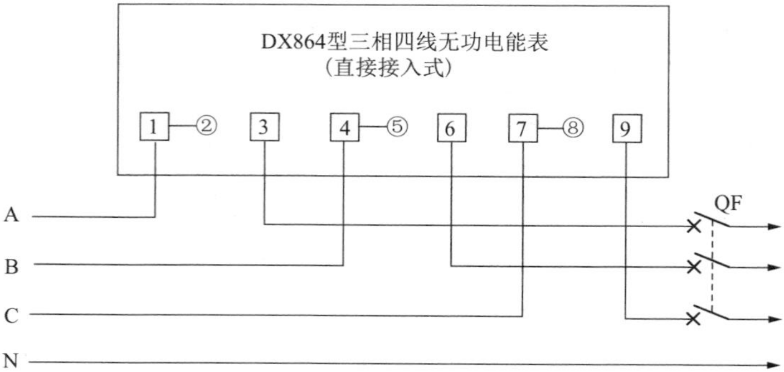

图6.11 DX864型三相四线无功电能表应用接线(一)

6.12 DX864 型三相四线无功电能表应用接线(二)

DX864 型三相四线无功电能表(电流互感器接入式)应用接线如图 6.12 所示。

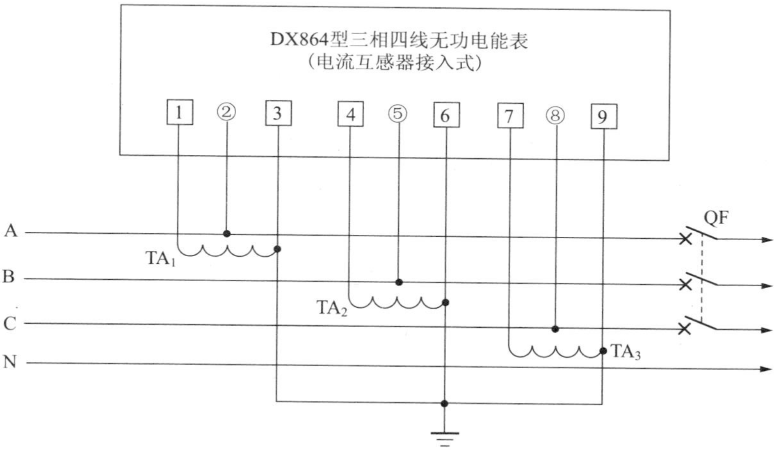

图 6.12 DX864 型三相四线无功电能表应用接线(二)

6.13 DX864 型三相四线无功电能表应用接线(三)

DX864 型三相四线无功电能表(3×100V,电压、电流互感器接入式)应用接线如图 6.13 所示。

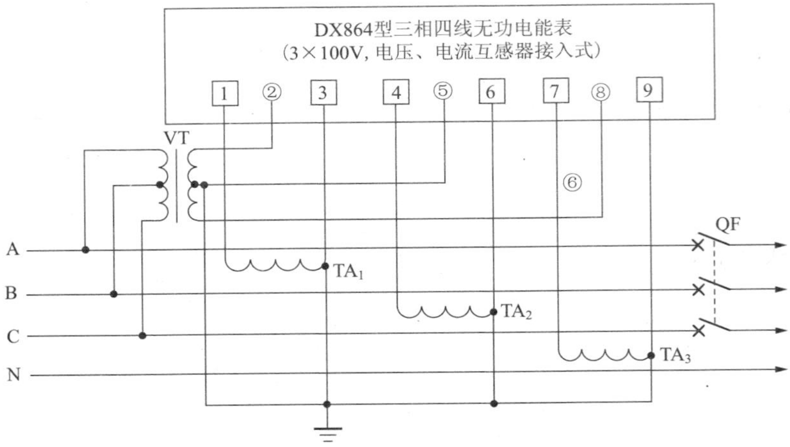

图 6.13 DX864 型三相四线无功电能表应用接线(三)

6.14 DDS607 型单相电子式电能表应用接线(一)

DDS607 型单相电子式电能表(单相液晶表)应用接线如图 6.14 所示。

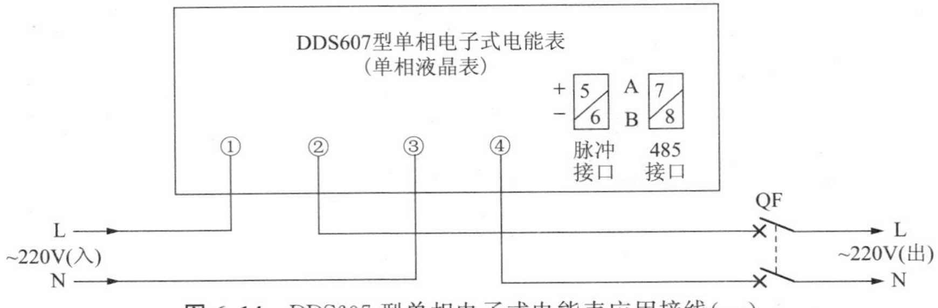

图 6.14 DDS607 型单相电子式电能表应用接线(一)

6.15 DDS607 型单相电子式电能表应用接线(二)

DDS607 型单相电子式电能表(ABS 小表壳表)应用接线如图 6.15 所示。

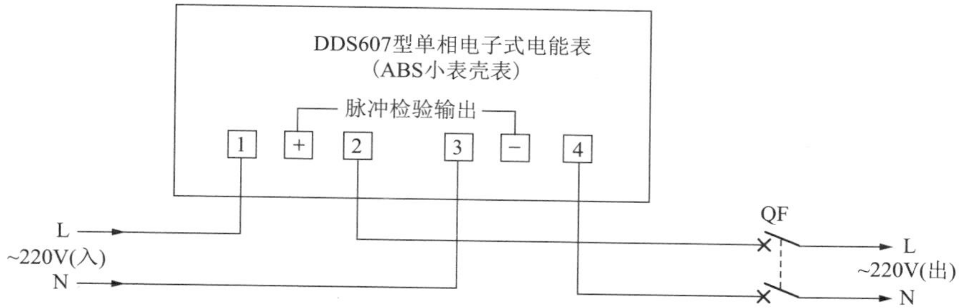

图 6.15 DDS607 型单相电子式电能表应用接线(二)

6.16 DDS607 型单相电子式电能表应用接线(三)

DDS607 型单相电子式电能表(防窃电表)应用接线如图 6.16 所示。

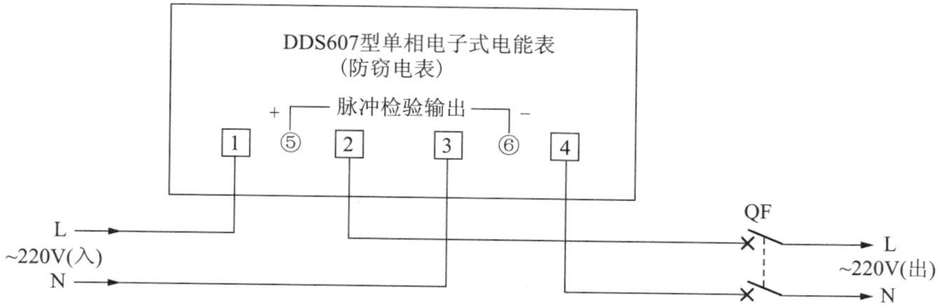

图 6.16 DDS607 型单相电子式电能表应用接线(三)

6.17 DDS607 型单相电子式电能表应用接线(四)

DDS607 型单相电子式电能表(单相液晶表,不带红外、485 功能)应用接线如图 6.17 所示。

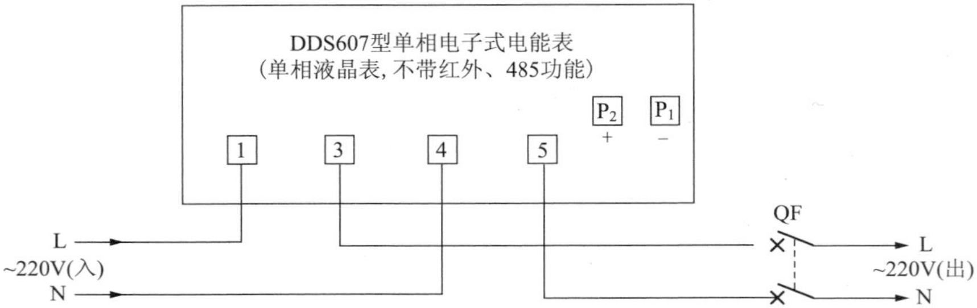

图 6.17 DDS607 型单相电子式电能表应用接线(四)

6.18 DDSI607 型单相电子式载波电能表应用接线

DDSI607 型单相电子式载波电能表应用接线如图 6.18 所示。

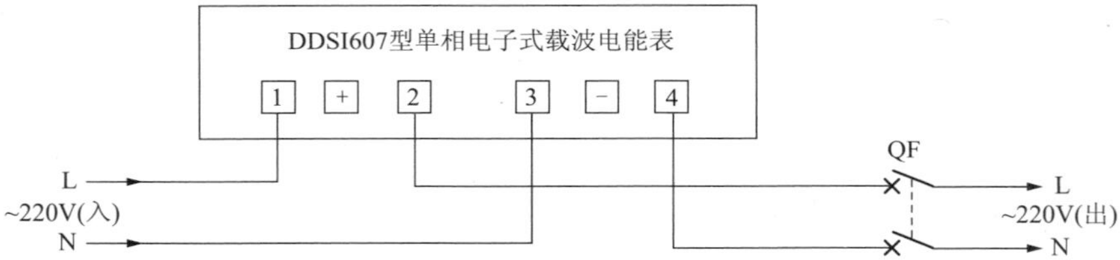

图 6.18 DDSI607 型单相电子式载波电能表应用接线

6.19 DDSIF607 单相电子式载波多费率电能表应用接线

DDSIF607 单相电子式载波多费率电能表应用接线如图 6.19 所示。

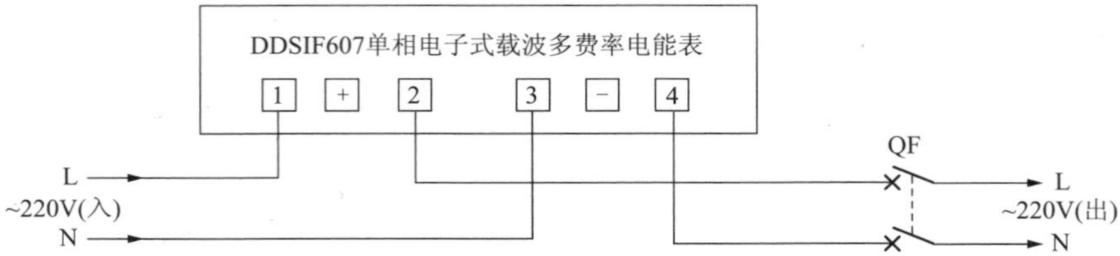

图 6.19 DDSIF607 单相电子式载波多费率电能表应用接线

6.20　DDSY607 型单相电子式预付费电能表应用接线

DDSY607 型单相电子式预付费电能表应用接线如图 6.20 所示。

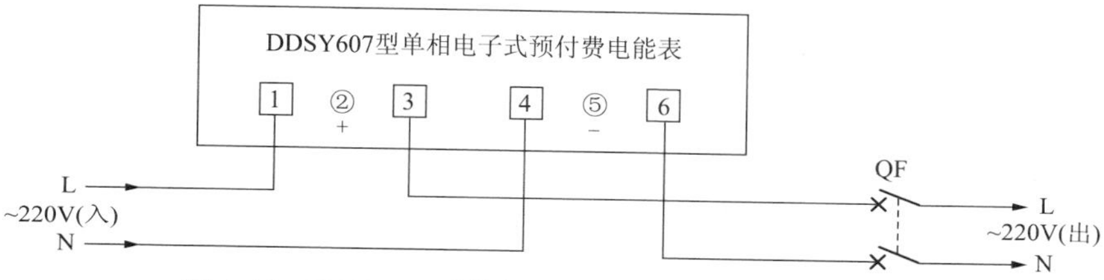

图 6.20　DDSY607 型单相电子式预付费电能表应用接线

6.21　DSS607 型三相三线电子式电能表应用接线(一)

DSS607 型三相三线电子式电能表(三相三线 3×380V、≥3×2.5(10)A 直接接入式)应用接线如图 6.21 所示。

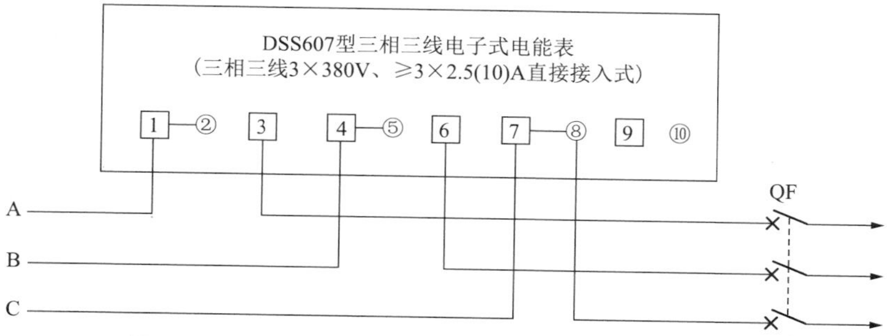

图 6.21　DSS607 型三相三线电子式电能表应用接线(一)

6.22　DSS607 型三相三线电子式电能表应用接线(二)

DSS607 型三相三线电子式电能表(三相三线 3×380V、≥3×3(6)A/5A 电流互感器接入式)应用接线如图 6.22 所示。

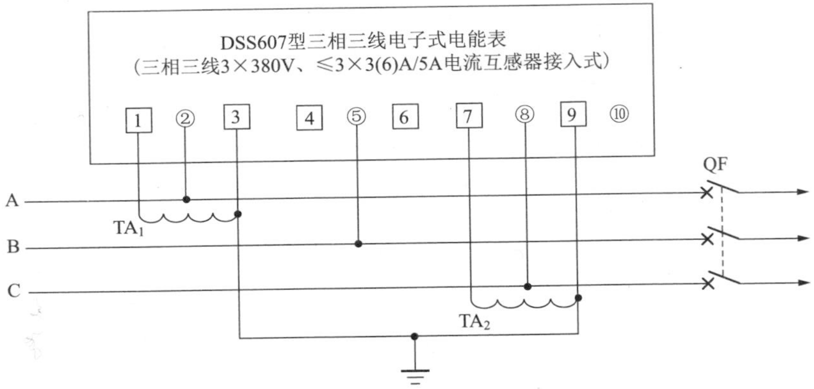

图 6.22 DSS607 型三相三线电子式电能表应用接线(二)

6.23 DSS607 型三相三线电子式电能表应用接线(三)

DSS607 型三相三线电子式电能表(三相三线 3×100V,≤3×3(6)A/5A 电流、电压互感器接入式)应用接线如图 6.23 所示。

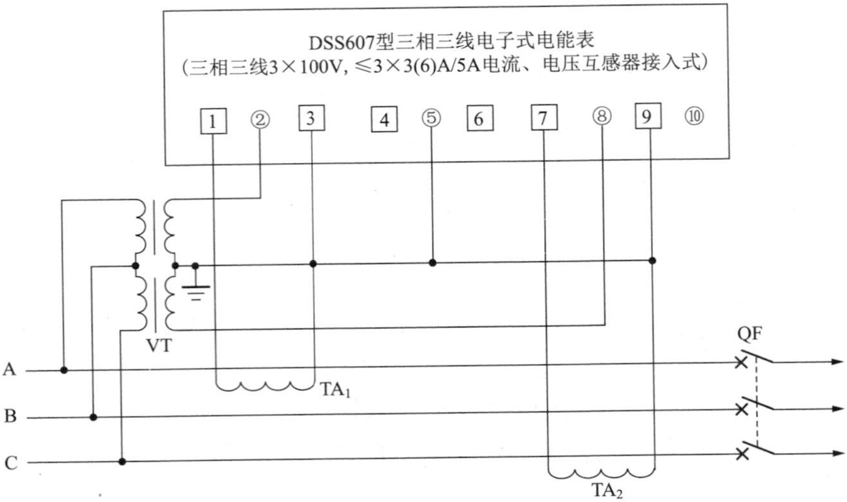

图 6.23 DSS607 型三相三线电子式电能表应用接线(三)

6.24 DSSD607 型三相三线电子式多功能电能表应用接线(一)

DSSD607 型三相三线电子式多功能电能表(3×380V、3×1.5(6)A/5A 电流互感器接入式)应用接线如图 6.24 所示。

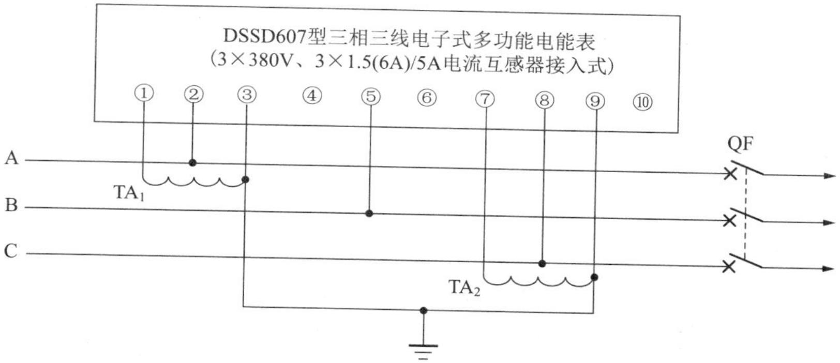

图 6.24 DSSD607 型三相三线电子式多功能电能表应用接线(一)

6.25 DSSD607 型三相三线电子式多功能电能表应用接线(二)

DSSD607 型三相三线电子式多功能电能表(3×100V,3×1.5(6)A/5A 电流、电压互感器接入式)应用接线如图 6.25 所示。

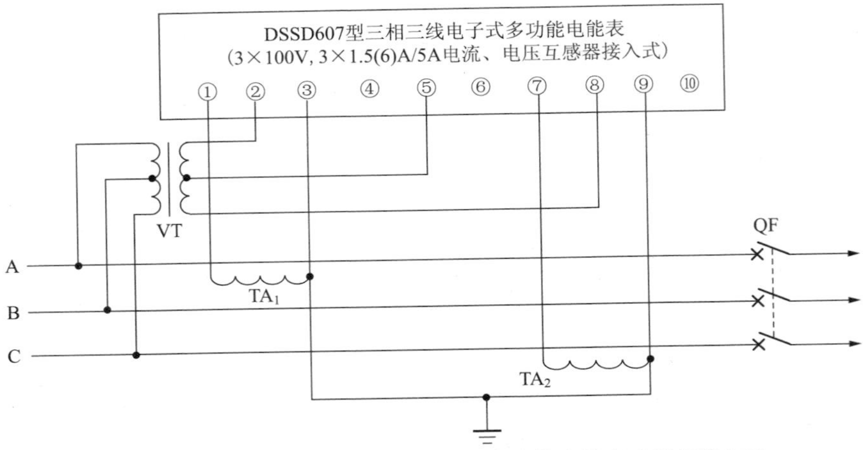

图 6.25　DSSD607 型三相三线电子式多功能电能表应用接线(二)

6.26　DTSD607 型三相四线电子式多功能电能表应用接线

DTSD607 型三相四线电子式多功能电能表(3×57.7/100V,3×1.5(6)A/5A 电流、电压互感器接入式)应用接线如图 6.26 所示。

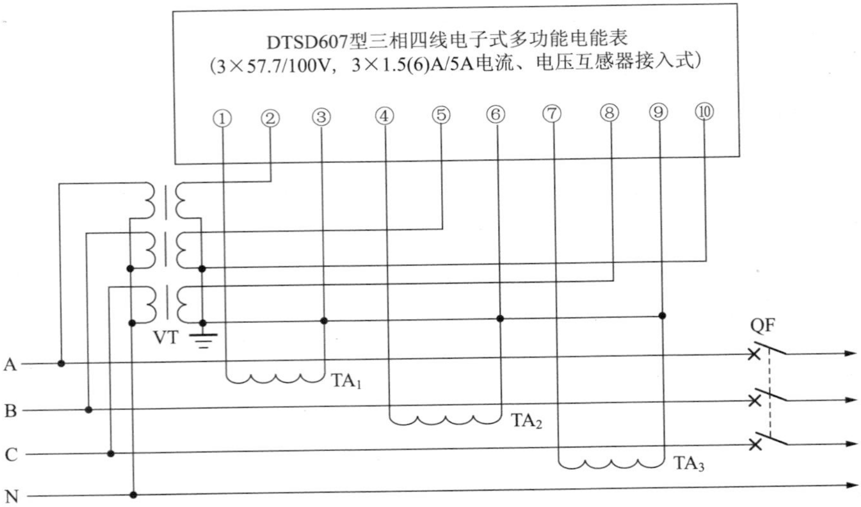

图 6.26　DTSD607 型三相四线电子式多功能电能表应用接线

6.27 DSSF607 型三相三线电子式多费率电能表应用接线(一)

DSSF607 型三相三线电子式多费率电能表(3×380V、≥3×5(20)A 直接接入式)应用接线如图 6.27 所示。

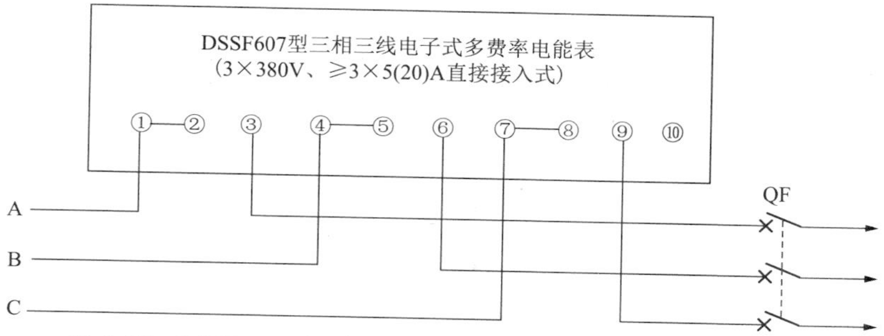

图 6.27 DSSF607 型三相三线电子式多费率电能表应用接线(一)

6.28 DSSF607 型三相三线电子式多费率电能表应用接线(二)

DSSF607 型三相三线电子式多费率电能表(3×380V、≤3×3(6A)/5A 电流互感器接入式)应用接线如图 6.28 所示。

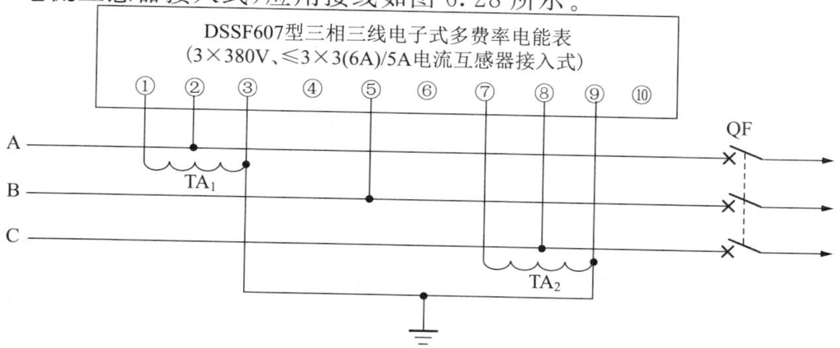

图 6.28 DSSF607 型三相三线电子式多费率电能表应用接线(二)

6.29　DSSF607型三相三线电子式多费率电能表应用接线(三)

DSSF607型三相三线电子式多费率电能表(3×100V,3×1.5(6)A/5A电流、电压互感器接入式)应用接线如图6.29所示。

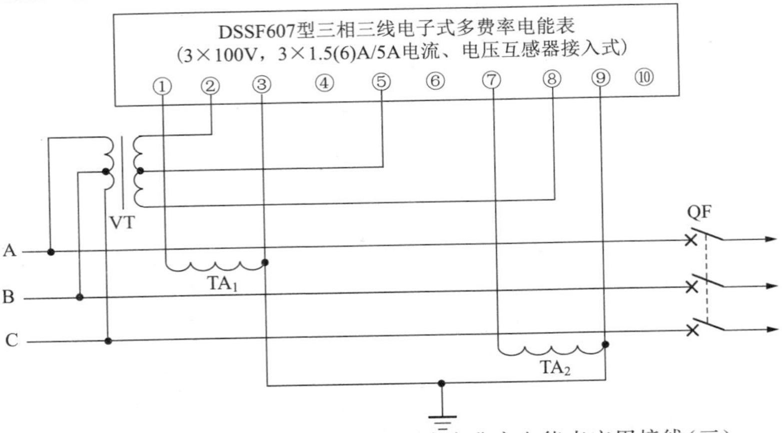

图6.29　DSSF607型三相三线电子式多费率电能表应用接线(三)

6.30　DSSY607型三相三线电子式预付费电能表应用接线(一)

DSSY607型三相三线电子式预付费电能表外接控制接触器(直接接入式)应用接线如图6.30所示。

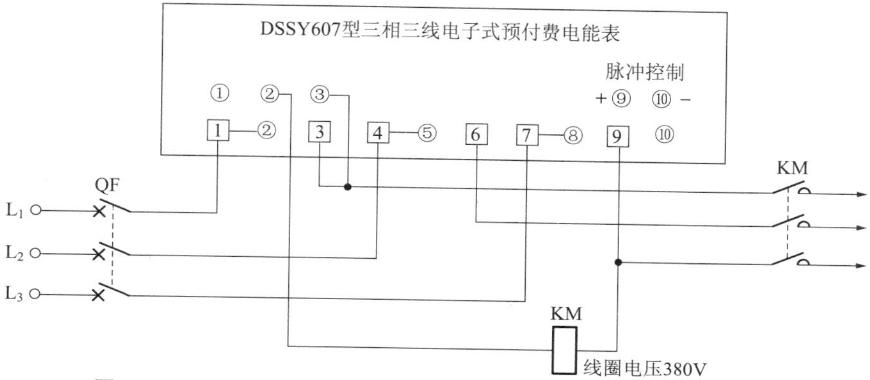

图 6.30 DSSY607 型三相三线电子式预付费电能表应用接线(一)

6.31 DSSY607 型三相三线电子式预付费电能表应用接线(二)

DSSY607 型三相三线电子式预付费电能表外接控制接触器(电流互感器接入式)应用接线如图 6.31 所示。

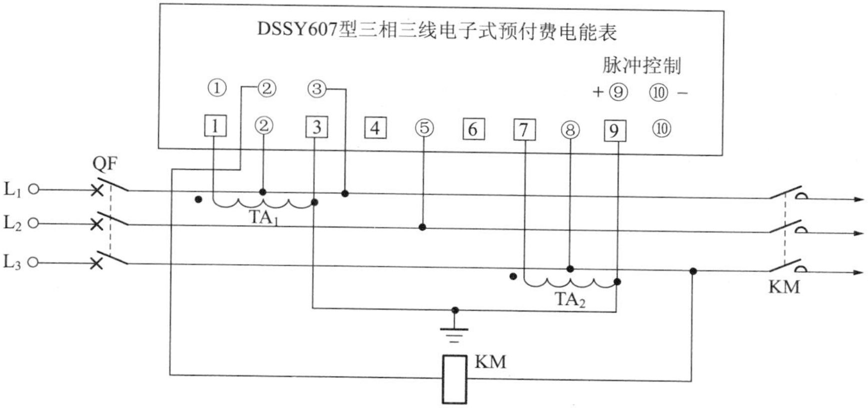

图 6.31 DSSY607 型三相三线电子式预付费电能表应用接线(二)

6.32 DSSY607 型三相三线电子式预付费电能表应用接线(三)

DSSY607 型三相三线电子式预付费电能表二单相电压互感器 V 形接法、电流互感器接入式外接控制接触器应用接线如图 6.32 所示。

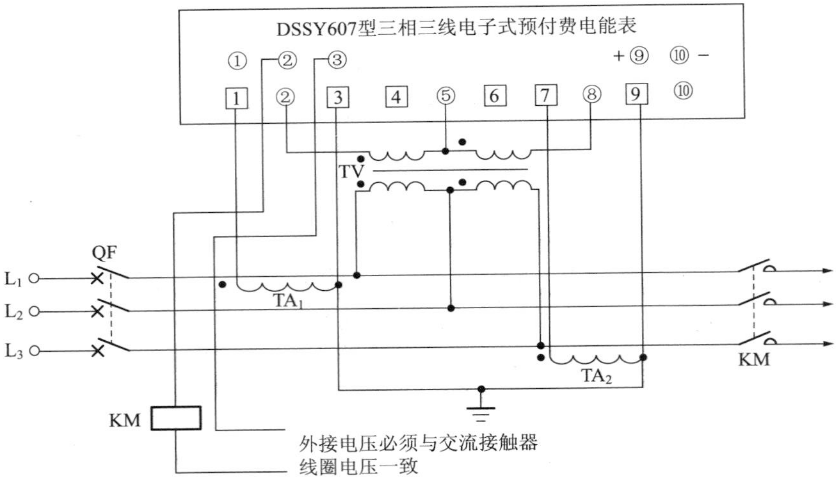

图 6.32 DSSY607 型三相三线电子式预付费电能表应用接线(三)

6.33 DTS607 型三相四线电子式电能表应用接线(一)

DTS607 型三相四线电子式电能表(三相四线 3×220V/380V、≥3×2.5(10)A 直接接入式)应用接线如图 6.33 所示。

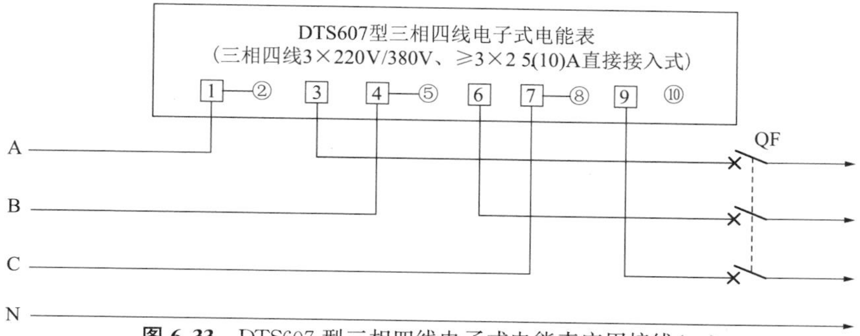

图 6.33　DTS607 型三相四线电子式电能表应用接线(一)

6.34　DTS607 型三相四线电子式电能表应用接线(二)

DTS607 型三相四线电子式电能表(三相四线 3×57.7/100V,≤3×3(6)A/5A 电流、电压互感器接入式)应用接线如图 6.34 所示。

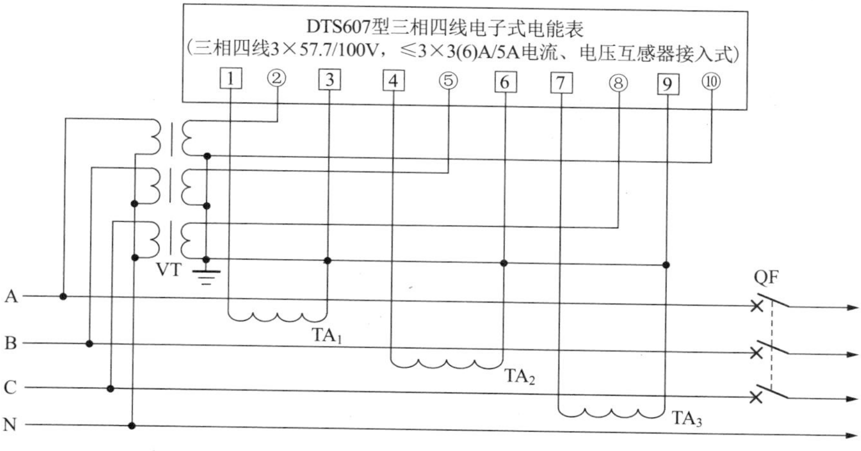

图 6.34　DTS607 型三相四线电子式电能表应用接线(二)

6.35　DTS607 型三相四线电子式电能表应用接线(三)

DTS607 型三相四线电子式电能表(三相四线 3×220V/380V、≤3×3

(6)A/5A 电流互感器接入式)应用接线如图 6.35 所示。

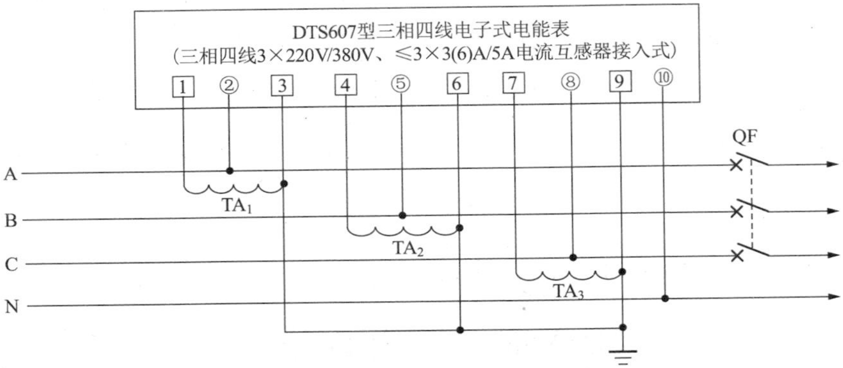

图 6.35 DTS607 型三相四线电子式电能表应用接线(三)

6.36 DTSD607 型三相四线电子式多功能电能表应用接线(一)

DTSD607 型三相四线电子式多功能电能表(3×220V/380V、≥3×5(20)A 直接接入式)应用接线如图 6.36 所示。

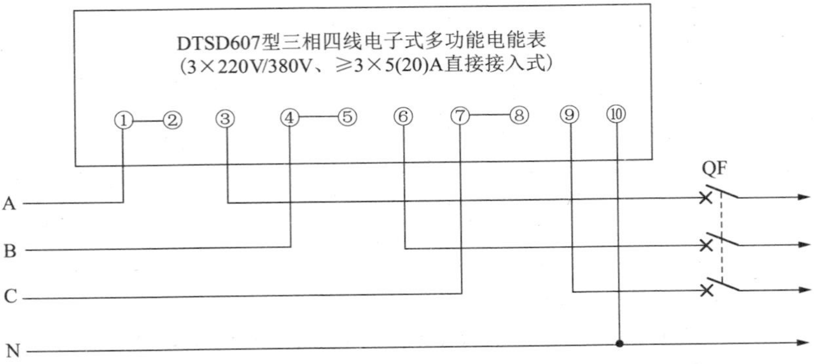

图 6.36 DTSD607 型三相四线电子式多功能电能表应用接线(一)

6.37 DTSD607 型三相四线电子式多功能电能表应用接线(二)

DTSD607 型三相四线电子式多功能电能表(3×220V/380V、3×1.5(6)A/5A 电流互感器接入式)应用接线如图 6.37 所示。

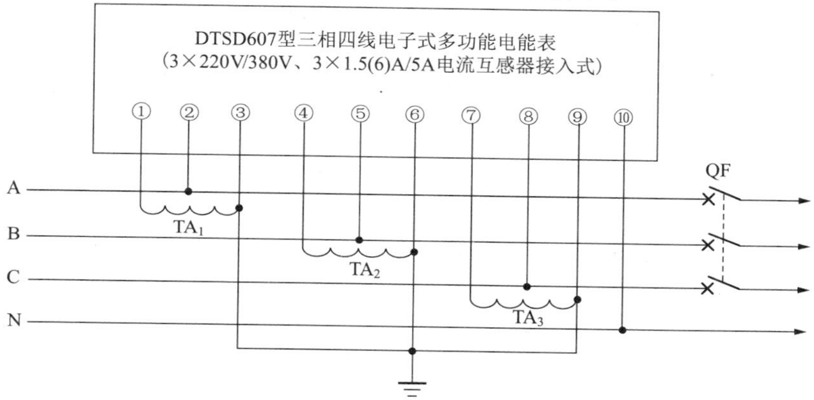

图 6.37 DTSD607 型三相四线电子式多功能电能表应用接线(二)

6.38 DTSF607 型三相四线电子式多费率电能表应用接线(一)

DTSF607 型三相四线电子式多费率电能表(3×220V/380V、≥3×5(20)A 直接接入式)应用接线如图 6.38 所示。

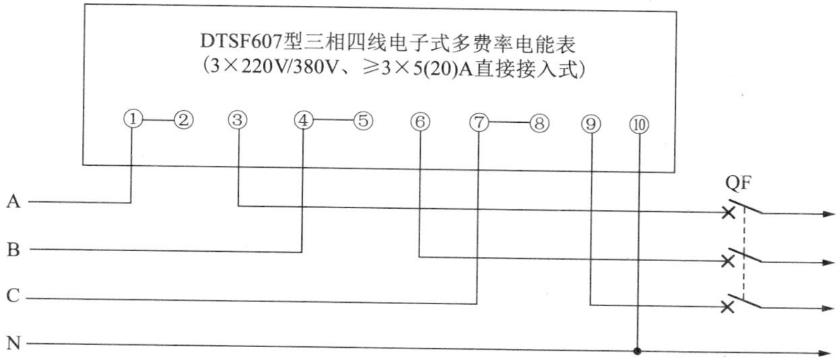

图 6.38 DTSF607 型三相四线电子式多费率电能表应用接线(一)

6.39 DTSF607 型三相四线电子式多费率电能表应用接线(二)

DTSF607 型三相四线电子式多费率电能表(3×220V/380V、≤3×3(6)A/5A 电流互感器接入式)应用接线如图 6.39 所示。

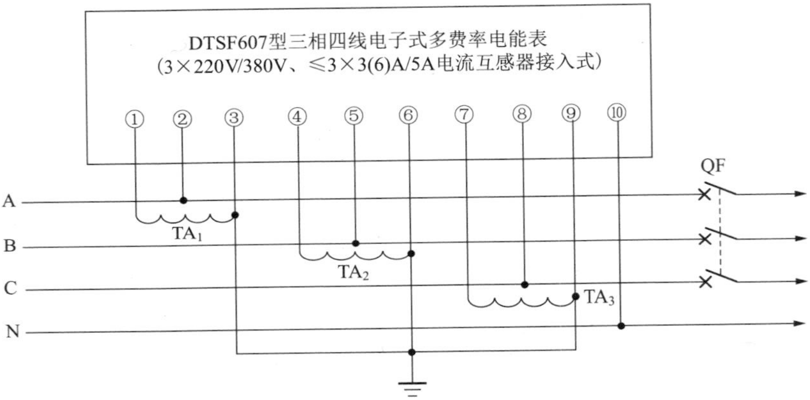

图 6.39 DTSF607 型三相四线电子式多费率电能表应用接线(二)

6.40 DTSY607 型三相四线电子式预付费电能表接线(一)

DTSY607 型三相四线电子式预付费电能表直接接入式外接控制断电接触器应用接线如图 6.40 所示。

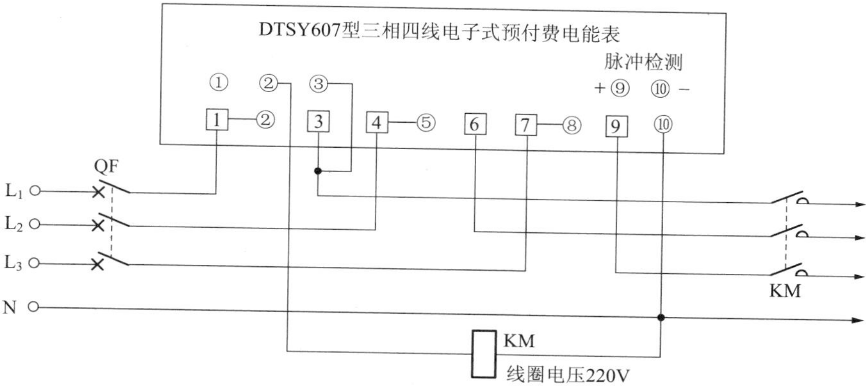

图 6.40 DTSY607 型三相四线电子式预付费电能表接线(一)

6.41 DTSY607 型三相四线电子式预付费电能表接线(二)

DTSY607 型三相四线电子式预付费电能表电流互感器接入式外接控制断电接触器应用接线如图 6.41 所示。

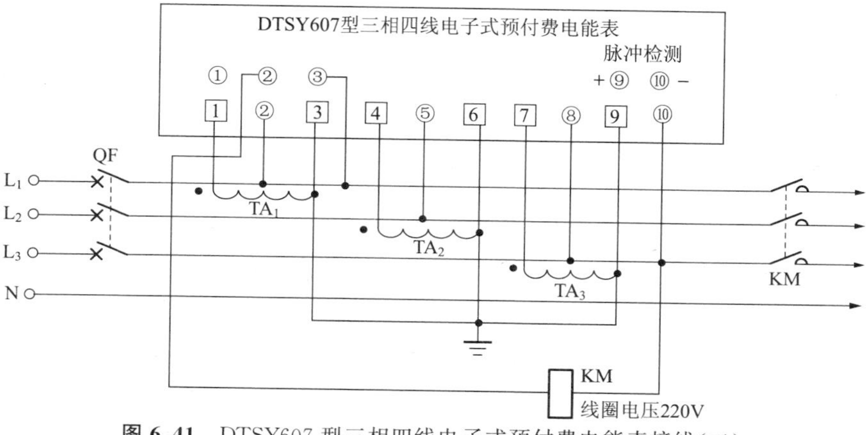

图 6.41 DTSY607 型三相四线电子式预付费电能表接线(二)

6.42　DTSY607型三相四线电子式预付费电能表接线(三)

DTSY607型三相四线电子式预付费电能表电压互感器Y形接法、电流互感器接入式外接控制接触器应用接线如图6.42所示。

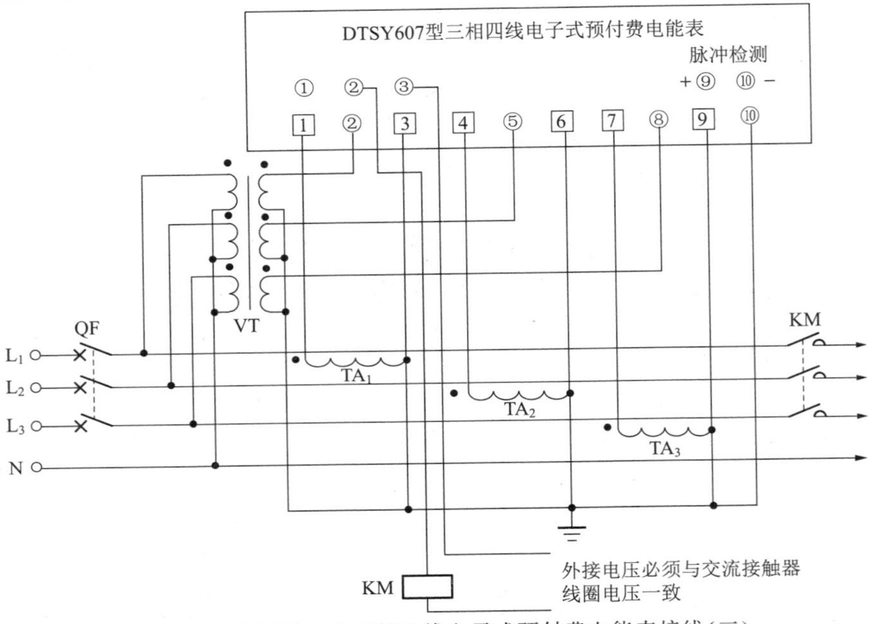

图6.42　DTSY607型三相四线电子式预付费电能表接线(三)

6.43　DXS607-3型三相三线电子式无功电能表应用接线(一)

DXS607-3型三相三线电子式无功电能表(3×380V、≥3×2.5(10)A直接接入式)应用接线如图6.43所示。

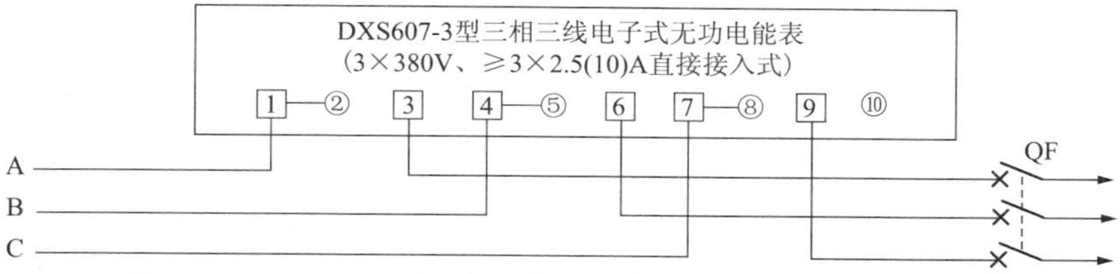

图 6.43 DXS607-3 型三相三线电子式无功电能表应用接线(一)

6.44 DXS607-3 型三相三线电子式无功电能表应用接线(二)

DXS607-3 型三相三线电子式无功电能表(3×380V、≤3×3(6)A 电流互感器接入式)应用接线如图 6.44 所示。

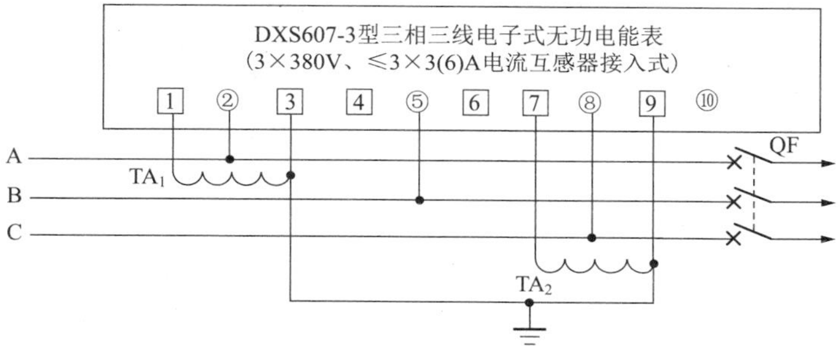

图 6.44 DXS607-3 型三相三线电子式无功电能表应用接线(二)

6.45 DXS607-3 型三相三线电子式无功电能表应用接线(三)

DXS607-3 型三相三线电子式无功电能表(3×100V,≤3×3(6)A 电流、电压互感器接入式)应用接线如图 6.45 所示。

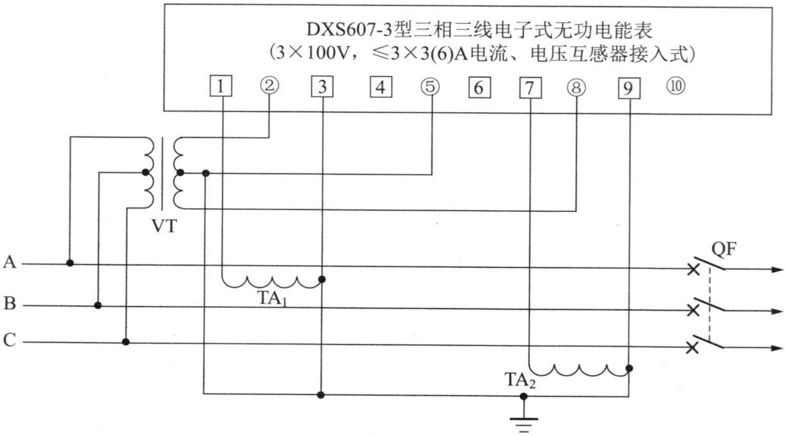

图 6.45 DXS607-3 型三相三线电子式无功电能表应用接线(三)

6.46 DXS607-4 型三相四线电子式无功电能表应用接线(一)

DXS607-4 型三相四线电子式无功电能表(3×220V/380V、≥3×2.5(10)A 直接接入式)应用接线如图 6.46 所示。

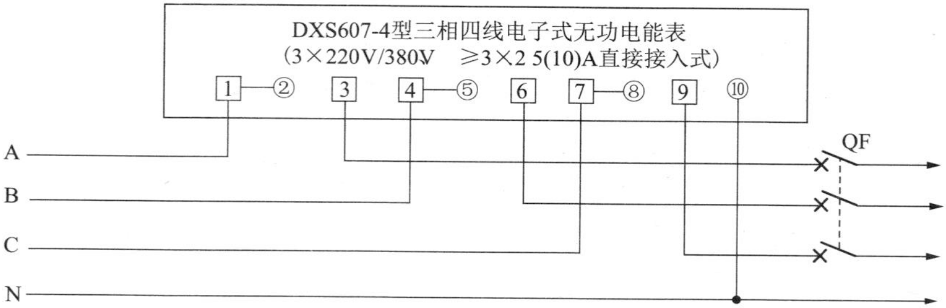

图 6.46 DXS607-4 型三相四线电子式无功电能表应用接线(一)

6.47 DXS607-4 型三相四线电子式无功电能表应用接线(二)

DXS607-4 型三相四线电子式无功电能表(3×57.7/100V，≤3×3(6)A/5A 电流、电压互感器接入式)应用接线如图 6.47 所示。

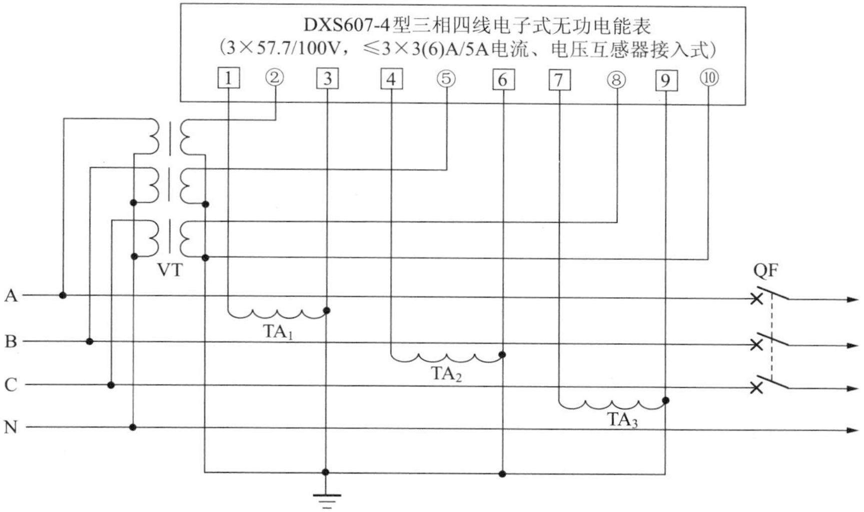

图 6.47 DXS607-4 型三相四线电子式无功电能表应用接线(二)

6.48 DXS607-4 型三相四线电子式无功电能表应用接线(三)

DXS607-4 型三相四线电子式无功电能表(3×220V/380V、≤3×3(6)A/5A 电流互感器接入式)应用接线如图 6.48 所示。

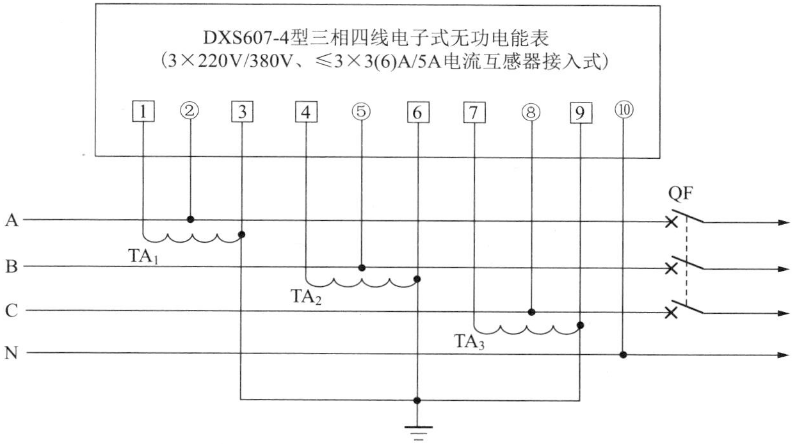

图 6.48 DXS607-4 型三相四线电子式无功电能表应用接线(三)

6.49 DTSIF607型三相四线电子式载波多费率电能表应用接线(一)

DTSIF607型三相四线电子式载波多费率电能表(3×220V/380V、≥3×5(20)A直接接入式)应用接线如图6.49所示。

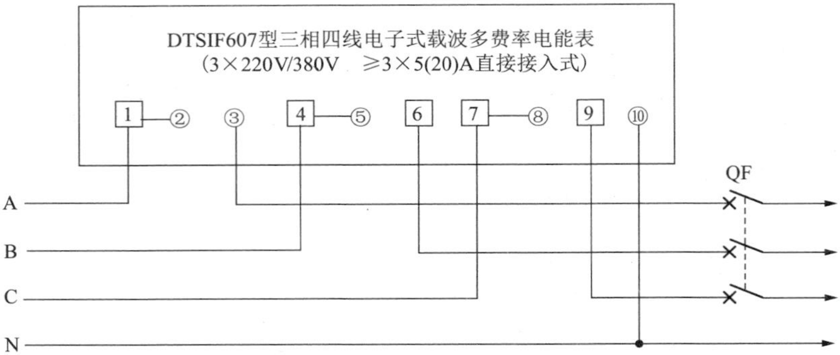

图6.49 DTSIF607型三相四线电子式载波多费率电能表应用接线(一)

6.50 DTSIF607型三相四线电子式载波多费率电能表应用接线(二)

DTSIF607型三相四线电子式载波多费率电能表(3×220V/380V、3×1.5(6)A/5A电流互感器接入式)应用接线如图6.50所示。

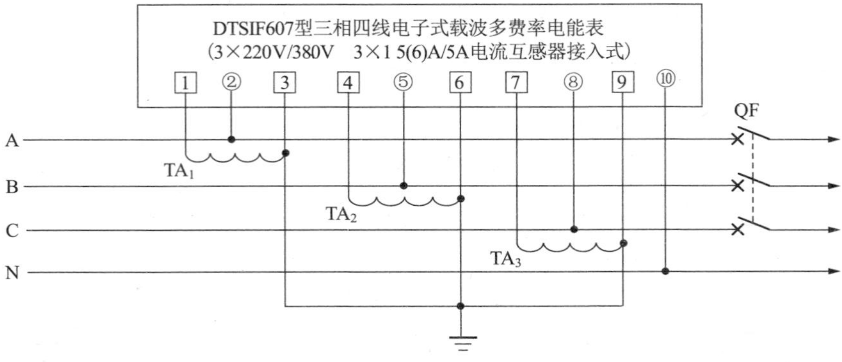

图6.50 DTSIF607型三相四线电子式载波多费率电能表应用接线(二)

第7章 常用温控仪控温接线

7.1 常用温控仪控温接线(一)

常用温控仪控温接线(一)如图 7.1 所示。

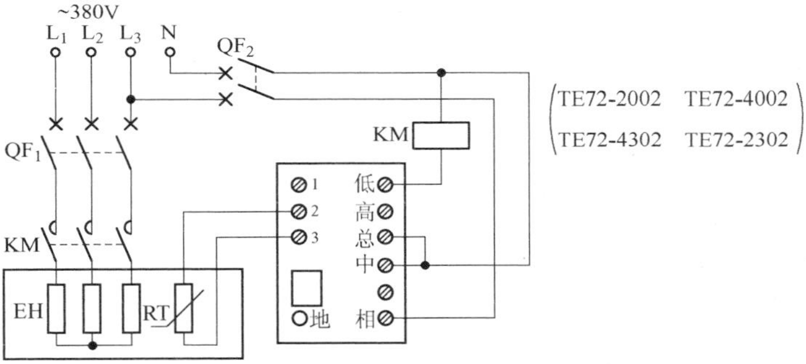

图 7.1 常用温控仪控温接线(一)

7.2 常用温控仪控温接线(二)

常用温控仪控温接线(二)如图 7.2 所示。

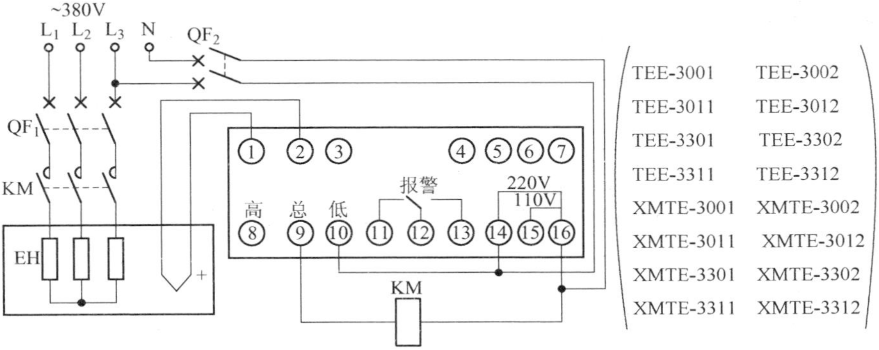

图 7.2 常用温控仪控温接线(二)

7.3 常用温控仪控温接线(三)

常用温控仪控温接线(三)如图7.3所示。

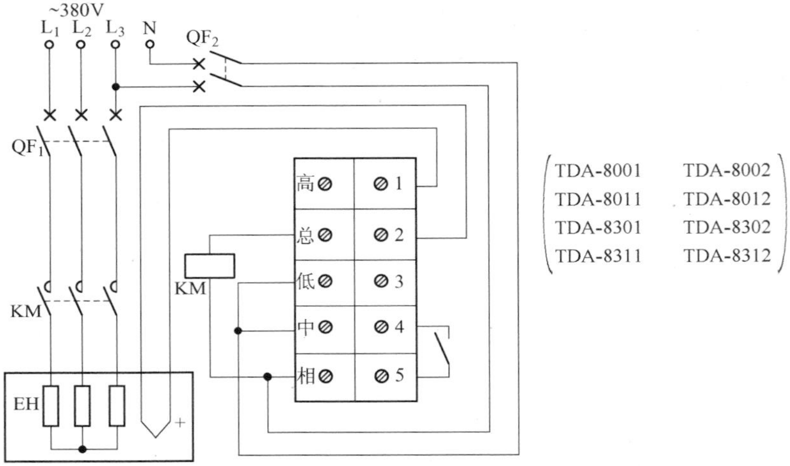

图7.3 常用温控仪控温接线(三)

7.4 常用温控仪控温接线(四)

常用温控仪控温接线(四)如图7.4所示。

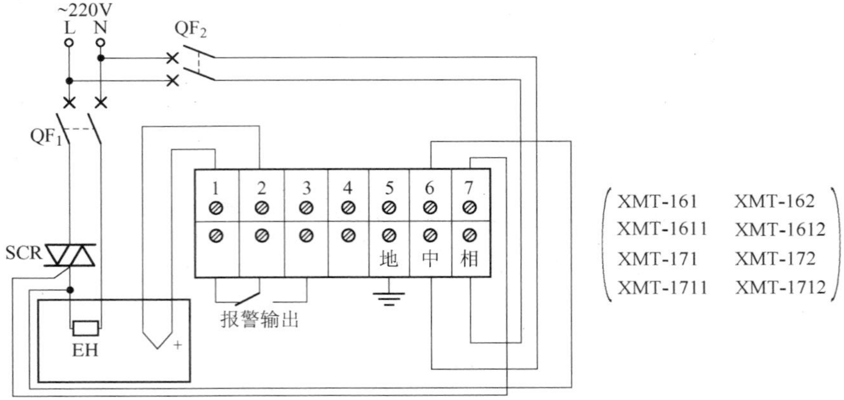

图7.4 常用温控仪控温接线(四)

7.5 常用温控仪控温接线(五)

常用温控仪控温接线(五)如图7.5所示。

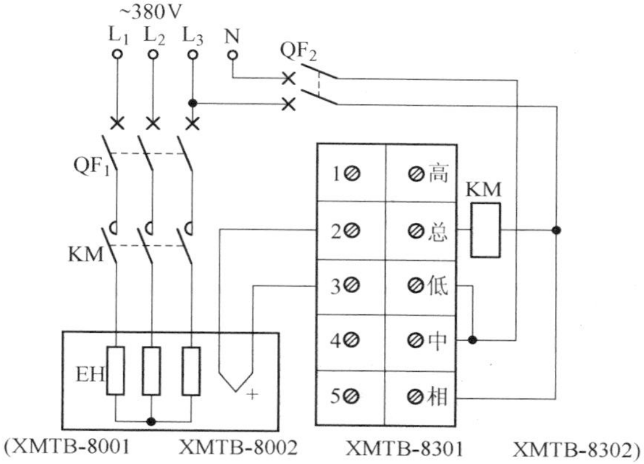

图7.5 常用温控仪控温接线(五)

7.6 常用温控仪控温接线(六)

常用温控仪控温接线(六)如图7.6所示。

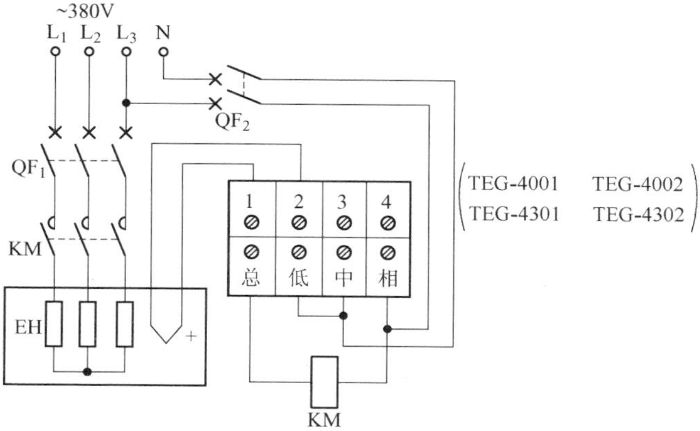

图7.6 常用温控仪控温接线(六)

7.7　常用温控仪控温接线(七)

常用温控仪控温接线(七)如图 7.7 所示。

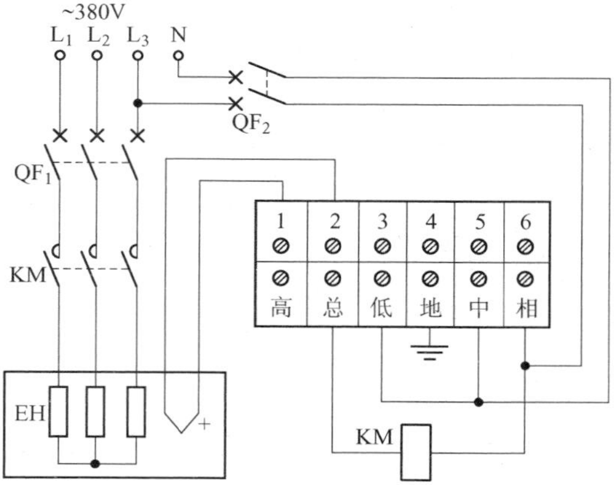

XMTA-2001	XMTA-2002	XMTA-2201	XMTA-2202
XMTA-2301	XMTA-2302	XMTA-2011	XMTA-2012
XMTA-2311	XMTA-2312	XMTA-3001	XMTA-3002
XMTA-3301	XMTA-3302	XMTA-3011	XMTA-3012
XMTA-3311	XMTA-3312	XMTD-2001	XMTD-2002
XMTD-2201	XMTD-2202	XMTD-2301	XMTD-2302
XMTD-2011	XMTD-2012	XMTD-2311	XMTD-2312
XMTD-3001	XMTD-3002	XMTD-3301	XMTD-3302
XMTD-3011	XMTD-3012	XMTD-3311	XMTD-3312

图 7.7　常用温控仪控温接线(七)

7.8　常用温控仪控温接线(八)

常用温控仪控温接线(八)如图 7.8 所示。

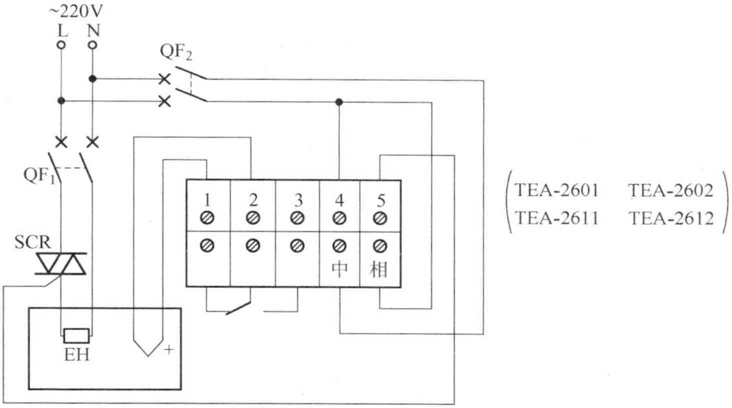

图 7.8 常用温控仪控温接线(八)

7.9 常用温控仪控温接线(九)

常用温控仪控温接线(九)如图 7.9 所示。

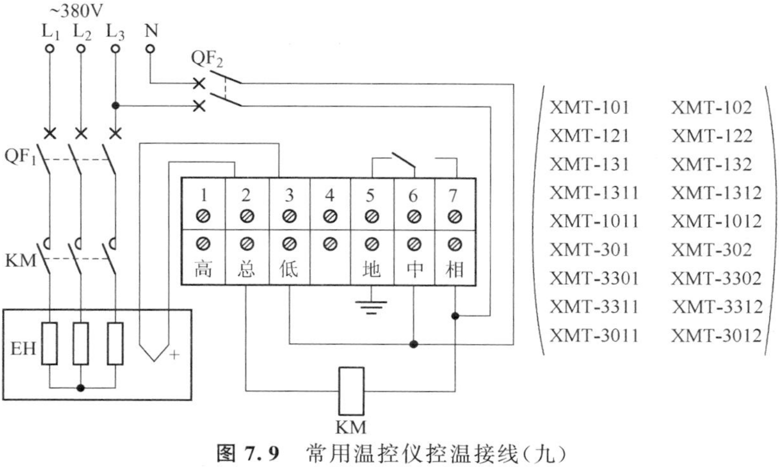

图 7.9 常用温控仪控温接线(九)

7.10　常用温控仪控温接线(十)

常用温控仪控温接线(十)如图7.10所示。

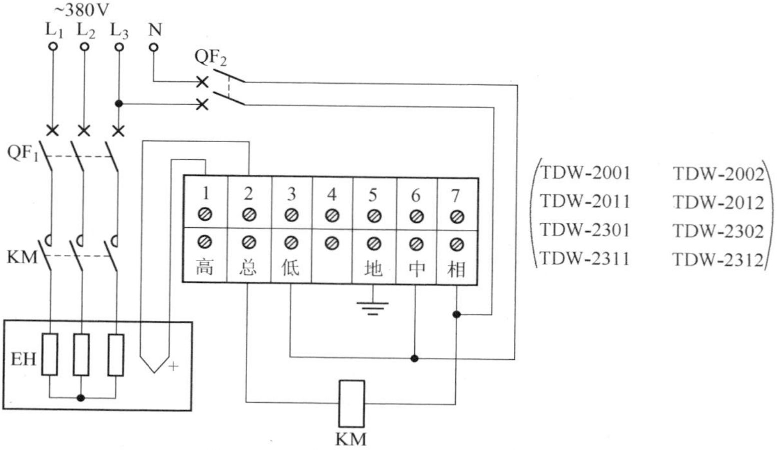

图 7.10　常用温控仪控温接线(十)

7.11　常用温控仪控温接线(十一)

常用温控仪控温接线(十一)如图7.11所示。

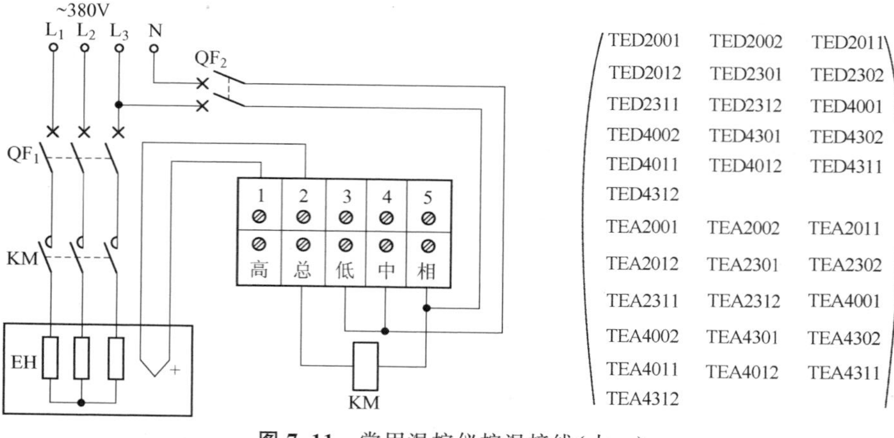

图 7.11　常用温控仪控温接线(十一)

7.12　常用温控仪控温接线(十二)

常用温控仪控温接线(十二)如图 7.12 所示。

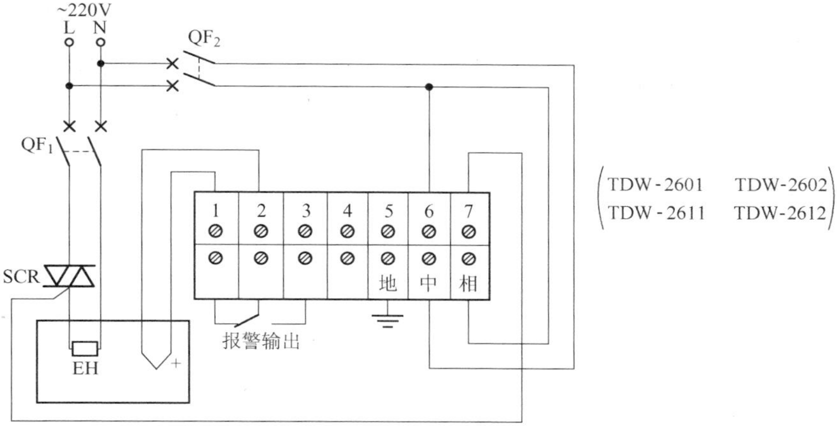

图 7.12　常用温控仪控温接线(十二)

7.13　常用温控仪控温接线(十三)

常用温控仪控温接线(十三)如图 7.13 所示。

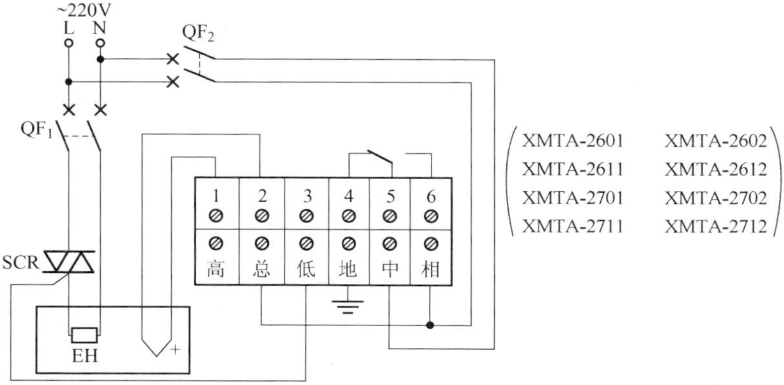

图 7.13　常用温控仪控温接线(十三)

7.14 常用温控仪控温接线(十四)

常用温控仪控温接线(十四)如图 7.14 所示。

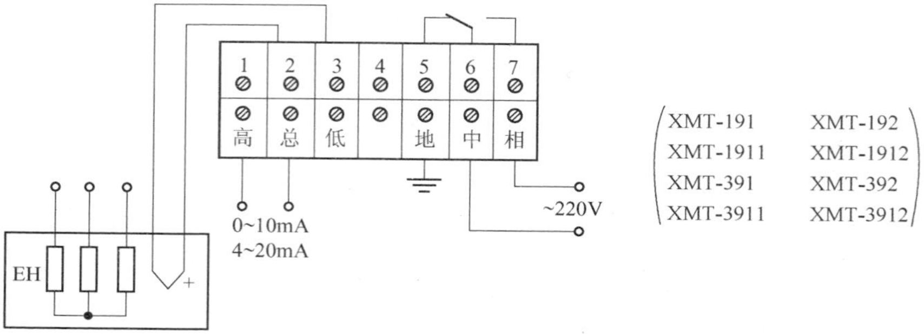

图 7.14 常用温控仪控温接线(十四)

7.15 CST-312S 系列数字温度显示调节表接线

CST-312S 系列数字温度显示调节表接线如图 7.15 所示。

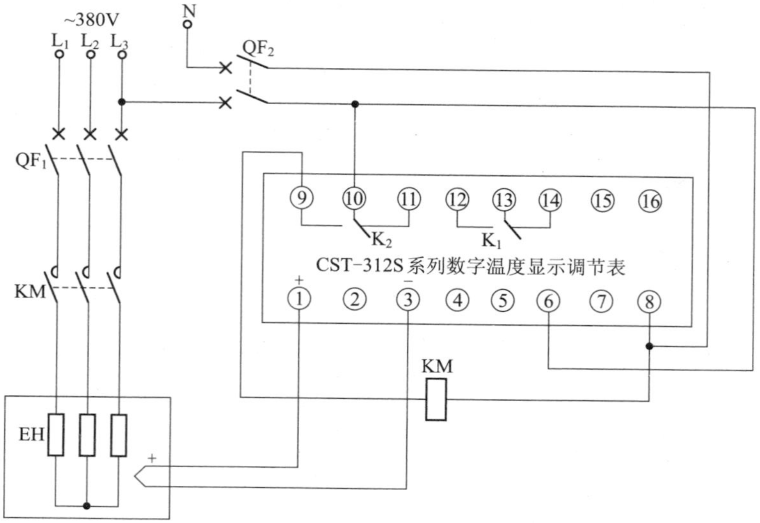

图 7.15 CST-312S 系列数字温度显示调节表接线

第 8 章　电容补偿器应用

8.1　JKF8 型智能低压无功补偿控制器接线

JKF8 型智能低压无功补偿控制器接线如图 8.1 所示。

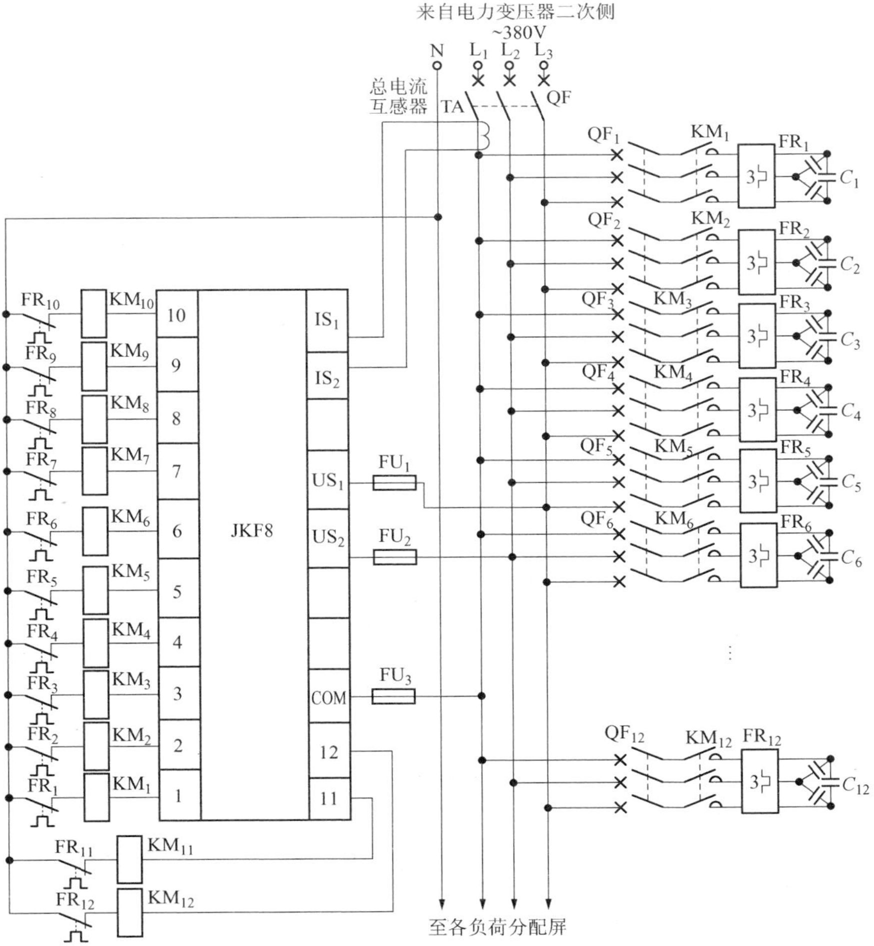

图 8.1　JKF8 型智能低压无功补偿控制器接线

8.2　JKL1B 电容补偿控制器接线

JKL1B 电容补偿控制器接线如图 8.2 所示。

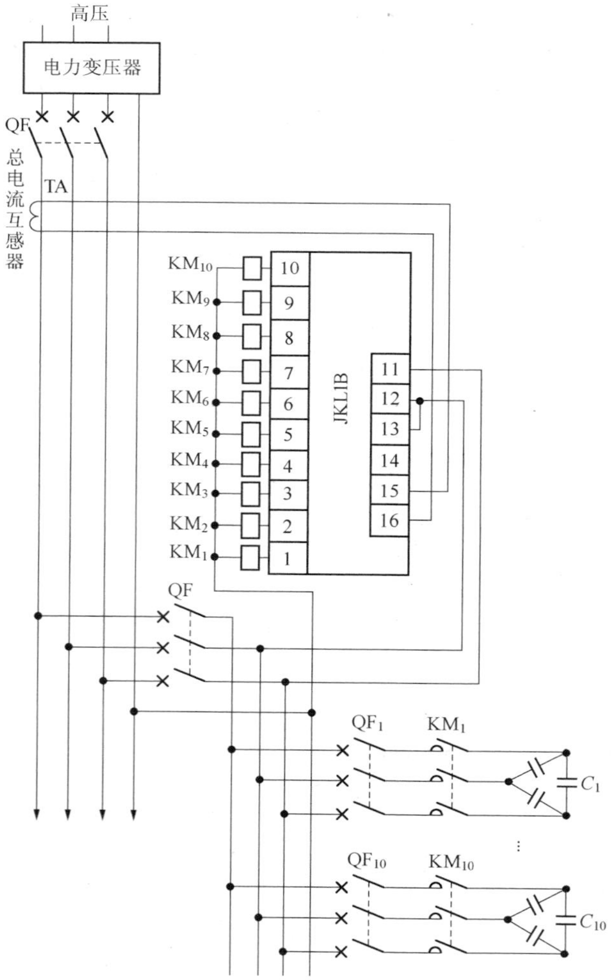

图 8.2　JKL1B 电容补偿控制器接线

8.3 JKL3B 电容补偿控制器接线

JKL3B 电容补偿控制器接线如图 8.3 所示。

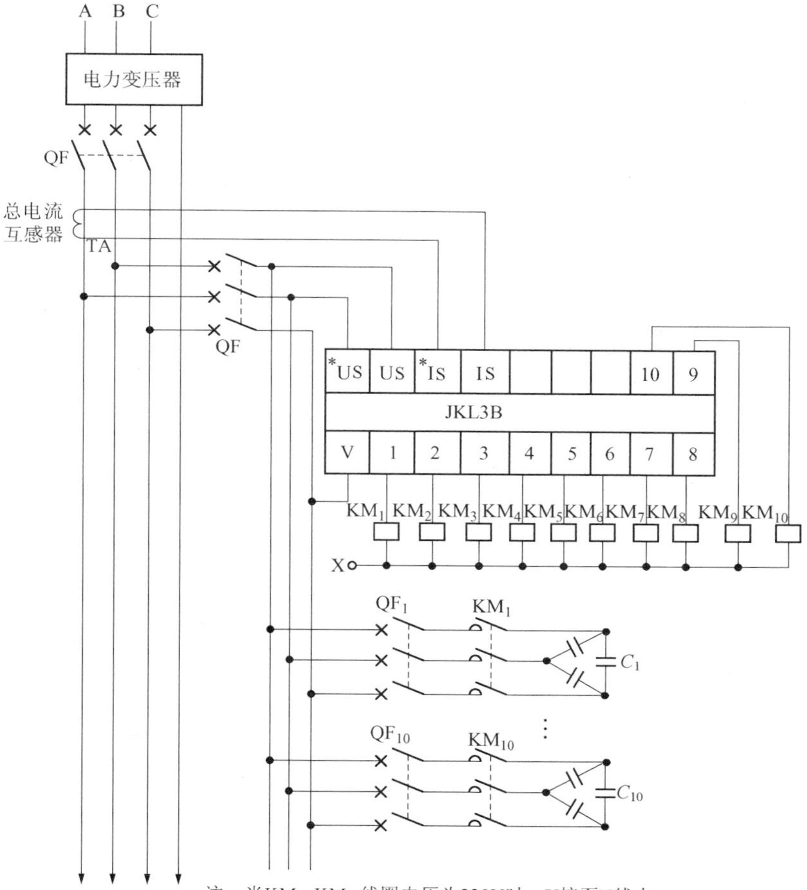

注：当KM_1~KM_{10}线圈电压为220V时，X接至N线上；
当KM_1~KM_{10}线圈电压为380V时，X接至A相或B相上

图 8.3 JKL3B 电容补偿控制器接线

8.4 JKL5C 电容补偿控制器接线

JKL5C 电容补偿控制器接线如图 8.4 所示。

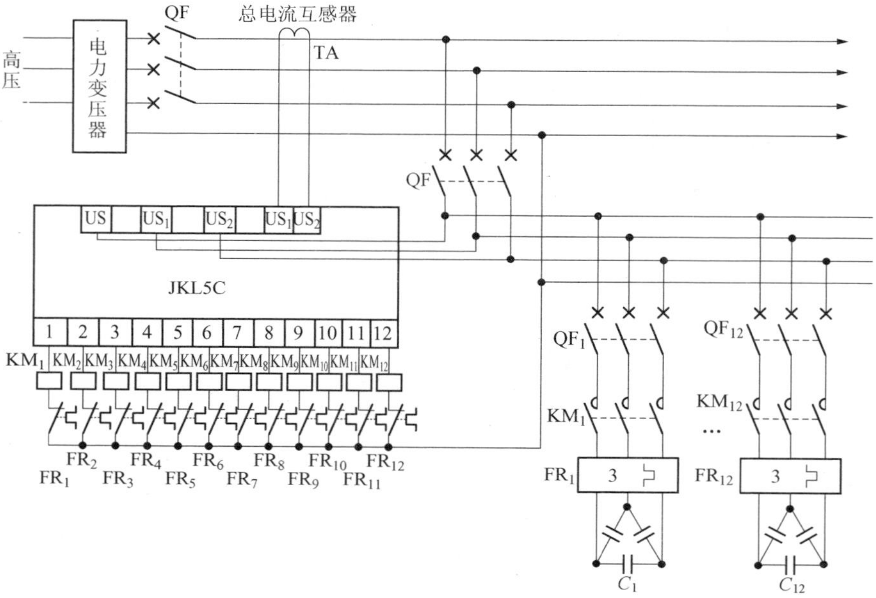

图 8.4 JKL5C 电容补偿控制器接线

8.5 JKW1B 电容补偿控制器接线

JKW1B 电容补偿控制器接线如图 8.5 所示。

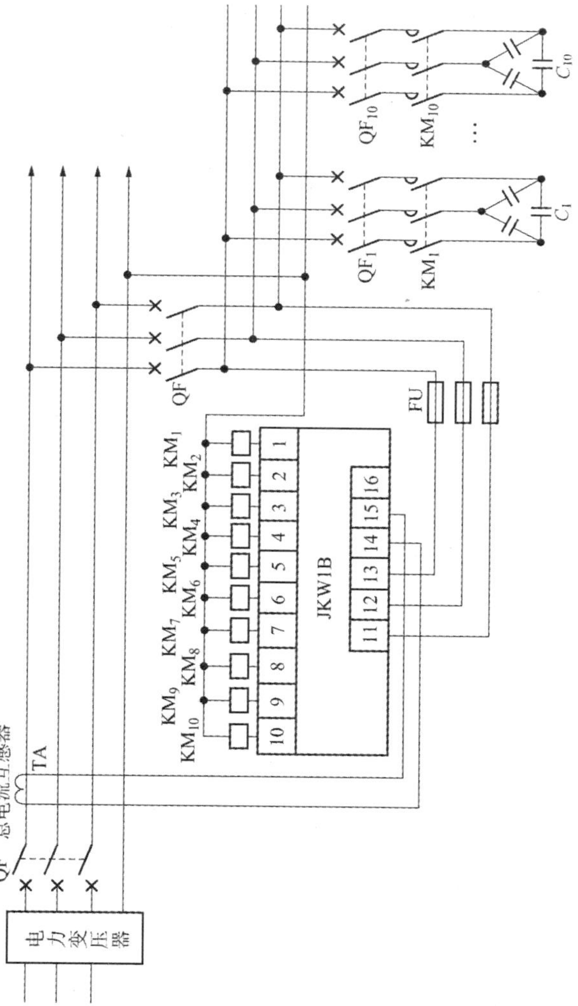

图 8.5 JKW1B 电容补偿控制器接线

8.6　JKW5B 电容补偿控制器接线

JKW5B 电容补偿控制器接线如图 8.6 所示。

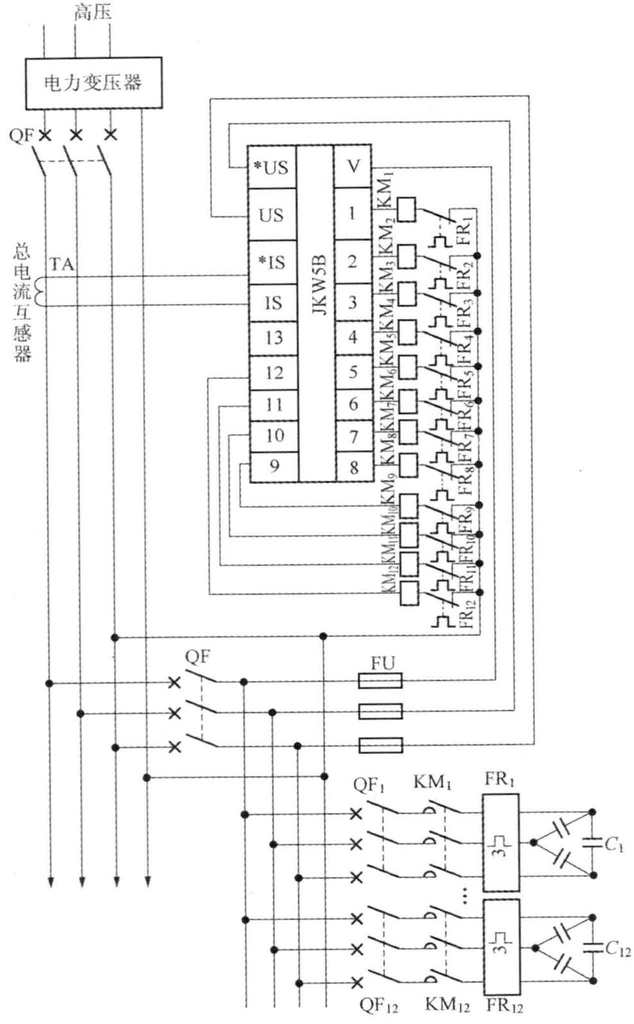

图 8.6　JKW5B 电容补偿控制器接线

8.7 JKW5C 电容补偿控制器接线

JKW5C 电容补偿控制器接线如图 8.7 所示。

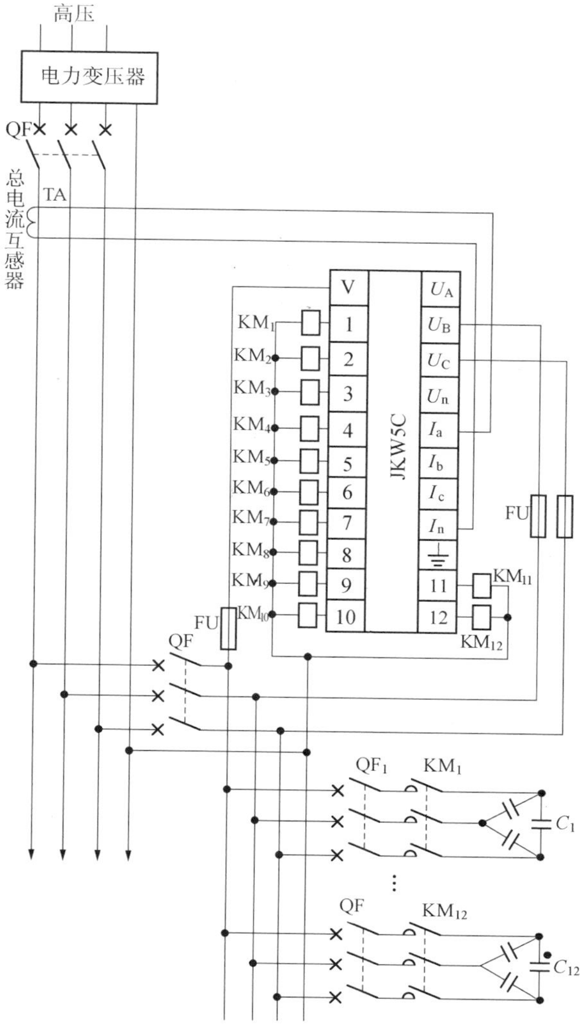

图 8.7 JKW5C 电容补偿控制器接线

8.8　JKW5S 电容补偿控制器接线

JKW5S 电容补偿控制器接线如图 8.8 所示。

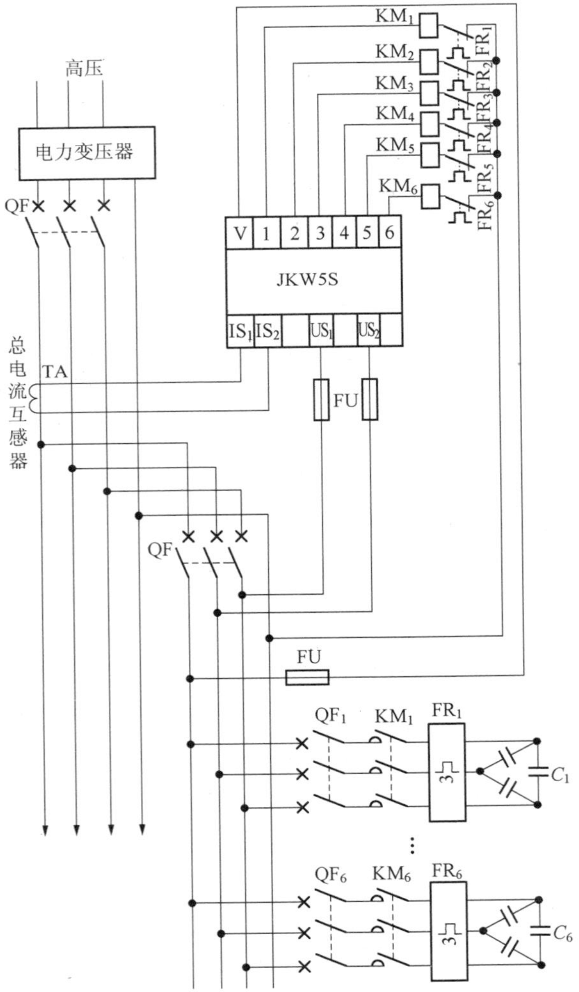

图 8.8　JKW5S 电容补偿控制器接线

8.9 NWKL1 系列智能型低压无功补偿控制器应用接线

NWKL1 系列智能型低压无功补偿控制器应用接线如图 8.9 所示。

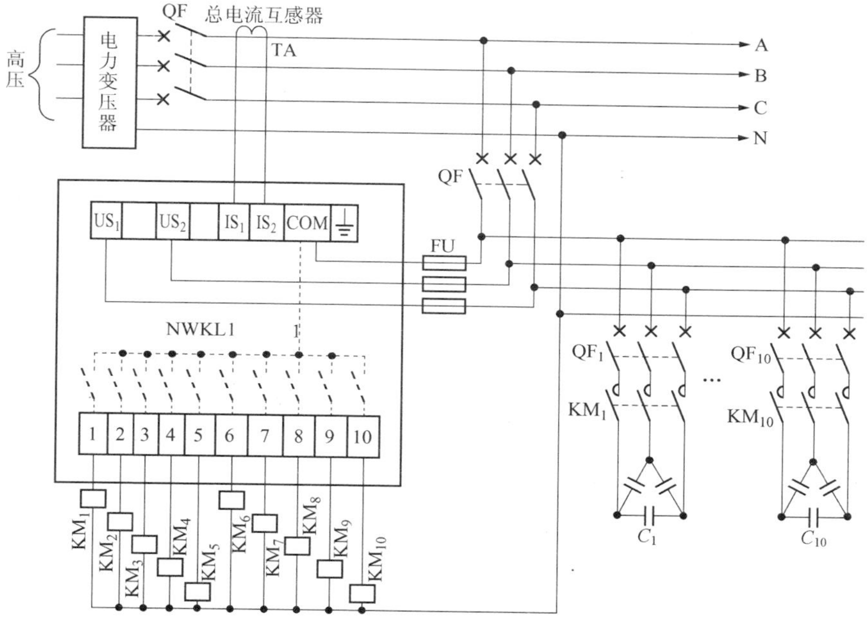

图 8.9 NWKL1 系列智能型低压无功补偿控制器应用接线

8.10 移相电容器用 LW5-16/TM706/6 转换开关接线(8 路)

移相电容器用 LW5-16/TM706/6 转换开关接线(8 路)接线如图 8.10 所示。

当转换开关拨至自动位置时,触点③、④和⑤、⑥接通。当转换开关拨至停止位置时,触点①、②接通。当转换开关拨至手动位置时,动作原理同 8.11 节。

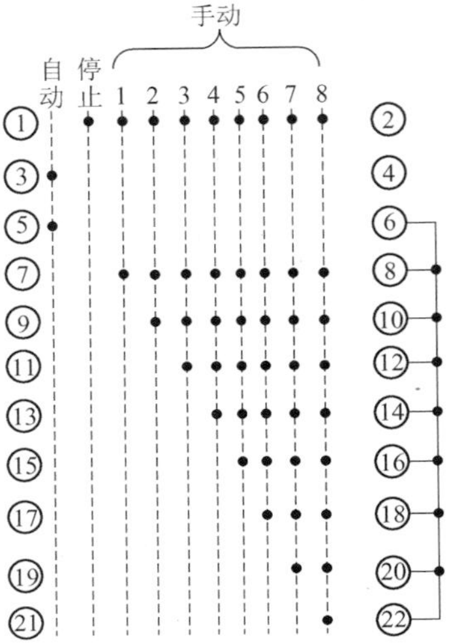

图 8.10 移相电容器用 LW5-16/TM706/6 转换开关接线(8 路)

8.11 移相电容器用 LW5-16/TM706/7 转换开关接线(10 路)

如图 8.11 所示,LW5-16/TM706/7 转换开关触点动作(闭合)介绍:当转换开关拨至自动位置时,触点③、④和⑤、⑥接通;当转换开关拨至停止位置时,触点①、②接通。

1. 手动从停止挡逐级加至 10 挡时的动作过程

当转换开关由停止挡拨至 1 挡位置时,触点①、②和⑦、⑧接通。

当转换开关由 1 挡拨至 2 挡位置时,触点①、②,⑦、⑧和⑨、⑩接通。

当转换开关由 2 挡拨至 3 挡位置时,触点①、②,⑦、⑧,⑨、⑩和⑪、⑫接通。

当转换开关由 3 挡拨至 4 挡位置时,触点①、②,⑦、⑧,⑨、⑩,⑪、⑫和⑬、⑭接通。

当转换开关由 4 挡拨至 5 挡位置时,触点①、②,⑦、⑧,⑨、⑩,⑪、⑫,⑬、⑭和⑮、⑯接通。

当转换开关由 5 挡拨至 6 挡位置时,触点①、②,⑦、⑧,⑨、⑩,⑪、⑫,⑬、⑭,⑮、⑯和⑰、⑱接通。

当转换开关由 6 挡拨至 7 挡位置时,触点①、②,⑦、⑧,⑨、⑩,⑪、

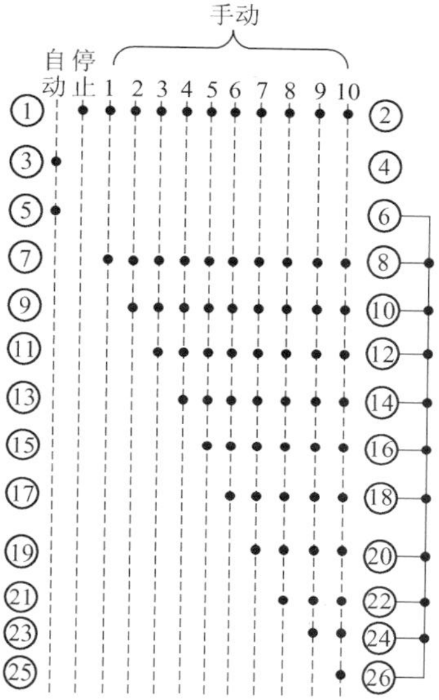

图 8.11 移相电容器用 LW5-16/TM706/7 转换开关接线(10 路)

⑫,⑬、⑭,⑮、⑯,⑰、⑱和⑲、⑳接通。

当转换开关由 7 挡拨至 8 挡位置时,触点①、②,⑦、⑧,⑨、⑩,⑪、⑫,⑬、⑭,⑮、⑯,⑰、⑱,⑲、⑳和㉑、㉒接通。

当转换开关由 8 挡拨至 9 挡位置时,触点①、②,⑦、⑧,⑨、⑩,⑪、⑫,⑬、⑭,⑮、⑯,⑰、⑱,⑲、⑳,㉑、㉒和㉓、㉔接通。

当转换开关由 9 挡拨至 10 挡位置时,触点①、②,⑦、⑧,⑨、⑩,⑪、⑫,⑬、⑭,⑮、⑯,⑰、⑱,⑲、⑳,㉑、㉒,㉓、㉔和㉕、㉖接通。

2. 手动从 10 挡逐级减至停止挡时的动作过程

当转换开关由 10 挡拨至 9 挡位置时,触点㉕、㉖断开,触点①、②,⑦、⑧,⑨、⑩,⑪、⑫,⑬、⑭,⑮、⑯,⑰、⑱,⑲、⑳,㉑、㉒和㉓、㉔仍处于闭合状态。

当转换开关由 9 挡拨至 8 挡位置时,触点㉓、㉔断开,触点①、②,⑦、⑧,⑨、⑩,⑪、⑫,⑬、⑭,⑮、⑯,⑰、⑱,⑲、⑳和㉑、㉒仍处于闭合状态。

当转换开关由 8 挡拨至 7 挡位置时,触点㉑、㉒断开,触点①、②,⑦、⑧,⑨、⑩,⑪、⑫,⑬、⑭,⑮、⑯,⑰、⑱和⑲、⑳仍处于闭合状态。

当转换开关由 7 挡拨至 6 挡位置时,触点⑲、⑳断开,触点①、②,⑦、⑧,⑨、⑩,⑪、⑫,⑬、⑭,⑮、⑯和⑰、⑱仍处于闭合状态。

当转换开关由 6 挡拨至 5 挡位置时,触点⑰、⑱断开,触点①、②,⑦、

⑧,⑨、⑩,⑪、⑫,⑬、⑭和⑮、⑯仍处于闭合状态。

当转换开关由5挡拨至4挡位置时,触点⑮、⑯断开,触点①、②,⑦、⑧,⑨、⑩,⑪、⑫和⑬、⑭仍处于闭合状态。

当转换开关由4挡拨至3挡位置时,触点⑬、⑭断开,触点①、②,⑦、⑧,⑨、⑩和⑪、⑫仍处于闭合状态。

当转换开关由3挡拨至2挡位置时,触点⑪、⑫断开,触点①、②,⑦、⑧和⑨、⑩仍处于闭合状态。

当转换开关由2挡拨至1挡位置时,触点⑨、⑩断开,触点①、②和⑦、⑧仍处于闭合状态。

当转换开关由1挡拨至停止挡位置时,触点⑦、⑧断开,触点①、②仍处于闭合状态。

8.12 移相电容器用LW5-16/TM712/8转换开关接线(12路)

移相电容器用LW5-16/TM712/8转换开关接线(12路)如图8.12所示。电路工作原理与8.11节类似,请读者自行分析。

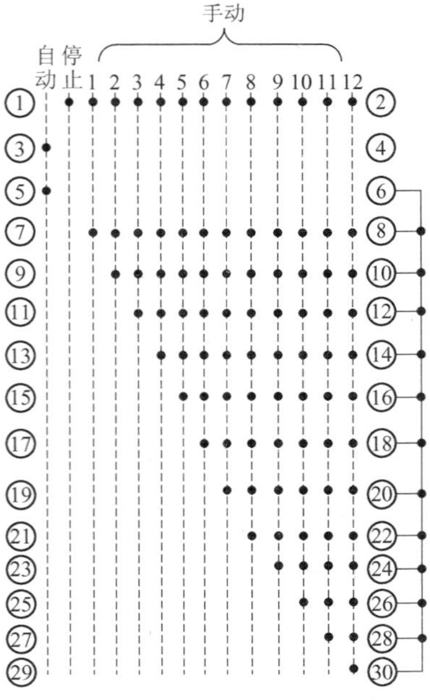

图8.12 移相电容器用LW5-16/TM712/8转换开关接线(12路)

8.13 LW5-16/TM706/7 转换开关控制 10 路补偿电容器完成手动控制

本例采用 LW5-16/TM706/7 型转换开关控制 10 路补偿电容器进行手动控制(图 8.13)。

1. 手动从前向后逐台投入

当 SA 置于手动 1(即 1 挡)位置时,触点⑦、⑧接通,交流接触器 KM_1 吸合,补偿电容器 C_1 投入运行。

当 SA 置于手动 2 位置时,触点⑦、⑧,⑨、⑩均接通,交流接触器 KM_1、KM_2 吸合,补偿电容器 C_1、C_2 投入运行。

当 SA 置于手动 3 位置时,触点⑦、⑧,⑨、⑩,⑪、⑫均接通,交流接触器 KM_1、KM_2、KM_3 吸合,补偿电容器 C_1～C_3 投入运行。

当 SA 置于手动 4 位置时,触点⑦、⑧,⑨、⑩,⑪、⑫,⑬、⑭均接通,交流接触器 KM_1～KM_4 吸合,补偿电容器 C_1～C_4 投入运行。

当 SA 置于手动 5 位置时,触点⑦、⑧,⑨、⑩,⑪、⑫,⑬、⑭,⑮、⑯均接通,交流接触器 KM_1～KM_5 吸合,补偿电容器 C_1～C_5 投入运行。

当 SA 置于手动 6 位置时,触点⑦、⑧,⑨、⑩,⑪、⑫,⑬、⑭,⑮、⑯,⑰、⑱均接通,交流接触器 KM_1～KM_6 吸合,补偿电容器 C_1～C_6 投入运行。

当 SA 置于手动 7 位置时,触点⑦、⑧,⑨、⑩,⑪、⑫,⑬、⑭,⑮、⑯,⑰、⑱,⑲、⑳均接通,交流接触器 KM_1～KM_7 吸合,补偿电容器 C_1～C_7 投入运行。

当 SA 置于手动 8 位置时,触点⑦、⑧,⑨、⑩,⑪、⑫,⑬、⑭,⑮、⑯,⑰、⑱,⑲、⑳,㉑、㉒均接通,交流接触器 KM_1～KM_8 吸合,补偿电容器 C_1～C_8 投入运行。

当 SA 置于手动 9 位置时,触点⑦、⑧,⑨、⑩,⑪、⑫,⑬、⑭,⑮、⑯,⑰、⑱,⑲、⑳,㉑、㉒,㉓、㉔均接通,交流接触器 KM_1～KM_9 吸合,补偿电容器 C_1～C_9 投入运行。

当 SA 置于手动 10 位置时,触点⑦、⑧,⑨、⑩,⑪、⑫,⑬、⑭,⑮、⑯,⑰、⑱,⑲、⑳,㉑、㉒,㉓、㉔,㉕、㉖均接通,交流接触器 KM_1～KM_{10} 全部吸合,补偿电容器 C_1～C_{10} 均投入运行。

至此,10 路补偿电容器已从前向后逐台全部投入完成。

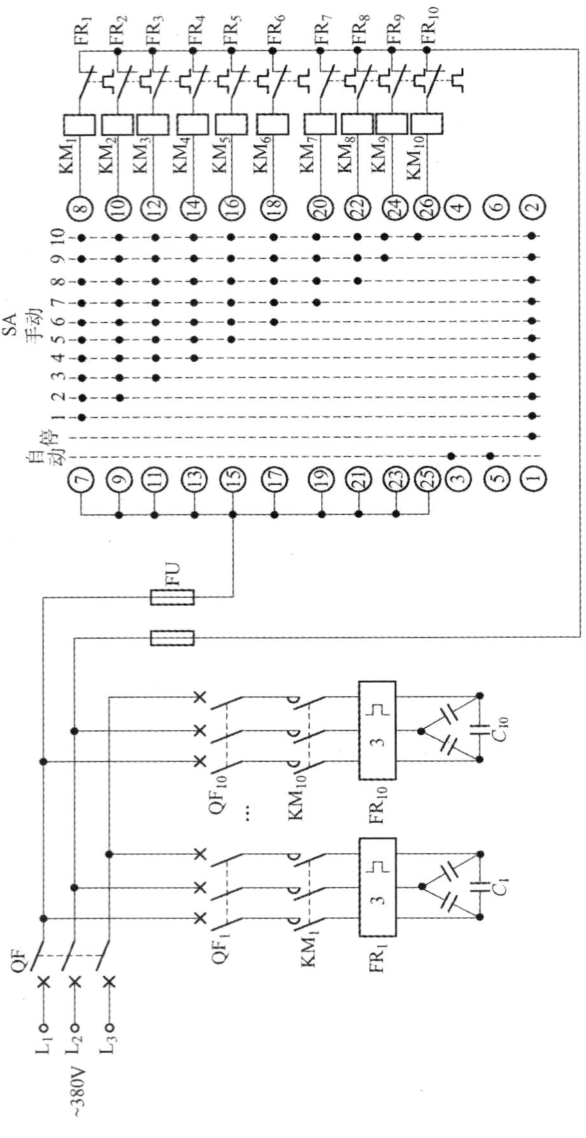

图 8.13 LW5-16/TM706/7 转换开关控制 10 路补偿电容器完成手动控制

2. 手动从后向前逐台退出

倘若 10 路补偿电容器已全部投入后需逆序操作退出时，则将 SA 先置于手动 9 位置时，触点㉕、㉖断开，交流接触器 KM_{10} 释放，补偿电容器 C_{10} 先退出运行。再将 SA 置于手动 8 位置时，触点㉓、㉔断开，交流接触器 KM_9 释放，补偿电容器 C_9 又退出运行。再将 SA 置于手动 7 位置时，触点㉑、㉒断开，交流接触器 KM_8 释放，补偿电容器 C_8 又退出运行。再将 SA 置于手动 6 位置时，触点⑲、⑳断开，交流接触器 KM_7 释放，补偿电容器 C_7 又退出运行。再将 SA 置于手动 5 位置时，触点⑰、⑱断开，交流接触器 KM_6 释放，补偿电容器 C_6 又退出运行。再将 SA 置于手动 4 位置时，触点⑮、⑯断开，交流接触器 KM_5 释放，补偿电容器 C_5 又退出运行。再将 SA 置于手动 3 位置时，触点⑬、⑭断开，交流接触器 KM_4 释放，补偿电容器 C_4 又退出运行。再将 SA 置于手动 2 位置时，触点⑪、⑫断开，交流接触器 KM_3 释放，补偿电容器 C_3 又退出运行。再将 SA 置于手动 1 位置时，触点⑨、⑩断开，交流接触器 KM_2 释放，补偿电容器 C_2 又退出运行。再将 SA 置于停止位置时，触点⑦、⑧断开，交流接触器 KM_1 释放，补偿电容器 C_1 最后一个退出运行。

第9章 电动机实用控制电路

9.1 单向点动控制电路

单向点动控制电路如图 9.1 所示。

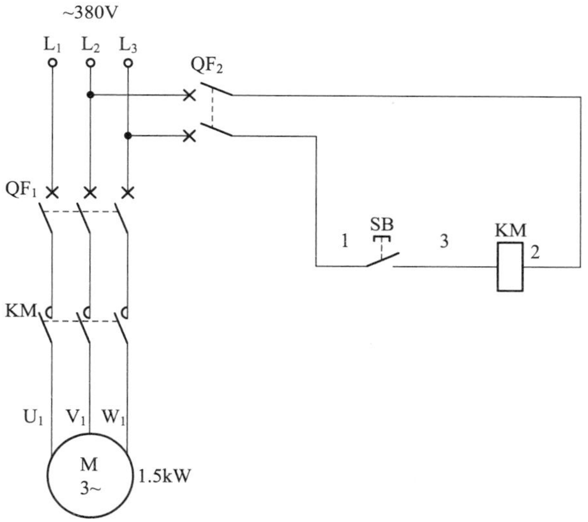

图 9.1 单向点动控制电路

9.1.1 工作原理分析

首先合上主回路断路器 QF_1、控制回路断路器 QF_2，为电路工作提供准备条件。

点动：按下点动按钮 SB(1-3)，交流接触器 KM 线圈得电吸合，KM 三相主触点闭合，电动机得电运转，拖动设备工作。按住点动按钮的时间即电动机点动运转的时间。

停止：松开点动按钮 SB(1-3)，交流接触器 KM 线圈断电释放，KM 三相主触点断开，电动机失电停止运转，拖动设备停止。

9.1.2 电路图

1. 电路布线图

单向点动控制电路布线图如图9.2所示。

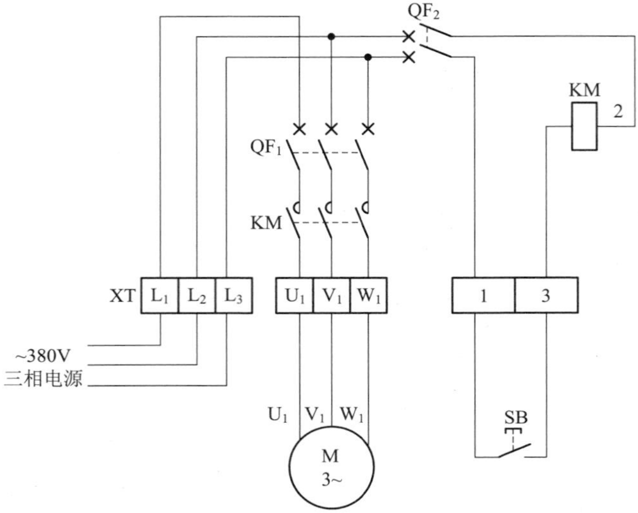

图9.2 单向点动控制电路布线图

从图9.2中可以看出，XT为接线端子排，通过端子排XT来区分电气元件的安装位置，XT的上方为放置在配电箱内底板上的电气元件，XT的下方为外接或引至配电箱门面板上的电气元件。

从端子排XT上看，共有8个接线端子。其中，L_1、L_2、L_3这3根线为由外引入配电箱的三相380V电源，并穿管引入；U_1、V_1、W_1这3根线为电动机线，穿管接至电动机接线盒内的U_1、V_1、W_1上；1、3这2根线为控制线，接至配电箱门面板上的按钮开关SB上。

2. 电路接线图

单向点动控制电路实际接线如图9.3所示。

3. 元器件安装排列图及端子图

单向点动控制电路元器件安装排列图及端子图如图9.4所示。

从图9.4可以看出，断路器QF_1、QF_2及交流接触器KM安装在配电箱内底板上；按钮开关SB安装在配电箱门面板上。

通过端子L_1、L_2、L_3将三相380V交流电源接入配电箱中。

端子 U_1、V_1、W_1 接至电动机接线盒中的 U_1、V_1、W_1 上。

端子 1、3 将配电箱内器件与配电箱门面板上的按钮开关 SB 连接起来。

4. 按钮接线

单向点动控制电路按钮接线如图 9.5 所示。

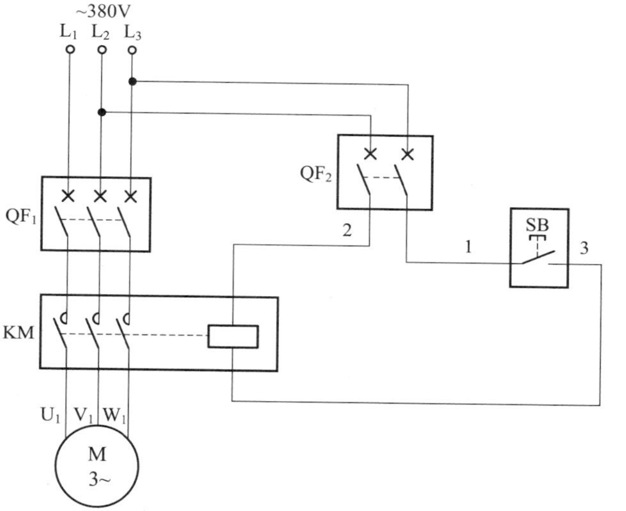

图 9.3 单向点动控制电路实际接线

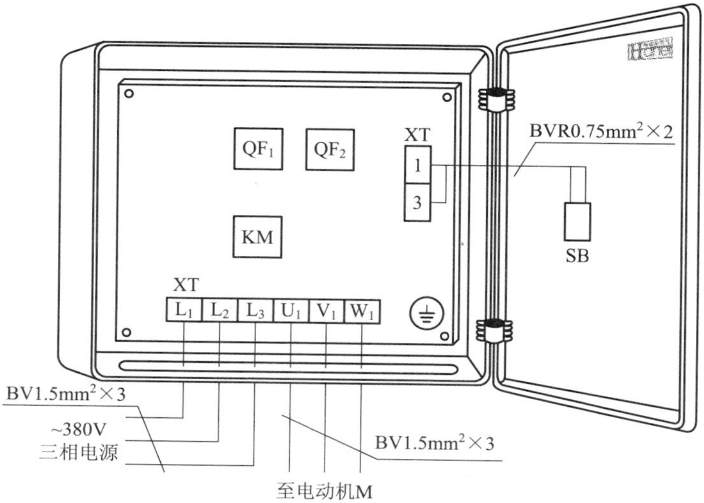

图 9.4 单向点动控制电路元器件安装排列图及端子图

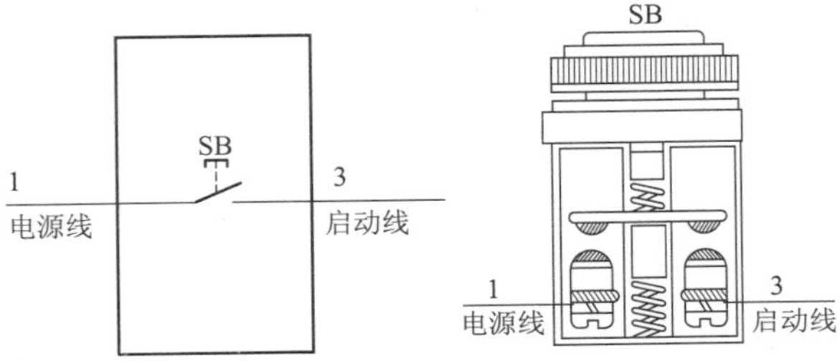

(a) 实际接线　　(b) 实物接线

图 9.5 按钮接线

9.1.3 电气元件作用表

单向点动控制电路电气元件作用表见表9.1。

表 9.1 电气元件作用表

符　号	名称、型号及规格	器件外形及相关部件介绍		作　用
QF_1	断路器 DZ47-63 10A，三极	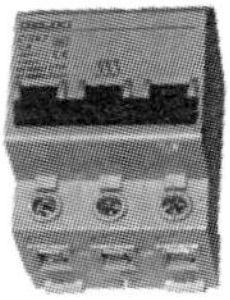	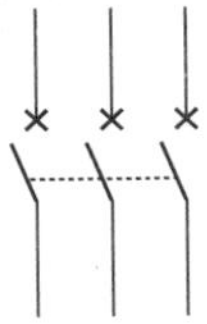 三极断路器	主回路过流保护
QF_2	断路器 DZ47-63 6A，二极	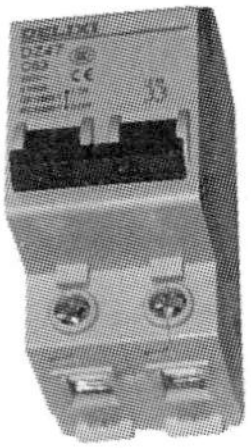	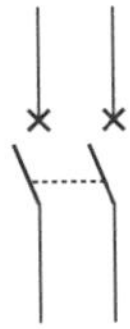 二极断路器	控制回路过流保护
KM	交流接触器 CDC10-10 线圈电压380V		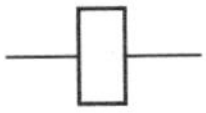 线圈 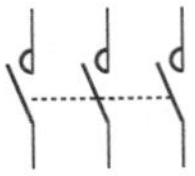 三相主触点  辅助常开触点  辅助常闭触点	控制电动机电源

续表 9.1

符　号	名称、型号及规格	器件外形及相关部件介绍		作　用
SB	按钮开关 LA19-11		 常开触点	点动操作
M	三相异步电动机 Y90S-2 1.5kW,3.4A 2840r/min		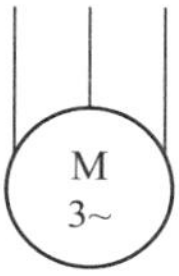	拖　动

依据电气元件作用表给出的相关技术数据选择导线。本电路所配电动机型号为 Y90S-2、功率为 1.5kW、电流为 3.4A。其电动机线 U_1、V_1、W_1 可选用 BV 1.5mm² 导线；电源线 L_1、L_2、L_3 可选用 BV 1.5mm² 导线；控制线 1、3 可选用 BVR 0.75mm² 导线。

9.1.4 调　试

本电路最大的优点是主回路与控制回路分别由断路器 QF_1、QF_2 进行控制，所以调试起来也方便许多。

首先断开主回路断路器 QF_1，先不让电动机运转。合上控制回路断路器 QF_2，调试控制回路工作情况是否正常。按下点动按钮 SB，此时配电箱内的交流接触器 KM 线圈得电吸合，一直按着 SB 不放手，KM 就一直吸合着；当松开 SB 时，交流接触器 KM 线圈就断电释放。反复试验多次，直到能按其控制要求动作，控制回路调试完毕。

此时可调试主回路，合上主回路断路器 QF_1，需注意电动机转向是否有要求，以及电动机与拖动设备之间是否存在问题。按一下（时间越短越好）点动按钮 SB，观察电动机转向是否符合要求以及工作是否正常，若运转正常，再长时间按住点动按钮 SB 不放手，观察电动机运行情况，若运转正常，电路调试结束。最后将热继电器整定电流设置在 3.4A 上即可。

9.1.5 常见故障及排除方法

(1) QF_2 断路器合不上。此故障可能原因是 QF_2 后端连接导线有破皮短路现象或 QF_2 断路器本身故障损坏。

(2) 一按点动按钮 SB，QF_2 断路器就动作跳闸。此故障可能原因为交流接触器 KM 线圈烧毁短路。

(3) 按钮 SB 松开后，交流接触器 KM 线圈仍吸合不释放，电动机仍运转。此故障有三种原因应分别处理。第一种：断开控制回路断路器 QF_2，用耳朵听，用眼睛观察交流接触器 KM 是否有释放声音以及动作情况，若 KM 动作，一般为按钮开关 SB 短路了，更换按钮开关即可；第二种：交流接触器主触点熔焊，需更换交流接触器；第三种：交流接触器铁心极面有油污造成释放缓慢，处理方法很简单，将交流接触器拆开，用细砂纸或干布将铁心极面擦净即可。

(4) 一按 SB，主回路断路器 QF_1 就动作跳闸。可能原因是：电动机出现故障；断路器 QF_1 自身有故障；主回路有接地现象；导线短路。

(5) 一按 SB，电动机嗡嗡响，电动机不转动。可能原因是电源缺相，应检查 QF_1、KM、FR 及供电电源 L_1、L_2、L_3，查找缺相处并加以排除。

(6) 按动 SB 无反应。可能原因是：按钮 SB 损坏；交流接触器 KM 线圈断路；控制回路开路或导线脱落。

9.2 启动、停止、点动混合电路

启动、停止、点动混合电路如图 9.6 所示。

9.2.1 工作原理分析

首先合上主回路断路器 QF_1、控制回路断路器 QF_2，为电路工作提供准备条件。

启动：按下启动按钮 SB_2(3-5)，交流接触器 KM 线圈得电吸合且 KM 辅助常开触点(3-7)与点动按钮 SB_3 的一组常闭触点(5-7)相串联组成自锁，KM 三相主触点闭合，电动机得电运转，拖动设备工作。

停止：按下停止按钮 SB_1(1-3)，交流接触器 KM 线圈断电释放，KM

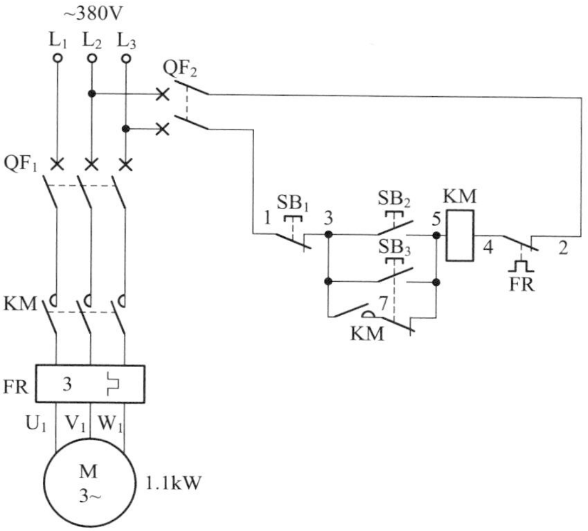

图 9.6 启动、停止、点动混合电路

三相主触点断开，电动机失电停止运转，拖动设备停止工作。

点动：按下点动按钮 SB_3，SB_3 的一组常闭触点(5-7)断开，解除自锁，SB_3 的另一组常开触点(3-5)闭合，交流接触器 KM 线圈得电吸合，KM 三相主触点闭合，电动机得电运转，拖动设备工作；松开点动按钮 SB_3，交流接触器 KM 线圈断电释放，KM 三相主触点断开，电动机失电停止运转，拖动设备停止工作。

9.2.2 电路图

1. 电路布线图

启动、停止、点动混合电路布线图如图 9.7 所示。

从图 9.7 中可以看出，XT 为接线端子排，通过 XT 来区分电气元件的安装位置，XT 的上方为放置在配电箱内底板上的电气元件，XT 的下方为外接或引至配电箱门面板上的电气元件。

从端子排 XT 上看，共有 10 个接线端子。其中，L_1、L_2、L_3 这 3 根线为由外引入配电箱内的三相 380V 电源，并穿管引入；U_1、V_1、W_1 这 3 根线为电动机线，穿管接至电动机接线盒内的 U_1、V_1、W_1 上；1、3、5、7 这 4 根线为控制线，接至配电箱门面板上的按钮开关 SB_1、SB_2、SB_3 上。

2. 电路接线图

启动、停止、点动混合电路实际接线如图 9.8 所示。

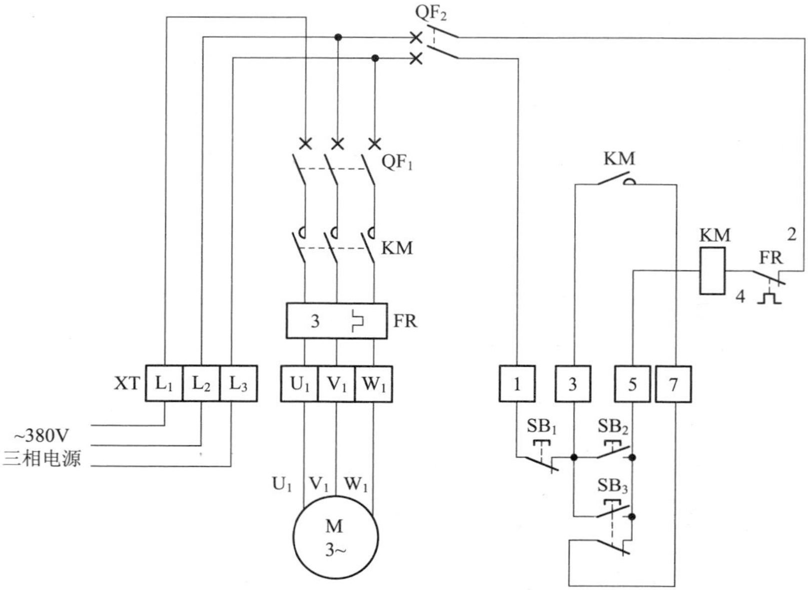

图 9.7 启动、停止、点动混合电路布线图

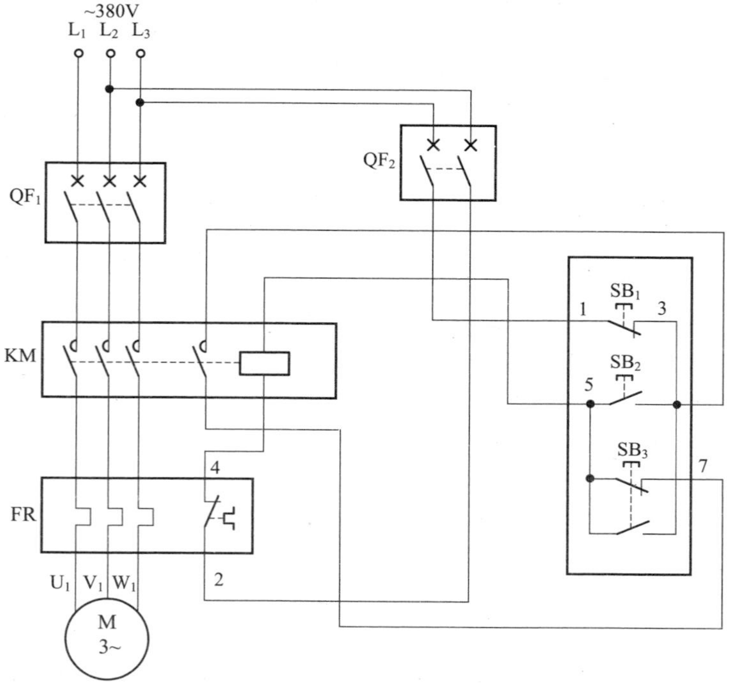

图 9.8 启动、停止、点动混合电路实际接线

3. 元器件安装排列图及端子图

启动、停止、点动混合电路元器件安装排列图及端子图如图 9.9 所示。

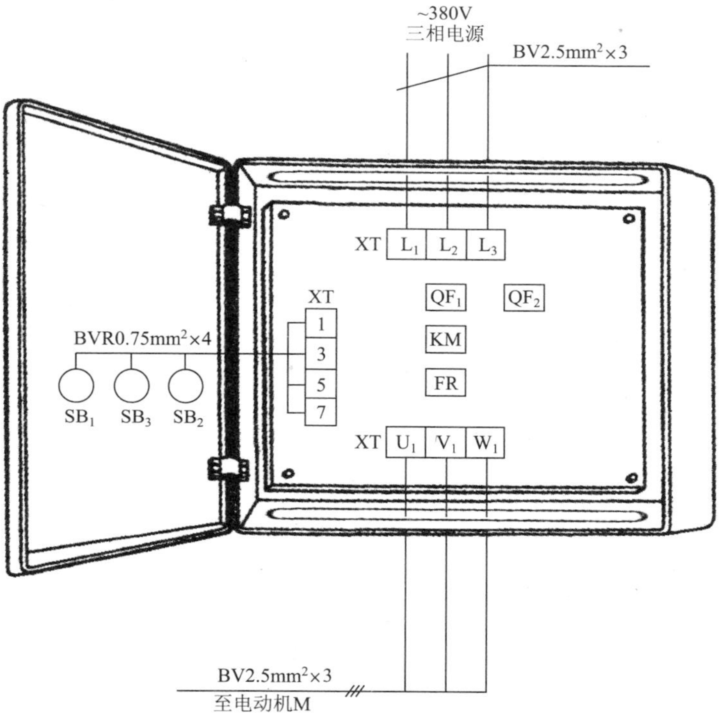

图 9.9 启动、停止、点动混合电路元器件安装排列图及端子图

从图 9.9 可以看出，断路器 QF_1 和 QF_2、交流接触器 KM、热继电器 FR 安装在配电箱内底板上；按钮开关 SB_1、SB_2、SB_3 安装在配电箱门面板上。

通过端子 L_1、L_2、L_3 将三相 380V 交流电源接入配电箱中。

端子 U_1、V_1、W_1 接至电动机接线盒中的 U_1、V_1、W_1 上。

端子 1、3、5、7 将配电箱内的器件与配电箱门面板上的按钮开关 SB_1、SB_2、SB_3 连接起来。

4. 按钮接线图

启动、停止、点动混合电路按钮接线如图 9.10 所示。

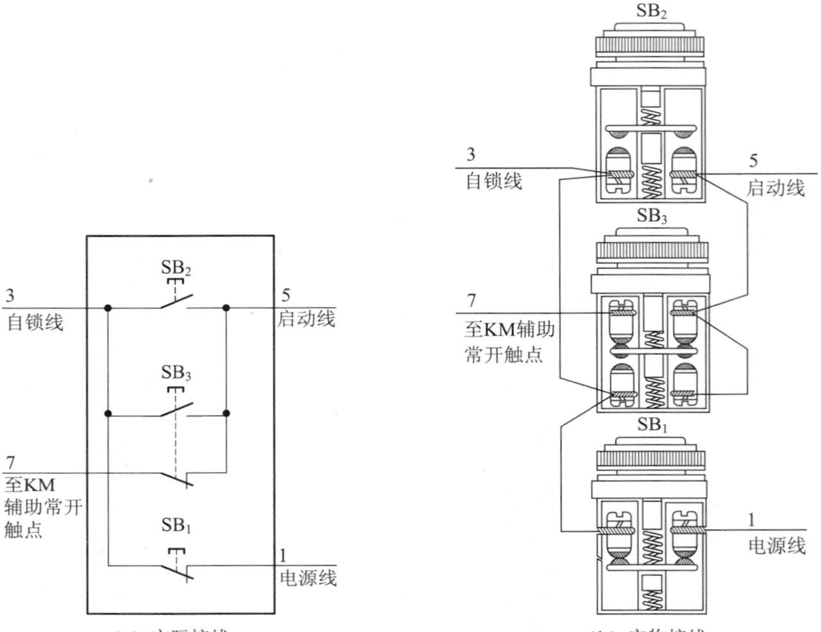

(a) 实际接线　　　(b) 实物接线

图 9.10　按钮接线

9.2.3　电气元件作用表

启动、停止、点动混合电路电气元件作用表见表 9.2。

依据电气元件作用表给出的相关技术数据选择导线，本电路所配电动机型号为 Y90L-6、功率为 1.1kW、电流为 3.2A。其电动机线 U_1、V_1、W_1 可选用 BV 2.5mm² 导线；电源线 L_1、L_2、L_3 可选用 BV 2.5mm² 导线；控制线 1、3、5、7 可选用 BVR 0.75mm² 导线。

表 9.2　电气元件作用表

符　号	名称、型号及规格	器件外形及相关部件介绍		作　用
QF_1	断路器 CDM1-63 10A，三极		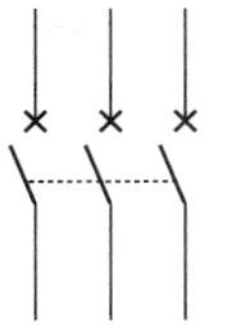 三极断路器	主回路短路保护

续表 9.2

符　号	名称、型号及规格	器件外形及相关部件介绍		作　用
QF_2	断路器 DZ47-63 6A，二极		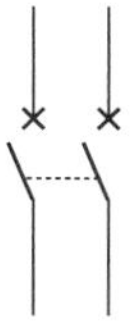 二极断路器	控制回路短路保护
KM	交流接触器 CJX2-0910 线圈电压 380V		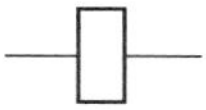 线圈 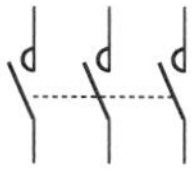 三相主触点  辅助常开触点  辅助常闭触点	控制电动机电源
FR	热继电器 JRS1D-25 2.5～4A		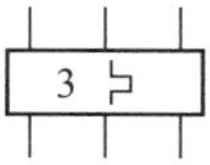 热元件  控制常闭触点  控制常开触点	电动机过载保护
SB_1	按钮开关 LAY7	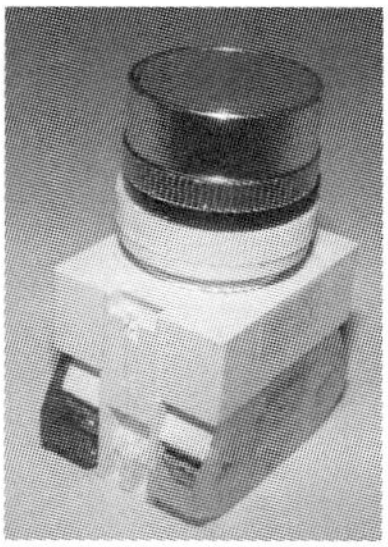	 常闭触点	电动机停止操作用
SB_2			 常开触点	电动机启动操作用
SB_3			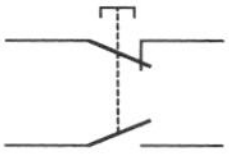 一组常闭触点 一组常开触点	电动机点动操作用

续表 9.2

符　号	名称、型号及规格	器件外形及相关部件介绍		作　用
M	三相异步电动机 Y90L-6 1.1kW,3.2A		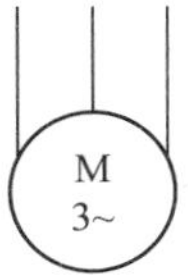	拖　动

9.2.4　调　试

本电路与启动、停止电路的调试方法基本一样。

首先断开主回路断路器 QF_1,合上控制回路断路器 QF_2,调试控制回路。按下启动按钮 SB_2,交流接触器 KM 线圈应得电吸合动作,松开 SB_2 后,KM 也不释放仍自锁工作,按动停止按钮 SB_1,交流接触器 KM 线圈断电释放,反复试验几次若无不正常情况,说明启动、停止工作良好。再调试点动回路,此时按下点动按钮 SB_3,交流接触器 KM 线圈应得电吸合,松开点动按钮 SB_3,KM 线圈应断电立即释放,若能完成上述工作,说明接线正确无误。

倘若在调试过程中出现一合上断路器 QF_2,交流接触器 KM 线圈就得电吸合的现象,那么很有可能是由于此电路加装的一只点动按钮 SB_3 的一组常闭触点直接并联在启动按钮 SB_2 的两端,而 SB_3 的另外一组常开触点与交流接触器 KM 辅助常开触点相串联后并接在启动按钮 SB_2 两端出现错误连接而致。此时可将控制回路断路器 QF_2 断开,将错误连接的交流接触器 KM 辅助常开触点与点动按钮 SB_3 的一组常闭触点相串联,先与点动按钮 SB_3 的另外一组常开触点并联,再并接在启动按钮 SB_2 上。

实际上此电路按钮接线非常容易记忆,首先将交流接触器 KM 辅助常开自锁触点与点动按钮 SB_3 的一组常闭触点相串联,再与 SB_3 的另一组常开触点并联,然后与 SB_2 常开触点并联,最后将并联好的任意一端与停止按钮 SB_1 的常闭触点相串联,并按图 9.10 所示引出四根导线接至相应位置即可。

控制回路调试完毕之后,将主回路断路器 QF_1 合上,按下启动按钮 SB_2,交流接触器 KM 线圈得电吸合且自锁,其三相主触点闭合,电动机得电运转(此时观察电动机转向是否符合运转方向要求)。如需停止,按

下停止按钮 SB_1 或点动按钮 SB_3 均可。若在运转中按下点动按钮 SB_3 后松开手时，交流接触器 KM 线圈能断电释放，说明点动也符合要求。

为了保证电动机在出现过载时能可靠地得到保护，可将热继电器 FR 电流调整旋钮旋至与电动机额定电流一致，或将此值调得小一些，比电动机正常运转电流还小，操作启动按钮 SB_2 让电动机运转，此时，热继电器 FR 若能动作使交流接触器线圈断电释放，说明热继电器正常，再将电流调整旋钮恢复到与电动机额定电流值一致即可。

9.2.5 常见故障及排除方法

(1) 按下 SB_2 启动按钮，交流接触器 KM 线圈吸不住。可能原因是：供电电压低，需要测量并恢复供电电压；交流接触器动、静铁心距离相差太大（但此故障有很大的电磁噪声，应加以区分并分别排除故障），可通过在静铁心下面垫纸片的方式来调整动、静铁心之间的距离，排除相应故障。

(2) 一合上控制回路断路器 QF_2，交流接触器 KM 线圈就吸合。此时可用一只手按下停止按钮 SB_1 不放，再用另一只手轻轻按住点动按钮 SB_3（注意不要用力按到底），再将停止按钮 SB_1 松开。若此时交流接触器线圈不吸合，再将点动按钮 SB_3 松开；若交流接触器 KM 线圈吸合了，此故障为 SB_3 点动按钮接线错误。最常见的是 SB_3 的一组常闭触点本应与 KM 辅助常开自锁触点相串联再并联在 SB_2 按钮开关上，而上述故障出现时 SB_3 的一组常闭触点、KM 辅助常开自锁触点及 SB_3 常开触点、SB_2 常开触点全部并联起来了。由于 SB_3 常闭触点的作用，一送电，交流接触器 KM 线圈回路就得电工作。应断开控制回路断路器 QF_2，对照图纸恢复接线，排除故障。

9.3 单向启动、停止电路

单向启动、停止电路如图 9.11 所示。

9.3.1 工作原理分析

首先合上主回路断路器 QF_1、控制回路断路器 QF_2，为电路工作提供准备条件。

启动：按下启动按钮 SB_2(3-5)，交流接触器 KM 线圈得电吸合且 KM

辅助常开触点(3-5)闭合自锁,KM 三相主触点闭合,电动机得电运转,拖动设备开始工作。

停止:按下停止按钮 SB_1(1-3),交流接触器 KM 线圈断电释放,KM 三相主触点断开,电动机失电停止运转,拖动设备停止工作。

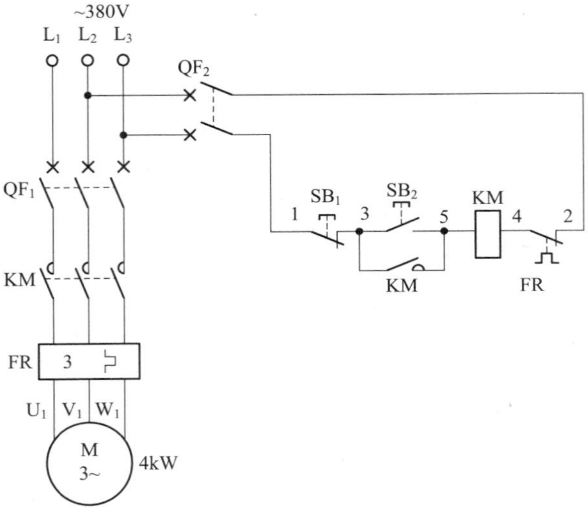

图 9.11 单向启动、停止电路

9.3.2 电路图

1. 电路布线图

单向启动、停止电路布线图如图 9.12 所示。

从图 9.12 中可以看出,XT 为接线端子排,通过端子排 XT 来区分电气元件的安装位置,XT 的上方为放置在配电箱内底板上的电气元件,XT 的下方为外接或引至配电箱门面板上的电气元件。

从端子排 XT 上看,共有 9 个接线端子。其中,L_1、L_2、L_3 这 3 根线由外引入配电箱内的三相 380V 电源,并穿管引入;U_1、V_1、W_1 这 3 根线为电动机线,穿管接至电动机接线盒内的 U_1、V_1、W_1 上;1、3、5 这 3 根线为控制线,接至配电箱门面板上的按钮开关 SB_1、SB_2 上。

2. 电路接线图

单向启动、停止电路接线如图 9.13 所示。

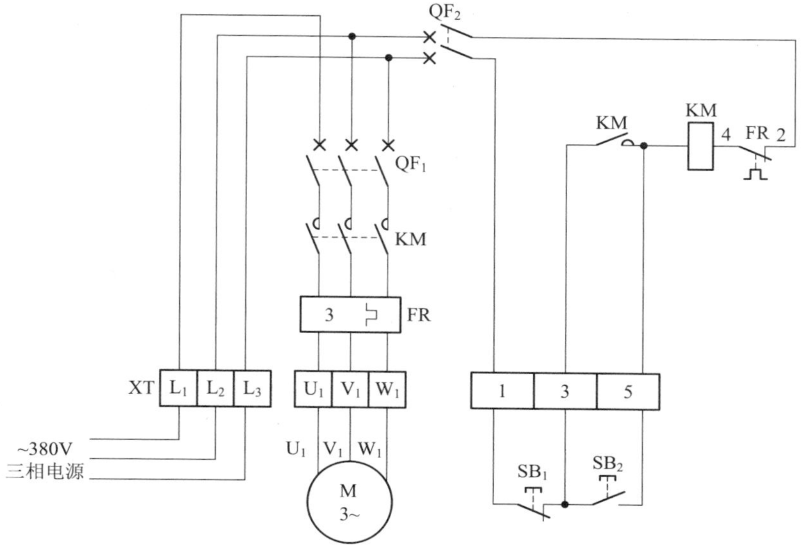

图 9.12 单向启动、停止电路布线图

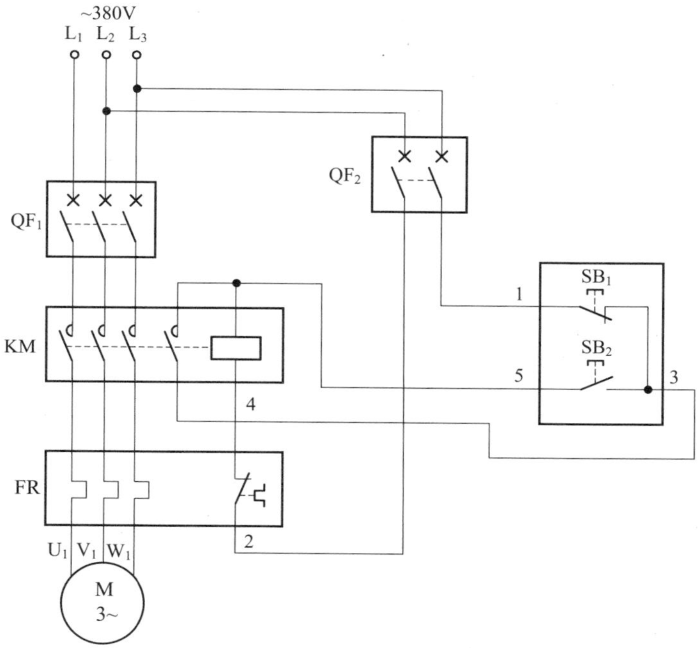

图 9.13 单向启动、停止电路实际接线

3. 元器件安装排列图及端子图

单向启动、停止电路元器件安装排列图及端子图如图 9.14 所示。

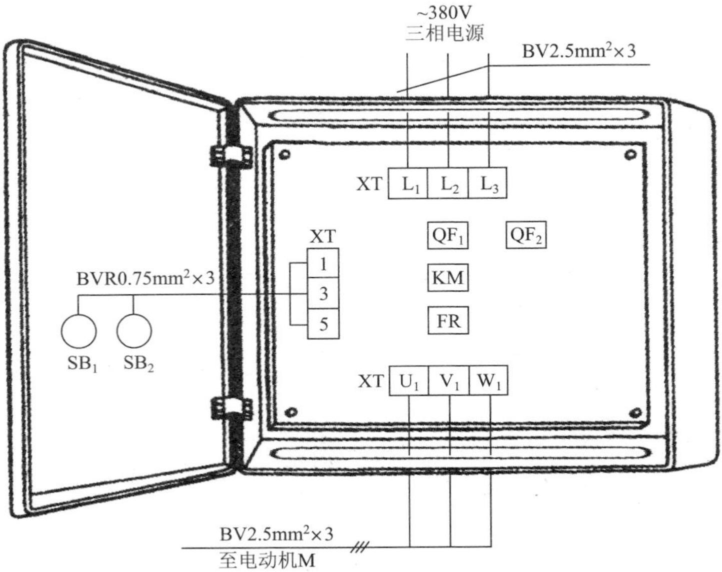

图 9.14 单向启动、停止电路元器件安装排列图及端子图

从图 9.14 可以看出,断路器 QF_1 和 QF_2、交流接触器 KM、热继电器 FR 安装在配电箱内底板上;按钮开关 SB_1、SB_2 安装在配电箱门面板上。

通过端子 L_1、L_2、L_3 将三相 380V 交流电源接入配电箱中。

端子 U_1、V_1、W_1 接至电动机接线盒中的 U_1、V_1、W_1 上。

端子 1、3、5 将配电箱内的器件与配电箱门面板上的按钮开关 SB_1、SB_2 连接起来。

4. 按钮接线图

单向启动、停止电路按钮接线如图 9.15 所示。

9.3.3 电气元件作用表

单向启动、停止电路电气元件作用表见表 9.3。

依据电气元件作用表给出的相关技术数据选择导线,本电路所配电动机型号为Y112M-4、功率为 4kW、电流为 8.8A。其电动机线 U_1、V_1、W_1 可选用 BV 2.5mm² 导线;电源线 L_1、L_2、L_3 可选用 BV 2.5mm² 导

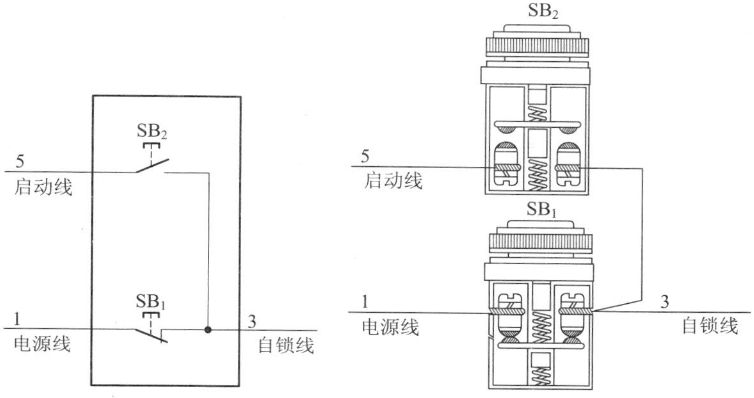

(a) 实际接线　　(b) 实物接线

图 9.15　按钮接线

线；控制线 1、3、5 可选用 BVR 0.75mm^2 导线。

表 9.3　电气元件作用表

符　号	名称、型号及规格	器件外形及相关部件介绍		作　用
QF$_1$	断路器 CDM1-63 16A，三极		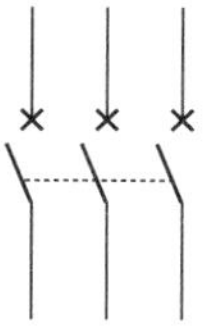 三极断路器	主回路短路保护
QF$_2$	断路器 DZ47-63 6A，二极	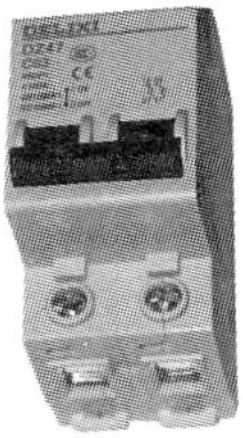	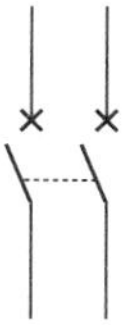 二极断路器	控制回路短路保护

续表 9.3

符　号	名称、型号及规格	器件外形及相关部件介绍		作　用
KM	交流接触器 CJX2-1210 线圈电压 380V		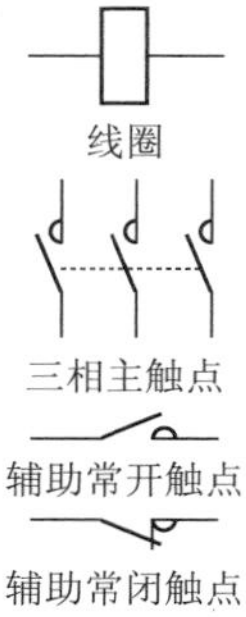	控制电动机电源
FR	热继电器 JRS1D-25 7～10A		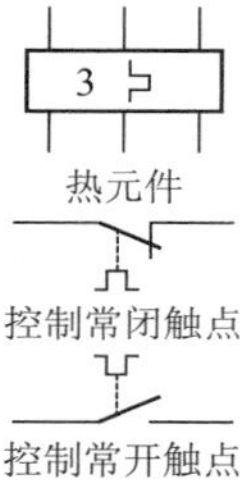	电动机过载保护
SB_1	按钮开关 LAY7		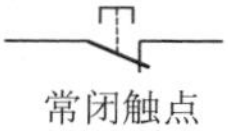	停止电动机用
SB_2			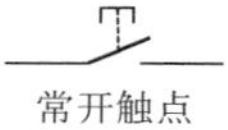	启动电动机用
M	三相异步电动机 Y112M-4 4kW，8.8A		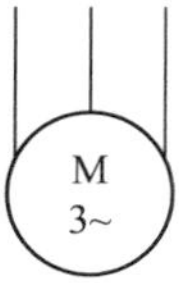	拖　动

9.3.4 调　试

首先断开主回路断路器 QF_1，合上控制回路断路器 QF_2，调试控制回路。按下启动按钮 SB_2，交流接触器 KM 线圈应吸合动作。松开 SB_2，KM 也不释放，按动停止按钮 SB_1，交流接触器 KM 线圈断电释放。反复试验几次，若无不正常情况，就可以调试主回路了。合上主回路断路器 QF_1，按动启动按钮 SB_2，交流接触器 KM 线圈得电吸合且自锁，其三相主触点闭合，电动机得电正常运转（此时应观察电动机转向是否符合运转要求，若不符合则需停下电动机，任意调换三相电源中的两相就会改变其运转方向）。按动停止按钮 SB_1，交流接触器 KM 线圈断电释放，KM 三相主触点断开电动机电源，电动机失电停止运转。

在调试控制电路时，倘若一合断路器 QF_2，交流接触器 KM 线圈就吸合动作，则说明按钮线 1# 或 3# 错接到 5# 上了，造成不用按动启动按钮 SB_2 就直接启动了。遇到此问题时，应断开断路器 QF_2，按图纸正确连线。这里告诉读者一个小经验，只要记住按钮中接至配电盘端子的 5# 上的三根导线中的一根启动线即可，另外两根导线可任意连接。

再调试过载保护电路，首先将热继电器 FR 电流整定旋钮调得低一些，要大大低于电动机额定电流，按动启动按钮 SB_2，此时交流接触器 KM 线圈得电吸合且自锁，电动机得电运转工作，由于热继电器整定的电流远远小于电动机的额定电流，不一会儿，热继电器 FR 就动作，交流接触器 KM 线圈断电释放，起到过载保护作用，说明热继电器 FR 良好，而且控制回路接线正确。此时将热继电器电流整定旋钮调整至所控电动机额定电流 1.6A 左右即可。

9.3.5 常见故障及排除方法

（1）一合上控制断路器 QF_2，交流接触器 KM 线圈就立即吸合，电动机运转。此故障可能原因为：启动按钮 SB_2 短路，可更换 SB_2 按钮；接线错误，电源线 1# 或自锁线 3# 错接到端子 5# 上了，可按电路图正确连接；KM 交流接触器主触点熔焊，需更换交流接触器主触点；交流接触器 KM 铁心极面有油污、铁锈，使交流接触器延时释放（延时时间不一），拆开交流接触器将铁心极面处理干净即可；混线或碰线，将混线处或碰线处找到后并处理好。

（2）按启动按钮 SB_2，交流接触器 KM 线圈不吸合。此故障可能原因为：按钮 SB_2 损坏，更换新品即可解决；控制导线脱落，重新连接；停止按钮损坏或接触不良，应更换损坏按钮 SB_1；热继电器 FR 常闭触点动作后未复位或损坏，可手动复位，若不行则更换新品；交流接触器 KM 线圈断路，需更换新线圈。

(3) 按下停止按钮 SB_1，交流接触器 KM 线圈不释放。遇到这种情况，可立即将控制断路器 QF_2 断开，再断开断路器 QF_1，检修控制电路，其原因可能是 SB_1 按钮损坏，此时需更换新品。另外交流接触器自身故障也会出现上述问题，可参照故障(1)加以区分处理。

(4) 电动机运行后不久，热继电器 FR 就动作跳闸。可能原因为：电动机过载，应检查过载原因，并加以处理；热继电器损坏，应更换新品；热继电器整定电流过小，可重新整定至电动机额定电流。

(5) 控制回路断路器 QF_2 合不上。可能原因为：控制回路存在短路之处，需加以排除；断路器自身存在故障，更换新断路器即可。

(6) 一启动电动机主回路，断路器就跳闸。这可能是主回路交流接触器下端以下存在短路或接地故障，排除故障点即可。

(7) 主回路断路器合不上。可参照故障(5)加以处理。

(8) 电动机运转时冒烟且电动机外壳发烫，热继电器 FR 不动作。故障原因是电动机出现严重过载，热继电器损坏，更换新热继电器 FR 即可解决。有人会问，既然热继电器损坏，那么主回路断路器为什么不动作？原因很简单，电动机过载电流并没有超过断路器脱扣电流，所以断路器 QF_1 未动作。

(9) 电动机不转或转动很慢，且伴有嗡嗡声。故障原因为电源缺相，应立即切断电源，找出缺相故障并加以排除。需提醒的是，遇到此故障时，千万不能在未找到故障原因之前反复试车，否则很容易造成电动机绕组损坏。

(10) 按动启动按钮 SB_2，交流接触器 KM 线圈得电吸合，电动机运转；松开启动按钮 SB_2，交流接触器 KM 线圈立即释放。此故障是缺少自锁。原因是：交流接触器 KM 辅助常开触点损坏或接触不良($3^{\#}$ 线与 $5^{\#}$ 线之间)，解决方法是控制或更换 KM 辅助常开触点；SB_1 与 SB_2 之间的 $3^{\#}$ 线连至 KM 辅助常开触点上的连线脱落，此时连接好脱落线即可；SB_2 与 KM 线圈之间的 $5^{\#}$ 线连至 KM 辅助常开触点上的连线脱落或断路，恢复脱落处，连接好断路点即可。

(11) 按动启动按钮 SB_2，交流接触器 KM 噪声很大。此故障为接触器短路环损坏或铁心极面生锈或有油污以及接触器动、静铁心距离变大，请参见交流接触器常见故障排除方法相关内容。

9.4 用一只按钮控制电动机启停电路

用一只按钮控制电动机启停电路如图 9.16 所示。

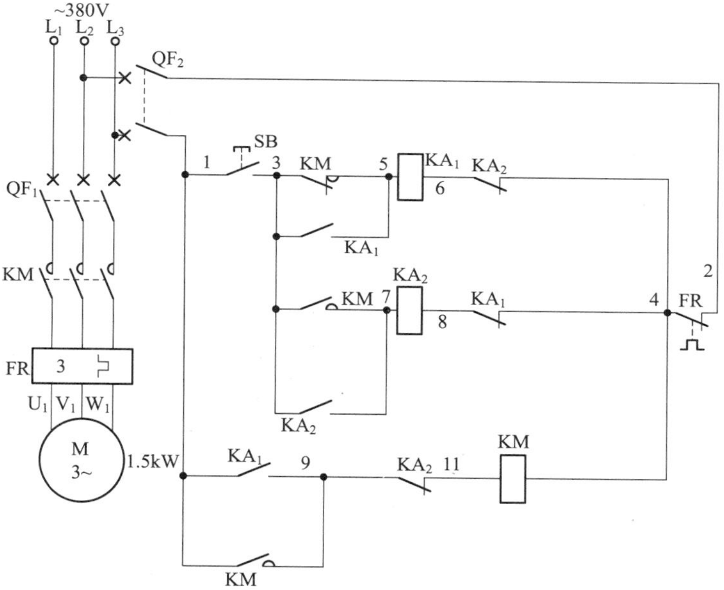

图 9.16 用一只按钮控制电动机启停电路

9.4.1 工作原理分析

首先合上主回路断路器 QF_1、控制回路断路器 QF_2，为电路工作提供准备条件。

启动：奇次按下按钮开关 SB(1-3)不松手，中间继电器 KA_1 线圈在交流接触器 KM 辅助常闭触点(3-5)的作用下得电吸合且 KA_1 常开触点(3-5)闭合自锁，KA_1 并联在交流接触器 KM 线圈启动回路中的常开触点(1-9)闭合，使交流接触器 KM 线圈得电吸合且 KM 辅助常开触点(1-9)闭合自锁，KM 三相主触点闭合，电动机得电启动运转；松开按钮开关 SB(1-3)，中间继电器 KA_1 线圈断电释放，KA_1 所有触点恢复原始状态。

停止：偶次按下按钮开关 SB(1-3)不松手，中间继电器 KA_2 线圈在交流接触器 KM 辅助常开触点(3-7)(已处于闭合状态)的作用下得电吸合且 KA_2 常开触点(3-7)闭合自锁,KA_2 串联在交流接触器 KM 线圈回路中的常闭触点(9-11)断开,切断了交流接触器 KM 线圈电源,KM 线圈断电释放,KM 三相主触点断开,电动机失电停止运转;松开按钮开关 SB(1-3),中间继电器 KA_2 线圈断电释放,KA_2 所有触点恢复原始状态。

9.4.2　电路图

1. 电路布线图

用一只按钮控制电动机启停电路布线图如图 9.17 所示。

从图 9.17 中可以看出,XT 为接线端子排,通过端子排 XT 来区分电气元件的安装位置,XT 的上方为放置在配电箱内底板上的电气元件,XT 的下方为外接或引至配电箱门面板上的电气元件。

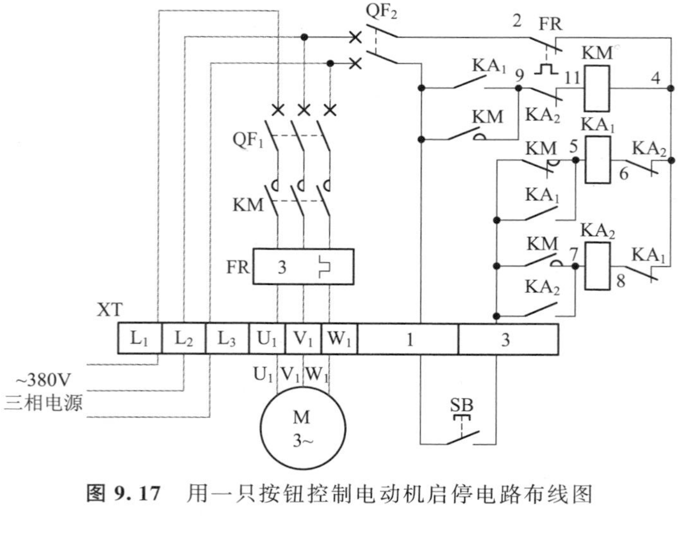

图 9.17　用一只按钮控制电动机启停电路布线图

从端子排 XT 上看,共有 8 个接线端子。其中,L_1、L_2、L_3 这 3 根线为由外引入配电箱的三相 380V 电源,并穿管引入;U_1、V_1、W_1 这 3 根线为电动机线,穿管接至电动机接线盒内的 U_1、V_1、W_1 上;1、3 这 2 根线为控制线,接至配电箱门面板上的按钮开关 SB 上。

2. 电路接线图

用一只按钮控制电动机启停电路实际接线如图 9.18 所示。

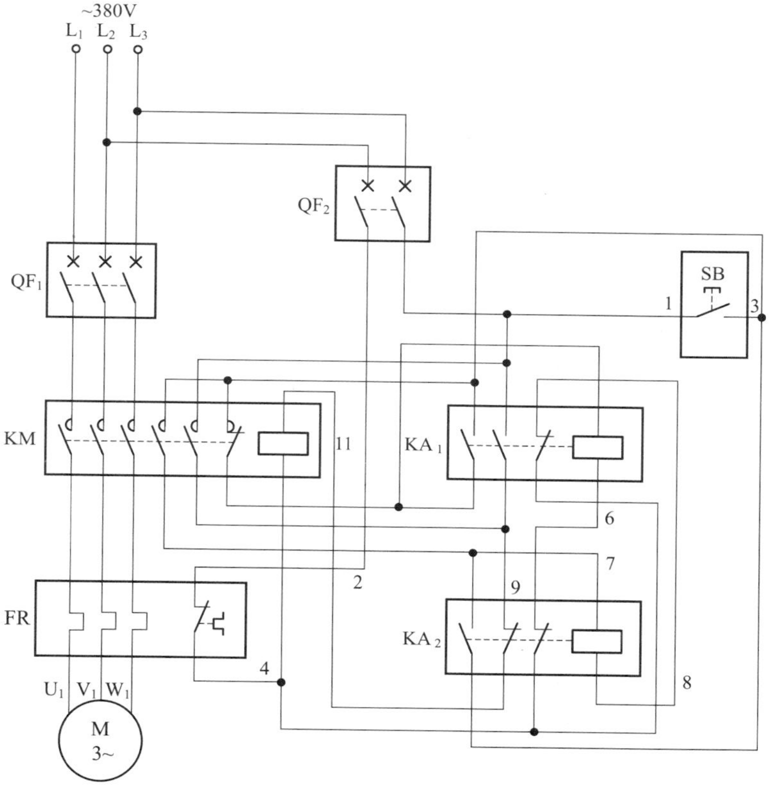

图 9.18 用一只按钮控制电动机启停电路实际接线

3. 元器件安装排列图及端子图

用一只按钮控制电动机启停电路元器件安装排列图及端子图如图 9.19 所示。

从图 9.19 可以看出，断路器 QF_1 和 QF_2、交流接触器 KM、中间继电器 KA_1 和 KA_2、热继电器 FR 安装在配电箱内底板上；按钮开关 SB 安装在配电箱门面板上。

通过端子 L_1、L_2、L_3 将三相 380V 交流电源接入配电箱中。

端子 U_1、V_1、W_1 接至电动机接线盒中的 U_1、V_1、W_1 上。

端子 1、3 将配电箱内器件与配电箱门面板上的按钮开关 SB 连接起来。

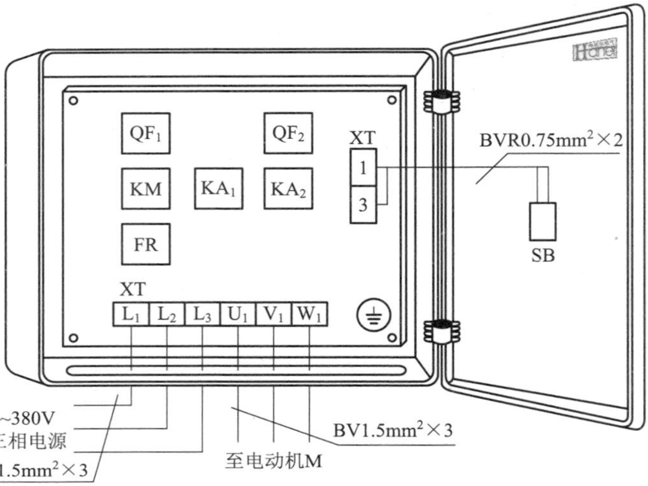

图 9.19 用一只按钮控制电动机启停电路元器件安装排列图及端子图

4. 按钮接线图

用一只按钮控制电动机启停电路按钮接线如图 9.20 所示。

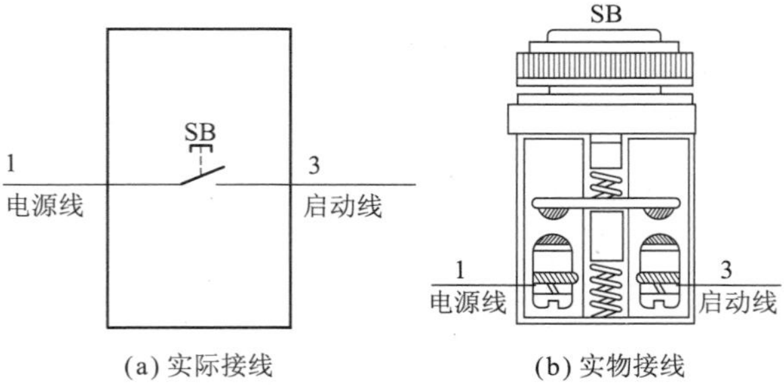

(a) 实际接线　　(b) 实物接线

图 9.20 按钮接线

9.4.3 电气元件作用表

用一只按钮控制电动机启停电路电气元件作用表见表 9.4。

依据电气元件作用表给出的相关技术数据选择导线，本电路所配电动机型号为 Y90S-2、功率为 1.5kW、电流为 3.4A。其电动机线 U_1、V_1、W_1 可选用 BV 1.5mm² 导线；电源线 L_1、L_2、L_3 可选用 BV 1.5mm² 导线；控制线 1、3 可选用 BVR 0.75mm² 导线。

表 9.4 电气元件作用表

符 号	名称、型号及规格	器件外形及相关部件介绍		作 用
QF_1	断路器 DZ47-63 16A，三极	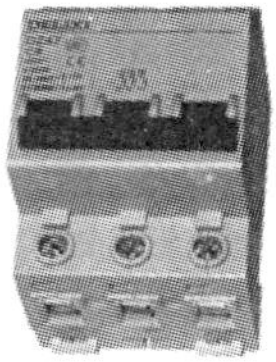	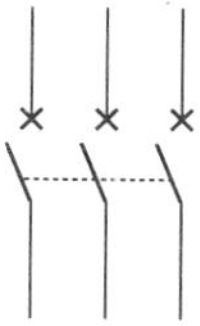 三极断路器	主回路过流保护
QF_2	断路器 DZ47-63 6A，二极	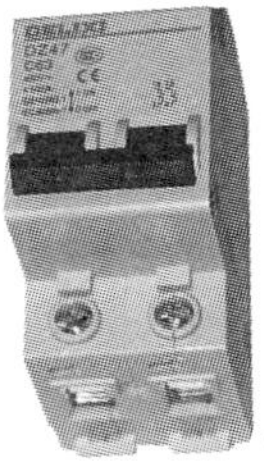	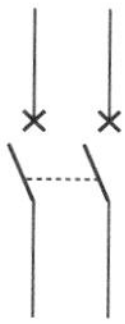 二极断路器	控制回路过流保护
KM	交流接触器 CDC10-10 线圈电压 380V		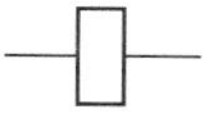 线圈 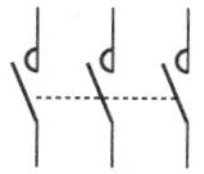 三相主触点  辅助常开触点 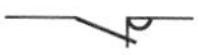 辅助常闭触点	控制电动机电源
FR	热继电器 JR36-20 3.2～5A		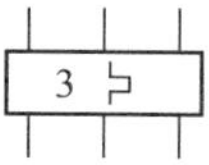 热元件 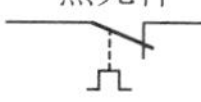 控制常闭触点  控制常开触点	过载保护

续表 9.4

符　号	名称、型号及规格	器件外形及相关部件介绍		作　用
KA_1	中间继电器 JZ7-44 5A 线圈电压 380V		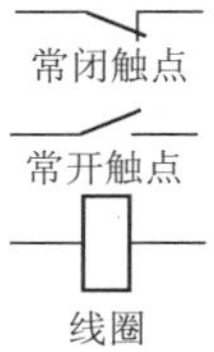	启动控制
KA_2				停止控制
SB	按钮开关 LA19-11			启动、停止用
M	三相异步电动机 Y90S-2 1.5kW,3.4A 2840r/min		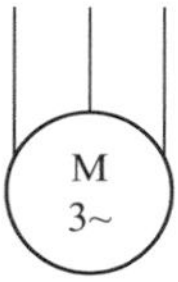	拖　动

9.4.4 调　试

断开主回路断路器 QF_1，合上控制回路断路器 QF_2，调试控制回路。

按住按钮开关 SB 不松手，同时观察配电箱内电气元件的动作情况，此时中间继电器 KA_1、交流接触器 KM 线圈应都吸合工作，再将按住按钮开关 SB 的手松开，这时中间继电器 KA_1 线圈也随着断电释放，说明 KM 仍然工作，启动工作完成。

再次按住按钮开关 SB 不松手，同时观察配电箱内电气元件的动作情况，此时中间继电器 KA_2 线圈应吸合工作，同时交流接触器 KM 线圈应断电释放，再将按住按钮开关 SB 的手松开，这时中间继电器 KA_2 线圈也随着断电释放，说明 KM 线圈也断电释放，停止工作结束。

再按下按钮开关 SB 不松手，KA_1、KM 线圈又吸合动作。松开 SB

后，KA_1 线圈断电释放，KM 线圈仍然吸合，说明又启动了。

需反复操作多次，准确无误后，再合上主回路断路的 QF_1，进行带负载调试，这里不再介绍。

9.4.5 常见故障及排除方法

(1) 按动按钮 SB 无任何反应(控制电源正常)。可能故障原因是：按钮 SB 损坏；热继电器 FR 常闭触点接触不良或断路；交流接触器 KM 辅助常闭触点断路；中间继电器 KA_2 串联在 KA_1 线圈回路中的常闭触点断路；中间继电器 KA_1 线圈断路等，如图 9.21 所示。

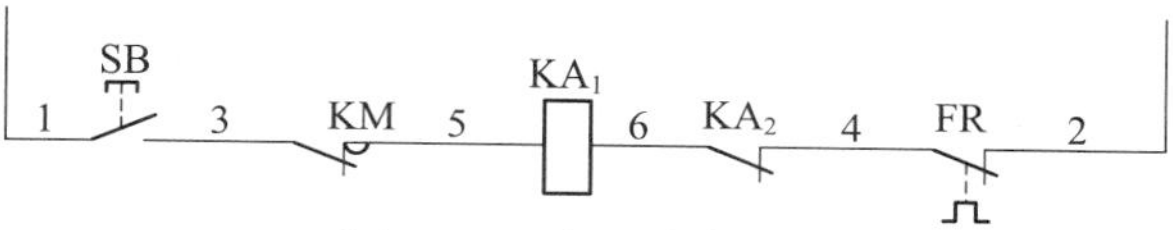

图 9.21 常见故障(一)

从图 9.21 可以看出故障器件较多，用测电笔检测后即可找出故障器件并排除故障。

(2) 按动按钮 SB，中间继电器 KA_1 线圈得电吸合但交流接触器 KM 线圈不吸合。从图 9.22 可看出，故障范围很小，造成此故障的只有三个元器件，即中间继电器 KA_1 常开触点闭合不了、中间继电器 KA_2 常闭触点断路、交流接触器 KM 线圈断路。

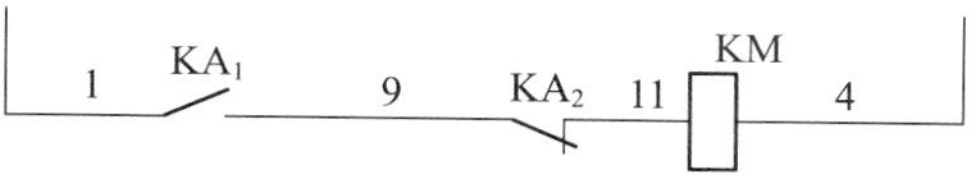

图 9.22 常见故障(二)

(3) 按动按钮 SB，交流接触器 KM 不能自锁为点动。按动 SB 时，中间继电器 KA_1 线圈得电吸合动作了，其串联在交流接触器 KM 线圈回路中的常开触点 KA_1 闭合，从而使交流接触器 KM 线圈得电吸合动作，一旦松开按钮 SB，中间继电器 KA_1 线圈就断电释放，其串联在交流接触器 KM 线圈电路中的常开触点 KA_1 就断开，交流接触器 KM 线圈也随着断电释放。从而进一步证明，故障为并联在中间继电器 KA_1 常开触点上的交流接触器 KM 辅助常开触点损坏而不能自锁所致，如图 9.23 所示。

(4) 停止时按 SB 按钮，中间继电器 KA_2 线圈不吸合，交流接触器 KM 线圈吸合不释放，从而造成不能停机。此故障如图 9.24 所示。故障可能原因是：交流接触器 KM 辅助常开触点闭合不了；中间继电器 KA_2 线圈断路；中间继电器 KA_1 常闭触点断路。

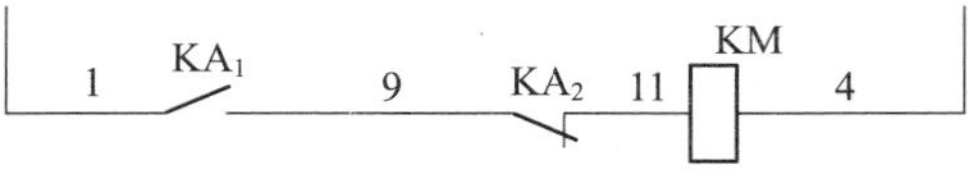

图 9.23 常见故障(三)

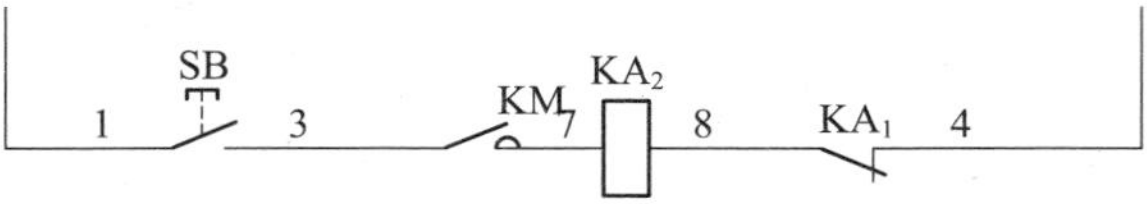

图 9.24 常见故障(四)

(5) 停止时，按 SB 按钮，中间继电器 KA_2 线圈吸合动作，但切不断交流接触器 KM 线圈回路电源，造成不能停机故障。此故障原因为：串联在交流接触器 KM 线圈回路中的常闭触点 KA_2 损坏断不开；交流接触器自身故障——机械部分卡住或铁心极面有油污造成延时释放或触点部分粘连。

9.5 效果理想的顺序自动控制电路

效果理想的顺序自动控制电路图如图 9.25 所示。

9.5.1 工作原理分析

首先合上主回路断路器 QF_1、QF_2 和控制回路断路器 QF_3，为电路工作提供准备条件。

顺序启动：按下启动按钮 SB_2(3-5)，得电延时时间继电器 KT_1、失电延时时间继电器 KT_2 线圈得电吸合且 KT_1 不延时瞬动常开触点(3-5)闭合自锁，同时 KT_1 开始延时。在 KT_2 线圈得电吸合后，KT_2 失电延时断开的常开触点(1-7)立即闭合，接通交流接触器 KM_1 线圈回路电源，KM_1 线圈得电吸合，KM_1 三相主触点闭合，辅机拖动电动机 M_1 得电先启动运转；经 KT_1 延时后，KT_1 得电延时闭合的常开触点(1-9)闭合，接通了交流接触器 KM_2 线圈回路电源，KM_2 线圈得电吸合，KM_2 三相主触点闭合，主机拖动电动机 M_2 得电后启动运转。从而完成启动时先启动辅机

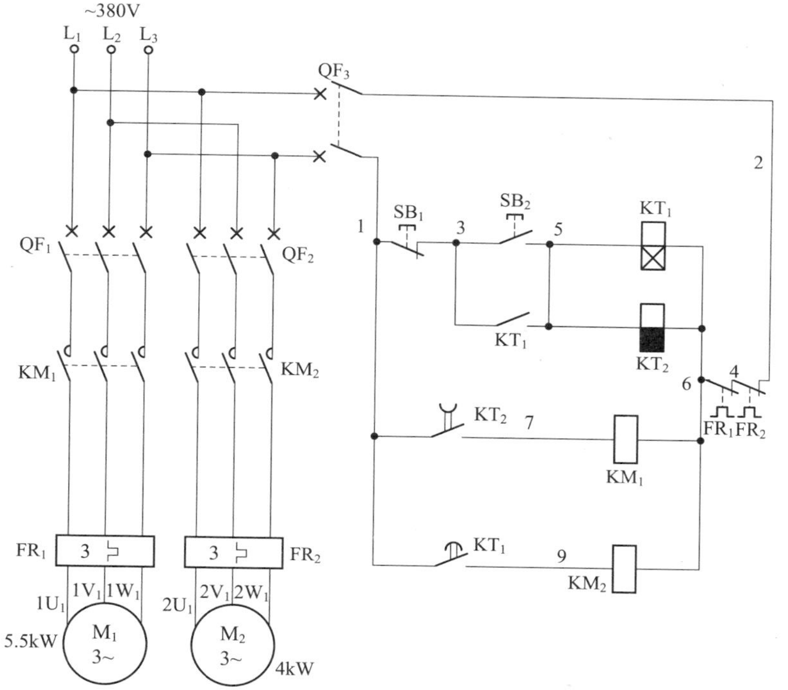

图 9.25 效果理想的顺序自动控制电路

M_1 再自动延时启动主机 M_2。

逆序停止：按下停止按钮 SB_1(1-3)，得电延时时间继电器 KT_1、失电延时时间继电器 KT_2 线圈均断电释放，KT_2 开始延时。在 KT_1 线圈断电的同时，KT_1 得电延时闭合的常开触点(1-9)立即断开，先切断交流接触器 KM_2 线圈回路电源，KM_2 线圈断电释放，KM_2 三相主触点断开，主机拖动电动机 M_2 先失电停止运转；经 KT_2 延时后，KT_2 失电延时断开的常开触点(1-7)断开，后切断交流接触器 KM_1 线圈回路电源，KM_1 线圈断电释放，KM_1 三相主触点断开，辅机拖动电动机 M_1 后失电自动停止运转。从而完成停止时先停止主机 M_2 再自动延时停止辅机 M_1。

9.5.2 电路图

1. 电路布线图

效果理想的顺序自动控制电路布线图如图 9.26 所示。

从图 9.26 中可以看出，XT 为接线端子排，通过端子排 XT 来区分电

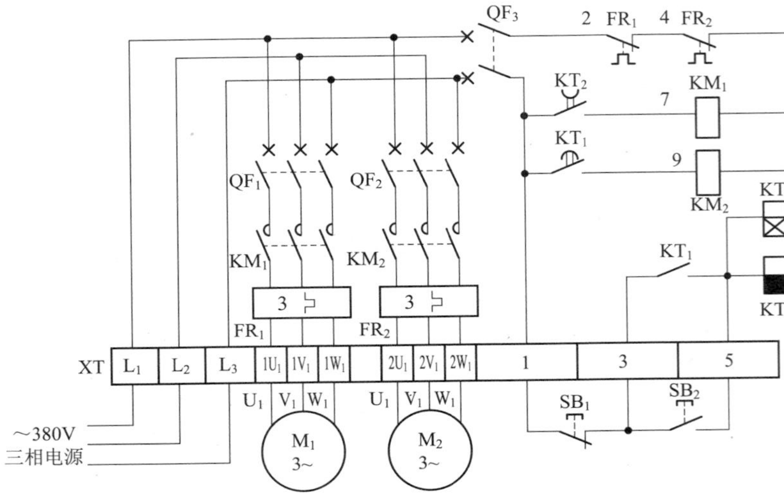

图 9.26　效果理想的顺序自动控制电路布线图

气元件的安装位置，XT 的上方为放置在配电箱内底板上的电气元件，XT 的下方为外接或引至配电箱门面板上的电气元件。

从端子排 XT 上看，共有 12 个接线端子。其中，L_1、L_2、L_3 这 3 根线为由外引入配电箱的三相 380V 电源，并穿管引入；$1U_1$、$1V_1$、$1W_1$ 这 3 根线为电动机 M_1 的电动机线，穿管接至电动机 M_1 接线盒内的 U_1、V_1、W_1 上；$2U_1$、$2V_1$、$2W_1$ 这 3 根线为电动机 M_2 的电动机线，穿管接至电动机 M_2 接线盒内的 U_1、V_1、W_1 上；1、3、5 这 3 根线为控制线，接至配电箱门面板上的按钮开关 SB_1、SB_2 上。

2. 电路接线图

效果理想的顺序自动控制电路实际接线如图 9.27 所示。

3. 元器件安装排列图及端子图

效果理想的顺序自动控制电路元器件安装排列图及端子图如图 9.28 所示。

从图 9.28 可以看出，断路器 QF_1～QF_3、交流接触器 KM_1 和 KM_2、得电延时时间继电器 KT_1、失电延时时间继电器 KT_2、热继电器 FR_1 和 FR_2 安装在配电箱内底板上；按钮开关 SB_1、SB_2 安装在配电箱门面板上。

通过端子 L_1、L_2、L_3 将三相 380V 交流电源接入配电箱中。

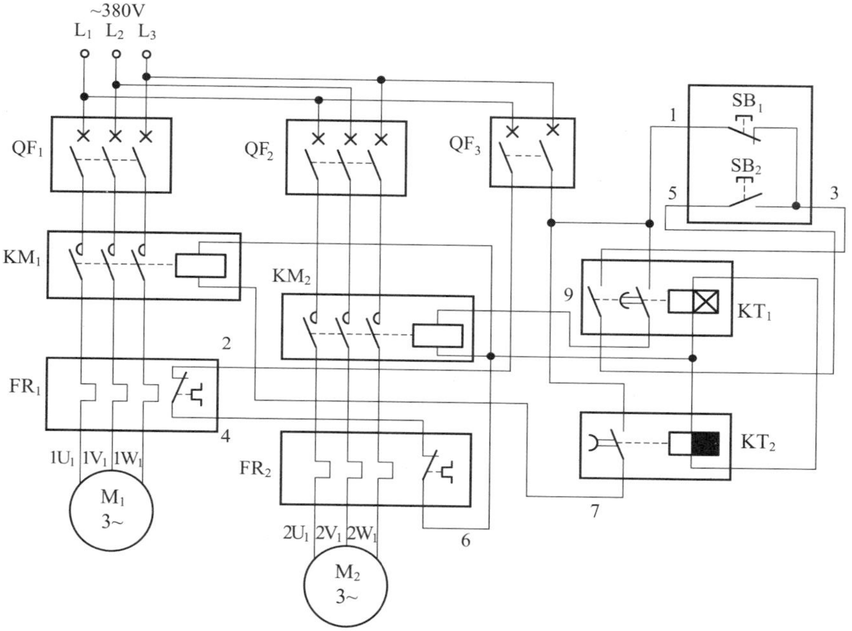

图 9.27 效果理想的顺序自动控制电路实际接线

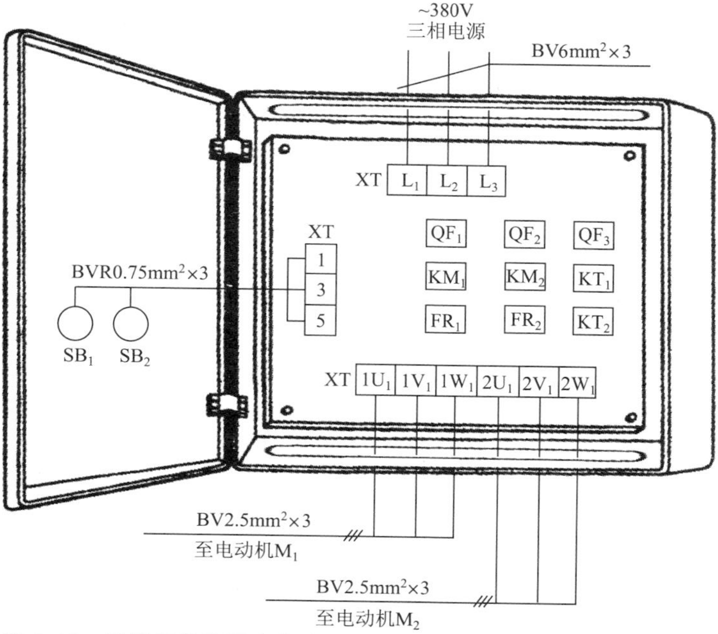

图 9.28 效果理想的顺序自动控制电路元器件安装排列图及端子图

端子 $1U_1$、$1V_1$、$1W_1$ 接至电动机 M_1 接线盒中的 U_1、V_1、W_1 上。

端子 $2U_1$、$2V_1$、$2W_1$ 接至电动机 M_2 接线盒中的 U_1、V_1、W_1 上。

端子 1、3、5 将配电箱内器件与配电箱门面板上的按钮开关 SB_1、SB_2 连接起来。

4. 按钮接线图

效果理想的顺序自动控制电路按钮接线如图 9.29 所示。

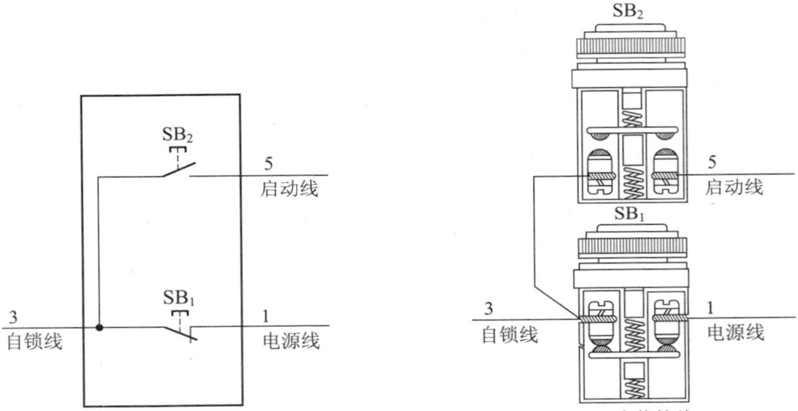

(a) 实际接线　　(b) 实物接线

图 9.29　按钮接线

9.5.3　电气元件作用表

效果理想的顺序自动控制电路电气元件作用表见表 9.5。

表 9.5　电气元件作用表

符　号	名称、型号及规格	器件外形及相关部件介绍		作　用
QF_1	断路器 CDM1-63 20A，三极		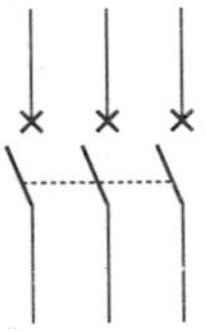 三极断路器	电动机 M_1 短路保护
QF_2				电动机 M_2 短路保护

续表 9.5

符　号	名称、型号及规格	器件外形及相关部件介绍		作　用
QF_3	断路器 DZ47-63 6A，二极		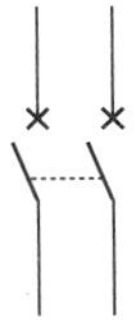 二极断路器	控制回路 短路保护
KM_1	交流接触器 CJX2-1210 线圈电压 380V		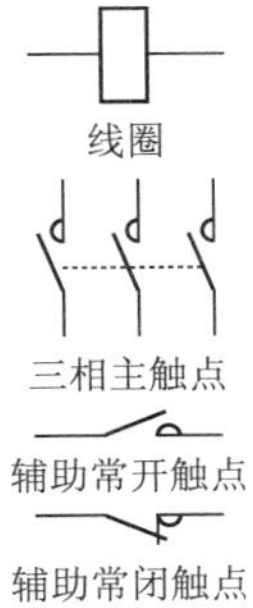	控制电动机 M_1 电源
KM_2				控制电动机 M_2 电源
FR_1	热继电器 JRS1D-25 9～13A		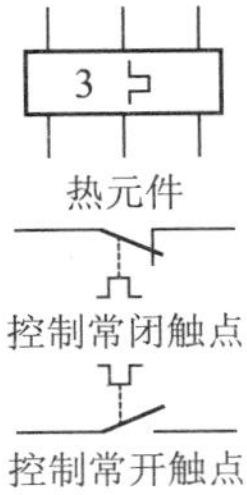	电动机 M_1 过载保护
FR_2				电动机 M_2 过载保护
KT_1	得电延时 时间继电器 JS14P	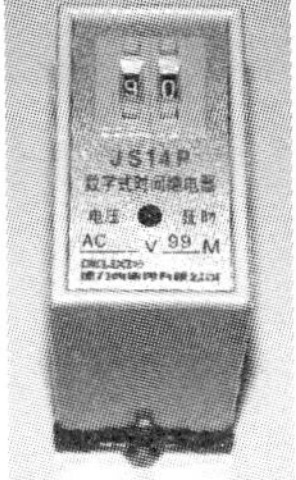	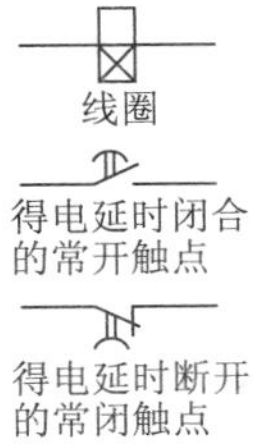	启动时，后延时启动电动机 M_2；停止时，先停止电动机 M_2

续表 9.5

符　号	名称、型号及规格	器件外形及相关部件介绍		作　用
KT_2	失电延时 时间继电器 JS14P	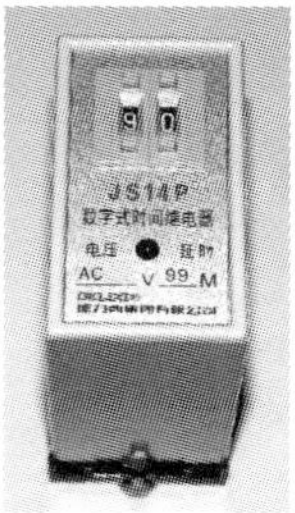		启动时，先启动电动机 M_1；停止时，后延时停止电动机 M_1
SB_1	按钮开关 LAY8			电动机停止操作用
SB_2				电动机启动操作用
M_1	三相异步电动机 Y132S1-2 5.5kW，11.1A		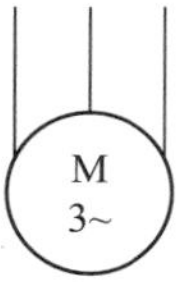	辅机拖动
M_2	三相异步电动机 Y132M1-6 4kW，9.4A			主机拖动

依据电气元件作用表给出的相关技术数据选择导线，本电路所配电动机 M_1 型号为 Y132S1-2、功率为 5.5kW、电流为 11.1A，电动机 M_2 型号为 Y132M1-6、功率为 4kW、电流为 9.4A，总电流为 20.5A。电动机 M_1 电动机线 $1U_1$、$1V_1$、$1W_1$ 可选用 BV 2.5mm² 导线；电动机 M_2 电动机线 $2U_1$、$2V_1$、$2W_1$ 可选用 BV 2.5mm² 导线；电源线 L_1、L_2、L_3 可选用 BV 6mm² 导线；控制线 1、3、5 可选用 BVR 0.75mm² 导线。

9.5.4 调　试

断开主回路断路器 QF_1、QF_2，合上控制回路断路器 QF_3，先调试控制回路。

首先将得电延时时间继电器 KT_1、失电延时时间继电器 KT_2 的延时时间调整设定好(可根据生产需求而定)。

按下启动按钮 SB_2，观察配电箱内各电气元件的动作情况，此时得电延时时间继电器 KT_1、失电延时时间继电器 KT_2、交流接触器 KM_1 这三只器件应同时得电动作，再过一会儿(也就是 KT_1 的延时时间)，交流接触器 KM_2 也得电动作。从以上情况看，启动过程符合要求，也就是启动时按顺序 KM_1 先工作，经 KT_1 延时后，KM_2 再自动启动工作。然后按下停止按钮 SB_1，观察配电箱内各电气元件的动作情况，此时，得电延时时间继电器 KT_1、失电延时时间继电器 KT_2、交流接触器 KM_2 应同时断电释放，再过一会儿(也就是 KT_2 的延时时间)，交流接触器 KM_1 也断电释放，从以上情况看，停止过程符合要求，也就是停止时按顺序 KM_2 先停止，经 KT_2 延时后，KM_1 再自动停止工作。这样，说明控制回路一切正常，控制回路调试结束。

通过以上调试后，再将主回路断路器 QF_1、QF_2 合上，带负荷进行调试，因主回路很简单，这里不一一讲述。切记的一点是在调试过程中要事先确定电动机的运转方向，并正确连接好，以免造成机械事故，也就是说，在调试电动机转向时，最好将电动机与所带负载脱离开来，待电动机转向正确后再连接，这样可保证万无一失。

9.5.5 常见故障及排除方法

(1) 只有辅机工作，主机不工作。首先观察配电箱内电气元件动作情况，若得电延时时间继电器 KT_1 线圈不吸合，则是因为 KT_1 损坏而使得电延时闭合的常开触点不闭合，造成交流接触器 KM_2 线圈不能得电吸合工作，从而导致主机 M_2 不工作。若得电延时时间继电器 KT_1 线圈得电吸合，则故障为 KT_1 得电延时闭合的常开触点损坏或交流接触器 KM_2 线圈断路。用万用表测出故障器件并修复即可。

(2) 一合上控制断路器 QF_3，辅机 M_1 不需启动操作就运转，按停止按钮无反应。若从控制电路分析，则此故障为失电延时时间继电器 KT_2 的失电延时断开的常开触点粘连断不开所致，只要更换 KT_2 延时触点即可排除故障；若从主回路分析，则此故障的原因为交流接触器 KM_2 主触点粘连；若从器件自身故障分析，则此故障为机械部分卡住或铁心极面有油污所致。遇到上述故障时只需更换交流接触器即可。

(3) 启动时，辅机、主机同时启动，而停止时则先停止主机再自动停止辅机。此故障很明显为得电延时时间继电器 KT_1 的延时时间调整得过短所致，实际上 KT_1 是有延时的，但看不出来，否则不会出现上述故障。重新调整 KT_1 延时时间即可排除故障。

(4) 启动时，辅机立即运转，过一会儿又自动停机，而主机无反应。此故障为得电延时时间继电器 KT_1 线圈断路或 KT_1 自锁触点不闭合所致，因 KT_1 线圈不工作或 KT_1 无自锁时，失电延时时间继电器 KT_2 线圈得电吸合后又立即释放，KT_2 失电延时断开的常开触点立即闭合，交流接触器 KM_1 线圈得电吸合，KM_1 三相主触点闭合，辅机电动机 M_1 得电运转，经 KT_2 延时后，KT_2 失电延时断开的常开触点断开，交流接触器 KM_1 线圈断电释放，KM_1 三相主触点断开，辅机电动机 M_1 又失电停止运转。更换同型号 KT_1 后即可排除故障。

(5) 按启动按钮 SB_2 后，辅机不工作，而经过一段时间后，主机自动工作；停止时按下 SB_1，主机停止工作。此故障为失电延时时间继电器 KT_2 线圈损坏或 KT_2 失电延时断开的常开触点损坏所致。因 KT_2 线圈断路或 KT_2 失电延时断开的常开触点损坏都会造成交流接触器 KM_1 线圈不吸合，所以辅机电动机不工作。更换同型号 KT_1 失电延时时间继电器即可排除故障。

9.6　手动串联电阻启动控制电路

手动串联电阻启动控制电路如图 9.30 所示。

9.6.1　工作原理分析

首先合上主回路断路器 QF_1、控制回路断路器 QF_2，为电路工作提供准备条件。

串联电阻器降压启动时，按下启动按钮 SB_2(3-5)，交流接触器 KM_1 线圈得电吸合且 KM_1 辅助常开触点(3-5)闭合自锁，KM_1 三相主触点闭合，电动机串联电阻器 R 降压启动；随着电动机转速的逐渐提高，可按下全压运转按钮 SB_3(5-7)，交流接触器 KM_2 线圈得电吸合且 KM_2 辅助常开触点(3-7)闭合自锁，KM_2 三相主触点闭合，电动机得以 380V 三相电

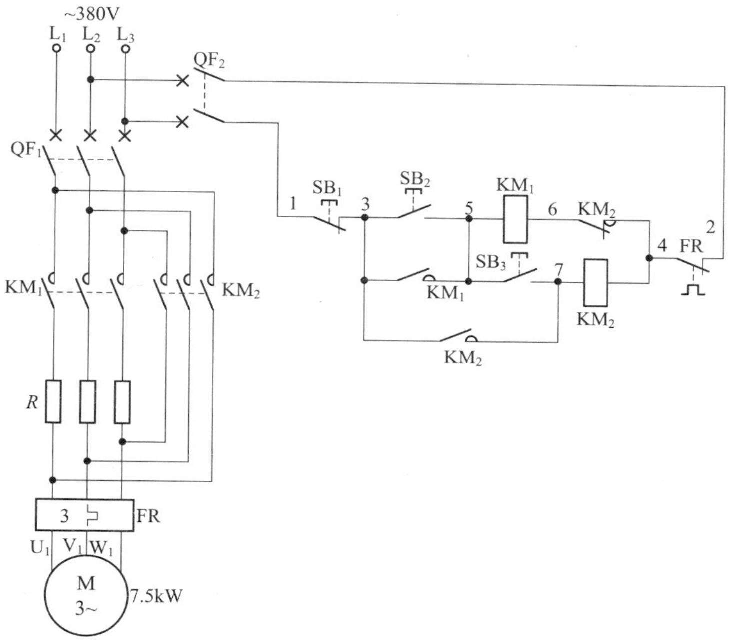

图 9.30 手动串联电阻启动控制电路

源而全压运转；在 KM_2 线圈得电吸合的同时，KM_2 串联在交流接触器 KM_1 线圈回路中的辅助常闭触点(4-6)断开，使 KM_1 线圈断电释放，KM_1 三相主触点断开，KM_1 退出运行，从而使电动机在完成降压启动后仅靠交流接触器 KM_2 来实现全压运转，节省了一只交流接触器 KM_1 线圈所消耗的电能。

停止时则按下停止按钮 SB_1(1-3)，交流接触器 KM_2 线圈断电释放，KM_2 三相主触点断开，电动机失电停止运转。

9.6.2 电路图

1. 电路布线图

手动串联电阻启动控制电路布线图如图 9.31 所示。

从图 9.31 中可以看出，XT 为接线端子排，通过端子排 XT 来区分电气元件的安装位置，XT 的上方为放置在配电箱内底板上或底部位置的电气元件，XT 的下方为外接或引至配电箱门面板上的电气元件。

从端子排 XT 上看，共有 10 个接线端子。其中，L_1、L_2、L_3 这 3 根线

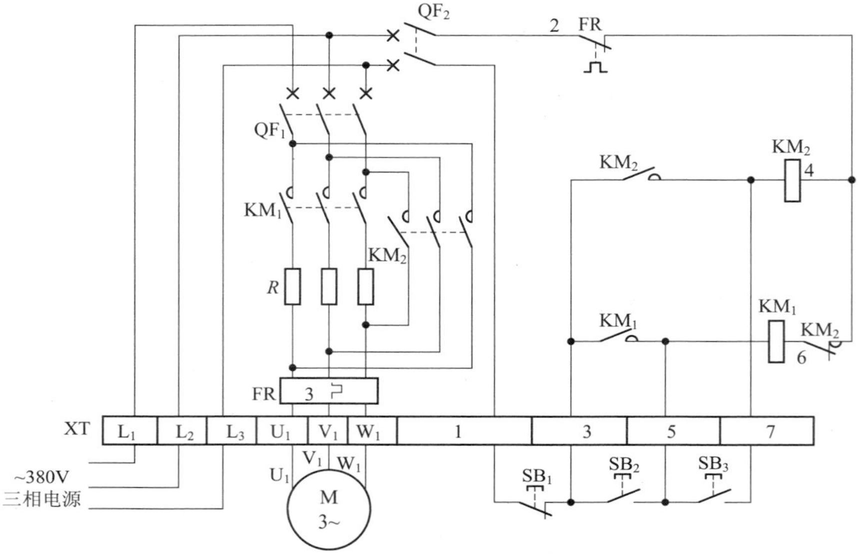

图 9.31 手动串联电阻启动控制电路布线图

为由外引入配电箱的三相 380V 电源，并穿管引入；U_1、V_1、W_1 这 3 根线为电动机线，穿管接至电动机接线盒内的 U_1、V_1、W_1 上；1、3、5、7 这 4 根线为控制线，接至配电箱门面板上的按钮开关 SB_1～SB_3 上。

2. 电路接线图

手动串联电阻启动控制电路实际接线如图 9.32 所示。

3. 元器件安装排列图及端子图

手动串联电阻启动控制电路元器件安装排列图及端子图如图 9.33 所示。

从图 9.33 可以看出，断路器 QF_1 和 QF_2、交流接触器 KM_1 和 KM_2、热继电器 FR 安装在配电箱内底板上；启动电阻器 R 可安装在配电箱内底部位置；按钮开关 SB_1～SB_3 安装在配电箱门面板上。

通过端子 L_1、L_2、L_3 将三相 380V 交流电源接入配电箱中。

端子 U_1、V_1、W_1 接至电动机接线盒中的 U_1、V_1、W_1 上。

端子 1、3、5、7 将配电箱内的器件与配电箱门面板上的按钮开关 SB_1～SB_3 连接起来。

4. 按钮接线图

手动串联电阻启动控制电路按钮接线如图 9.34 所示。

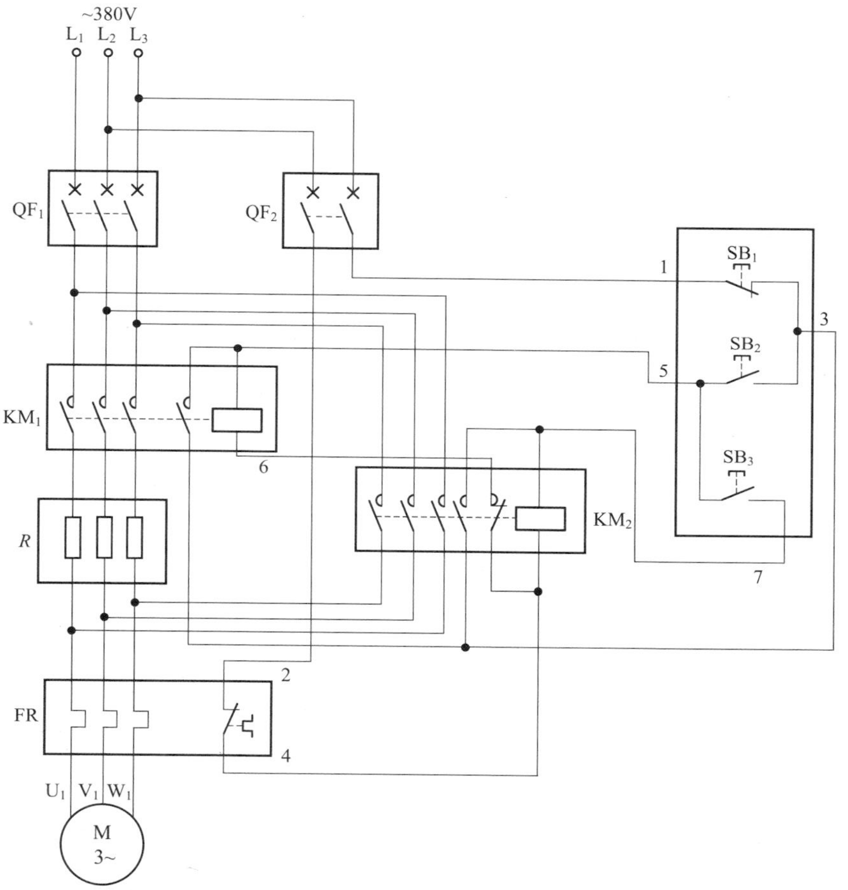

图 9.32 手动串联电阻启动控制电路实际接线

9.6.3 电气元件作用表

手动串联电阻启动控制电路电气元件作用表见表 9.6。

依据电气元件作用表给出的相关技术数据选择导线，本电路所配电动机型号为 Y160L-8、功率为 7.5kW、电流为 17.7A。其电动机线 U_1、V_1、W_1 可选用BV $4mm^2$ 导线；电源线 L_1、L_2、L_3 可选用 BV $4mm^2$ 导线；控制线 1、3、5、7 可选用 BVR $0.75mm^2$ 导线。

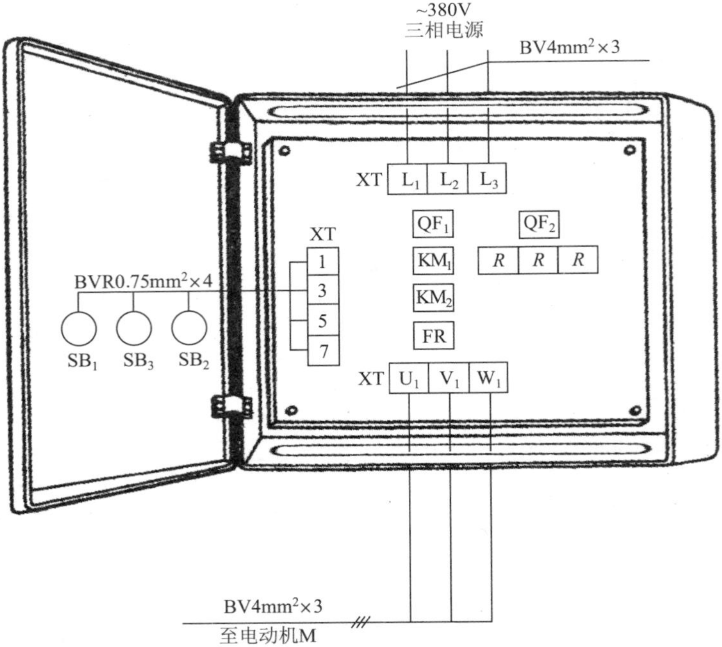

图 9.33 手动串联电阻启动控制电路元器件安装排列图及端子图

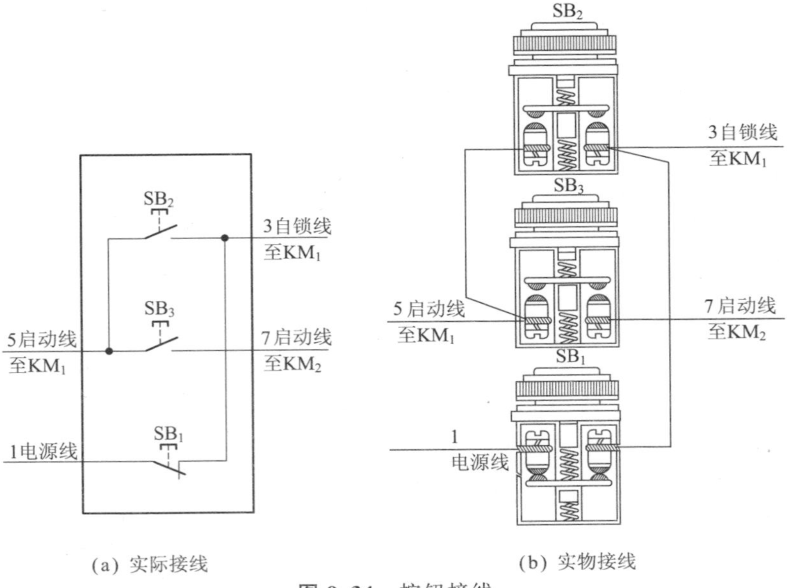

图 9.34 按钮接线

表 9.6 电气元件作用表

符号	名称、型号及规格	器件外形及相关部件介绍		作用
QF_1	断路器 CDM1-63 32A，三极		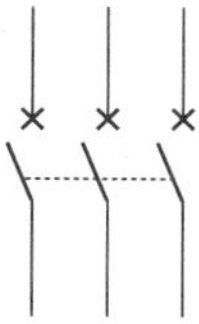 三极断路器	主回路短路保护
QF_2	断路器 DZ47-63 6A，二极		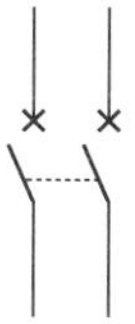 二极断路器	控制回路短路保护
KM_1	交流接触器 CDC10-20 线圈电压 380V		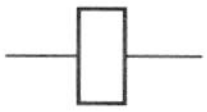 线圈 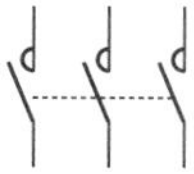 三相主触点  辅助常开触点 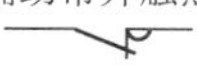 辅助常闭触点	控制电动机电源用
KM_2				短接启动电阻器 R 全压运转用
FR	热继电器 JR36-20 14～22A		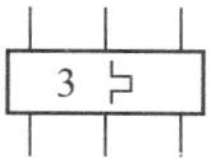 热元件  控制常闭触点 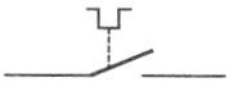 控制常开触点	电动机过载保护

续表 9.6

符　号	名称、型号及规格	器件外形及相关部件介绍		作　用
R	启动电阻器 ZX2		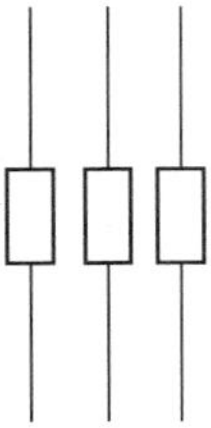 电阻器	降压启动用
SB_1	按钮开关 LAY8		 常闭触点	电动机停止操作用
SB_2			 常开触点	电动机降压 启动操作用
SB_3				电动机运转操作用
M	三相异步电动机 Y160L-8 7.5kW，17.7A		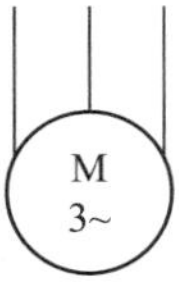	拖　动

9.6.4　调　试

先检查主回路及控制回路接线，确定其准确无误后，再合上控制回路断路器 QF_2，调试控制回路。

启动：按下启动按钮 SB_2，观察配电箱内的电气元件动作情况判断其是否正常，此时交流接触器 KM_1 线圈吸合并自锁；再按下全压运转按钮 SB_3，交流接触器 KM_2 线圈得电吸合并自锁，同时交流接触器 KM_1 线圈断电释放。

停止：按停止按钮 SB_1，交流接触器 KM_2 线圈能断电释放，以上电气元件动作情况可以说明控制回路工作正常。

再合上主回路断路器 QF_1，带负载调试主回路。调试前应先确定电动机的转向要求，并对设备安全方面的要求加以注意。

启动时，按下启动按钮 SB_2，交流接触器 KM_1 线圈得电吸合且自锁，电动机在电阻器 R 的作用下进行启动，此时，观察电动机的启动情况，若此时电动机处于串联电阻器启动状态，说明电动机启动过程正常。再按下全压运转按钮 SB_3，交流接触器 KM_2 线圈得电吸合且自锁，同时，交流接触器 KM_1 线圈断电释放，此时，观察电动机是否全压运转。若此时电动机已全压运转，说明电动机全压运转正常。停止时，按下停止按钮 SB_1，交流接触器 KM_2 线圈断电释放，电动机失电停止运转。

经上述调试后说明控制电路器主回路均正常，可以投入运行；与此同时，将电动机过载保护热继电器 FR 上的电流调节旋钮旋至电动机额定电流处即可。

9.6.5 常见故障及排除方法

(1) 按下降压启动按钮 SB_2 无法操作，无反应。检修此故障时，最好先将主回路断路器 QF_1 断开，只试验控制回路。检修时可按住 SB_2 不放，观察交流接触器 KM_1 是否动作，若不动作，再同时按下运行按钮 SB_3，观察交流接触器 KM_2 是否动作，若 KM_2 线圈能吸合且自锁，则说明控制回路公共部分是正常的（如停止按钮 SB_1、热继电器 FR 常闭触点），故障原因可能为：交流接触器 KM_1 线圈断路；交流接触器 KM_2 辅助常闭触点断路。排除方法是重点检查 KM_1 线圈及 KM_2 辅助常闭触点是否正常，若器件损坏，更换后即可排除故障。

(2) 按降压启动按钮 SB_2 时启动正常，但操作 SB_3 时能转换一下，随后 KM_1、KM_2 线圈即断电释放停止。从故障现象上分析，KM_1 动作正常，否则 SB_3 根本无法转换；在按动 SB_3 时 KM_2 工作了一下便停止了，说明 KM_2 线圈部分、KM_2 辅助常闭触点部分均正常（若 KM_2 常闭触点损坏断不开，那么 KM_1 就不会断电释放，则此故障现象为同时按住 SB_2、SB_3 时，KM_1、KM_2 线圈得电均吸合，但手一松开按钮，KM_2 线圈断电释放，KM_1 仍正常工作），则故障为 KM_2 自锁辅助常开触点损坏闭合不了所致。故障排除方法是重点检查 KM_2 自锁触点，若损坏，更换即可。

(3) 按降压启动按钮 SB_2 正常，但按动运转按钮 SB_3 无任何反应，KM_1 仍然吸合不释放。根据电路分析，此故障原因为：运转按钮 SB_3 损坏；交流接触器 KM_2 线圈断路。用短接法检查运转按钮 SB_3 是否正常，用测电笔或万用表电阻挡检查 KM_2 线圈是否断路，故障部位确定无误，更换故障器件即可。

(4) 按 SB_2 时，KM_1 线圈吸合且自锁，再按动 SB_3 时，KM_2 线圈吸合工作，但 KM_1 线圈不断电释放仍吸合。此故障为交流接触器 KM_2 辅助常闭触点损坏断不了所致，还有一些故障也会引起此现象，如交流接触器 KM_1 铁心极面有油污造成 KM_1 释放缓慢。在检查电路时，观察配电箱内电气元件 KM_1 的动作情况就能分析清楚。KM_1、KM_2 都吸合后，断开控制回路断路器 QF_2，KM_1、KM_2 均断电释放，KM_1 无释放缓慢现象(可反复试验多次确定)，则故障为 KM_2 辅助常闭触点粘连；若 KM_1 释放缓慢或不释放，则为 KM_1 自身故障，需更换交流接触器 KM_1。

9.7 定子绕组串联电阻启动自动控制电路

定子绕组串联电阻启动自动控制电路如图 9.35 所示。

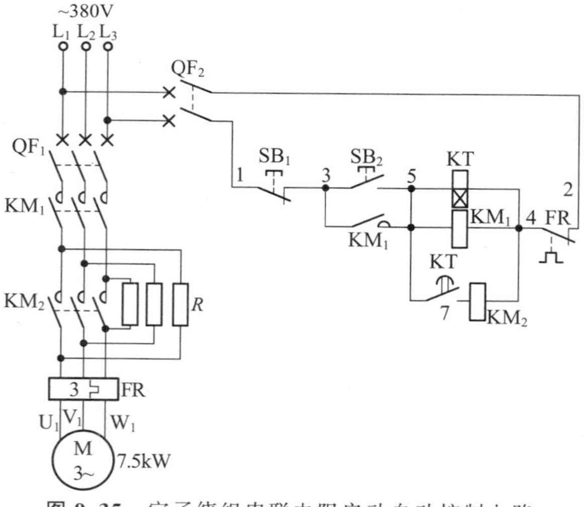

图 9.35 定子绕组串联电阻启动自动控制电路

9.7.1 工作原理分析

首先合上主回路断路器 QF_1、控制回路断路器 QF_2，为电路工作提供准备条件。

启动：按下启动按钮 SB_2(3-5)，得电延时时间继电器 KT、交流接触器 KM_1 线圈得电吸合且 KM_1 辅助常开触点(3-5)闭合自锁，KT 开始延时。此时 KM_1 三相主触点闭合，电动机串联降压启动电阻器 R 进行降压启动；经 KT 延时后，KT 得电延时闭合的常开触点(5-7)闭合，接通交流接触器 KM_2 线圈回路电源，KM_2 三相主触点闭合，将降压启动电阻器 R 短接起来，从而使电动机得以全压正常运转，拖动设备正常工作。

停止：按下停止按钮 SB_1(1-3)，得电延时时间继电器 KT、交流接触器 KM_1、KM_2 线圈均断电释放，KM_1、KM_2 各自的三相主触点断开，电动机失电停止运转，拖动设备停止工作。

9.7.2　电路图

1. 电路布线图

定子绕组串联电阻启动自动控制电路布线图如图 9.36 所示。

从图 9.36 中可以看出，XT 为接线端子排，通过端子排 XT 来区分电气元件的安装位置，XT 的上方为放置在配电箱内底板上或底部位置的电气元件，XT 的下方为外接或引至配电箱门面板上的电气元件。

从端子排 XT 上看，共有 9 个接线端子。其中，L_1、L_2、L_3 这 3 根线

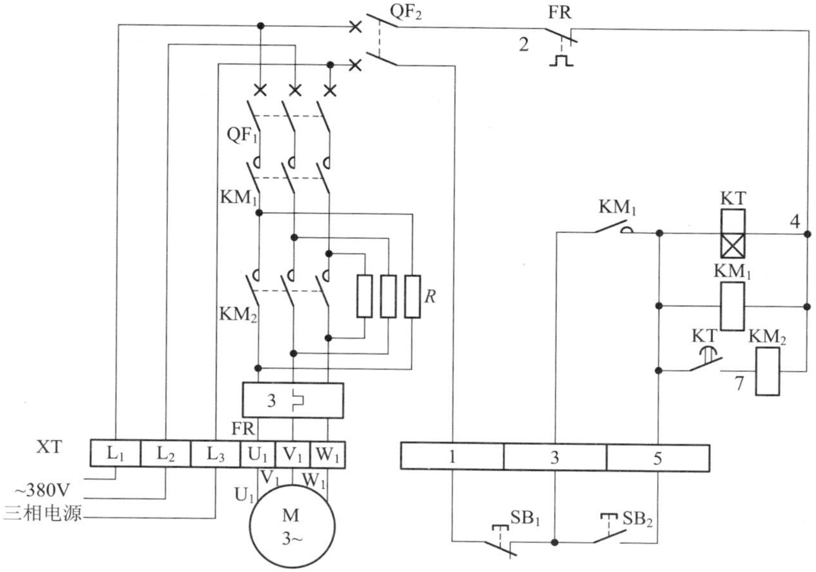

图 9.36　定子绕组串联电阻启动自动控制电路布线图

为由外引入配电箱的三相380V电源，并穿管引入；U_1、V_1、W_1 这3根线为电动机线，穿管接至电动机接线盒内的 U_1、V_1、W_1 上；1、3、5这3根线为控制线，接至配电箱门面板上的按钮开关 SB_1、SB_2 上。

2. 电路接线图

定子绕组串联电阻启动自动控制电路实际接线如图9.37所示。

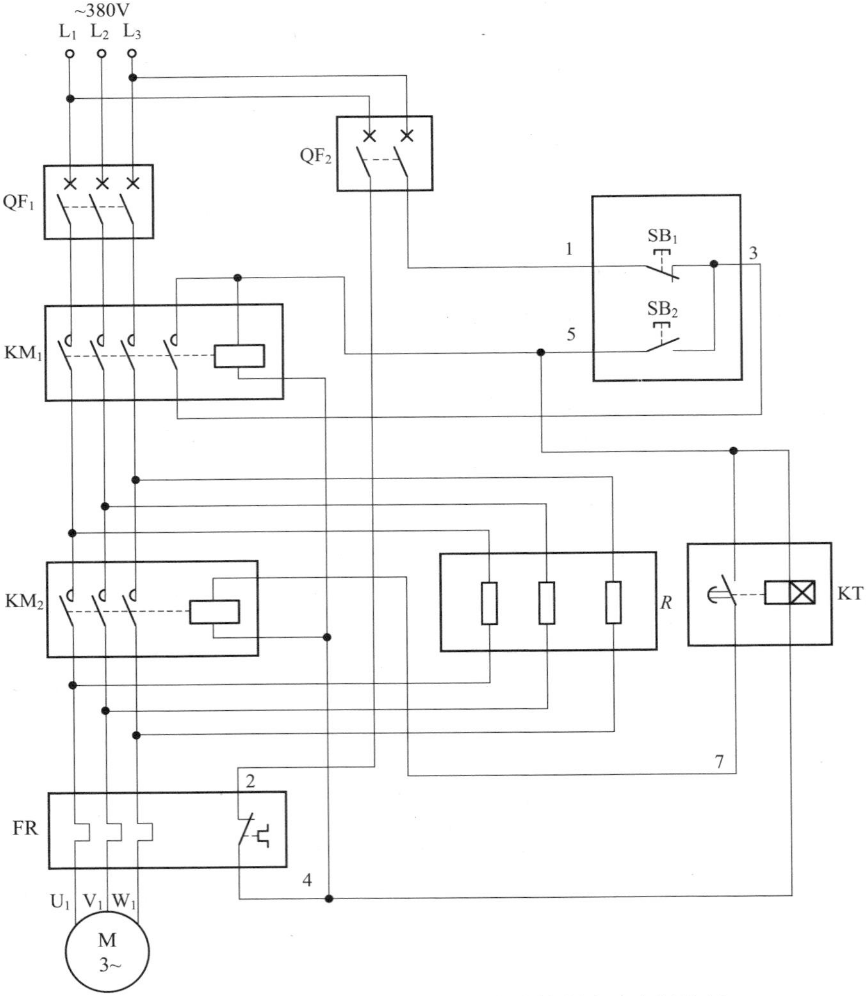

图9.37　定子绕组串联电阻启动自动控制电路实际接线

3. 元器件安装排列图及端子图

定子绕组串联电阻启动自动控制电路元器件安装排列图及端子图如图 9.38 所示。

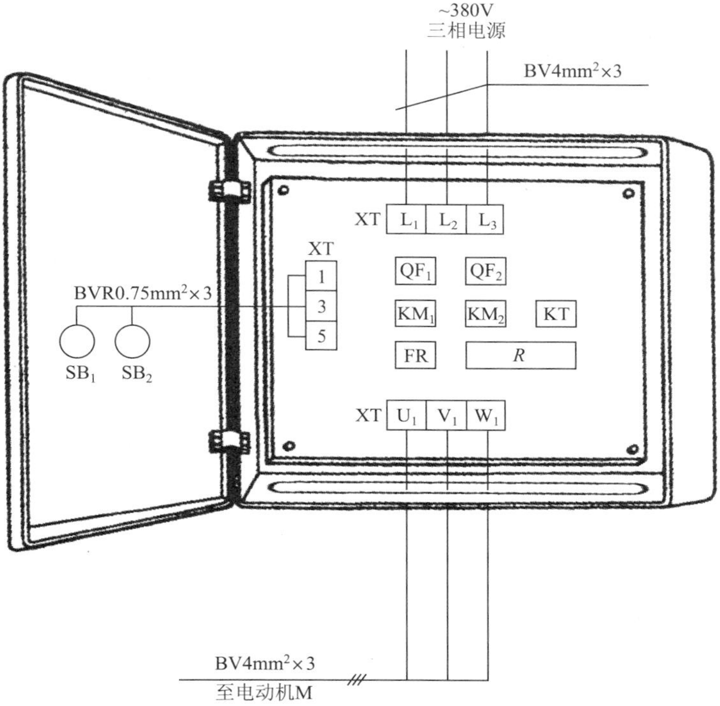

图 9.38 定子绕组串联电阻启动自动控制电路元器件安装排列图及端子图

从图 9.38 可以看出，断路器 QF_1 和 QF_2、交流接触器 KM_1 和 KM_2、时间继电器 KT、热继电器 FR 安装在配电箱内底板上；启动电阻器 R 可安装在配电箱内底部位置；按钮开关 SB_1、SB_2 安装在配电箱门面板上。

通过端子 L_1、L_2、L_3 将三相 380V 交流电源接入配电箱中。

端子 U_1、V_1、W_1 接至电动机接线盒中的 U_1、V_1、W_1 上。

端子 1、3、5 将配电箱内的器件与配电箱门面板上的按钮开关 SB_1、SB_2 连接起来。

4. 按钮接线图

定子绕组串联电阻启动自动控制电路按钮接线如图 9.39 所示。

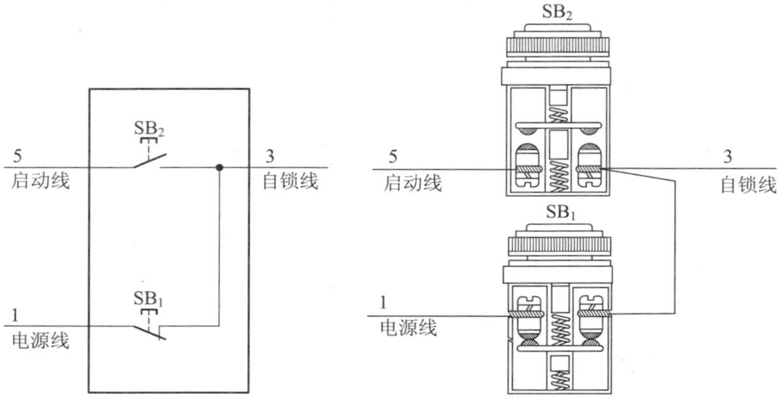

(a) 实际接线　　　(b) 实物接线

图 9.39　按钮接线

9.7.3 电气元件作用表

定子绕组串联电阻启动自动控制电路电气元件作用表见表 9.7。

依据电气元件作用表给出的相关技术数据选择导线，本电路所配电动机型号为Y160M-6、功率为 7.5kW、电流为 17A。其电动机线 U_1、V_1、W_1 可选用 BV 4mm^2 导线；电源线 L_1、L_2、L_3 可选用 BV 4mm^2 导线；控制线 1、3、5 可选用 BVR 0.75mm^2 导线。

表 9.7　电气元件作用表

符　号	名称、型号及规格	器件外形及相关部件介绍		作　用
QF_1	断路器 CDM1-63 32A，三极	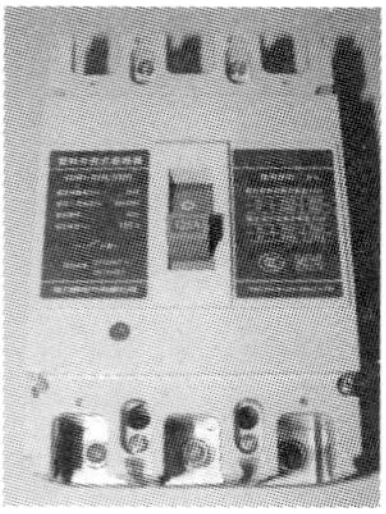	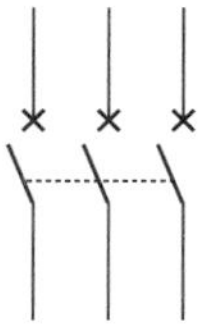 三极断路器	主回路短路保护

续表 9.7

符　号	名称、型号及规格	器件外形及相关部件介绍		作　用
QF_2	断路器 DZ47-63 6A,二极	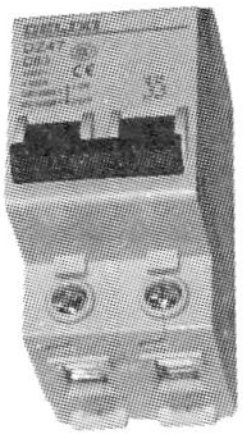	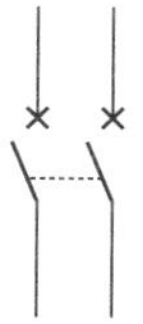 二极断路器	控制回路短路保护
KM_1	交流接触器 CDC10-20 线圈电压 380V		 线圈 三相主触点 辅助常开触点 辅助常闭触点	电动机接入电阻器降压启动用
KM_2				电动机全压运转电源
R	电阻器 ZX2		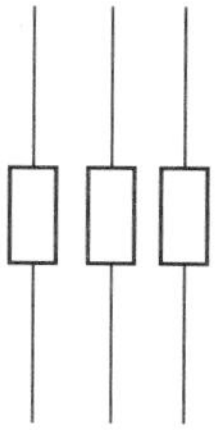	电动机降压启动用
FR	热继电器 JR36-20 14～22A		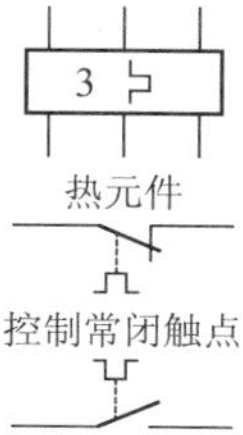 热元件 控制常闭触点 控制常开触点	电动机过载保护用

续表 9.7

符　号	名称、型号及规格	器件外形及相关部件介绍		作　用
KT	得电延时 时间继电器 JS14P	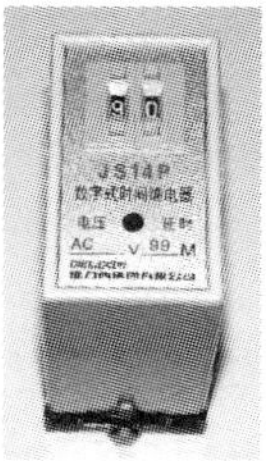	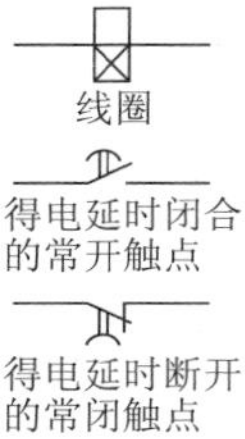	延时转换用
SB_1	按钮开关 LAY7	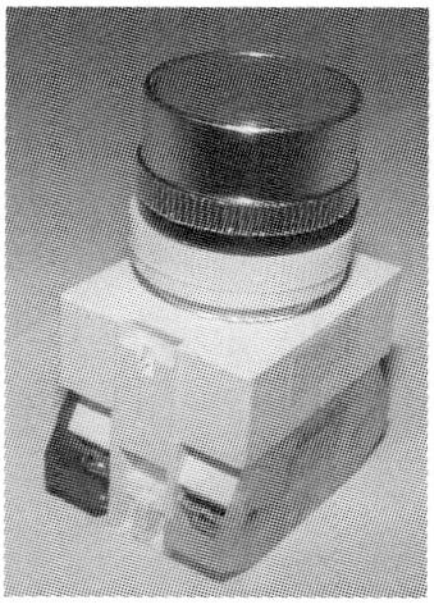	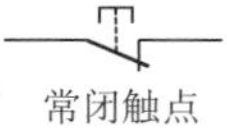	电动机停止操作用
SB_2			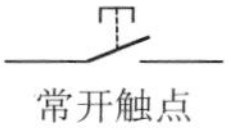	电动机启动操作用
M	三相异步电动机 Y160M-6 7.5kW,17A		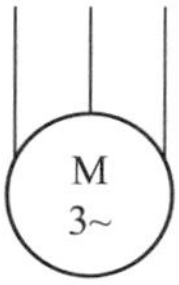	拖　动

9.7.4　调　试

合上控制回路断路器 QF_2，断开主回路断路器 QF_1，以保证电动机先不工作。

首先设定好时间继电器 KT 的延时时间。启动时，按下 SB_2，交流接触器 KM_1 和时间继电器 KT 线圈应得电吸合且 KM_1 能自锁。此时，观察时间继电器 KT 的延时情况，经设定延时后，交流接触器 KM_2 线圈也应得电吸合。停止时，按下 SB_1，交流接触器 KM_1、KM_2 和时间继电器 KT 线圈均断电释放，说明控制回路工作正常。

再合上主回路断路器 QF_1，并带负载调试主回路。启动时按下 SB_2，

KM_1、KT 线圈得电吸合且 KM_1 自锁，此时电动机串联电阻器 R 进行启动，说明串联电阻器 R 启动正常。待 KT 一段延时后，KM_2 线圈也得电吸合，电动机全压运转，说明电动机运转正常。停止时，按下 SB_1，KM_1、KM_2、KT 线圈均断电释放，电动机停止运转，说明电动机停止正常。

9.7.5 常见故障及排除方法

(1) 按启动按钮 SB_2 后，交流接触器 KM_1 线圈得电吸合且自锁，但时间继电器 KT 不动作，一直处于降压启动状态，不能转为全压运转。此故障主要是时间继电器 KT 线圈断路所致。因时间继电器 KT 线圈断路，KT 得电延时闭合的常开触点就不能闭合，全压运转交流接触器 KM_2 就无法得电工作，所以该电路就一直处于降压启动状态，而不能转为全压运转。故障排除方法是更换一只相同型号的时间继电器。

(2) 按启动按钮 SB_2 后，交流接触器 KM_1、时间继电器 KT 线圈均得电吸合且自锁，但全压运转交流接触器 KM_2 线圈不工作，所以一直处于降压启动状态，而无法转换为全压运转。此故障原因为：时间继电器 KT 得电延时闭合的常开触点损坏闭合不了；全压运转交流接触器 KM_2 线圈断路。故障排除方法是检查故障所在，更换时间继电器 KT 或交流接触器 KM_2。

(3) 按动启动按钮 SB_2，直接为全压运转。断开主回路断路器 QF_1，检修控制电路，当按动启动按钮 SB_2 时，交流接触器 KM_1、时间继电器 KT、交流接触器 KM_2 线圈均得电吸合工作。从动作情况看，全压运转交流接触器 KM_2 在未启动操作前为释放状态，说明 KM_2 没有出现触点粘连、机械部分卡住、铁心极面脏而延时释放等问题，所以故障基本确定为时间继电器 KT 延时闭合的常开触点断不开所致。故障排除方法是更换一只新的同型号时间继电器。

(4) 按动 SB_2 时为点动，一直按着 SB_2 能转换为全压运转，但手一松开 SB_2，KM_1、KT、KM_2 同时释放。此故障为 KM_1 自锁回路断路所致。解决方法是更换交流接触器 KM_1 自锁常开触点。

(5) 按启动按钮 SB_2 不放手，只有时间继电器 KT 线圈吸合，经 KT 延时后，直接全压运转。此故障为降压启动交流接触器 KM_1 线圈断路所致。因降压启动交流接触器 KM_1 线圈断路，会出现没有降压启动环节，同时控制线路自锁不了，因按动的启动按钮 SB_2 一直没放手，按动时间大于时间继电器 KT 的延时时间，当 KT 延时动作后，全压运转交流接触器

KM_2 线圈吸合动作，电动机直接全压运转。排除方法是更换交流接触器 KM_1 线圈。

(6) 按启动按钮 SB_2 无任何反应(控制回路电源正常)。此故障原因为：停止按钮 SB_1 断路；启动按钮 SB_2 损坏；热继电器 FR 常闭触点损坏。排除方法是检查上述三处是否正常，查出故障后，更换故障器件。

9.8 延边三角形降压启动自动控制电路

延边三角形降压启动自动控制电路如图 9.40 所示。

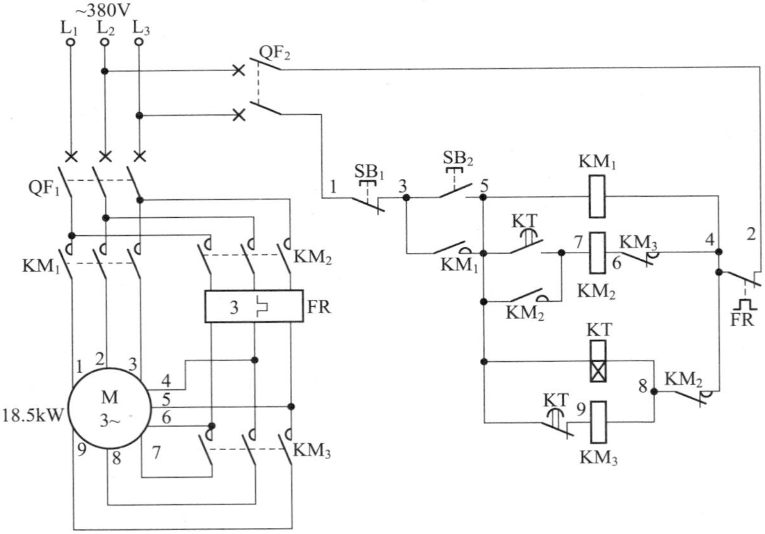

图 9.40 延边三角形降压启动自动控制电路

9.8.1 工作原理分析

首先合上主回路断路器 QF_1、控制回路断路器 QF_2，为电路工作提供准备条件。

在启动前让我们先了解一下延边三角形是如何工作的。启动时先将定子绕组中的一部分连接成△形，另一部分连接成Y形，这样就组成了延边三角形来完成启动，而电动机启动完毕后，再将定子绕组连接成△形正常运转。

按下启动按钮 SB_2(3-5)，交流接触器 KM_1、KM_3 和时间继电器 KT 线圈同时得电吸合且 KM_1 辅助常开触点(3-5)闭合自锁，此时 KT 开始延时，电动机接成延边三角形降压启动；经时间继电器 KT 一段延时后，时间继电器 KT 得电延时断开的常闭触点(5-9)断开，切断了交流接触器 KM_3 线圈回路电源(KM_3 辅助互锁常闭触点(4-6)恢复常闭，为电动机正常全压运转、交流接触器 KM_2 线圈工作做准备)，KM_3 三相主触点断开，电动机绕组延边三角形解除。同时，时间继电器 KT 得电延时闭合的常开触点(5-7)闭合，接通交流接触器 KM_2 线圈回路电源，KM_2 线圈得电吸合且 KM_2 辅助常开触点(5-7)闭合自锁，KM_2 三相主触点闭合，电动机绕组接成三角形正常运转。

停止时，则按下停止按钮 SB_1(1-3)，交流接触器 KM_1、KM_2 线圈同时断电释放，KM_1、KM_2 各自的主触点断开，电动机失电停止运转。

9.8.2 电路图

1. 电路布线图

延边三角形降压启动自动控制电路布线图如图 9.41 所示。

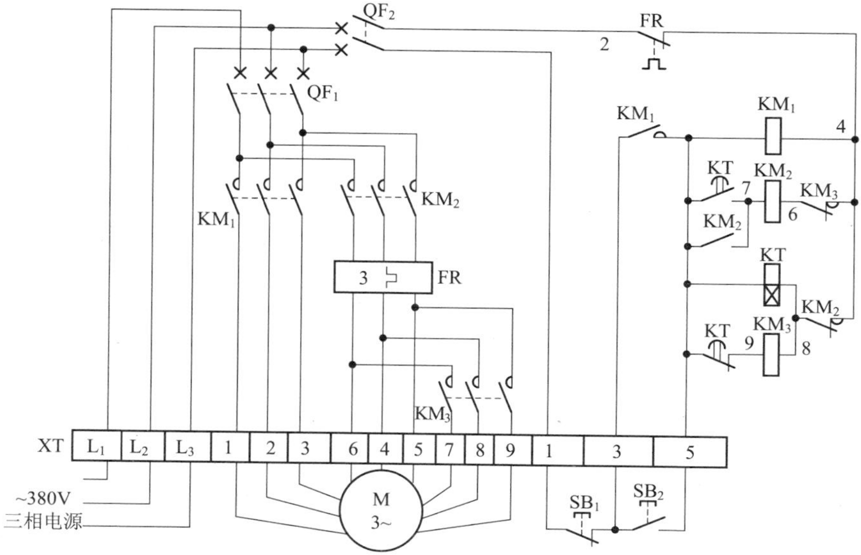

图 9.41 延边三角形降压启动自动控制电路布线图

从图 9.41 中可以看出，XT 为接线端子排，通过端子排 XT 来区分电气元件的安装位置，XT 的上方为放置在配电箱内底板上的电气元件，XT 的下方为外接或引至配电箱门面板上的电气元件。

从端子排 XT 上看，共有 15 个接线端子。其中，L_1、L_2、L_3 这 3 根线为由外引入配电箱的三相 380V 电源，并穿管引入；主回路端子 1～9 这 9 根线为电动机线，穿管接至电动机接线盒内的相应接线柱上；1、3、5 这 3 根线为控制线，接至配电箱门面板上的按钮开关 SB_1、SB_2 上。

2. 电路接线图

延边三角形降压启动自动控制电路实际接线如图 9.42 所示。

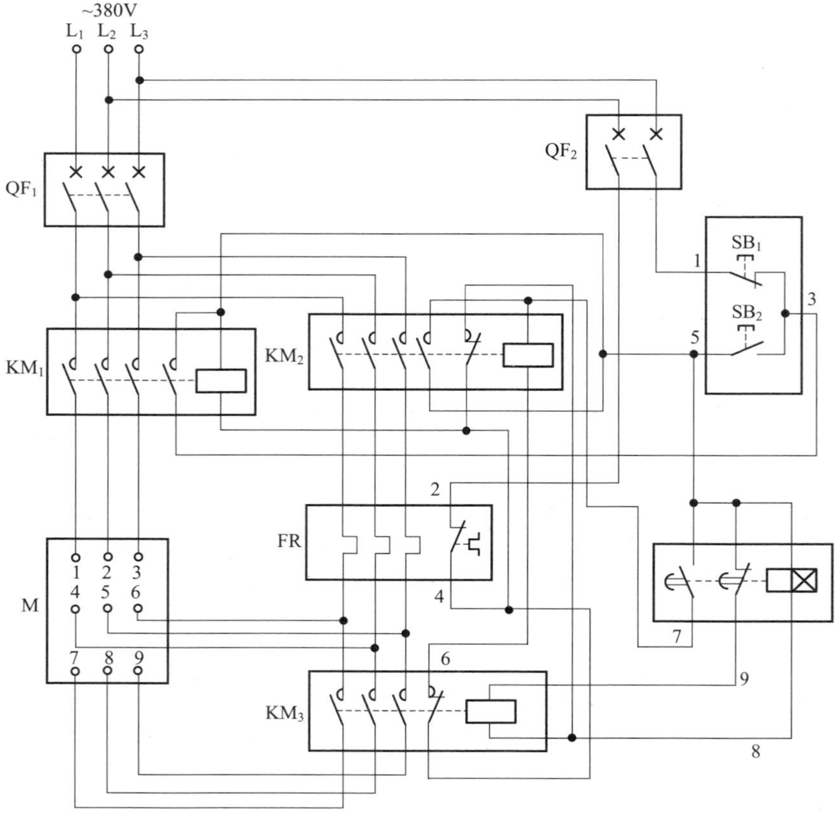

图 9.42 延边三角形降压启动自动控制电路实际接线

3. 元器件安装排列图及端子图

延边三角形降压启动自动控制电路元器件安装排列图及端子图如图 9.43 所示。

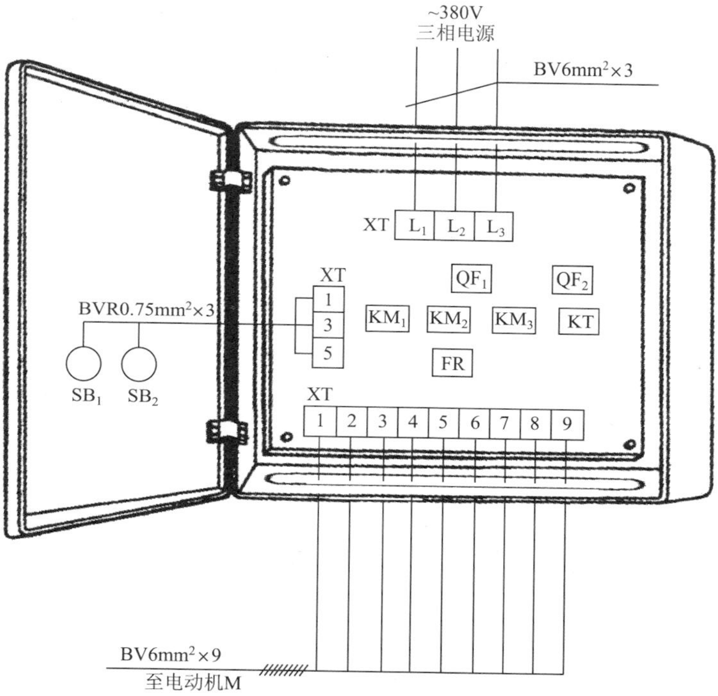

图 9.43 延边三角形降压启动自动控制电路元器件安装排列图及端子图

从图 9.43 可以看出，断路器 QF_1 和 QF_2、交流接触器 KM_1～KM_3、时间继电器 KT、热继电器 FR 安装在配电箱内底板上；按钮开关 SB_1、SB_2 安装在配电箱门面板上。

通过端子 L_1、L_2、L_3 将三相 380V 交流电源接入配电箱中。

端子 1～9 接至电动机接线盒中相应接线柱上。

端子 1、3、5 将配电箱内器件与配电箱门面板上的按钮开关 SB_1、SB_2 连接起来。

4. 按钮接线图

延边三角形降压启动自动控制电路按钮接线如图 9.44 所示。

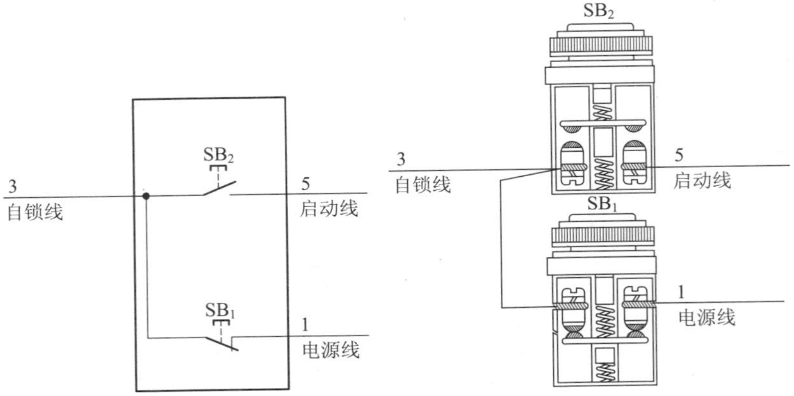

(a) 实际接线 (b) 实物接线

图 9.44 按钮接线

9.8.3 电气元件作用表

延边三角形降压启动自动控制电路电气元件作用表见表 9.8。

表 9.8 电气元件作用表

符 号	名称、型号及规格	器件外形及相关部件介绍		作 用
QF_1	断路器 DZ20G-100 63A，三极		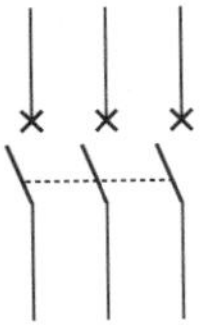 三极断路器	主回路短路保护
QF_2	断路器 DZ47-63 10A，二极	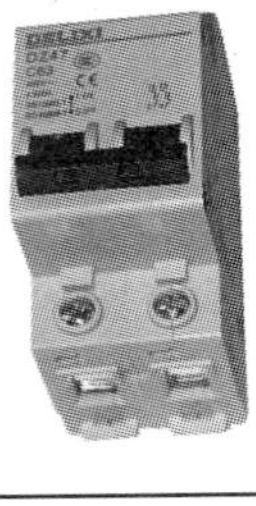	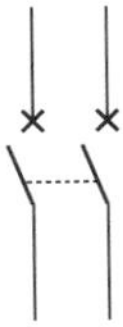 二极断路器	控制回路短路保护

续表 9.8

符号	名称、型号及规格	器件外形及相关部件介绍		作用
KM_1	交流接触器 CJ20-40 线圈电压 380V		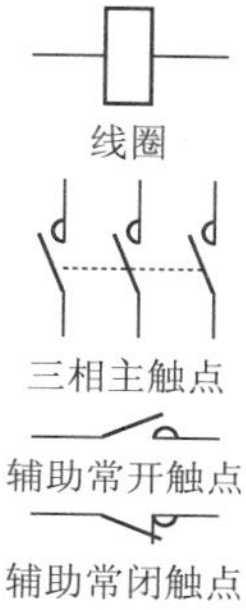	控制电动机电源用
KM_2				三角形运转切换用
KM_3				延边三角形 降压启动用
FR	热继电器 JR20-63 32～47A	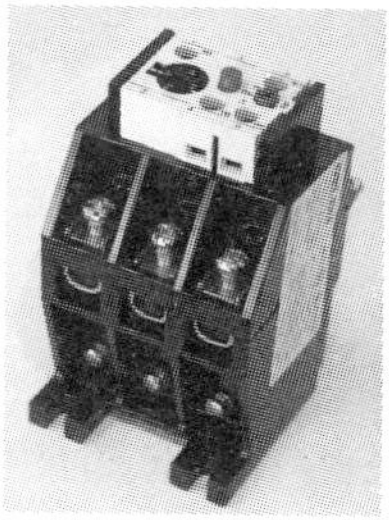	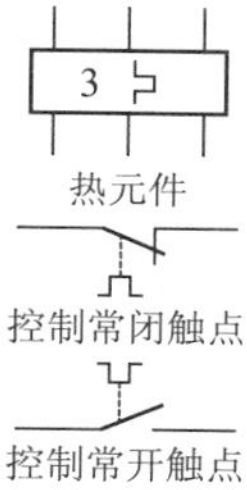	电动机过载保护用
KT	得电延时 时间继电器 JS7-2A 0～180s 线圈电压 380V		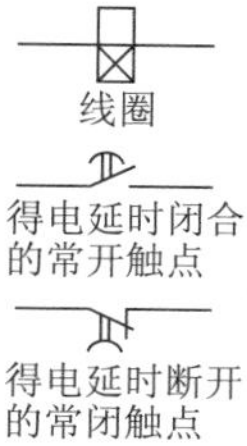	延时自动切换
SB_1	按钮开关 LAY7		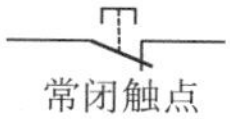	电动机停止操作用
SB_2			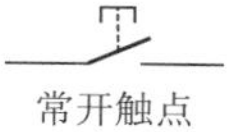	电动机启动操作用

续表 9.8

符号	名称、型号及规格	器件外形及相关部件介绍		作用
M	三相异步电动机 Y200L1-6 18.5kW,37.7A		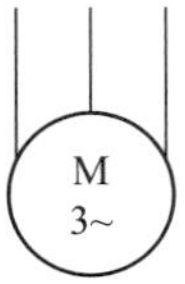	拖动

依据电气元件作用表给出的相关技术数据选择导线，本电路所配电动机功率为 18.5 kW、电流为 37.7A。其电动机线 1～9 可选用 BV $6mm^2$ 导线；电源线 L_1、L_2、L_3 可选用 BV $6mm^2$ 导线；控制线 1、3、5 可选用 BVR $0.75mm^2$ 导线。

9.8.4 调　试

断开主回路断路器 QF_1，合上控制回路断路器 QF_2，调试控制回路，并事先设定好 KT 的延时时间。

启动：按启动按钮 SB_2，观察配电箱内的电气元件动作情况，若交流接触器 KM_1、KM_3 和时间继电器 KT 线圈能吸合动作，且 KM_1 能自锁，此时 KM_1、KM_3、KT 工作，则说明启动正常。再接着往下一步观察，若经 KT 一段延时后，交流接触器 KM_3 线圈能断电释放，交流接触器 KM_2 线圈能得电吸合且自锁，同时，时间继电器 KT 线圈也随之断电释放，最后，只有交流接触器 KM_1 和 KM_2 工作，则说明控制回路由启动自动转换到全压运转过程正常。

停止：按下停止按钮 SB_1，交流接触器 KM_1 和 KM_2 线圈能断电释放，说明停止控制电路正常。

按上述方法对控制电路进行调试正常后，可合上主回路断路器 QF_1，带负载调试主回路。在调试过程中，值得注意的是：启动时的电动机转向必须与全压运转后的转向相同，否则会造成启动过程失败。

按启动按钮 SB_2，交流接触器 KM_1、KM_3 和时间继电器 KT 线圈相均得电吸合，且 KM_1 自锁，此时，观察电动机的启动情况，若电动机处于延边三角形启动状态，说明启动正常。经 KT 延时后，观察配电箱内的交流接触器 KM_3 线圈能否断电释放，交流接触器 KM_2 线圈能否得电吸合，若能，并观察电动机能否由延边三角形启动状态自动转换为全压正常运转状态，若能转换，说明启动到全压运转过程正常。

按停止按钮 SB_1 时，交流接触器 KM_1 和 KM_2 线圈能断电释放，电动机也随着失电停止运转。说明停止过程正常。

通过以上调试并运转 1 小时左右，若无异常现象，可投入使用。

9.8.5 常见故障及排除方法

(1) 按启动按钮 SB_2 无任何反应（配电箱内各交流接触器、时间继电器线圈都不工作）。可能原因是：启动按钮 SB_2 损坏；停止按钮 SB_1 损坏；过载热继电器 FR 控制常闭触点断路闭合不了或过载动作了；控制回路断路器 QF_2 动作跳闸了或内部损坏接触不良。从上述情况结合电气原理图分析，除启动按钮 SB_2 出现故障外，其他故障只会出现在公共部分，不会出现在局部分支电路。为什么呢？因为，从电路图上可以看出，交流接触器 KM_1、KM_2 和时间继电器 KT 这三只线圈是并联在一起的，同时出现问题的概率是很低的，所以，故障点很有可能在 FR 常闭触点、SB_2 启动按钮、SB_1 停止按钮、控制回路断路器 QF_2 上。排除故障时（为确保安全，必须将主回路断路器 QF_1 断开），首先检查确定控制回路断路器 QF_2 是否存在故障并排除。之后，可用短接法分别检查 SB_1、SB_2、FR，短接哪个器件电路能工作，说明故障就在哪里，用新品更换即可排除故障。

(2) 启动时，按下 SB_2，只有交流接触器 KM_1 线圈吸合工作，电动机无反应。从电气原理图上可以看出，在按下启动按钮 SB_2 时，只有 KM_1、KM_3、KT 三个线圈同时工作才能进行延边三角形降压启动，而现在只有 KM_1 工作，说明故障原因极可能是 KM_2 串联在 KM_3、KT 线圈回路中的互锁常闭触点断路。另外，KM_3、KT 线圈同时出现故障断路也会造成 KM_3、KT 不工作，如图 9.45 所示。用万用表检查 KM_2 连锁常闭触点是否断路，若断路，则更换 KM_2 常闭触点即可排除故障。

(3) 电动机一直处于降压启动状态，不能自动转换为全压运转。从原理图上可以看出，故障原因为：时间继电器 KT 线圈不吸合造成延时触点不能转换；时间继电器 KT 延时断开的常闭触点损坏断不开；交流接触器 KM_3 自身故障，如主触点熔焊、铁心极面有油垢、接触器机械部分卡住也会导致上述故障。排除此故障又快又好的方法是替换法。

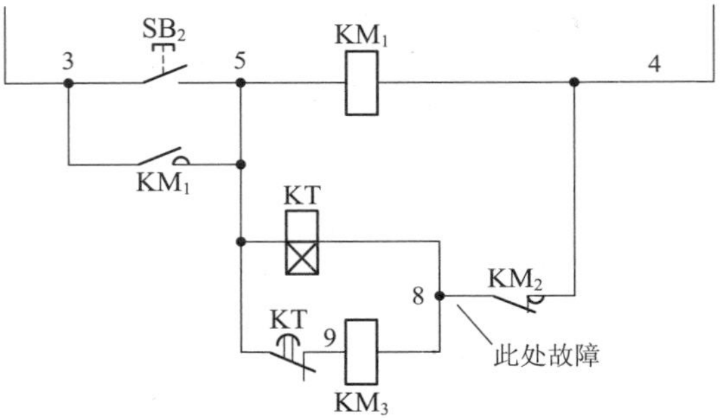

图 9.45 常见故障

9.9 自耦变压器手动控制降压启动电路

自耦变压器手动控制降压启动电路如图 9.46 所示。

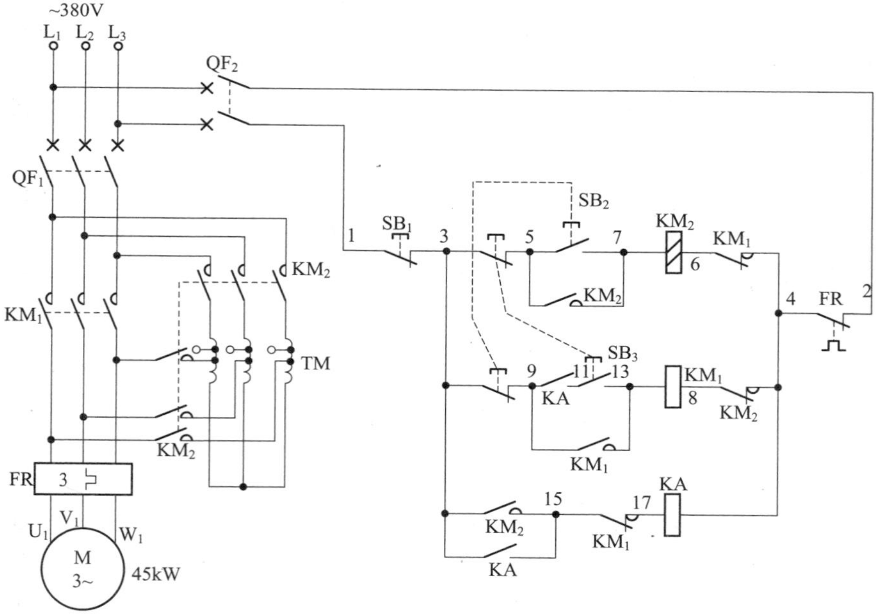

图 9.46 自耦变压器手动控制降压启动电路

9.9.1 工作原理分析

首先合上主回路断路器 QF_1、控制回路断路器 QF_2，为电路工作提供准备条件。

按下启动按钮 SB_2，SB_2 的一组常闭触(3-9)断开，起互锁作用；SB_2 的另一组常开触点(5-7)闭合，使交流接触器 KM_2 线圈得电吸合且 KM_2 辅助常开触点(5-7)闭合自锁，由于 KM_2 辅助常开触点(3-15)的闭合，接通了中间继电器 KA 线圈回路电源，KA 线圈得电吸合且 KA 常开触点(3-15)闭合自锁，KA 串联在全压运转按钮回路中的常开触点(9-11)闭合，为电动机降压启动操作转为全压运转操作做准备。此时 KM_2 的六只主触点闭合，电动机绕组串入自耦变压器 TM 进行降压启动；随着电动机转速的不断提高，可按下全压运转按钮 SB_3，SB_3 的一组常闭触点(3-5)断开，切断了交流接触器 KM_2 线圈回路电源，KM_2 线圈断电释放，KM_2 主触点断开，切除自耦变压器，降压启动结束；与此同时，SB_3 的另一组常开触点(11-13)闭合，接通了交流接触器 KM_1 线圈回路电源，KM_1 线圈得电吸合且 KM_1 辅助常开触点(9-13)闭合自锁，KM_1 三相主触点闭合，电动机得以三相 380V 电源全压运转。

图 9.46 中 KA 的作用是防止在未按动启动按钮前误按全压运转按钮 SB_3，造成直接全压启动电动机的问题。

9.9.2 电路图

1. 电路布线图

自耦变压器手动控制降压启动电路布线图如图 9.47 所示。

从图 9.47 中可以看出，XT 为接线端子排，通过端子排 XT 来区分电气元件的安装位置，XT 的上方为放置在配电箱内底板上或底部位置的电气元件，XT 的下方为外接或引至配电箱门面板上的电气元件。

从端子排 XT 上看，共有 13 个接线端子。其中，L_1、L_2、L_3 这 3 根线为由外引入配电箱的三相 380V 电源，并穿管引入；U_1、V_1、W_1 这 3 根线为电动机线，穿管接至电动机接线盒内的 U_1、V_1、W_1 上；1、3、5、7、9、11、13 这 7 根线为控制线，接至配电箱门面板上的按钮开关 SB_1、SB_2、SB_3 上。

2. 电路接线图

自耦变压器手动控制降压启动电路实际接线如图 9.48 所示。

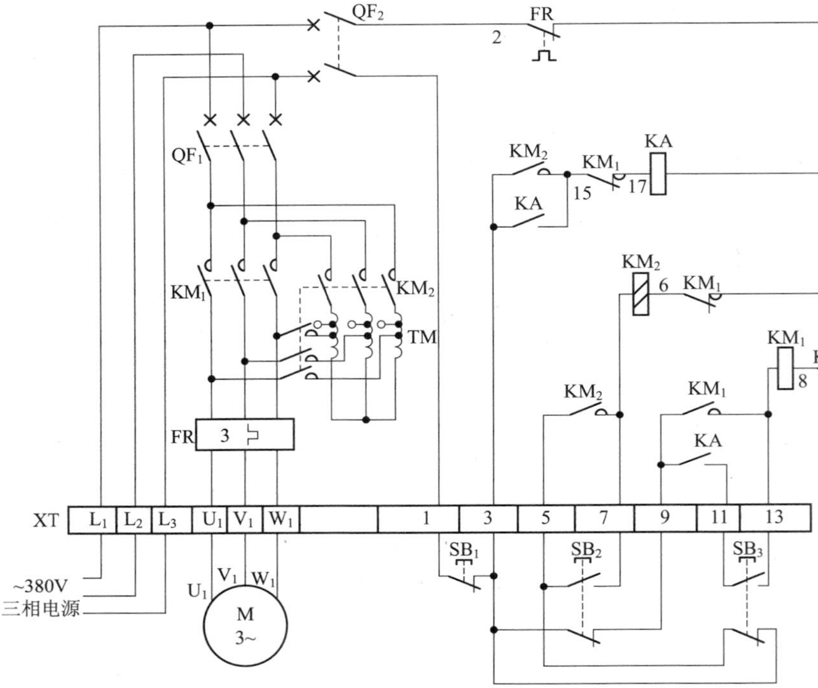

图 9.47 自耦变压器手动控制降压启动电路布线图

3. 元器件安装排列图及端子图

自耦变压器手动控制降压启动电路元器件安装排列图及端子图如图9.49所示。

从图9.49可以看出,断路器 QF_1 和 QF_2、交流接触器 KM_1～KM_2、中间继电器KA、热继电器FR安装在配电箱内底板上;自耦变压器TM可安装在配电箱内底部位置;按钮开关 SB_1～SB_3 安装在配电箱门面板上。

通过端子 L_1～L_3 将三相380V交流电源接入配电箱中。

端子 U_1、V_1、W_1 接至电动机接线盒中的 U_1、V_1、W_1 上。

端子1、3、5、7、9、11、13将配电箱内的器件与配电箱门面板上的按钮开关 SB_1～SB_3 连接起来。

4. 按钮接线图

自耦变压器手动控制降压启动电路按钮接线如图9.50所示。

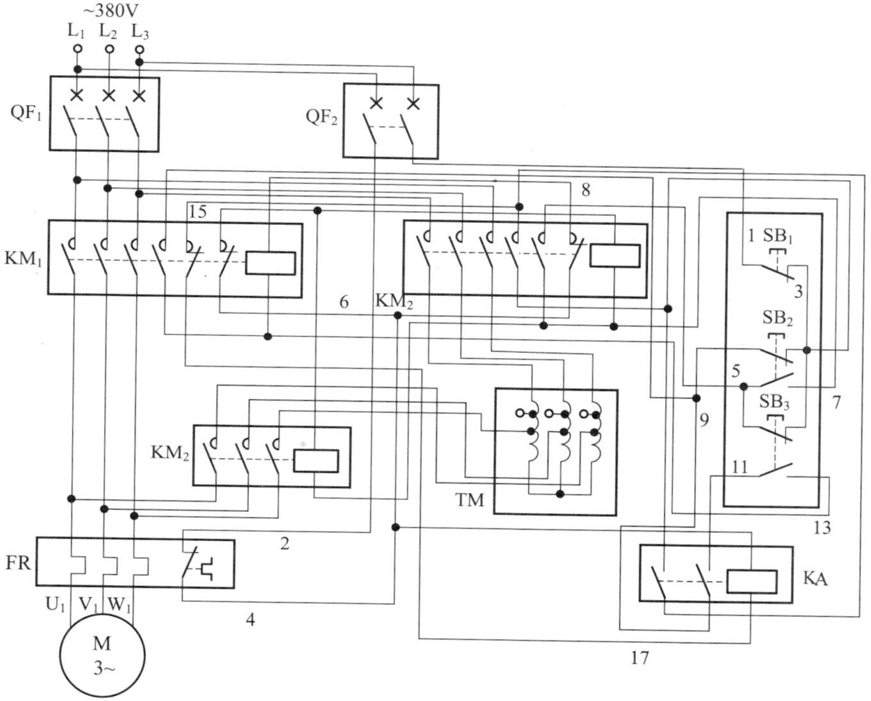

图 9.48 自耦变压器手动控制降压启动电路实际接线

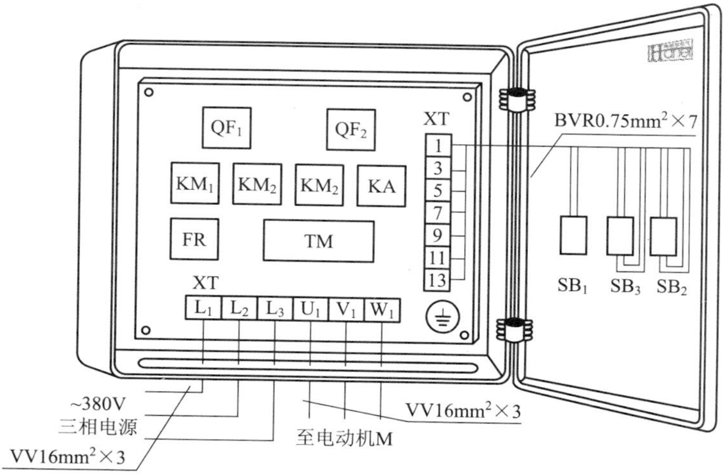

图 9.49 自耦变压器手动控制降压启动电路元器件安装排列图及端子图

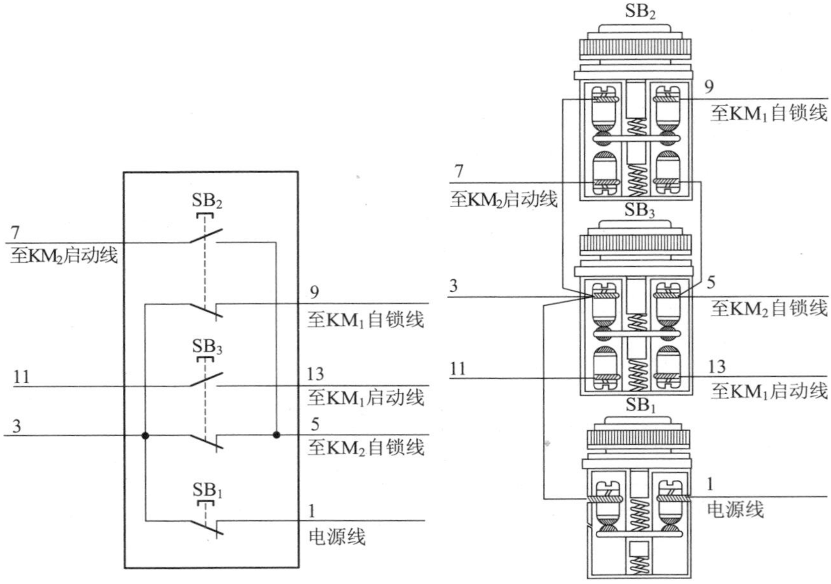

(a) 实际接线　(b) 实物接线

图 9.50　按钮接线

9.9.3 电气元件作用表

自耦变压器手动控制降压启动电路电气元件作用表见表 9.9。

依据电气元件作用表给出的相关技术数据选择导线，本电路所配电动机型号为 Y225M-2、功率为 45kW、电流为 84A。其电动机线 U_1、V_1、W_1 可选用 VV16mm^2×3 电缆；电源线 L_1～L_3 可选用 VV16mm^2×3 电缆；控制线 1、3、5、7、9、11、13 可选用 BVR 0.75 mm^2 导线。

表 9.9　电气元件作用表

符　号	名称、型号及规格	器件外形及相关部件介绍		作　用
QF_1	断路器 DZ20-225 125A，三极		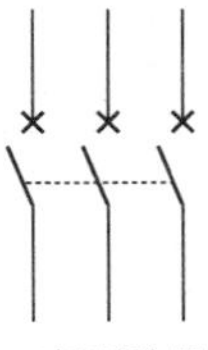 三极断路器	主回路过流保护

续表 9.9

符 号	名称、型号及规格	器件外形及相关部件介绍		作 用
QF_2	断路器 DZ47-63 10A，二极		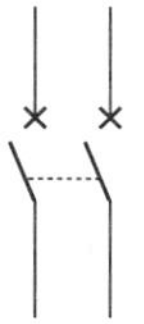 二极断路器	控制回路过流保护
KM_1	交流接触器 CDC10-100 线圈电压 380V		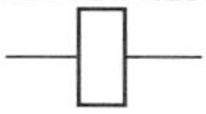 线圈 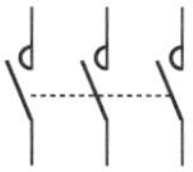 三相主触点  辅助常开触点  辅助常闭触点	控制电动机 电源用（全压）
KM_2	交流接触器 CDC10-100 两只并联使用 线圈电压 380V			接通自耦变压器 作降压启动
FR	热继电器 JR36-160 75～120A		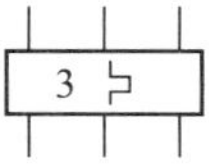 热元件  控制常闭触点  控制常开触点	过载保护
TM	自耦变压器 QZB-45 84A		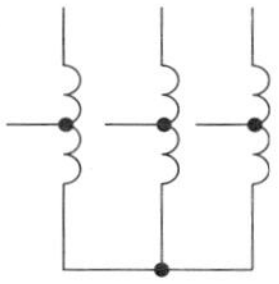	降压启动用
SB_1	按钮开关 LA19-11		 常闭触点	停止电动机用
SB_2			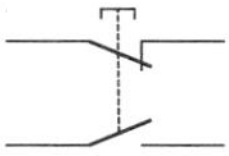 一组常闭触点 一组常开触点	降压启动用
SB_3				全压运转用

续表 9.9

符 号	名称、型号及规格	器件外形及相关部件介绍		作 用
KA	中间继电器 JZ7-44 5A 线圈电压 380V		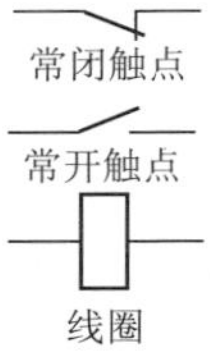	防止直接操作 全压启动保护
M	三相异步电动机 Y 225M-2 45kW,84A 2970r/min		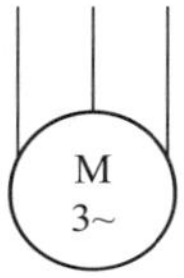	拖 动

9.9.4 调 试

断开主回路断路器 QF_1，合上控制回路断路器 QF_2，调试控制回路。

从图 9.46 中可以看出，若先按下运转按钮 SB_3 时，电路无反应。启动时，按下启动按钮 SB_2，两组线圈并联的交流接触器 KM_2 线圈得电吸合且自锁，同时，观察中间继电器 KA 线圈是否也得电吸合且自锁，若此时中间继电器 KA 线圈也吸合工作，说明启动控制回路工作正常。在中间继电器 KA 线圈得电吸合工作后，按下运转按钮 SB_3，若交流接触器 KM_2 线圈断电释放，交流接触器 KM_1 线圈得电吸合且自锁，说明运转控制回路工作正常。若按下 SB_2 时，KM_2 线圈能吸合且自锁，同时 KA 线圈也得电吸合，但再按下 SB_3 时无反应，应重点检查中间继电器 KA 串联在 SB_3 运转按钮回路中的常开触点(9-11)是否闭合；也可采用用螺丝刀顶一下交流接触器 KM_1 的上方可动部分，若此时交流接触器 KM_1 线圈能得电吸合且自锁，则更加证明此故障就出现在 KA 的常开触点(9-11)上，并加以排除。

停止时，按下停止按钮 SB_1，交流接触器 KM_1 线圈应能断电释放，同时中间继电器 KA 线圈也断电释放。

再合上主回路断路器 QF_1，调试主回路。调试主回路应注意以下几点：

(1) 注意降压启动时电动机的转向必须与全压运转时相同。

(2) 降压启动时间按$\sqrt{功率}\times 2+4$(s)估算，也可以根据实际经验而定。

(3) 热继电器 FR 电流设定值应低一些，要小于电动机额定电流的80%左右。

带负载调试时，按下启动按钮 SB_2，交流接触器 KM_2 线圈得电吸合且自锁，KM_2 主触点闭合，电动机绕组串联自耦变压器进行降压启动，同时 KA 线圈得电吸合；并观察电动机的转向是否符合要求。当电动机的转速达到额定转速时，再按下运转按钮 SB_3，交流接触器 KM_2 线圈应断电释放，解除串入电动机绕组内的自耦变压器，启动过程结束。这时，交流接触器 KM_1 线圈应得电吸合且自锁，KM_1 主触点闭合，电动机得以全压正常运转，此时若电动机的转向与启动时的转向相反，则会出现反接制动情况而使主回路断路器 QF_1 动作跳闸。应查明原因加以处理。

9.9.5 常见故障及排除方法

(1) 降压启动很困难。主要原因是负载较重使电动机输入电压偏低而导致启动力矩不够。将自耦变压器 TM 抽头由 65%调换至 80%，即可提高启动力矩，排除故障。

(2) 自耦变压器 TM 冒烟或烧毁。可能原因是自耦变压器容量选得过小不配套、降压启动时间过长或过于频繁。检查自耦变压器是否过小，若是过小，则更换配套产品；缩短启动时间、减少操作次数。

(3) 全压运转时，按 SB_3 按钮无反应，中间继电器 KA 线圈吸合。

根据上述情况结合电气原理图分析故障，在图 9.51 所示电路中，可用测电笔逐一检查，找出故障点并加以排除。

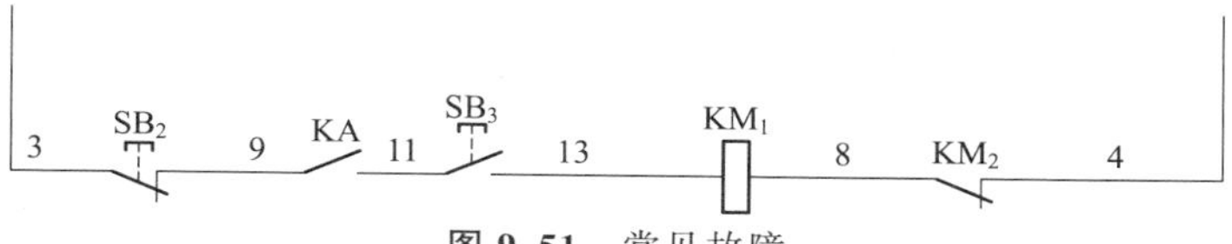

图 9.51 常见故障

(4) 降压启动时，按启动按钮 SB_2 后松手，电动机即停止。根据以上情况分析，故障原因为 KM_2 缺少自锁回路。用测电笔检查 KM_2 自锁回路常开触点是否能闭合以及相关连线是否脱落松动，找出原因后并加以处理。

(5) 降压启动正常,但转为△形全压运转时,电动机停转无反应。从上述情况看,此故障为交流接触器 KM_1 三相主触点断路所致。检查并更换 KM_1 主触点后即可排除故障。

(6) 降压启动正常,但转为△形全压运转时断路器 QF_1 跳闸。从原理图上分析,可能是△形全压运转方向错了,也就是降压启动时为顺转,而△形全压运转为逆转,可检查配电箱中接线是否有误,若接线有误,重新调换恢复接线后即可排除故障。

9.10 自耦变压器自动控制降压启动电路

自耦变压器自动控制降压启动电路如图 9.52 所示。

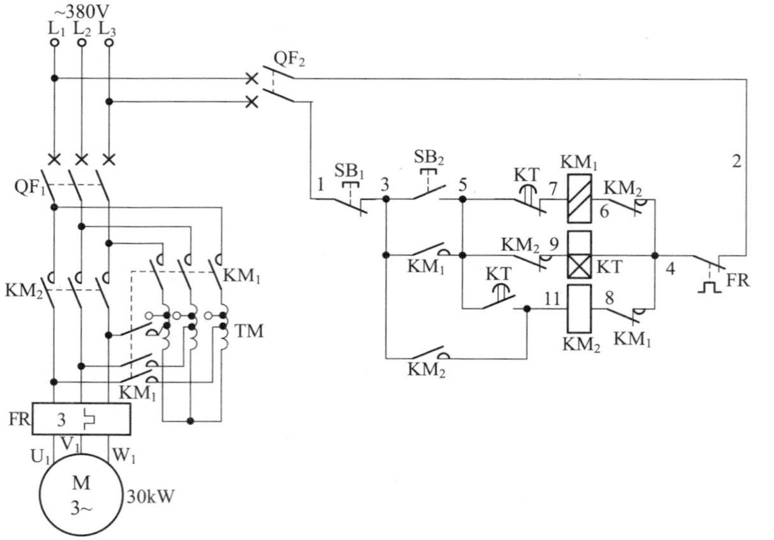

图 9.52　自耦变压器自动控制降压启动电路

9.10.1　工作原理分析

首先合上主回路断路器 QF_1、控制回路断路器 QF_2,为电路工作提供准备条件。

启动操作：按下启动按钮 SB_2(3-5)，交流接触器 KM_1、得电延时时间继电器 KT 线圈得电吸合且 KM_1 辅助常开触点(3-5)闭合自锁，同时 KT 开始延时。与此同时，两只线圈并联在一起的 KM_1 各自的三相主触点闭合，将自耦变压器 TM 接入电动机绕组中，进行自耦降压启动，经 KT 一段延时后(其延时时间可按电动机功率开方后乘以 2 倍再加 4s 估算)，KT 串联在 KM_1 线圈回路中的得电延时断开的常闭触点(5-7)断开，切断了 KM_1 线圈回路电源，KM_1 线圈断电释放，KM_1 主触点断开，使自耦变压器 TM 退出运行；同时，KT 得电延时闭合的常开触点(5-11)闭合，接通了交流接触器 KM_2 线圈回路电源，KM_2 线圈得电吸合且 KM_2 辅助常开触点(3-11)闭合自锁，KM_2 三相主触点闭合，电动机得电全压运转。在 KM_2 线圈得电吸合后，KM_2 串联在 KT 线圈回路中的辅助常闭触点(5-9)断开，使 KT 线圈退出运转。至此整个降压启动过程结束。

停止操作：按下停止按钮 SB_1(1-3)，交流接触器 KM_2 线圈断电释放，KM_2 三相主触点断开，电动机失电停止运转。

9.10.2 电路图

1. 电路布线图

自耦变压器自动控制降压启动电路布线图如图 9.53 所示。

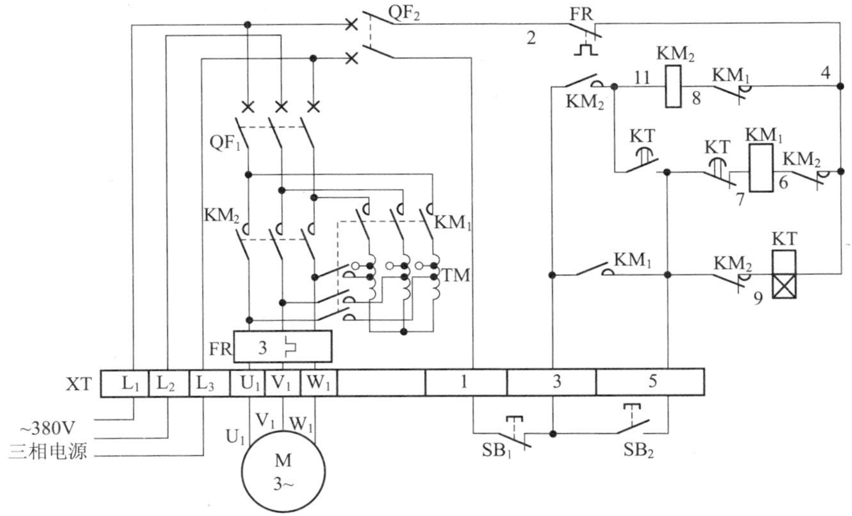

图 9.53 自耦变压器自动控制降压启动电路布线图

从图9.53中可以看出，XT为接线端子排，通过端子排XT来区分电气元件的安装位置，XT的上方为放置在配电箱内底板上或底部位置的电气元件，XT的下方为外接或引至配电箱门面板上的电气元件。

从端子排XT上看，共有9个接线端子。其中，L_1、L_2、L_3这3根线为由外引入配电箱的三相380V电源，并穿管引入；U_1、V_1、W_1这3根线为电动机线穿管接至电动机接线盒内的U_1、V_1、W_1上；1、3、5这3根线为控制线，接至配电箱门面板上的按钮开关SB_1、SB_2上。

2. 电路接线图

自耦变压器自动控制降压启动电路实际接线如图9.54所示。

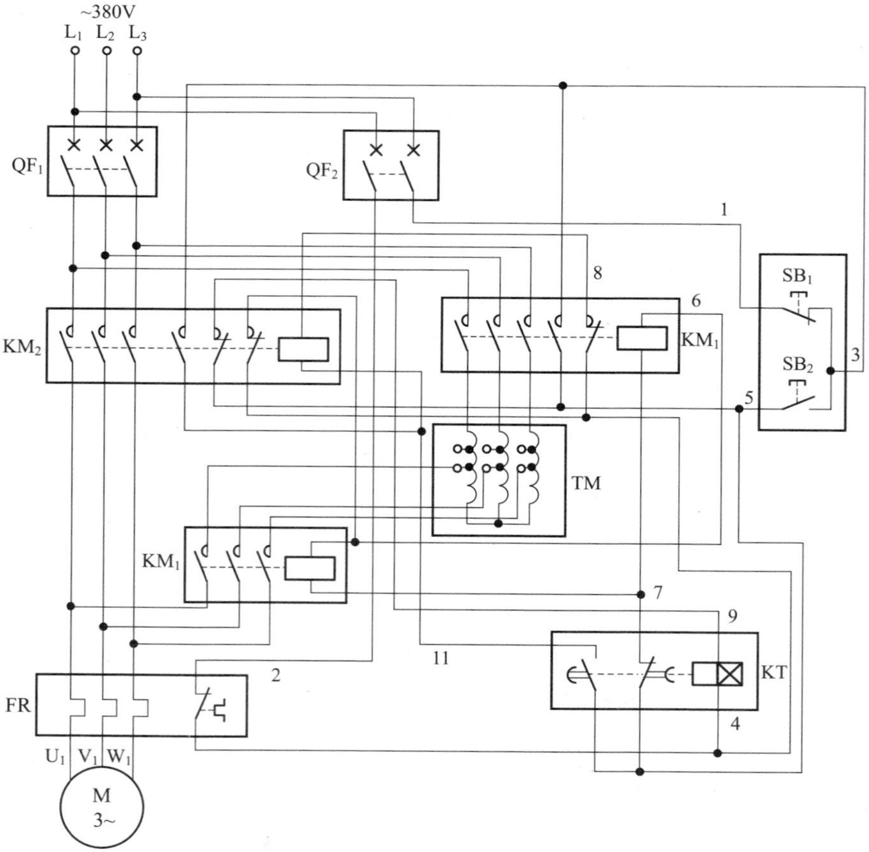

图9.54　自耦变压器自动控制降压启动电路实际接线

3. 元器件安装排列图及端子图

自耦变压器自动控制降压启动电路元器件安装排列图及端子图如图 9.55 所示。

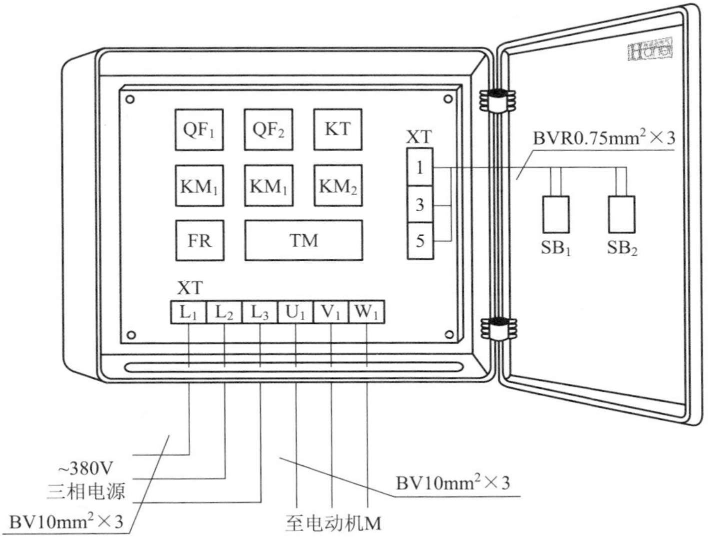

图 9.55 自耦变压器自动控制降压启动电路元器件安装排列图及端子图

从图 9.55 可以看出，断路器 QF_1 和 QF_2、交流接触器 KM_1 和 KM_2、时间继电器 KT、热继电器 FR 安装在配电箱内底板上；自耦变压器 TM 可安装在配电箱内底部位置；按钮开关 SB_1、SB_2 安装在配电箱门面板上。

通过端子 L_1、L_2、L_3 将三相 380V 交流电源接入配电箱中。

端子 U_1、V_1、W_1 接至电动机接线盒中的 U_1、V_1、W_1 上。

端子 1、3、5 将配电箱内的器件与配电箱门面板上的按钮开关 SB_1、SB_2 连接起来。

4. 按钮接线图

自耦变压器自动控制降压启动电路按钮接线如图 9.56 所示。

9.10.3 电气元件作用表

自耦变压器自动控制降压启动电路电气元件作用表见表 9.10。

依据电气元件作用表给出的相关技术数据选择导线，本电路所配电

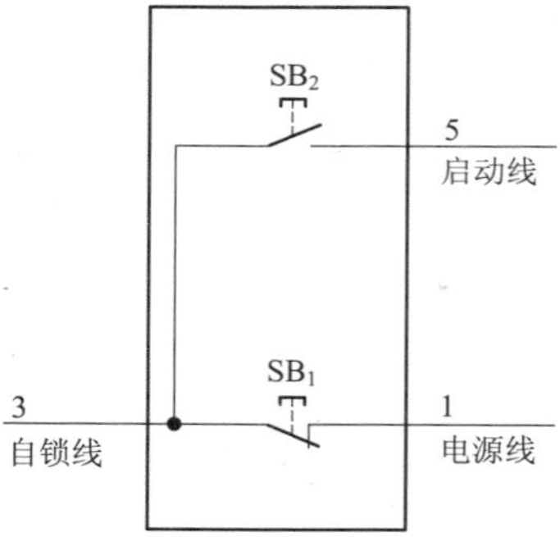

(a) 实际接线

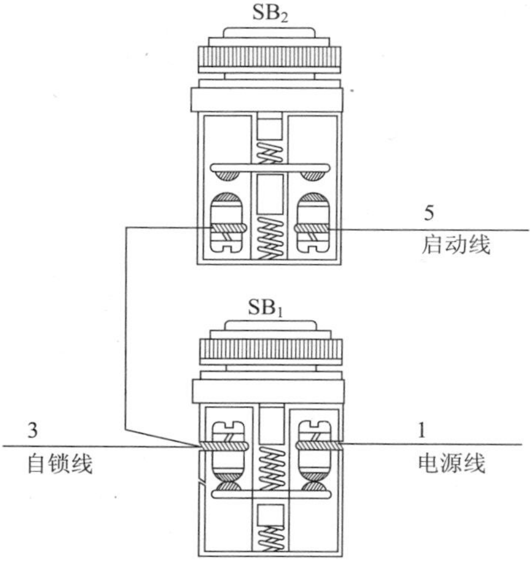

(b) 实物接线

图 9.56　按钮接线

动机型号为 Y200L-4、功率为 30kW、电流为 56.8A。其电动机线 U_1、V_1、W_1 可选用 BV 10mm^2 导线；电源线 L_1、L_2、L_3 可选用 BV 10mm^2 导线；控制线 1、3、5 可选用 BVR 0.75mm^2 导线。

表 9.10　电气元件作用表

符　号	名称、型号及规格	器件外形及相关部件介绍		作　用
QF_1	断路器 DZ20-100 80A，三极	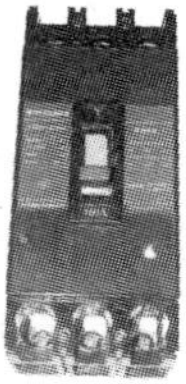	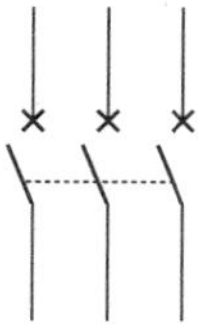 三极断路器	主回路过流保护
QF_2	断路器 DZ47-63 10A，二极	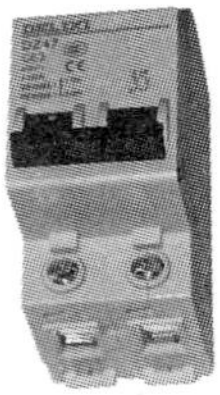	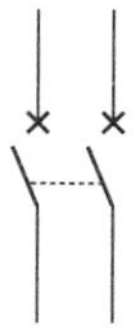 二极断路器	控制回路过流保护

续表 9.10

符　号	名称、型号及规格	器件外形及相关部件介绍		作　用
KM_1	交流接触器 CDC10-60 线圈电压 380V 两只并联		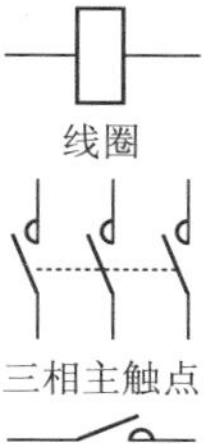	减压启动用
KM_2	交流接触器 CDC10-60 线圈电压 380V			全压运转用
FR	热继电器 JR36-63 40～63A		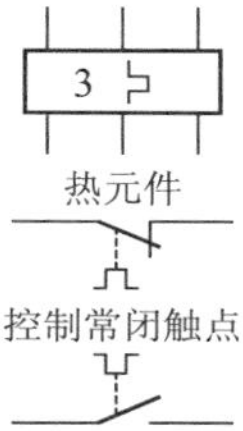	过载保护
TM	自耦变压器 QZB-30 57A		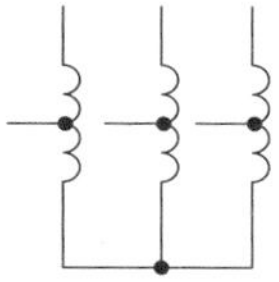	减压启动用
KT	得电延时 时间继电器 JS14P 线圈电压 380V 180s	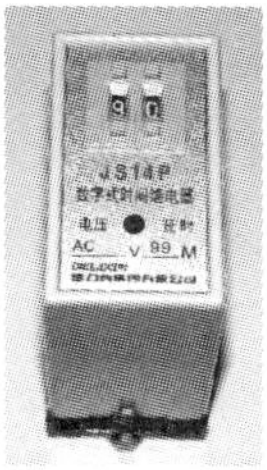	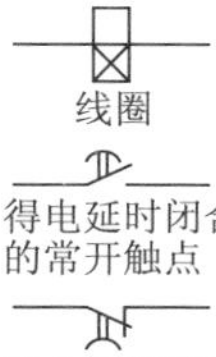	启动时间延时转换
SB_1	按钮开关 LA19-11			停止电动机用
SB_2				启动电动机用

续表 9.10

符号	名称、型号及规格	器件外形及相关部件介绍		作用
M	三相异步电动机 Y200L-4 30kW，56.8A 1470r/min		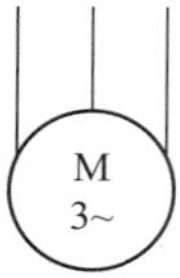	拖动

9.10.4 调 试

断开主回路断路器 QF_1，接通控制回路断路器 QF_2，调试控制电路。将 KT 延时时间设定好。

启动：按启动按钮 SB_2，若交流接触器 KM_1 和时间继电器 KT 线圈能吸合动作且 KM_1 能自锁，说明启动回路正常。再观察配电箱内时间继电器 KT 的延时动作情况，若 KT 能延时并切断交流接触器 KM_1 线圈回路电源，然后将交流接触器 KM_2 线圈回路接通，最终 KM_2 线圈得电吸合并自锁，KM_2 常闭触点断开并将时间继电器 KT 线圈回路切断。以上电气元件动作情况表明，从启动至运转的整个控制方式符合设计要求。最后按下停止按钮 SB_1，交流接触器 KM_2 线圈断电释放，至此整个控制电路调试完毕。

带负载调试主回路时，将负载接上并合上主回路断路器 QF_1。按下启动按钮 SB_2，交流接触器 KM_1 和时间继电器 KT 线圈得电吸合，电动机串自耦变压器进行启动，此时观察电动机的启动过程并确定从启动至全压运转所需的时间；经 KT 一段延时后，交流接触器 KM_1 线圈断电释放，切除自耦变压器；然后接通交流接触器 KM_2 线圈回路电源，电动机得电由启动自动转换为全压运转状态。需注意的是：

（1）电动机从启动至全压运转两种状态的运转方向一致。

（2）启动所需的准确时间。

（3）热继电器的过载保护设定值，可根据电动机实际全压运转后的测试电流加以调整。

9.10.5 常见故障及排除方法

（1）启动时一直为降压状态，无法转换为正常运转。由配电箱内电气元件动作情况可知，时间继电器 KT 未工作。从原理图中可以分析出，当启动时按下启动按钮 SB_2，降压交流接触器 KM_1 和时间继电器 KT 线圈均得电吸合且 KM_1 辅助常开触点闭合自锁，KM_1 主触点闭合，电动机接入自耦变压器进行降压启动；但由于时间继电器 KT 线圈不工作，KT 无法切断 KM_1 线圈回路电源，也就是无法使自耦变压器 TM 退出启动，一直处于启动状态；同时 KT 也无法接通 KM_2 线圈回路电源，也就是说，电动机无法进入全压运转，所以，电动机只能处于长时间启动而无法全压运转。检查时间继电器 KT 线圈是否损坏；检查串联在时间继电器 KT 线圈回路中的常闭触点是否断路，更换上述故障器件即可。

(2) 按启动按钮 SB_2，电动机启动过程正常，但启动完毕无法进入全压运转。从电路原理图中可以分析出，当按下启动按钮 SB_2 后，交流接触器 KM_1 和时间继电器 KT 线圈均得电工作，KM_1 主触点闭合，电动机通过自耦变压器降压启动；经 KT 延时后，KT 得电延时断开的常闭触点断开，切断了 KM_1 线圈回路电源，KM 线圈断电释放，KM_1 三相主触点断开，切断了自耦变压器回路电源，使电动机启动完毕，但由于 KM_2 不工作，所以出现上述现象。其故障原因为：KT 得电延时闭合的常开触点损坏；KM_2 线圈断路；KM_1 串联在 KM_2 线圈回路中的常闭触点损坏，如图 9.57 所示。

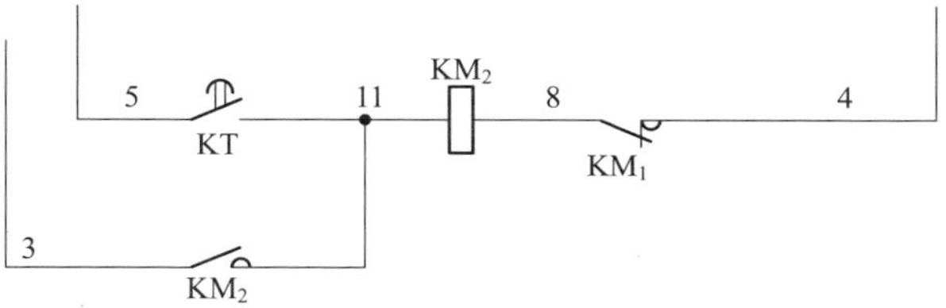

图 9.57 常见故障

若电动机降压启动完毕后能瞬间全压运转一下又停止，则故障为自锁触点 KM_2 损坏所致。

用万用表检查上述各器件，找出故障器件，更换即可。

9.11 频敏变阻器启动控制电路

频敏变阻器启动控制电路如图 9.58 所示。

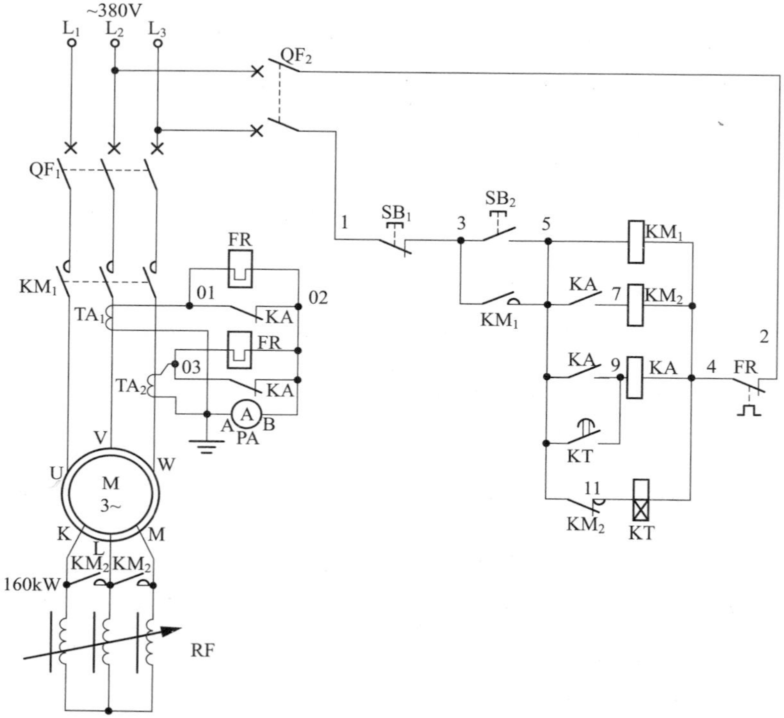

图 9.58 频敏变阻器启动控制电路

9.11.1 工作原理分析

首先合上主回路断路器 QF_1、控制回路断路器 QF_2，为电路工作提供准备条件。

启动操作：启动时按下启动按钮 SB_2(3-5)，电源交流接触器 KM_1 线圈得电吸合且 KM_1 辅助常开触点(3-5)闭合自锁，KM_1 三相主触点闭合，绕线式电动机转子串频敏变阻器 RF 进行启动；在启动过程中，由于频敏变阻器 RF 的阻抗将随转子电流频率的降低而自动减小，电动机就会平稳地启动起来。在按下启动按钮 SB_2(3-5)的同时，得电延时时间继电器 KT 线圈也得电吸合且开始延时，待电动机平稳启动后，也就是得电延时时间继电器 KT 的设定延时时间，此时 KT 得电延时闭合的常开触点(5-9)闭合，接通了中间继电器 KA 的线圈回路电源，KA 线圈得电吸合且 KA 常开触点(5-9)闭合自锁，KA 串联在短接频敏变阻器交流接触器

KM_2 线圈回路中的常开触点(5-7)闭合,使 KM_2 线圈得电吸合,KM_2 三相主触点闭合,将频敏变阻器 RF 短接起来,频敏变阻器 RF 退出运转,电动机正常运转。在 KM_2 线圈得电吸合后,KM_2 串联在得电延时时间继电器 KT 线圈回路中的辅助常闭触点(5-11)断开,使 KT 线圈断电释放退出运转。电路中中间继电器 KA 的两组常闭触点(01-02、03-02)在电动机启动时处于闭合状态,这是为了防止电动机在启动过程中因启动时间长、启动电流较大使热继电器 FR 热元件发热弯曲而出现误动作而设置的,待电动机启动完毕转为正常运转后,KA 的两组常闭触点(01-02、03-02)断开,使热继电器 FR 热元件投入电路工作进行过载保护。

停止操作:停止时,按下停止按钮 SB_1(1-3),电源交流接触器 KM_1、短接频敏变阻器交流接触器 KM_2、中间继电器 KA 线圈断电释放,KM_1、KM_2 各自的三相主触点断开,电动机失电停止运转。

大家都知道,频敏变阻器实际上是一种静止的、无触点电磁元件,类似一个铁心损耗特别大的三相电抗器,电动机启动时,频敏变阻器阻抗随通过其电流频率的变化而改变,从而完成自动变阻,使电动机平稳地启动。

为了满足启动要求,可通过改变频敏变阻器绕组上的抽头(有 3 个,分别为 71%、85%、100%)来解决启动时对电动机启动电流和启动转矩的要求。

9.11.2 电路图

1. 电路布线图

频敏变阻器启动控制电路布线图如图 9.59 所示。

从图 9.59 中可以看出,XT 为接线端子排,通过端子排 XT 来区分电气元件的安装位置,XT 的上方为放置在配电箱内底板上或底部位置的电气元件,XT 的下方为外接或引至配电箱门面板上的电气元件。

从端子排 XT 上看,共有 14 个接线端子。其中,L_1、L_2、L_3 这 3 根线为由外引入配电箱的三相 380V 电源,并穿管引入;主回路端子 U、V、W、K、L、M 这 6 根线为电动机线,穿管接至电动机接线盒内的相应 U、V、W、K、L、M 接线柱上;控制回路端子 1、3、5 这 3 根线为控制线,接至配电箱门面板上的按钮开关 SB_1、SB_2 上;A、B 这 2 根线为电流表线,接至配电箱门面板上的电流表 PA 上。

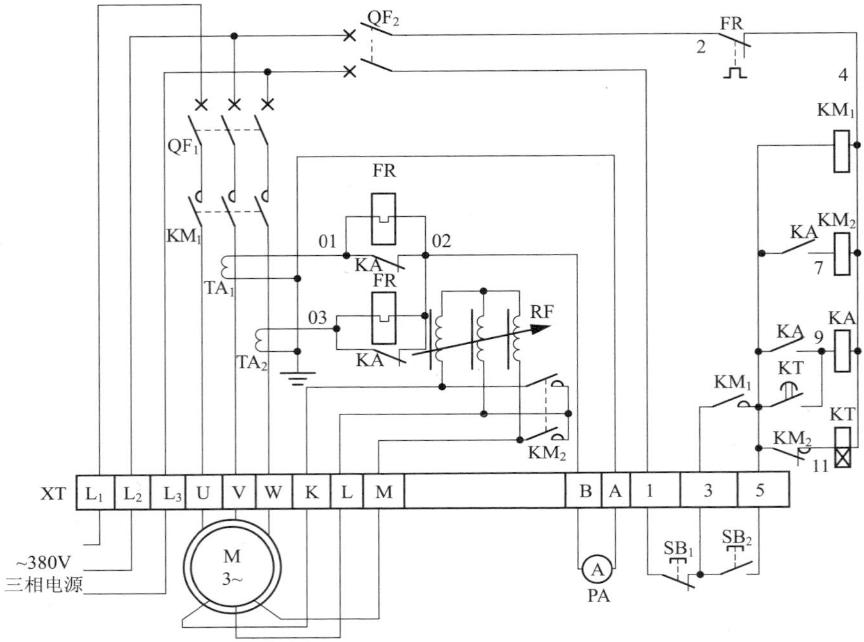

图 9.59　频敏变阻器启动控制电路布线图

2. 电路接线图

频敏变阻器启动控制电路实际接线如图 9.60 所示。

3. 元器件安装排列图及端子图

频敏变阻器启动控制电路元器件安装排列图及端子图如图 9.61 所示。

从图 9.61 可以看出，断路器 QF_1 和 QF_2、交流接触器 KM_1 和 KM_2、中间继电器 KA、时间继电器 KT、热继电器 FR、电流互感器 TA_1 和 TA_2 安装在配电箱内底板上；频敏变阻器 RF 可安装在配电箱内底部位置；按钮开关 SB_1 和 SB_2、电流表 PA 安装在配电箱门面板上。

通过端子 L_1、L_2、L_3 将三相 380V 交流电源接入配电箱中。

端子 U、V、W、K、L、M 接至电动机接线盒中的 U、V、W、K、L、M 上。

端子 1、3、5、A、B 将配电箱内器件与配电箱门面板上的按钮开关 SB_1、SB_2 和电流表 PA 连接起来。

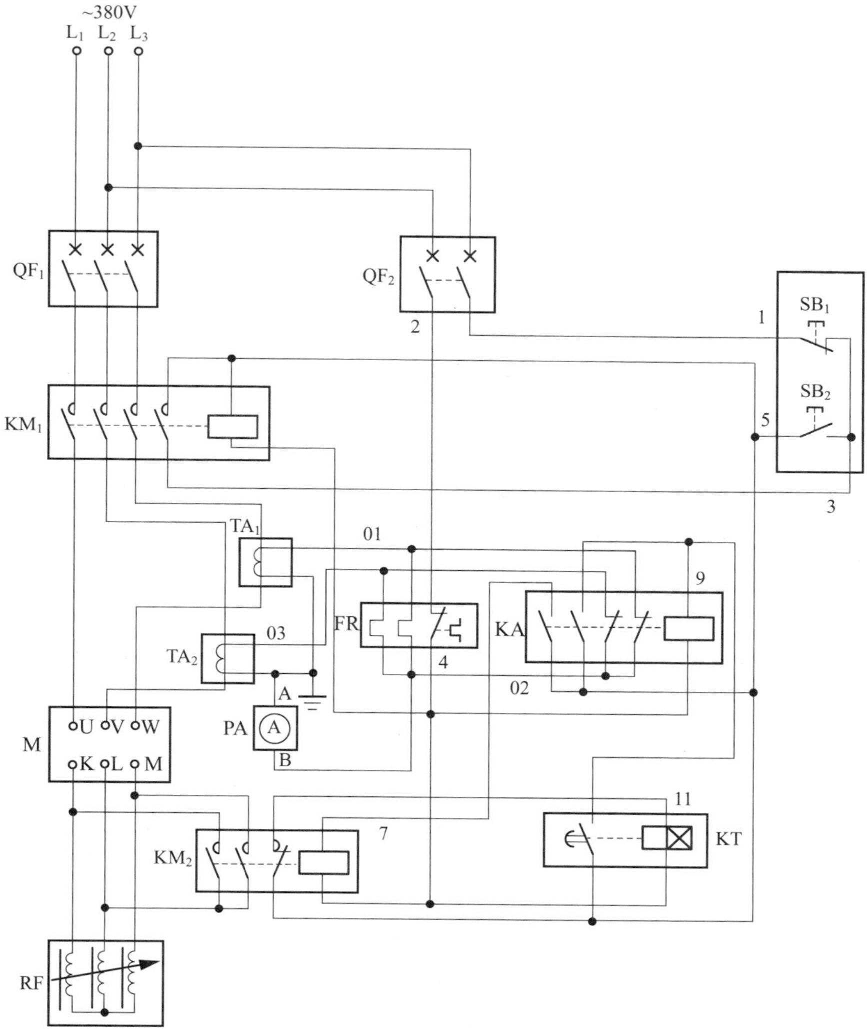

图 9.60　频敏变阻器启动控制电路实际接线

4. 按钮接线图

频敏变阻器启动控制电路按钮接线如图 9.62 所示。

9.11.3　电气元件作用表

频敏变阻器启动控制电路电气元件作用表见表 9.11。

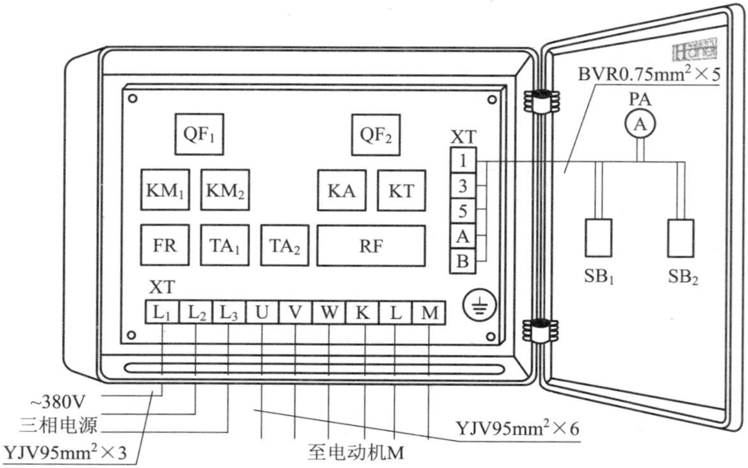

图 9.61 频敏变阻器启动控制电路元器件安装排列图及端子图

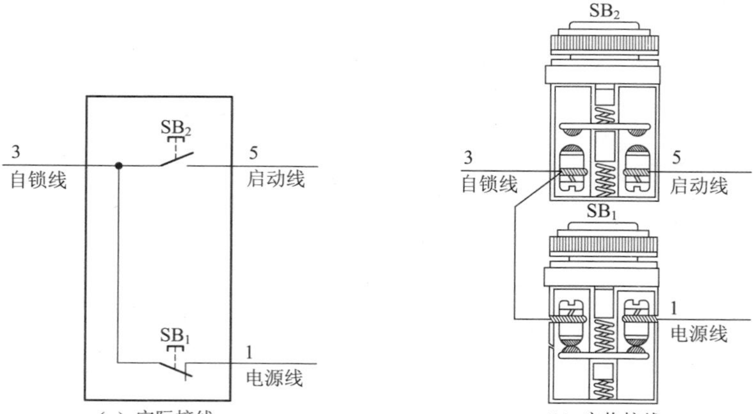

(a) 实际接线　　(b) 实物接线

图 9.62 按钮接线

依据电气元件作用表给出的相关技术数据选择导线，本电路所配电动机型号为 YZR400LA、功率为 160kW、定子电流为 244A。其电动机线 U、V、W、K、L、M 可选用 2 根 YJV 交联电力电缆 $95mm^2 \times 3$；电源线 L_1、L_2、L_3 可选用 YJV 交联电力电缆 $95mm^2 \times 3$；按钮控制线 1、3、5 可选用 BVR $0.75mm^2$ 导线；电流表线 A、B 可选用 BVR $0.75mm^2$ 导线。

表 9.11 电气元件作用表

符 号	名称、型号及规格	器件外形及相关部件介绍		作 用
QF_1	断路器 DZ20-400 300A，三极		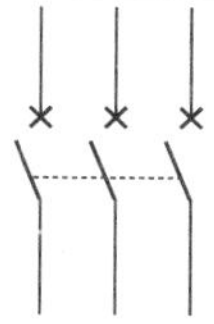 三极断路器	主回路过流保护
QF_2	断路器 DZ47-63 10A，二极	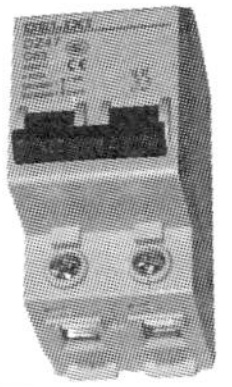	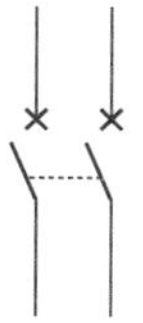 二极断路器	控制回路过流保护
KM_1	交流接触器 CJX1-250 线圈电压 380V		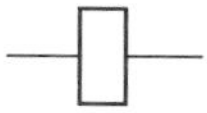 线圈 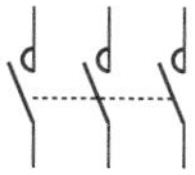 三相主触点  辅助常开触点  辅助常闭触点	控制电动机电源用
KM_2				短接频敏变阻器 正常运转用
FR	热继电器 JR36-20 3.2～5A		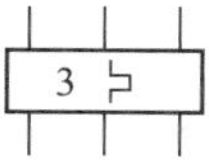 热元件  控制常闭触点 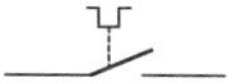 控制常开触点	过载保护
KA	中间继电器 JZ7-44 5A 线圈电压 380V		 常闭触点  常开触点 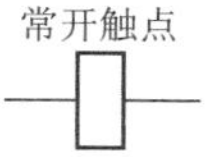 线圈	转换记忆

续表 9.11

符　号	名称、型号及规格	器件外形及相关部件介绍		作　用
KT	得电延时 时间继电器 JS14P 线圈电压 380V 180s	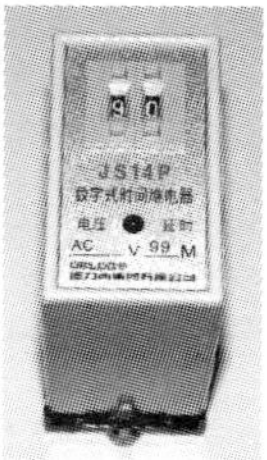 	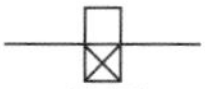 线圈  得电延时闭合的常开触点  得电延时断开的常闭触点	延时自动切换
RF	频敏变阻器 BP1-305/4020		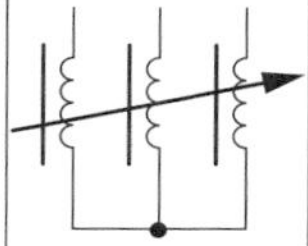	频敏变阻器启动
TA_1	电流互感器 LMZ1-0.5 400/5			电流变换
TA_2				
PA	电流表 42L6-A 配 400/5 电流互感器	 	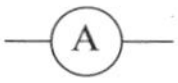 	电流指示
SB_1	按钮开关 LA19-11		 常闭触点	停止电动机用
SB_2			 常开触点	启动电动机用
M	绕线式异步电动机 YZR400LA 160kW,244A		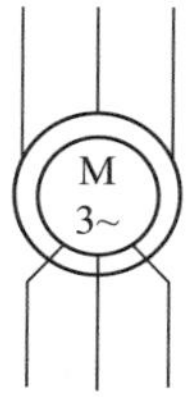 	拖　动

9.11.4 调试

断开主回路断路器 QF_1，合上控制回路断路器 QF_2，调试控制回路。预置好时间继电器的延时时间。

启动：按下启动按钮 SB_2，交流接触器 KM_1 线圈得电吸合且能自锁，同时时间继电器 KT 线圈也得电吸合并开始延时，说明启动回路正常。此时观察配电箱电气元件的动作情况来分析电路状态，若经 KT 一段延时后，中间继电器 KA 线圈能得电吸合且自锁，同时切断时间继电器 KT 自身线圈回路电源，KT 线圈能断电释放，并且能接通交流接触器 KM_2 线圈回路电源，使 KM_2 线圈能得电吸合，说明从启动至运转过程正常。停止时，则按下停止按钮 SB_1，交流接触器 KM_1、KM_2 和中间继电器 KA 线圈能断电释放，说明整个控制电路工作正常。只要接线无误，主回路无需调试即可投入运行。但需注意以下几点：

(1) 电动机的转向要符合设备实际运转要求。

(2) 电动机在启动过程中，中间继电器 KA 并联在热继电器 FR 热元件上的常闭触点应短接热元件，否则会造成启动过程失败。

(3) 在启动过程中，若出现启动过快或过慢问题，可通过改变频敏变阻器绕组上的抽头加以解决。

9.11.5 常见故障及排除方法

(1) 按启动按钮 SB_2 时，无频敏变阻器降压而直接全压启动。观察配电箱内电气元件动作情况，在按动启动按钮 SB_2 时，交流接触器 KM_1 和时间继电器 KT 线圈能瞬间吸合又断开，使中间继电器 KA 和交流接触器 KM_2 线圈均得电吸合工作，由于交流接触器 KM_1、KM_2 同时吸合，KM_2 主触点将频敏变阻器短接起来，电动机就会直接全压启动了。从上述电气元件动作情况分析，时间继电器 KT 线圈瞬间吸合又断开，说明时间继电器 KT 动作正常，可能是 KT 延时时间设置得过短所致。重新调整时间继电器 KT 的延时时间，即可排除故障。

(2) 按启动按钮 SB_2，电动机一直处于降压启动，而无法正常全压运行。观察配电箱内电气元件动作情况，此时交流接触器 KM_1、时间继电器 KT 线圈一直吸合，经很长时间 KT 也不转换，进入不了全压控制。根据上述情况可知，故障为时间继电器 KT 损坏所致，更换一只新的时间继电器并重新调整其延时时间即可解决。

（3）按动启动按钮 SB_2，电动机一直处于降压启动状态。观察配电箱内电气元件动作情况，在按动启动按钮 SB_2 时，交流接触器 KM_1、时间继电器 KT 线圈得电吸合且 KM 辅助常开触点能闭合自锁，经延时后，KT 触点转换，中间继电器 KA 吸合且自锁，但接通不了交流接触器 KM_2 线圈回路，也切断不了时间继电器 KT 线圈回路。从元器件动作情况可知，故障原因为 KM_2 线圈断路或 KA 常开触点断路，如图 9.63 所示。用短接法或万用表测量其电气元件是否损坏，若损坏则更换新品。

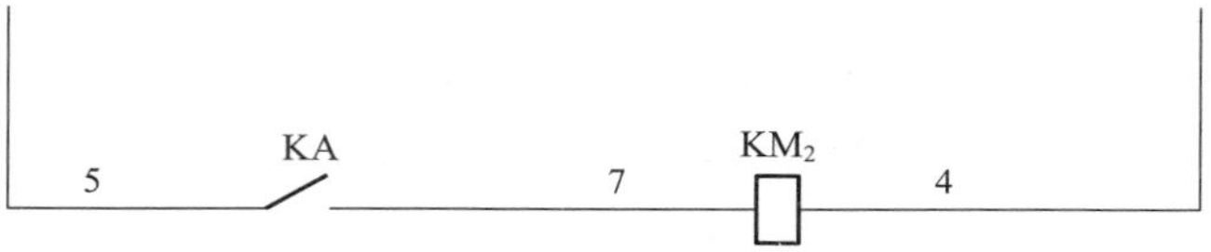

图 9.63 常见故障

9.12 Y-△降压启动手动控制电路

Y-△降压启动手动控制电路如图 9.64 所示。

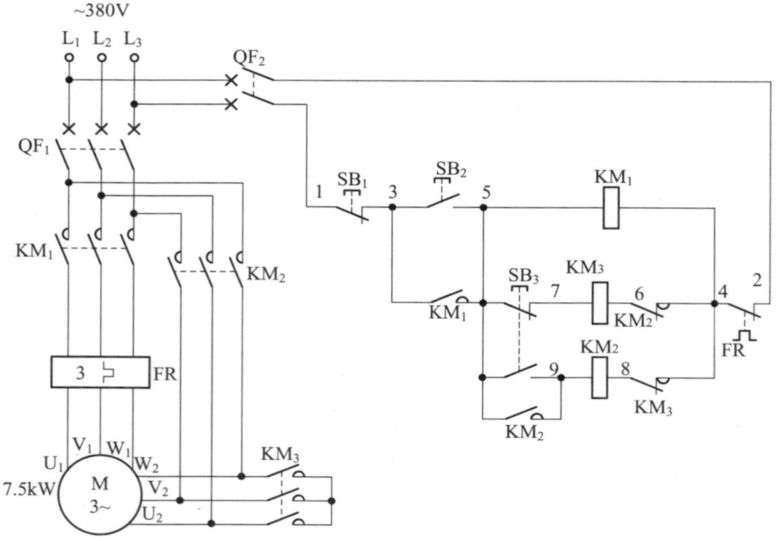

图 9.64 Y-△降压启动手动控制电路

9.12.1 工作原理分析

首先合上主回路断路器 QF_1、控制回路断路器 QF_2，为电路工作提供准备条件。

启动操作：启动时按下启动按钮 SB_2(3-5)，交流接触器 KM_1、KM_3 线圈得电吸合且 KM_1 辅助常开触点(3-5)闭合自锁，KM_1、KM_3 各自的三相主触点闭合，其中，KM_1 三相主触点接通三相交流电源，KM_3 三相主触点将绕组 U_2、V_2、W_2 短接起来，电动机接成Y形启动。运转时则按下运转按钮 SB_3，SB_3 的一组常闭触点(5-7)断开，切断了 KM_3 线圈回路电源，使 KM_3 线圈断电释放，KM_3 三相主触点断开，电动机绕组Y形接法解除；与此同时，SB_3 的另一组常开触点(5-9)闭合，接通了交流接触器 KM_2 线圈回路电源，KM_2 线圈得电吸合且 KM_2 辅助常开触点(5-9)闭合自锁，KM_2 三相主触点闭合，KM_2 将绕组 U_1 与 W_2、V_1 与 U_2、W_1 与 V_2 分别短接起来，电动机接成△形全压运转了。

停止操作：按下停止按钮 SB_1(1-3)，交流接触器 KM_1、KM_2 线圈断电释放，KM_1、KM_2 各自的三相主触点断开，电动机失电停止运转。

9.12.2 电路图

1. 电路布线图

Y-△降压启动手动控制电路布线图如图 9.65 所示。

从图 9.65 中可以看出，XT 为接线端子排，通过端子排 XT 来区分电气元件的安装位置，XT 的上方为放置在配电箱内底板上的电气元件，XT 的下方为外接或引至配电箱门面板上的电气元件。

从端子排 XT 上看，共有 14 个接线端子。其中，L_1、L_2、L_3 这 3 根线为由外引入配电箱的三相 380V 电源，并穿管引入；U_1、V_1、W_1、U_2、V_2、W_2 这 6 根线为电动机线，穿管接至电动机接线盒内的 U_1、V_1、W_1、U_2、V_2、W_2 上；1、3、5、7、9 这 5 根线为控制线，接至配电箱门面板上的按钮开关 SB_1、SB_2、SB_3 上。

2. 电路接线图

Y-△降压启动手动控制电路实际接线如图 9.66 所示。

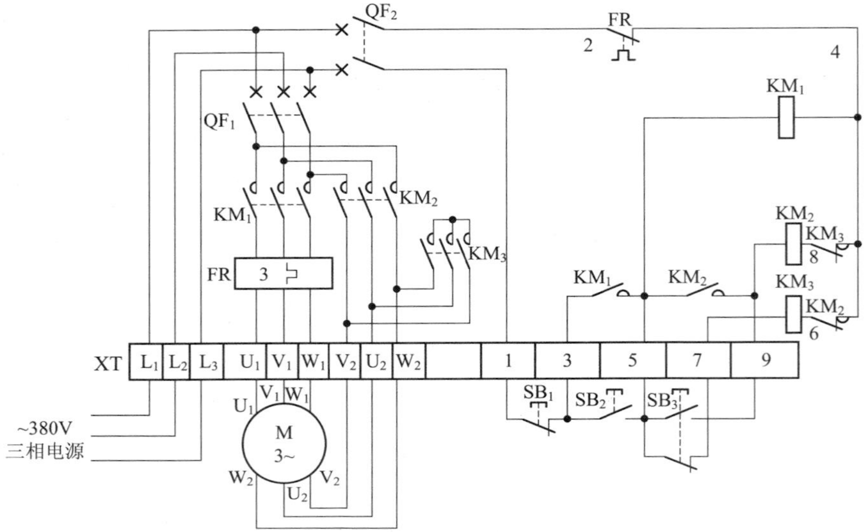

图 9.65　Y-△降压启动手动控制电路布线图

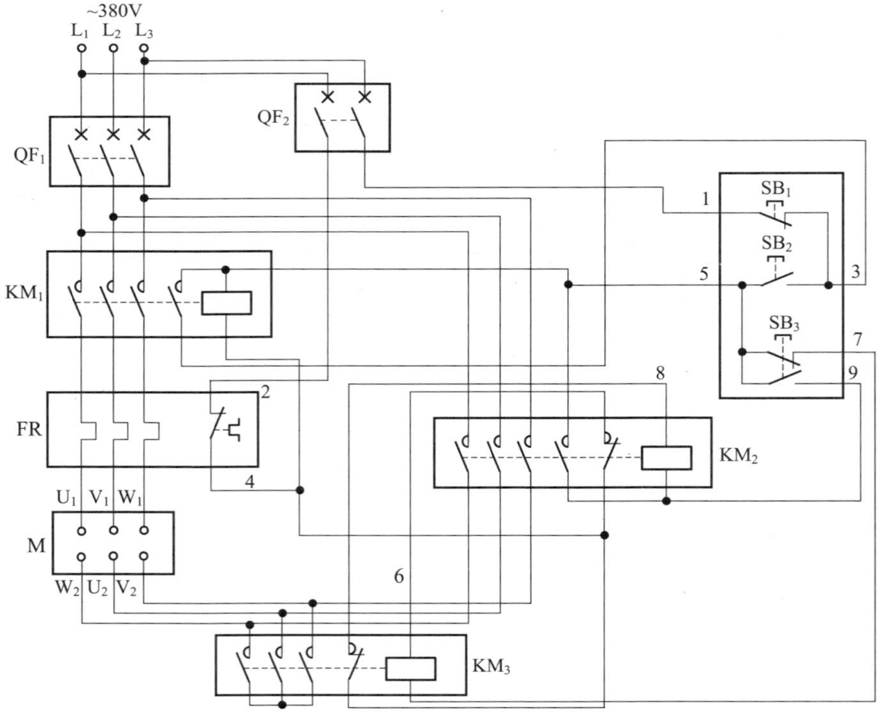

图 9.66　Y-△降压启动手动控制电路实际接线

3. 元器件安装排列图及端子图

Y-△降压启动手动控制电路元器件安装排列图及端子图如图 9.67 所示。

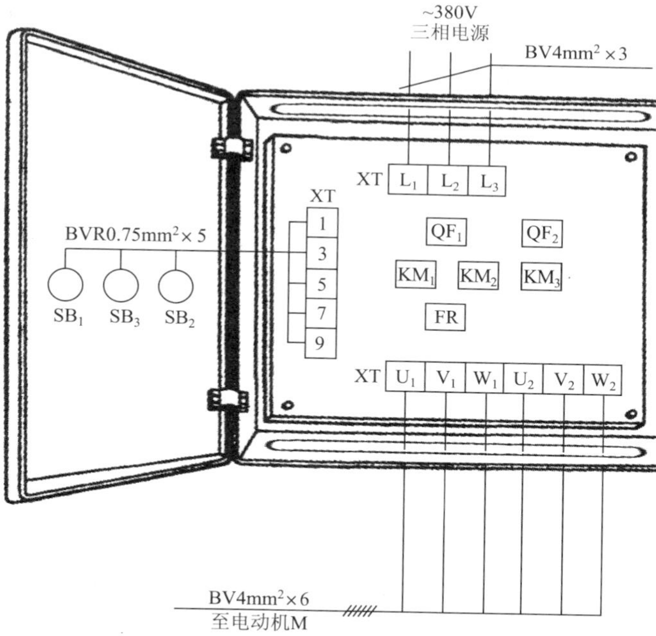

图 9.67 Y-△降压启动手动控制电路元器件安装排列图及端子图

从图 9.67 可以看出，断路器 QF_1 和 QF_2、交流接触器 KM_1～KM_3、热继电器 FR 安装在配电箱内底板上；按钮开关 SB_1～SB_3 安装在配电箱门面板上。

通过端子 L_1～L_3 将三相 380V 交流电源接入配电箱中。

端子 U_1、V_1、W_1、U_2、V_2、W_2 对应接至电动机接线盒中的 U_1、V_1、W_1、U_2、V_2、W_2 上。

端子 1、3、5、7、9 将配电箱内的器件与配电箱门面板上的按钮开关 SB_1～SB_3 连接起来。

4. 按钮接线图

Y-△降压启动手动控制电路按钮接线如图 9.68 所示。

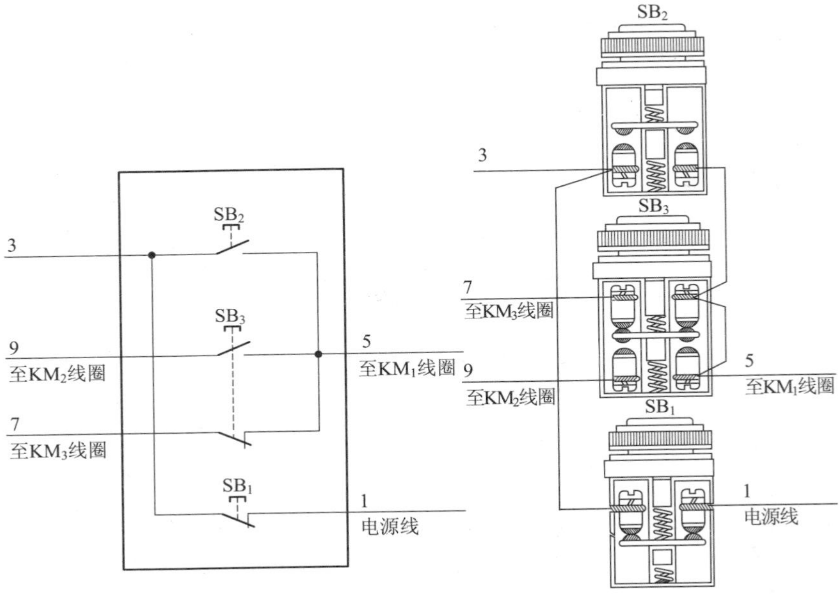

(a) 实际接线　　(b) 实物接线

图 9.68　按钮接线

9.12.3 电气元件作用表

Y-△降压启动手动控制电路电气元件作用表见表 9.12。

依据电气元件作用表给出的相关技术数据选择导线，本电路所配电动机型号为 Y160M-6、功率为 7.5kW、电流为 17A。其电动机线 U_1、V_1、W_1、U_2、V_2、W_2 可选用 BV4mm² 导线；电源线 L_1、L_2、L_3 可选用 BV 4mm² 导线；控制线 1、3、5、7、9 可选用 BVR 0.75 mm² 导线。

表 9.12　电气元件作用表

符　号	名称、型号及规格	器件外形及相关部件介绍		作　用
QF_1	断路器 CDM1-63 32A，三极	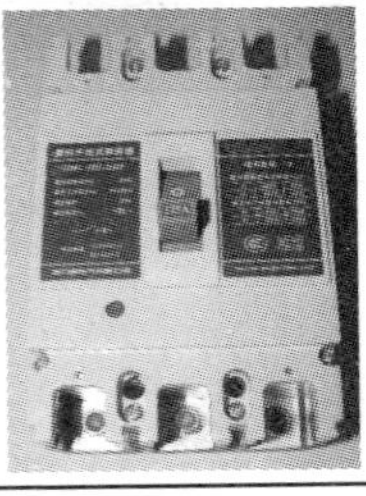	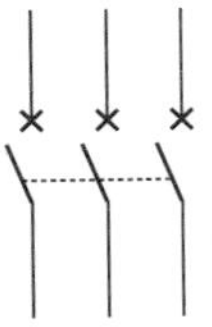 三极断路器	主回路短路保护

续表 9.12

符号	名称、型号及规格	器件外形及相关部件介绍		作用
QF_2	断路器 DZ47-63 6A，二极	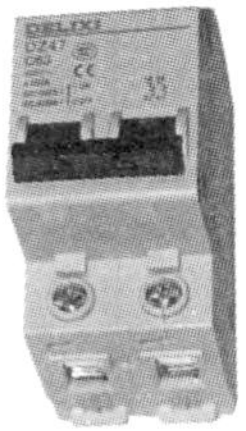	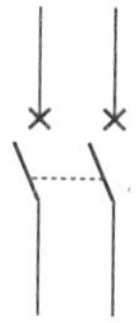 二极断路器	控制回路 短路保护
KM_1	交流接触器 CDC10-20 线圈电压 380V		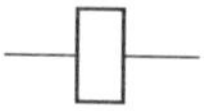 线圈 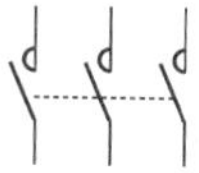 三相主触点 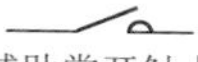 辅助常开触点  辅助常闭触点	控制电动机电源
KM_2				电动机△形 运转转换用
KM_3				电动机Y形启动 控制用
FR	热继电器 JR36-20 14～22A		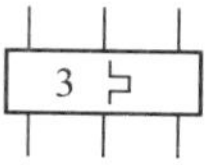 热元件  控制常闭触点  控制常开触点	电动机过载保护
SB_1	按钮开关 LAY7	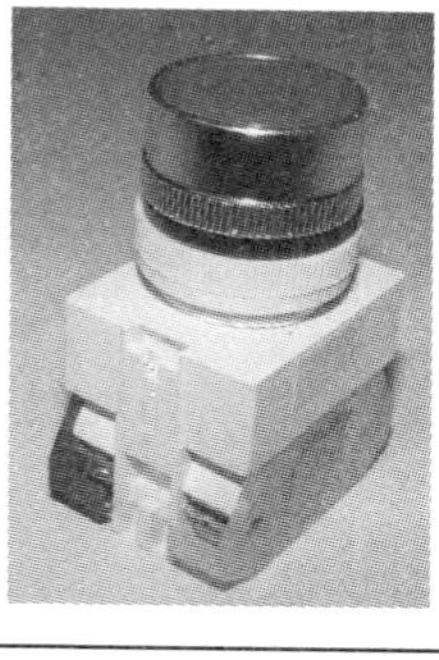	 常闭触点	电动机停止操作用
SB_2			 常开触点	电动机Y形启动 操作用
SB_3				电动机△形运转 操作用

续表 9.12

符 号	名称、型号及规格	器件外形及相关部件介绍		作 用
M	三相异步电动机 Y160M-6 7.5kW,17A		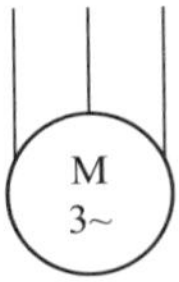	拖 动

9.12.4 调 试

断开主回路断路器 QF_1，合上控制回路断路器 QF_2，对控制回路进行调试。若先按下运转按钮 SB_3 无效，则必须先按下启动按钮 SB_2，电源交流接触器 KM_1 先吸合且自锁，在 KM_1 吸合的同时观察配电箱内的Y点交流接触器 KM_3 是否也吸合，若同时吸合，那么由 KM_1+KM_3 组成Y形启动；再按下运转按钮 SB_3 试之，若Y点交流接触器 KM_3 能先断电释放，然后△接交流接触器 KM_2 能吸合且自锁，那么由 KM_1+KM_2 组成△形运转。通过以上调试说明控制电路一切正常，可进一步对主回路进行调试。

调试主回路之前，应先检查热继电器下端的三根线是否分别接至电动机接线盒中的 U_1、V_1、W_1，再检查Y点交流接触器 KM_3 三相主触点上端是否已全部用导线短接起来，其 KM_3 三相主触点下端是否分别接到电动机接线盒中的 W_2、U_2、V_2 上；再检查△形交流接触器 KM_2 三相主触点的连接情况，检查 KM_2 三相主触点中的一对主触点是否能短接电动机绕组中的 U_1、W_2，KM_2 三相主触点中的一对主触点是否能短接电动机绕组中的 V_1、U_2，KM_2 三相主触点中的一对主触点是否能短接电动机绕组中的 W_1、V_2，若连接全部正确，则可合上主回路断路器 QF_1，通电试机。这里还需提醒的是电动机的旋转方向问题，特别是电动机绕组接线不符合要求时，可能出现Y形启动与△形运转方向不一致现象，导致只能启动，而转接到△接时断路器 QF_1 出现动作跳闸现象。

另外，电路中过载保护热继电器 FR 电流整定值可不按电动机额定电流值设定，可按电动机功率乘 8 除以 7 的方法估算。即本电路电动机为 11kW，其热继电器电流整定值为 $11\times8\div7\approx13$(A)。

9.12.5 常见故障及排除方法

(1) 按下Y形启动按钮 SB_2，只有交流接触器 KM_1 线圈吸合工作，电动机无反应，不做Y形启动；紧接着按下△形运转按钮 SB_3，交流接触器 KM_2 吸合工作，电动机直接全压启动。此故障为Y点交流接触器 KM_3 未吸合所致，重点检查 SB_3 按钮常闭触点是否断路、交流接触器 KM_3 线圈是否断路、交流接触器 KM_2 互锁常闭触点是否断路。只要故障排除后，Y点交流接触器 KM_3 能吸合工作，电路就能恢复正常工作。

（2）按Y形启动按钮 SB_2，电源交流接触器 KM_1、Y点交流接触器 KM_3 得电吸合，电动机Y形启动。按动△形运转按钮 SB_3 时，能转为△形运转，但手一松开△形运转按钮 SB_3，又由△形运转转为Y形启动。此故障为△形交流接触器 KM_2 自锁触点断路所致。应重点检查△形交流接触器 KM_2 辅助常开触点，更换故障器件，使电路恢复正常。

9.13 Y-△降压启动自动控制电路

Y-△降压启动自动控制电路如图 9.69 所示。

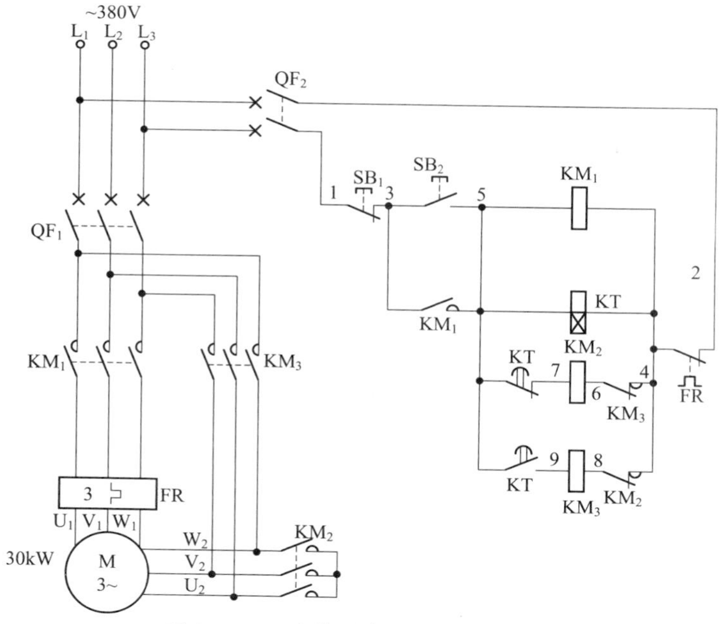

图 9.69 Y-△降压启动自动控制电路

9.13.1 工作原理分析

首先合上主回路断路器 QF_1、控制回路断路器 QF_2，为电路工作提供准备条件。

启动：按下启动按钮 SB_2(3-5)，电源交流接触器 KM_1、得电延时时间继电器 KT 线圈得电吸合且 KM_1 辅助常开触点(3-5)闭合自锁，同时 KT 开始延时；接通Y形启动交流接触器 KM_2 线圈回路电源，KM_2 线圈得电吸合。在交流接触器 KM_1、KM_2 线圈得电吸合后，KM_1、KM_2 各自的三相主触点闭合，电动机绕组得电接成Y形进行降压启动。经 KT 延时后，KT 的一组得电延时断开的常闭触点(5-7)先断开，切断了Y形交流接触器 KM_2 线圈回路电源，KM_2 线圈断电释放，KM_2 三相主触点断开，电动机绕组Y点解除；与此同时，KT 的另一组得电延时闭合的常开触点(5-9)闭合，接通了△形运转交流接触器 KM_3 线圈回路电源，KM_3 三相主触点闭合，电动机绕组由Y形改接成△形全压运转。至此整个Y-△启动结束，从而完成由Y形启动到△形运转的自动控制。

停止：按下停止按钮 SB_1(1-3)，电源交流接触器 KM_1、△形运转交流接触器 KM_3、得电延时时间继电器 KT 线圈均断电释放，KM_1、KM_3 各自的三相主触点断开，电动机失电停止运转。

本电路是采用了三只交流接触器 KM_1、KM_2、KM_3 来完成Y-△降压启动自动控制，电路中Y形启动交流接触器 KM_2 触点容量较大，能满足频繁启动要求。

9.13.2 电路图

1. 电路布线图

Y-△降压启动自动控制电路布线图如图 9.70 所示。

从图 9.70 中可以看出，XT 为接线端子排，通过端子排 XT 来区分电气元件的安装位置，XT 的上方为放置在配电箱内底板上的电气元件，XT 的下方为外接或引至配电箱门面板上的电气元件。

从端子排 XT 上看，共有 12 个接线端子。其中，L_1、L_2、L_3 这 3 根线为由外引入配电箱的三相 380V 电源，并穿管引入；U_1、V_1、W_1、U_2、V_2、W_2 这 6 根线为电动机线，穿管接至电动机接线盒内的 U_1、V_1、W_1、U_2、V_2、W_2 上；1、3、5 这 3 根线为控制线，接至配电箱门面板上的按钮开关

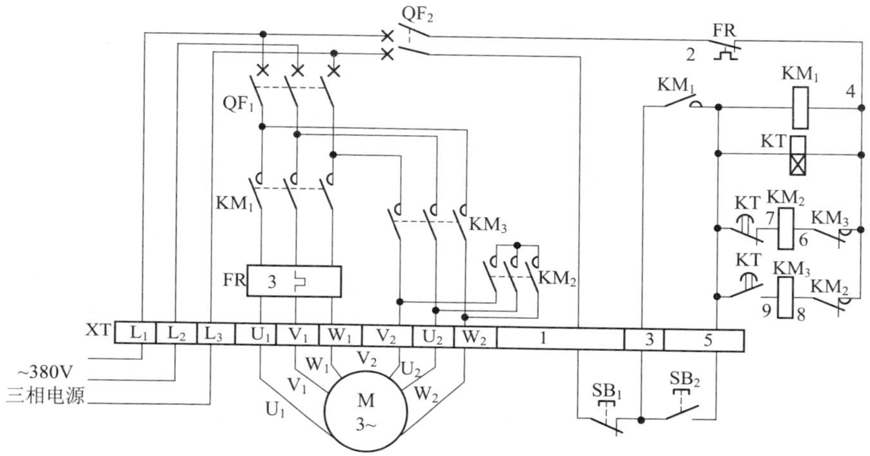

图 9.70 Y-△降压启动自动控制电路布线图

SB_1、SB_2 上。

2. 电路接线图

Y-△降压启动自动控制电路实际接线如图 9.71 所示。

3. 元器件安装排列图及端子图

Y-△降压启动自动控制电路元器件安装排列图及端子图如图 9.72 所示。

从图 9.72 可以看出，断路器 QF_1 和 QF_2、交流接触器 KM_1～KM_3、时间继电器 KT、热继电器 FR 安装在配电箱内底板上；按钮开关 SB_1、SB_2 安装在配电箱门面板上。

通过端子 L_1、L_2、L_3 将三相 380V 交流电源接入配电箱中。

端子 U_1、V_1、W_1、U_2、V_2、W_2 接至电动机接线盒中的 U_1、V_1、W_1、U_2、V_2、W_2 上。

端子 1、3、5 将配电箱内器件与配电箱门面板上的按钮开关 SB_1、SB_2 连接起来。

4. 按钮接线图

Y-△降压启动自动控制电路按钮接线如图 9.73 所示。

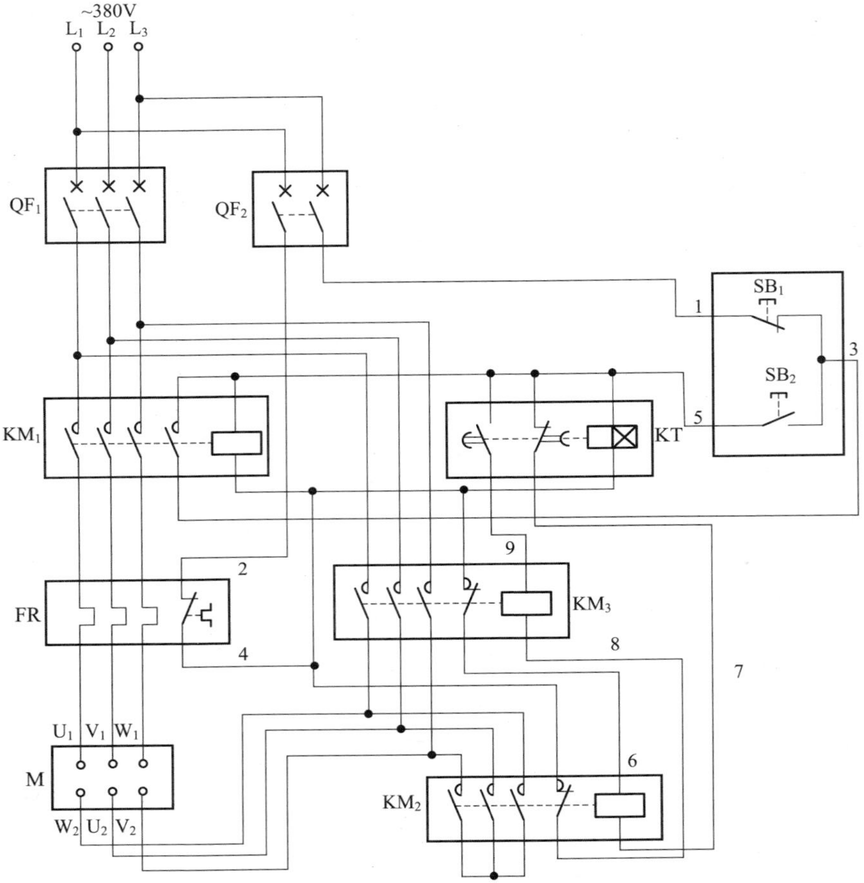

图 9.71 Y-△降压启动自动控制电路实际接线

9.13.3 电气元件作用表

Y-△降压启动自动控制电路电气元件作用表见表 9.13。

依据电气元件作用表给出的相关技术数据选择导线，本电路所配电动机型号为 Y225M-6、功率为 30kW、电流为 59.5A。其电动机线 U_1、V_1、W_1、U_2、V_2、W_2 可选用 6 根 BV16mm^2 导线；电源线 L_1、L_2、L_3 可选用 3 根 BV16mm^2 导线，控制线 1、3、5 可选用 BVR 0.75mm^2 导线。

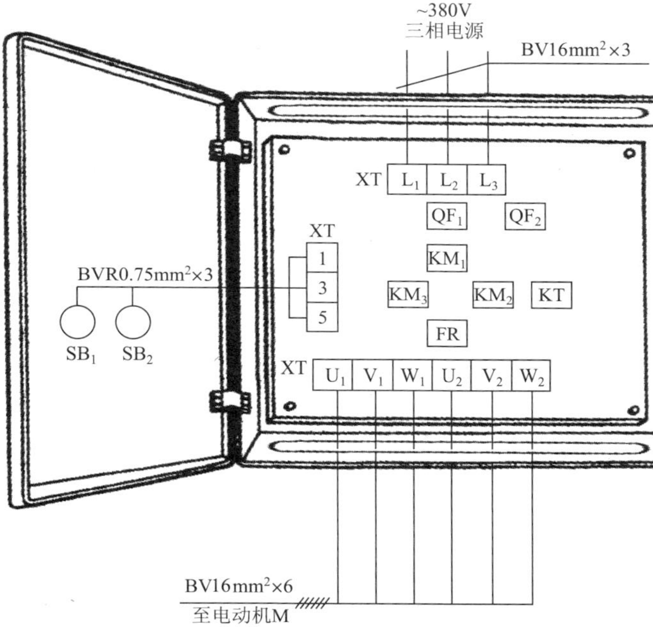

图 9.72 Y-△降压启动自动控制电路元器件安装排列图及端子图

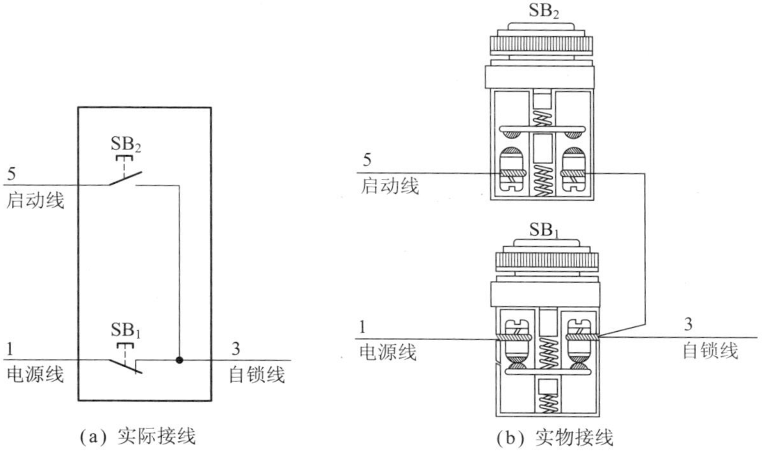

图 9.73 按钮接线

表 9.13　电气元件作用表

符　号	名称、型号及规格	器件外形及相关部件介绍		作　用
QF_1	断路器 CDM1-100 100A，三极	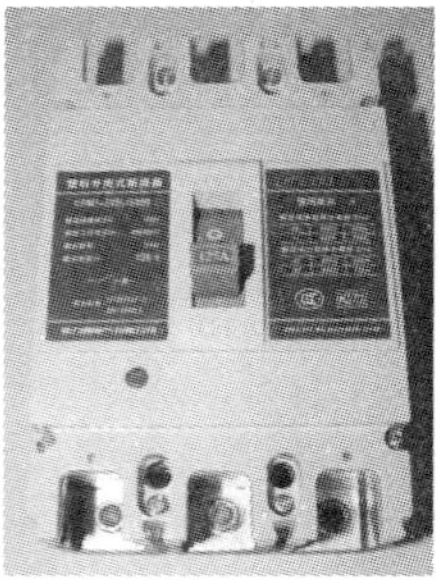	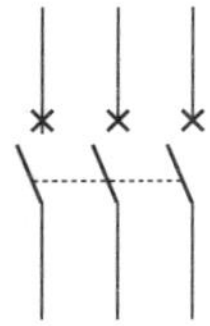 三极断路器	主回路短路保护
QF_2	断路器 DZ47-63 6A，二极		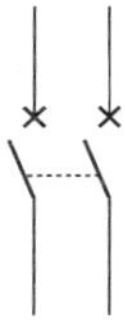 二极断路器	控制回路短路保护
KM_1	交流接触器 CJ20-63 线圈电压 380V		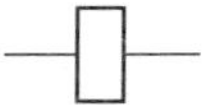 线圈 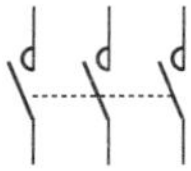 三相主触点  辅助常开触点  辅助常闭触点	控制电动机电源用
KM_3				接成△形全压运转用
KM_2	交流接触器 CJ20-40 线圈电压 380V		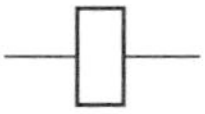 线圈 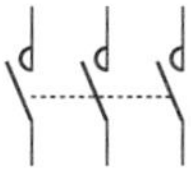 三相主触点  辅助常开触点  辅助常闭触点	接成Y形降压启动用

续表 9.13

符　号	名称、型号及规格	器件外形及相关部件介绍		作　用
FR	热继电器 JR20-63 55～71A	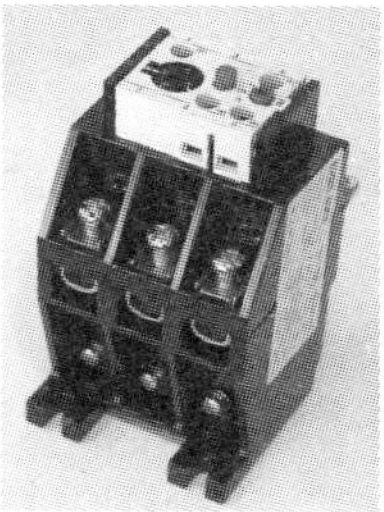	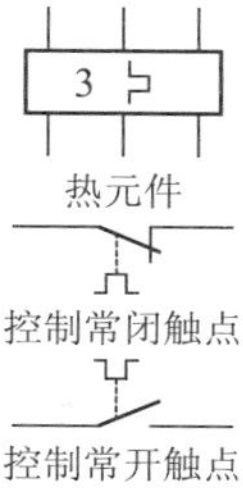	电动机过载保护
KT	得电延时时间继电器 JS14P	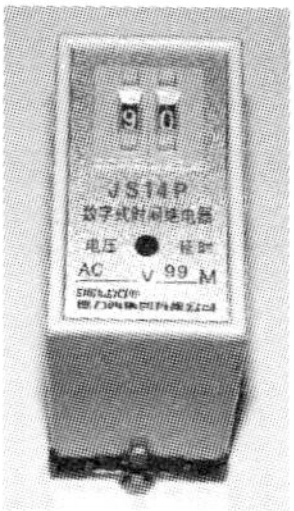	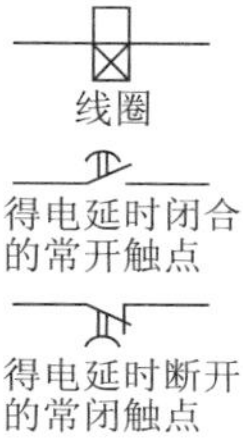	Y-△延时转换时间控制
SB_1	按钮开关 LAY7		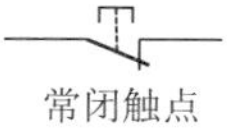	电动机停止操作用
SB_2			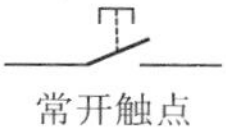	电动机启动操作用
M	三相异步电动机 Y225M-6 30kW,59.5A		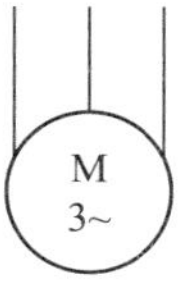	拖　动

9.13.4 调　试

断开主回路断路器 QF_1，合上控制回路断路器 QF_2，调试控制电路，并先将时间继电器 KT 的延时时间设定好。

启动时，按下启动按钮 SB_2，观察配电箱内各电气元件的动作情况，若此时交流接触器 KM_1、KM_2 和时间继电器 KT 线圈得电吸合且 KM_1 能自锁，说明启动电路基本正常。再继续观察时间继电器 KT 的动作情况，若经过一段延时后，KT 能够转换，也就是说，通过 KT 的一组得电延时断开的常闭触点切断交流接触器 KM_2 线圈回路，使 KM_2 线圈断电释放；通过 KT 的另一组得电延时闭合的常开触点接通交流接触器 KM_3 线圈回路，使 KM_3 线圈得电吸合。从以上电气元件动作情况看，在启动时，也就是Y形启动时，由 KM_1+KM_2 动作组成Y形启动；而在启动结束转为全压过程后，也就是△形运转时，由 KM_1+KM_3 动作组成△形运转。停止时，则按下停止按钮 SB_1，交流接触器 KM_1、KM_3 和时间继电器 KT 线圈均能断电释放，说明整个控制回路工作正常。此时可接上负载，合上主回路断路器 QF_1 进行调试。在按下启动按钮 SB_2 后，观察配电箱内交流接触器 KM_1 和 KM_2 及时间继电器 KT 动作后，电动机绕组是否为Y形方式运转，并确定其转向是否正确；在经 KT 延时后，观察其延时时间是否满足启动要求，并加以调整。当电动机由Y形启动结束后，通过 KT 转换，切除交流接触器 KM_2，电动机Y形解除；接通交流接触器 KM_3，电动机△形运转，观察其运转情况是否正常。若正常，可反复进行启停操作，连续运转 30min 以上即可。之后，可将电动机过载保护热继电器电流值设定至电动机额定电流的 70%左右。

9.13.5 常见故障及排除方法

(1) 按启动按钮 SB_2，电动机一直处于降压启动状态而不能转为自动全压运转。观察配电箱内电气动作情况，发现 KM_1、KM_2 线圈吸合时，时间继电器 KT 线圈不吸合。从原理图分析可知，当启动时按动按钮 SB_2(3-5)后，交流接触器 KM_1、KM_2 和时间继电器 KT 线圈均吸合且 KM_1 辅助常开触点(3-5)闭合自锁，KM_1、KM_2 三相主触点闭合，电动机Y形降压启动，经 KT 得电延时后，KT 延时断开的常闭触点(5-7)断开，切断了Y点接触器 KM_2 线圈回路电源，同时 KT 得电延时闭合的常开触点(5-9)闭合，接通了△形接触器 KM_3 线圈回路电源，电动机△形全压运转。根据以上情况分析，故障就是时间继电器 KT 线圈断路而不能吸合所致，因 KT 线圈不工作，交流接触器 KM_1、KM_2 线圈一直吸合，电动机会一直处于降压启动状态。检查 KT 线圈电路，重点检查 KT 线圈是否断路，若断路，更换一只同型号的 KT 线圈，电路即可恢复正常。

（2）按启动按钮 SB_2(3-5)后，电动机Y形降压启动正常，但转换不到△形运转，电动机不能得到全压电源而停止。此故障可根据配电箱内电气动作情况加以分析，若按动 SB_2(3-5)后，只要关键元件时间继电器 KT 能吸合转换，经 KT 延时后，KT 得电延时断开的常闭触点(5-7)断开使 KM_2 线圈断电释放，KT 得电延时闭合的常开触点(5-9)闭合，使 KM_3 线圈得电吸合，就能实现Y-△切换。但按动 SB_2，KT 线圈吸合工作，经延时后，KM_2 线圈断电释放，而 KM_3 线圈不工作。根据上述情况确定故障为：时间继电器 KT 延时闭合的常开触点(5-9)损坏；交流接触器 KM_3 线圈烧毁断路。可用万用表检查上述两个电气元件找出故障点并排除。按动 SB_2(3-5)后，若交流接触器 KM_2、KM_3 线圈能转换工作，而电动机在Y形启动后不能转换成△形运转而停止工作，则故障为交流接触器 KM_2 三相主触点不能可靠闭合，检查更换 KM_2 三相主触点即可排除此故障。

9.14 单向运转反接制动控制电路

单向运转反接制动控制电路如图 9.74 所示。

9.14.1 工作原理分析

首先合上主回路断路器 QF_1、控制回路断路器 QF_2，为电路工作提供准备条件。

启动：按下启动按钮 SB_2(3-5)，交流接触器 KM_1 线圈得电吸合且 KM_1 辅助常开触点(3-5)闭合自锁，同时 KM_1 串联在制动用交流接触器 KM_2 线圈回路中的辅助常闭触点(4-8)断开，对制动控制电路进行互锁；在 KM_1 线圈得电吸合的同时，KM_1 三相主触点闭合，电动机得电启动运转。当电动机的转速升至 120r/min 后，速度继电器 KS 常开触点(7-9)闭合，为停止时反接制动做准备。

制动：将停止兼制动按钮 SB_1 按到底，SB_1 的一组常闭触点(1-3)断开，切断了交流接触器 KM_1 线圈回路电源，KM_1 线圈断电释放，KM_1 三相主触点断开，电动机失电仍靠惯性继续转动；与此同时，SB_1 的另外一组常开触点(1-7)闭合，注意由于 KM_1 线圈已断电释放，KM_1 串联在

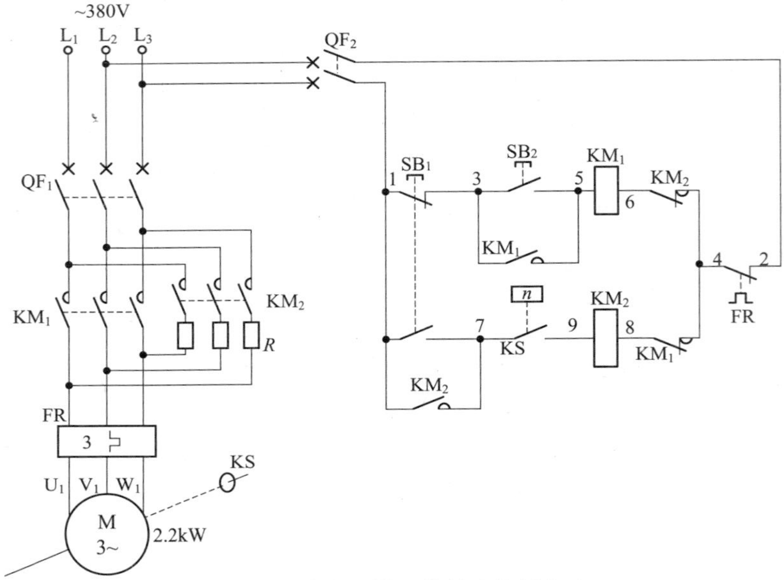

图 9.74 单向运转反接制动控制电路

KM_2 线圈回路中的互锁辅助常闭触点(4-8)恢复常闭状态,此时交流接触器 KM_2 线圈得电吸合且 KM_2 辅助常开触点(1-7)闭合自锁,KM_2 三相主触点闭合,串联限流电阻器 R 对电动机进行反接制动,使电动机迅速停止下来,当电动机的转速低至 100r/min 时,速度继电器 KS 常开触点(7-9)断开,切断了反接制动交流接触器 KM_2 线圈回路电源,KM_2 线圈断电释放,KM_2 三相主触点断开,电动机反接制动电源解除,从而完成反接制动控制。

自由停机:轻轻按下停止按钮 SB_1(1-3),交流接触器 KM_1 线圈断电释放,KM_1 三相主触点断开,电动机失电仍靠惯性继续转动,处于自由停机状态。

9.14.2 电路图

1. 电路布线图

单向运转反接制动控制电路布线图如图 9.75 所示。

从图 9.75 中可以看出,XT 为接线端子排,通过端子排 XT 来区分电气元件的安装位置,XT 的上方为放置在配电箱内底板上或底部位置的

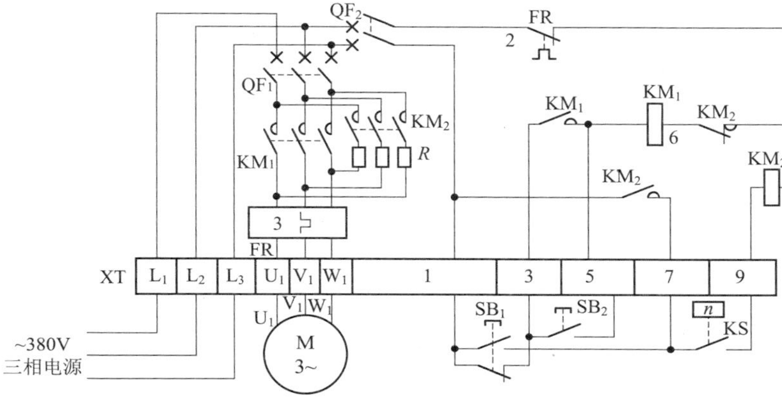

图 9.75 单向运转反接制动控制电路布线图

电气元件，XT 的下方为外接或引至配电箱门面板上的电气元件。

从端子排 XT 上看，共有 12 个接线端子。其中，L_1、L_2、L_3 这 3 根线为由外引入配电箱的三相 380V 电源，并穿管引入；U_1、V_1、W_1 这 3 根线为电动机线，穿管接至电动机接线盒内的 U_1、V_1、W_1 上；1、3、5、7 这 4 根线为控制线，接至配电箱门面板上的按钮开关 SB_1、SB_2 上；7、9 这 2 根线为速度继电器控制线，穿管接至速度继电器 KS 常开触点上。

2. 电路接线图

单向运转反接制动控制电路实际接线如图 9.76 所示。

3. 元器件安装排列图及端子图

单向运转反接制动控制电路元器件安装排列图及端子图如图 9.77 所示。

从图 9.77 可以看出，断路器 QF_1 和 QF_2、交流接触器 KM_1 和 KM_2、热继电器 FR 安装在配电箱内底板上；制动电阻器 R 可安装在配电箱内底板位置；按钮开关 SB_1、SB_2 安装在配电箱门面板上。

通过端子 L_1、L_2、L_3 将三相 380V 交流电源接入配电箱中。

端子 U_1、V_1、W_1 接至电动机接线盒中的 U_1、V_1、W_1 上。

端子 1、3、5、7 将配电箱内的器件与配电箱门面板上的按钮开关 SB_1、SB_2 连接起来。

端子 7、9 接至速度继电器 KS 常开触点上。

4. 按钮接线图

单向运转反接制动控制电路按钮接线如图 9.78 所示。

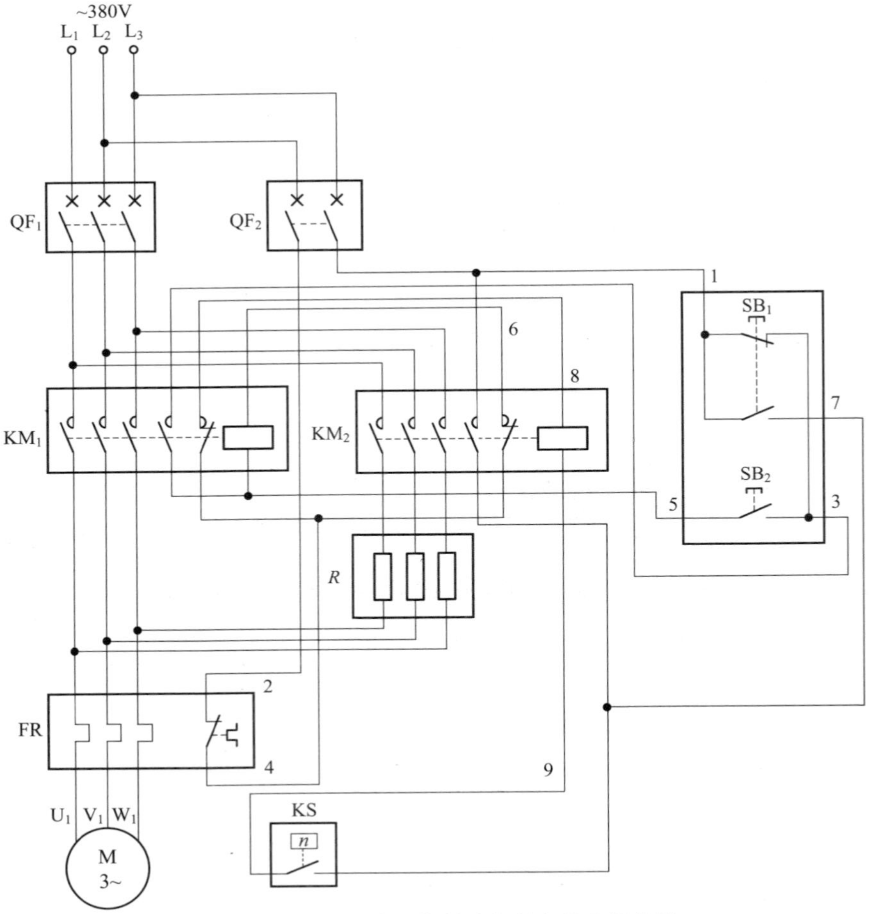

图 9.76 单向运转反接制动控制电路实际接线

9.14.3 电气元件作用表

单向运转反接制动控制电路电气元件作用表见表 9.14。

依据电气元件作用表给出的相关技术数据选择导线，本电路所配电动机型号为 Y132S-8、功率为 2.2kW、电流为 5.8A。其电动机线 U_1、V_1、W_1 可选用 BV 1.5mm² 导线；电源线 L_1、L_2、L_3 可选用 BV 1.5mm² 导线；按钮控制线 1、3、5 可选用 BVR 0.75mm² 导线；反接制动线也就是速度继电器控制线 7、9 可选用 BVR 0.75mm² 导线。

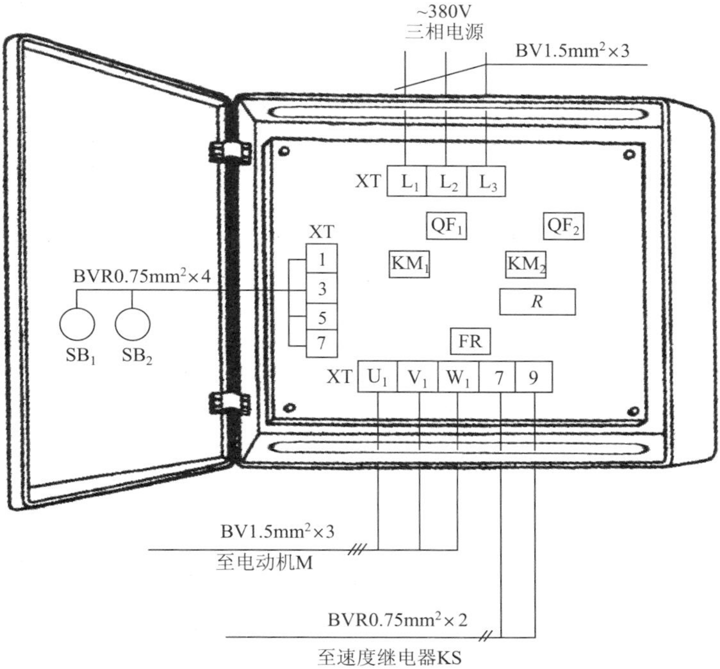

图 9.77 单向运转反接制动控制电路元器件安装排列图及端子图

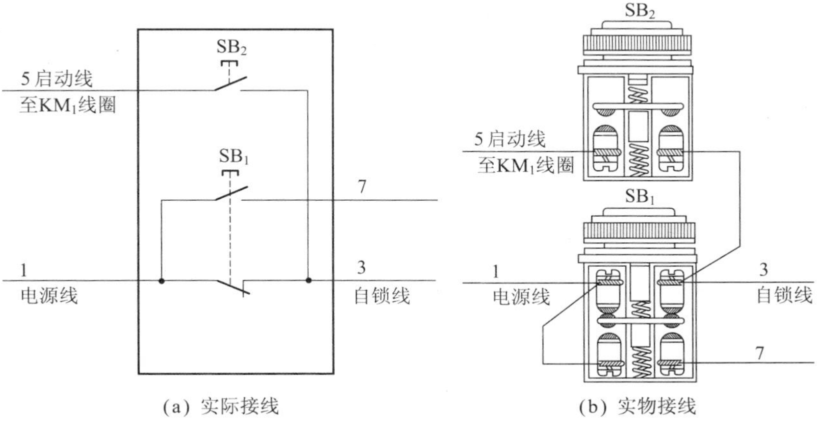

图 9.78 按钮接线

表 9.14　电气元件作用表

符　号	名称、型号及规格	器件外形及相关部件介绍		作　用
QF_1	断路器 CDM1-63 16A，三极		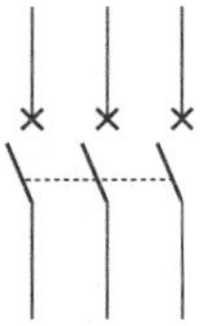 三极断路器	主回路短路保护
QF_2	断路器 DZ47-63 6A，二极		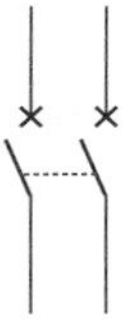 二极断路器	控制回路短路保护
KM_1	交流接触器 CDC10-10 线圈电压 380V		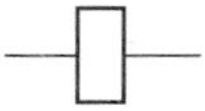 线圈 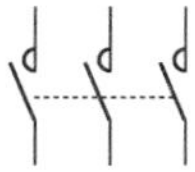 三相主触点  辅助常开触点  辅助常闭触点	控制电动机正转电源
KM_2				控制电动机反转电源
R	电阻器 ZX2		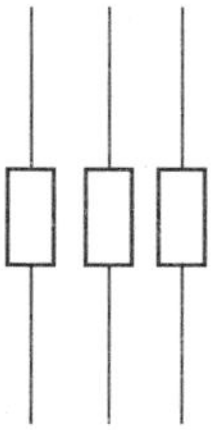	限制制动电流用

续表 9.14

符　号	名称、型号及规格	器件外形及相关部件介绍		作　用
FR	热继电器 JR36-20 4.5～7.2A		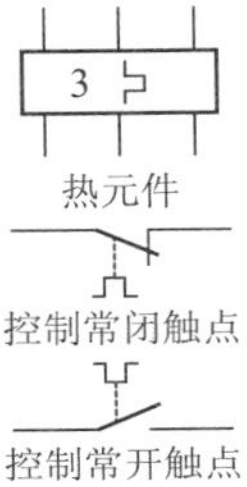	电动机过载保护用
SB_1	按钮开关 LAY7		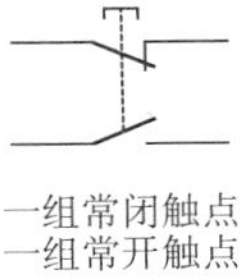	电动机停止兼作反接制动操作用
SB_2			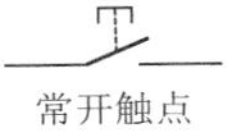	电动机启动操作用
KS	速度继电器 JY1		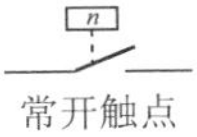	反接制动自动控制用
M	三相异步电动机 Y132S-8 2.2kW,5.8A		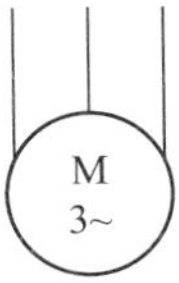	拖　动

9.14.4 调　试

断开主回路断路器 QF_1、控制回路断路器 QF_2，用短接线将端子排上的 4、5 短接起来后，再合上控制回路断路器 QF_2，调试控制回路。

通过观察配电箱内的电气元件动作情况来判断电路是否正常。按下

启动按钮 SB_2(3-5),交流接触器 KM_1 线圈应得电吸合且 KM_1 辅助常开触点(3-5)闭合自锁,说明控制电动机电源接触器工作正常。再按下停止兼制动控制按钮 SB_1,交流接触器 KM_1 线圈应断电释放,同时交流接触器 KM_2 线圈应得电吸合且 KM_2 辅助常开触点(1-7)闭合自锁,说明串接电阻器反接制动电源接触器工作正常,此时用螺丝刀拆去端子排上的 7、9 短接线后,交流接触器 KM_2 线圈应断电释放,说明反接制动回路自动控制正常。这里所谓的端子排上的 7、9,实际上就是用于反接制动控制的速度继电器 KS 常开触点(7-9),短接的作用就是模拟速度继电器 KS 的动作情况。

通过以上调试后,说明控制电路一切正常。再合上主回路断路器 QF_1,调试主回路。

启动时按下启动按钮 SB_2(3-5),交流接触器 KM_1 线圈得电吸合且 KM_1 辅助常开触点(3-5)闭合自锁,KM_1 三相主触点闭合,电动机得电运转工作(注意:电动机的转向要符合工作要求)。在电动机运转后,速度继电器 KS 常开触点(7-9)闭合,为反接制动自动控制做准备。反接制动时,将停止兼制动控制按钮 SB_1 按到底,此时,电源交流接触器 KM_1 线圈先断电释放,KM_1 三相主触点断开,电动机失电仍靠惯性继续运转,此时 KS 常开触点(7-9)仍然闭合;与此同时,反接制动交流接触器 KM_2 线圈得电吸合且 KM_2 辅助常开触点(1-7)闭合自锁,KM_2 三相主触点闭合,电动机串联电阻器 R 得以反向电源而使电动机的转速迅速降下来。当电动机的转速低于 100r/min 时,速度继电器 KS 常开触点(7-9)恢复常开,切断了反接制动交流接触器 KM_2 线圈回路电源,KM_2 线圈断电释放,KM_2 三相主触点断开,电动机失电停止运转,反接制动结束。

通过以上调试后,说明主回路也一切正常,可以投入正常使用了。

9.14.5 常见故障及排除方法

(1) 按启动按钮 SB_2,交流接触器 KM_1 线圈无反应,电动机不能启动运转。从图 9.79 可以看出,断路器 QF_1、停止按钮 SB_1、启动按钮 SB_2、交流接触器 KM_1 线圈、交流接触器 KM_2 辅助常闭触点、热继电器 FR 常闭触点中的任意一个出现断路故障,均会使交流接触器 KM_1 线圈不能得电工作。

用万用表逐个测量上述各电气元件,找出故障点,更换故障元件,使电路正常工作。

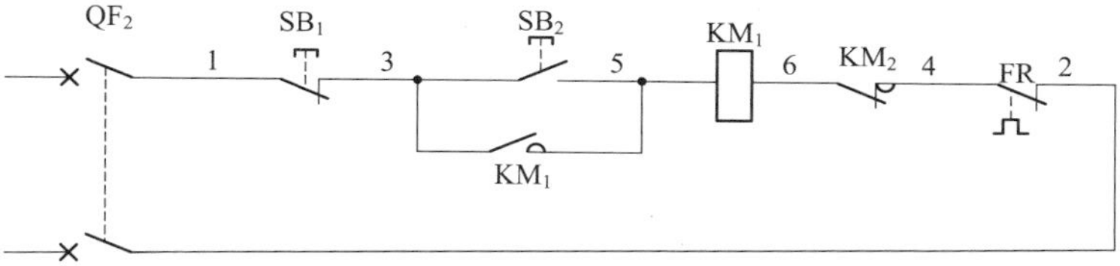

图 9.79 常见故障一

(2) 电动机停止时为自由停车,无反接制动。从图 9.80 电路分析,当停止时,按下停止按钮 SB_1,交流接触器 KM_1 线圈断电释放,KM_1 三相主触点断开,电动机失电后在惯性的作用下继续转动。同时,SB_1 常开触点(1-7)闭合,与早已闭合的速度继电器 KS 常开触点(7-9)将交流接触器 KM_2 线圈回路接通且 KM_2 辅助常开触点(1-7)闭合自锁,KM_2 三相主触点闭合,接入反向电源,将制动电阻器 R 串入电动机绕组中,电动机得以反向电源而反转,从而使电动机迅速停止下来。当电动机转速低于 100r/min 时,速度继电器 KS 常开触点(7-9)恢复断开,从而切断了交流接触器 KM_2 线圈回路电源,KM_2 线圈断电释放,KM_2 三相主触点断开,电动机失电反接制动结束。

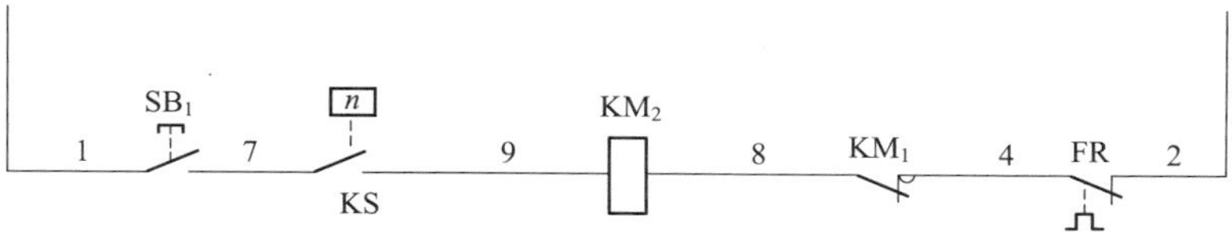

图 9.80 常见故障二

(3) 电动机停止时,有制动但为瞬间制动,若长时间按着停止按钮 SB_1,能可靠进行制动。从电路中分析可以看出,故障出在控制电路中,通常是 KM_2 自锁触点(1-7)闭合不了所致。检查方法:用万用表检查 KM_2 常开触点(1-7)是否正常,若损坏,则更换交流接触器 KM_2 常开触点(1-7),即可排除故障。

9.15 双向运转反接制动控制电路

双向运转反接制动控制电路如图 9.81 所示。

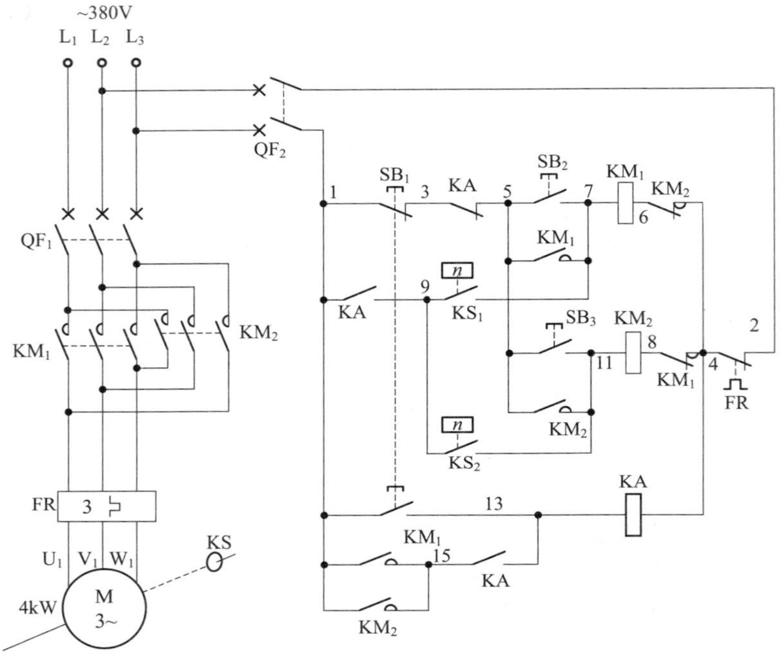

图 9.81 双向运转反接制动控制电路

9.15.1 工作原理分析

首先合上主回路断路器 QF_1、控制回路断路器 QF_2，为电路工作提供准备条件。

正转启动运转：按下正转启动按钮 SB_2(5-7)，交流接触器 KM_1 线圈得电吸合且 KM_1 辅助常开触点(5-7)闭合自锁，KM_1 三相主触点闭合，电动机得电正转启动运转了。当电动机转速大于120r/min时，速度继电器KS动作，KS_2 常开触点(9-11)闭合，为反接制动做准备。

在 KM_1 线圈得电吸合后，KM_1 串联在中间继电器KA线圈回路中的辅助常开触点(1-15)闭合，为正转反接制动做准备。

正转自由停车：轻轻按下停止按钮 SB_1，SB_1 的一组常闭触点(1-3)断开，使交流接触器 KM_1 线圈断电释放，KM_1 三相主触点断开，电动机失电正转停止运转，电动机处于无制动自由停车状态。由于 SB_1 的常开触点(1-13)行程大于 SB_1 的常闭触点(1-3)，所以轻轻按下时，其常开触点(1-13)不会闭合。

正转反接制动：当电动机正转启动运转后，欲进行反接制动，则将停止按钮 SB_1 按到底，SB_1 的一组常闭触点(1-3)断开，切断了交流接触器 KM_1 线圈回路电源，KM_1 线圈断电释放，KM_1 三相主触点断开，电动机失电仍靠惯性继续转动。同时，SB_1 的一组常开触点(1-13)闭合，接通了中间继电器 KA 线圈回路电源，KA 线圈得电吸合且 KA 常开触点(13-15)闭合自锁，KA 串联在速度继电器常开触点(7-9、9-11)回路中的常开触点(1-9)闭合，为电动机反接制动提供控制准备条件。此时，速度继电器 KS_2 控制常开触点(9-11)仍处于闭合状态，使交流接触器 KM_2 线圈得电吸合，KM_2 三相主触点闭合，电动机得电反转启动运转，使电动机在刚刚正转失电停止后又突然反加上反相序的三相电源，从而使电动机的转速迅速降下来。当电动机的转速低至 100r/min 时，速度继电器 KS_2 常开触点(9-11)恢复常开状态，使交流接触器 KM_2 线圈断电释放，KM_2 三相主触点断开，电动机失电停止运转，至此，完成正转运转反接制动过程。

反转启动运转：按下反转启动按钮 SB_3(5-11)，交流接触器 KM_2 线圈得电吸合且 KM_2 辅助常开触点(5-11)闭合自锁，KM_2 三相主触点闭合，电动机得电反转启动运转了。当电动机转速大于 120r/min 时，速度继电器 KS 动作，其 KS_1 常开触点(7-9)闭合，为反接制动做准备。

在 KM_2 线圈得电吸合后，KM_2 串联在中间继电器 KA 线圈回路中的辅助常开触点(1-15)闭合，为反转反接制动做准备。

反转自由停车：轻轻按下停止按钮 SB_1，交流接触器 KM_2 线圈断电释放，KM_2 三相主触点断开，电动机失电反转停止运转，电动机处于无制动自由停车状态。

反转反接制动：电动机反转启动运转后，欲进行反接制动，需将停止按钮 SB_1 按到底，SB_1 的一组常闭触点(1-3)断开，切断了交流接触器 KM_2 线圈回路电源，KM_2 线圈断电释放，KM_2 三相主触点断开，电动机失电仍靠惯性继续转动；同时 SB_1 的另一组常开触点(1-13)闭合，接通了中间继电器 KA 线圈回路电源，KA 线圈得电吸合且 KA 常开触点(13-15)闭合自锁，KA 串联在速度继电器常开触点(7-9、9-11)回路中的常开触点(1-9)闭合，为电动机反接制动提供准备条件。此时，速度继电器 KS_1 控制常开触点(7-9)仍处于闭合状态，使交流接触器 KM_1 线圈得电吸合，KM_1 三相主触点闭合，电动机得电正转启动运转，使电动机在刚刚反转失电停止后又突然反加上正相序的三相电源，从而使电动机的转速迅速降下来。当电动机的转速低至 100r/min 时，速度继电器 KS_1 常开触点(7-9)恢复常开状态,使交流接触器 KM_1 线圈断电释放,KM_1 三相主触点断开,电动机失电停止运转。至此,完成反转运转反接制动过程。

9.15.2 电路图

1. 电路布线图

双向运转反接制动控制电路布线图如图 9.82 所示。

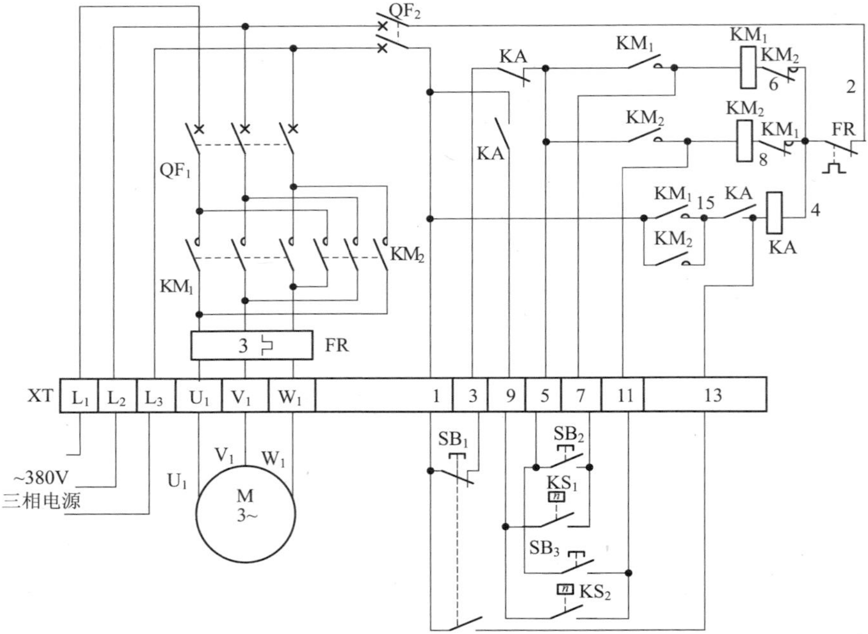

图 9.82　双向运转反接制动控制电路布线图

从图 9.82 中可以看出,XT 为接线端子排,通过端子排 XT 来区分电气元件的安装位置,XT 的上方为放置在配电箱内底板上的电气元件,XT 的下方为外接或引至配电箱门面板上的电气元件。

从端子排 XT 上看,共有 13 个接线端子。其中,L_1、L_2、L_3 这 3 根线为由外引入配电箱的三相 380V 电源,并穿管引入;U_1、V_1、W_1 这 3 根线为电动机线,穿管接至电动机接线盒内的 U_1、V_1、W_1 上;1、3、5、7、11、13 这 6 根线为控制线,接至配电箱门面板上的按钮开关 SB_1、SB_2、SB_3 上;7、9、11 这 3 根线为速度继电器控制线,外引至电动机处的速度继电器

KS_1、KS_2 触点上。

2. 电路接线图

双向运转反接制动控制电路实际接线如图 9.83 所示。

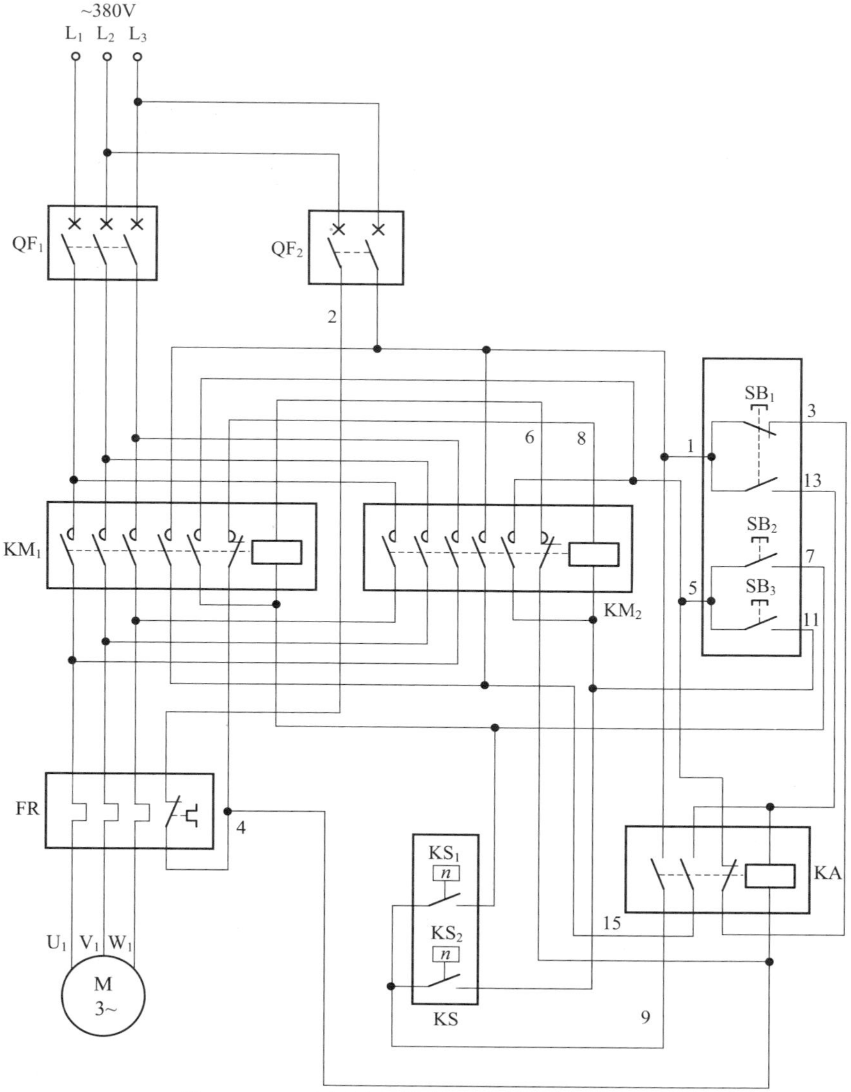

图 9.83 双向运转反接制动控制电路实际接线

3. 元器件安装排列图及端子图

双向运转反接制动控制电路元器件安装排列图及端子图如图 9.84 所示。

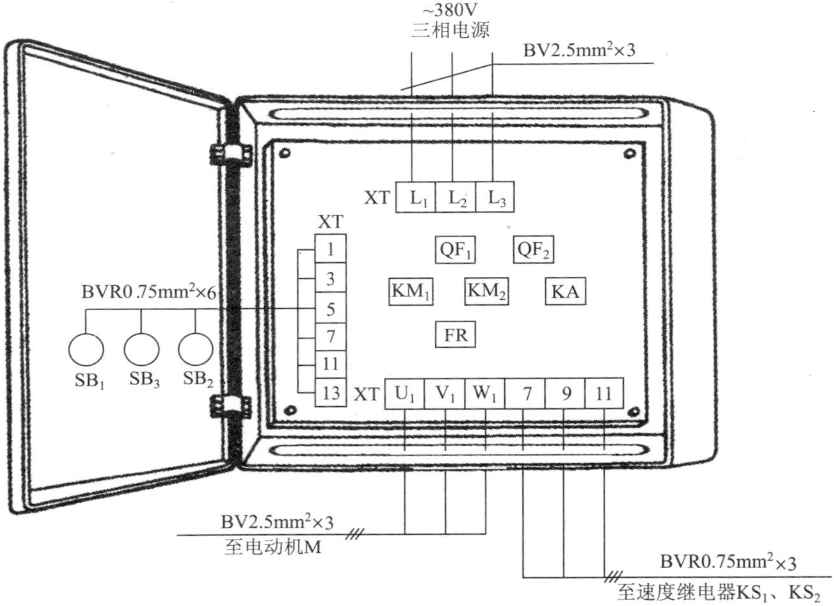

图 9.84 双向运转反接制动控制电路元器件安装排列图及端子图

从图 9.84 可以看出，断路器 QF_1 和 QF_2、交流接触器 KM_1 和 KM_2、中间继电器 KA、热继电器 FR 安装在配电箱内底板上；按钮开关 SB_1、SB_2、SB_3 安装在配电箱门面板上。

通过端子 L_1、L_2、L_3 将三相 380V 交流电源接入配电箱中。

端子 U_1、V_1、W_1 接至电动机接线盒中的 U_1、V_1、W_1 上。

端子 1、3、5、7、11、13 将配电箱内的器件与配电箱门面板上的按钮开关 SB_1、SB_2、SB_3 连接起来。

端子 7、9、11 外接至速度继电器 KS_1、KS_2 上。

4. 按钮接线图

双向运转反接制动控制电路按钮接线如图 9.85 所示。

9.15.3 电气元件作用表

双向运转反接制动控制电路电气元件作用表如表 9.15 所示。

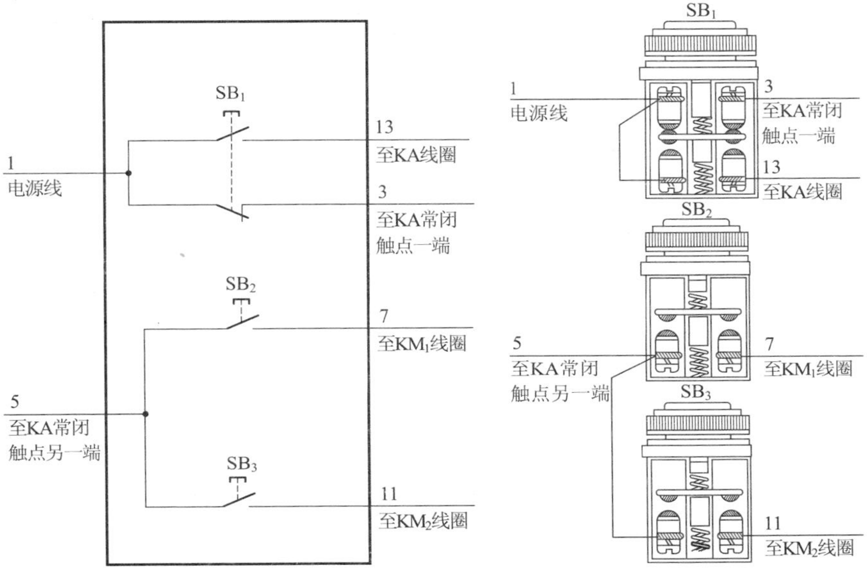

(a) 实际接线　　(b) 实物接线

图 9.85　按钮接线

依据电气元件作用表给出的相关技术数据选择导线，本电路所配电动机型号为 Y132M-6、功率为 4kW、电流为 9.4A。其电动机线 U_1、V_1、W_1 可选用 BV2.5mm² 导线；电源线 L_1、L_2、L_3 可选用 BV2.5mm² 导线；控制线 1、3、5、7、9、11、13 可选用 BVR0.75mm² 导线。

表 9.15　电气元件作用表

符　号	名称、型号及规格	器件外形及相关部件介绍		作　用
QF_1	断路器 DZ20G-100 20A，三极		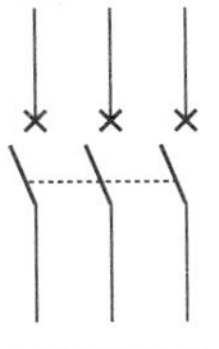 三极断路器	主回路短路保护
QF_2	断路器 DZ47-63 6A，二极		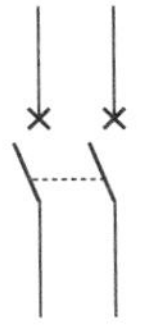 二极断路器	控制回路短路保护

续表 9.15

符　号	名称、型号及规格	器件外形及相关部件介绍		作　用
KM_1	交流接触器 CJX2-1210 带 F4-11 辅助触点 线圈电压 380V		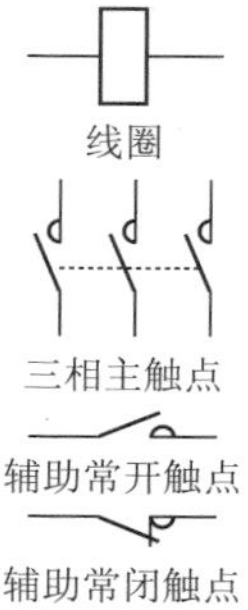	控制电动机 正转电源
KM_2				控制电动机 反转电源
KA	中间继电器 JZ7-44 线圈电压 380V			控制电路切换
FR	热继电器 JRS1D-25 9～13A		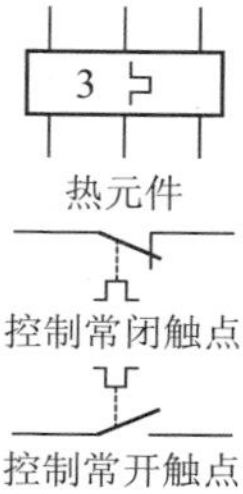	电动机过载保护用
SB_1	按钮开关 LAY7	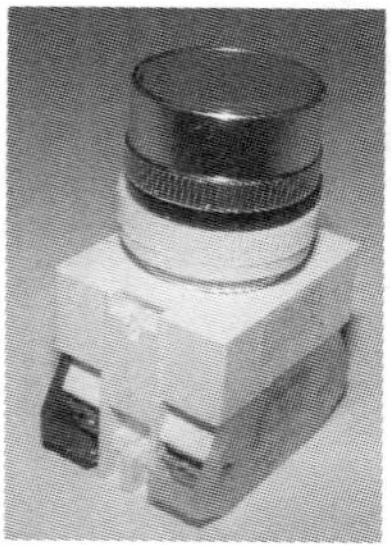	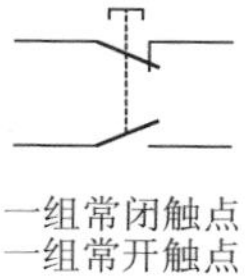	电动机停止 兼制动操作用
SB_2			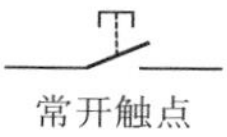	电动机正转 启动操作用
SB_3				电动机反转 启动操作用

续表 9.15

符　号	名称、型号及规格	器件外形及相关部件介绍		作　用
KS_1	速度 继电器 JY1		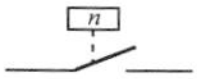 常开触点	反接制动控制
KS_2			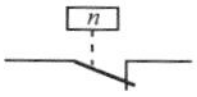 常闭触点	
M	三相异步电动机 Y132M-6 4kW,9.4A		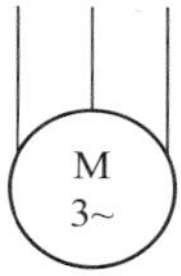	拖　动

9.15.4 调　试

断开主回路断路器 QF_1，合上控制回路断路器 QF_2，调试控制回路。先分别调试正、反转启动、停止控制。

正转启动： 按下正转启动按钮 SB_2，交流接触器 KM_1 线圈应得电吸合且自锁，若正常，说明正转启动完成。此时直接按下反转启动按钮 SB_3 无效，符合电路设计要求。

正转停止： 按下停止按钮 SB_1（观察配电箱内电器动作情况）。调试时若轻轻按下 SB_1，KM_1 线圈断电释放，说明停止电路工作正常；若将 SB_1 按到底，中间继电器 KA 线圈能随 SB_1 停止按钮的按动而动作，交流接触器 KM_1 线圈断电释放。随后观察 KA 的动作情况，即按下 SB_1，KA 线圈得电吸合；松开 SB_1，KA 线圈断电释放。说明 KA 能在动作后切除正转自锁回路。此时再调试速度继电器 KS 动作情况（假设），用一根短接线将 KS_2 常开触点（9-11）短接起来（这样就相当于电动机的速度大于 120r/min 以上时 KS_2 常开触点才闭合），然后按下正转启动按钮 SB_2，此时 KM_1 应吸合自锁，再按下停止按钮 SB_1（按到底），中间继电器 KA、反转交流接触器 KM_2 应同时闭合且 KA 自锁。上述调试条件满足时，说明反接制动控制电路正常。最后调试（假设）KS_2 的动作能否满足要求，也就是说反转制动后，电动机的转速会迅速降下来，KS_2 在电动机转速低于 120r/min 时应自动断开，此时，将 KS_2 两端的短接线去掉，注意观察配电箱内电器动作情况。若交流接触器 KM_2、中间继电器 KA 线圈能断电释放，则说明正转反接制动控制一切正常。

因反转启动、反接电路与正转相同，所不同的是调试时要短接速度继电器 KS_1 常开触点(7-9)，这里不再讲述。

然后，再合上主回路断路器 QF_1 调试主回路。注意观察电动机在不同转向运转时，若按下停止按钮 SB_1，电动机转向在瞬间改变转动一下后立即停止运转，说明主回路、控制回路正常，可以投入使用。

9.15.5 常见故障及排除方法

(1) 正转启动正常，在停止时按下 SB_1，中间继电器 KA 吸合，但无反接制动(注意，反转回路工作正常、反转反接制动也正常)。根据以上情况分析，故障为速度继电器 KS 的一组常开触点 KS_2 损坏闭合不了所致。可将主回路断路器 QF_1 断开，将 KS_2 短接起来，再按下停止按钮 SB_1，观察配电箱内电器动作情况。若 KA、KM_2 均吸合，再将短接线去掉，KA、KM_2 全部释放，说明故障就是 KS_2 常开触点损坏。更换速度继电器即可。

(2) 正、反转启动和停止均正常，但全部无反接制动。遇到此故障首先观察配电箱内中间继电器 KA 是否工作。若 KA 不工作，故障为 SB_1 常开触点损坏、KA 线圈断路；若 KA 工作，则故障为 1、9 之间的常开触点闭合不了所致。根据以上情况，用万用表对上述器件进行测量，找出故障点并加以排除即可。

(3) 在按下停止按钮 SB_1 时，中间继电器 KA 线圈吸合动作，但无论是正转进行反接制动，还是反转进行反接制动，均变为反向继续运转。从原理图中分析，此故障最大可能为 3、5 之间的 KA 常闭触点损坏断不开所致。可用万用表测量 KA 常闭触点是否正常，若损坏则需更换中间继电器。

(4) 正转启动正常，反转为点动。此故障通常为 KM_2 自锁触点损坏闭合不了所致。更换 KM_2 辅助常开自锁触点即可。

(5) 欲停止时，轻轻按下停止按钮 SB_1，不能进行停止操作；若将停止按钮 SB_1 按到底，中间继电器 KA 线圈吸合动作，正、反转均能进行反接制动。根据电路原理图分析可知，此故障原因为停止按钮 SB_1 常闭触点损坏断不开。更换 SB_1 停止按钮，即可排除故障。

(6) 当按下停止按钮 SB_1 时，控制回路断路器 QF_2 跳闸。故障原因为中间继电器 KA 线圈短路。更换中间继电器 KA 线圈即可。